甘肃兴隆山国家级自然保护区
植物图鉴

刘晓娟　张学炎　主编

中国林业出版社
China Forestry Publishing House

图书在版编目（CIP）数据

甘肃兴隆山国家级自然保护区植物图鉴 / 刘晓娟，
张学炎主编. -- 北京 : 中国林业出版社, 2024. 12.
ISBN 978-7-5219-2941-6

Ⅰ. Q948.524.2-64

中国国家版本馆CIP数据核字第2024K0Y184号

策划编辑：甄美子
责任编辑：甄美子
装帧设计：北京八度出版服务机构

————————————

出版发行：中国林业出版社
　　　　（100009，北京市西城区刘海胡同 7 号，电话 83143616）
电子邮箱：cfphzbs@163.com
网址：https://www.cfph.net
印刷：北京中科印刷有限公司
版次：2024 年 12 月第 1 版
印次：2024 年 12 月第 1 次
开本：889mm×1194mm　1/16
印张：28.5
字数：640 千字
定价：320.00 元

《甘肃兴隆山国家级自然保护区植物图鉴》

编 委 会

主 任： 谭 林　孙学刚

副主任： 林宏东　张学炎　陈玉平　孙伟刚　裴应泰　刘旭东　王 功

主 编： 刘晓娟（甘肃农业大学林学院）

　　　　　张学炎（甘肃兴隆山国家级自然保护区管护中心）

副主编： 祁 军（甘肃兴隆山国家级自然保护区管护中心）

　　　　　张荣红（甘肃兴隆山国家级自然保护区管护中心）

　　　　　刘 瑞（甘肃兴隆山国家级自然保护区管护中心）

　　　　　王春玲（甘肃兴隆山国家级自然保护区管护中心）

编 委（按姓氏笔画排序）：

　　　　　王小鹏　王春玲　王维钧　王翠英　田晓娟　白彩霞　吕再刚

　　　　　刘 瑞　刘晓娟　安谈红　祁 军　杜颖洁　杨德仁　张 珊

　　　　　张学炎　张荣红　陈 蕾　陈奋伟　邵春茗　赵瑞桃　段艳艳

　　　　　姜玉萍　费千英　徐 涛　高 军　高松腾　谈宝军　陶继新

　　　　　曹 娟　麻晓光　蒋婷霞

审 稿： 孙学刚（甘肃农业大学林学院）

摄 影： 张学炎　刘晓娟　孙学刚

前　言

　　甘肃兴隆山国家级自然保护区（以下简称保护区）位于甘肃省兰州市东南约50千米，地处黄土高原与青藏高原的过渡地带，主体由兴隆山、马啣山地及山间谷地组成，属于祁连山山系的东延部分。特殊的地理位置，相对较大的海拔高差和良好的水分条件，孕育了较高的生物多样性。

　　本次科考通过广泛的野外调查和馆藏标本查阅，共记载到保护区分布的野生维管植物95科387属934种（含种下单元）。其中，蕨类植物11科18属34种，种子植物84科369属900种，其中，裸子植物3科6属11种，被子植物81科363属889种。保护区野生维管植物中，木本植物共有185种，半木本植物11种，草本植物共计738种。相较于保护区1996年本底调查结果，本次科考新增374种保护区维管植物分布新记录。

　　为了更好地将调查研究成果运用于保护区日常工作，对本次科考中野生植物调查的数据资料进行了整理，对实际调查中拍摄的大量植物图片和采集的标本进行了分类学鉴定，编著完成了《甘肃兴隆山国家级自然保护区植物图鉴》。书中共收录851种保护区常见野生植物，每种植物从形态识别要点，在保护区的水平分布和垂直分布以及生境方面进行介绍，并配有2～3张能够反应主要识别特征的图片。书中植物中文名和学名以及系统排列顺序均参考 *Flora of China* 进行核对。本书由刘晓娟和张学炎主编，刘晓娟负责统筹全书内容、种类鉴定，并撰写了菊科、禾本科、水麦冬科、眼子菜科、香蒲科、莎草科、天南星科、灯心草科、百合科、薯蓣科、鸢尾科、兰科、中文名索引和学名索引，张学炎负责图片整理并撰写了茄

科、玄参科、紫葳科、列当科、葫芦科、茜草科、车前科、五福花科、忍冬科、川续断科、败酱科和桔梗科，祁军撰写了杨柳科、桦木科、壳斗科、榆科、大麻科、荨麻科、檀香科、蓼科、藜科、苋科、石竹科、芍药科、毛茛科、星叶草科、小檗科、罂粟科和十字花科，张荣红撰写了景天科、虎耳草科、茶藨子科、蔷薇科和豆科，刘瑞撰写了牻牛儿苗科、熏倒牛科、亚麻科、白刺科、苦木科、远志科、大戟科、卫矛科、槭树科、凤仙花科、鼠李科、椴树科、锦葵科、猕猴桃科、藤黄科、柽柳科、堇菜科、瑞香科、胡颓子科、柳叶菜科、五加科、伞形科、山茱萸科、杜鹃花科、报春花科、白花丹科、木樨科、马钱科、龙胆科、萝藦科、旋花科、花荵科、紫草科、马鞭草科和唇形科，王春玲撰写了蕨类植物和裸子植物部分，其余作者协助完成了本书的编写工作。

希望本书的出版能够为保护区开展各类植物相关调查工作、日常管护、科学研究和制定保护区精准管护措施提供参考。

在本次科考工作中，管护中心领导高度重视，管护中心专业技术人员和各管护站管护人员给予了大力支持和配合，甘肃农业大学孙学刚教授为本书审稿并提出了宝贵的修改建议，在此一并表示衷心感谢。

编者

2024 年 8 月

目　录

蕨类植物

草问荆

Equisetum pratense Ehrhart

科 木贼科 Equisetaceae
属 木贼属 *Equisetum*

形态识别要点：地生草本。枝二型。能育枝高15～25厘米，节间长2～3厘米，有脊10～14条，脊上光滑，鞘筒长约0.6厘米，鞘齿10～14个，淡棕色，披针形，孢子散后能育枝能存活；不育枝高30～60厘米，轮生分枝多。主枝有脊14～22条，脊的背部弧形，鞘筒狭长，长约3毫米，鞘齿14～22个，披针形，淡棕色但中间一线为黑棕色，宿存；侧枝柔软纤细，扁平状，有3～4条狭而高的脊。孢子囊穗椭圆柱状，长1～2.2厘米，成熟时柄长1.7～4.5厘米。

本区分布：上庄。海拔2400～2600米。

生境：林下阴湿处。

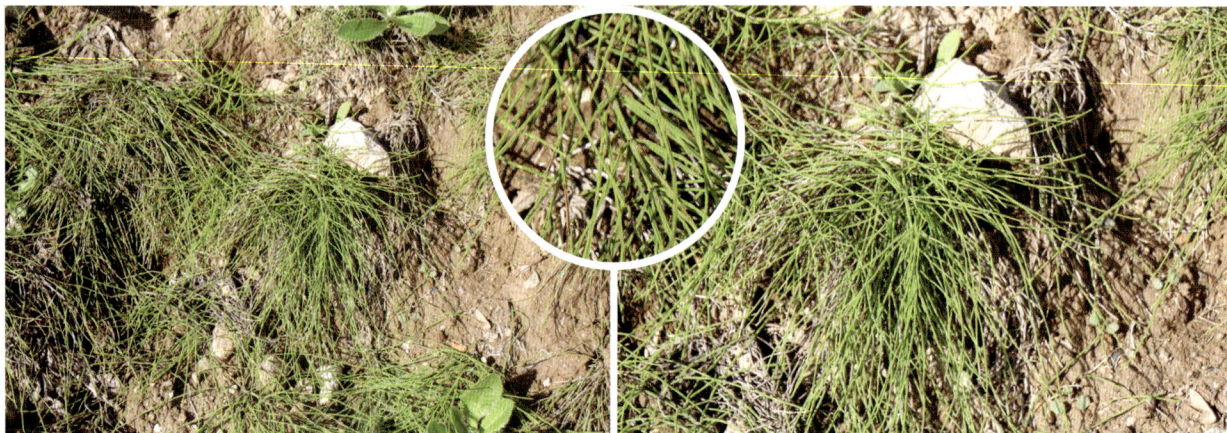

问荆

Equisetum arvense Linn.

科 木贼科 Equisetaceae
属 木贼属 *Equisetum*

形态识别要点：地生草本。枝二型。能育枝春季先萌发，高5～35厘米，无轮生分枝，鞘筒长约0.8厘米，鞘齿9～12个，栗棕色，狭三角形，孢子散后能育枝枯萎；不育枝后萌发，高达40厘米，轮生分枝多，鞘筒绿色，鞘齿三角形，5～6个。侧枝柔软纤细，扁平状，有3～4条狭而高的脊，鞘齿3～5个，披针形。孢子囊穗圆柱形，长1.8～4厘米，成熟时柄长3～6厘米。

本区分布：官滩沟、麻家寺、小泥窝子、马场沟、大洼沟、马啣山。海拔2300～2800米。

生境：灌丛、草地、林下、林缘。

节节草

Equisetum ramosissimum Desf.

科 木贼科 Equisetaceae
属 木贼属 *Equisetum*

形态识别要点：地生草本。枝一型，高20～60厘米，主枝多在下部分枝，常形成簇生状，主枝有脊5～14条，脊的背部弧形，鞘筒狭长达1厘米，鞘齿5～12个，三角形，灰白色或少数中央为黑棕色；侧枝较硬，圆柱状，有脊5～8条，鞘齿5～8个，披针形，上部棕色。孢子囊穗短棒状或椭圆形，长0.5～2.5厘米，无柄。

本区分布：官滩沟、兴隆峡、大洼沟、分豁岔、上庄。海拔2000～2600米。

生境：溪边、河边、林下、林缘砾石地。

木贼

Equisetum hyemale Linn.

科 木贼科 Equisetaceae
属 木贼属 *Equisetum*

形态识别要点：地生草本。枝一型，高达1米或更多，不分枝或基部有少数直立侧枝，有脊16～22条，脊背部弧形或近方形，鞘筒长0.7～1厘米，鞘齿16～22个，披针形，先端淡棕色，芒状，早落，下部黑棕色。孢子囊穗卵状，长1～1.5厘米，无柄。

本区分布：马啣山、陈沟峡。海拔2400～2700米。

生境：山坡林下阴湿处、湿地、溪边。

蕨

Pteridium aquilinum (Linn.) Kuhn var. *latiusculum* (Desv.) Underw. ex A. Heller

科 碗蕨科 Dennstaedtiaceae
属 蕨属 *Pteridium*

形态识别要点：地生草本，高可达1米。叶远生；叶柄长20～80厘米；叶片阔三角形或长圆三角形，长30～60厘米，宽20～45厘米，三回羽状；羽片4～6对，基部一对最大，向上略变小，三角形，长15～25厘米，宽14～18厘米，柄长3～5厘米；小羽片约10对，披针形，长6～10厘米，宽1.5～2.5厘米；裂片10～15对，长圆形，长约14毫米，宽约5毫米，全缘。孢子囊群沿叶边呈线形分布。

本区分布：官滩沟、麻家寺、西山、阳道沟、马坡、上庄、马啣山。海拔2200～2700米。

生境：山地阳坡及林缘阳光充足处。

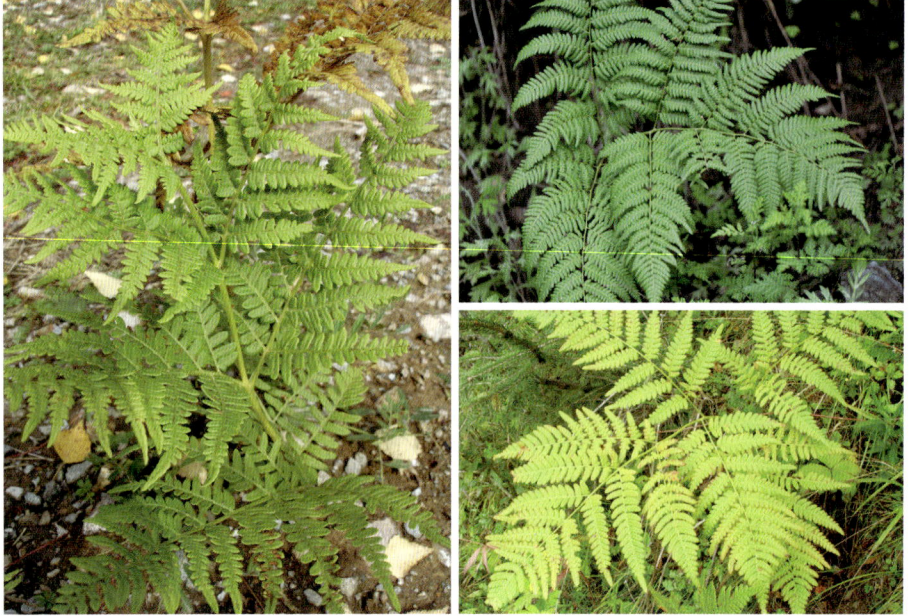

稀叶珠蕨

Cryptogramma stelleri (S. G. Gmel.) Prantl

科 凤尾蕨科 Pteridaceae
属 珠蕨属 *Cryptogramma*

形态识别要点：地生或石生草本，高10～15厘米。叶二型，疏生；不育叶较短，卵形或卵状长圆形，一或二回羽裂，羽片3～4对，近圆形；能育叶的柄长6～8厘米，叶片长4～7厘米，宽1.8～4厘米，阔披针形或长圆形，二回羽状，羽片4～5对，小羽片1～2对，阔披针形。孢子囊群沿小脉顶部着生，彼此分开。

本区分布：八盘梁、西番沟。海拔3000～3400米。

生境：林下苔藓层或石缝中。

滇西金毛裸蕨

Paragymnopteris delavayi (Baker) K. H. Shing

科 凤尾蕨科 Pteridaceae
属 金毛裸蕨属 *Paragymnopteris*

形态识别要点： 石生草本，高10～30厘米。叶丛生；叶柄长8～12厘米；叶片长5～14厘米，宽2～4厘米，阔线状披针形或长圆状披针形，一回羽状；羽片5～15对，互生，长1.5～2.5厘米，宽约5毫米，镰状披针形，基部圆形或上侧有耳状突起，具短柄或上部的无柄；叶下面密覆褐棕色卵状披针形鳞片。孢子囊群沿侧脉着生，隐没于鳞片下。

本区分布： 阳道沟。海拔2300～2600米。

生境： 疏林下石灰岩缝。

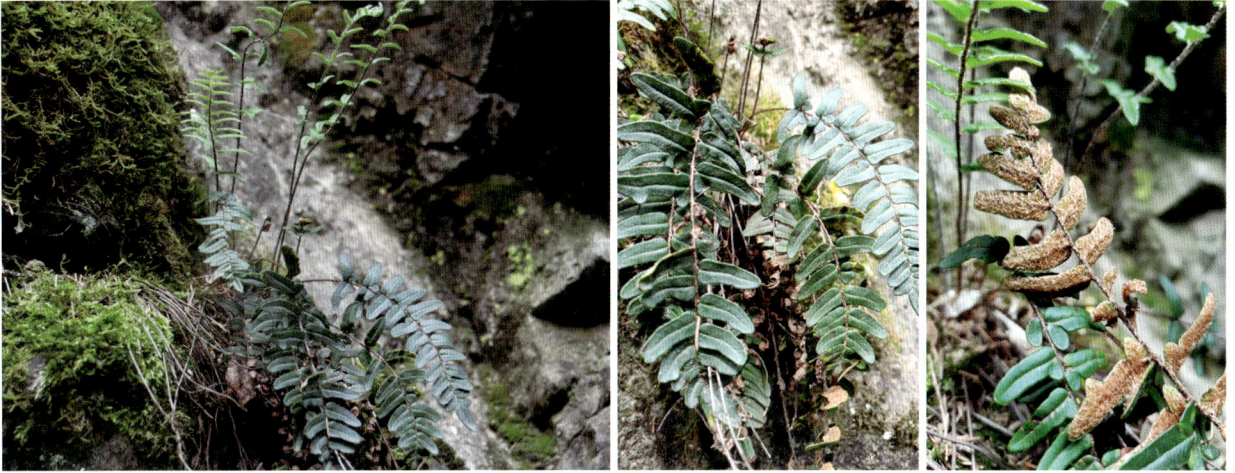

掌叶铁线蕨

Adiantum pedatum Linn.

科 凤尾蕨科 Pteridaceae
属 铁线蕨属 *Adiantum*

形态识别要点： 地生或石生草本，高40～60厘米。叶簇生或近生；叶柄长20～40厘米；叶片阔扇形，长达30厘米，宽达40厘米，从叶柄的顶部二叉呈左右两个弯弓形的分枝，再从每个分枝的上侧生出4～6枚一回羽状的线状披针形羽片，中央羽片最长，侧生羽片向外略缩短；小羽片20～30对，中部对开式的小羽片较大，基部小羽片略小，扇形或半圆形。孢子囊群横裂片先端的浅缺刻内。

本区分布： 三岔路口、阳道沟、马场沟、水岔沟、东山、分豁岔、新庄沟。海拔2300～2700米。

生境： 林下、沟边、石上。

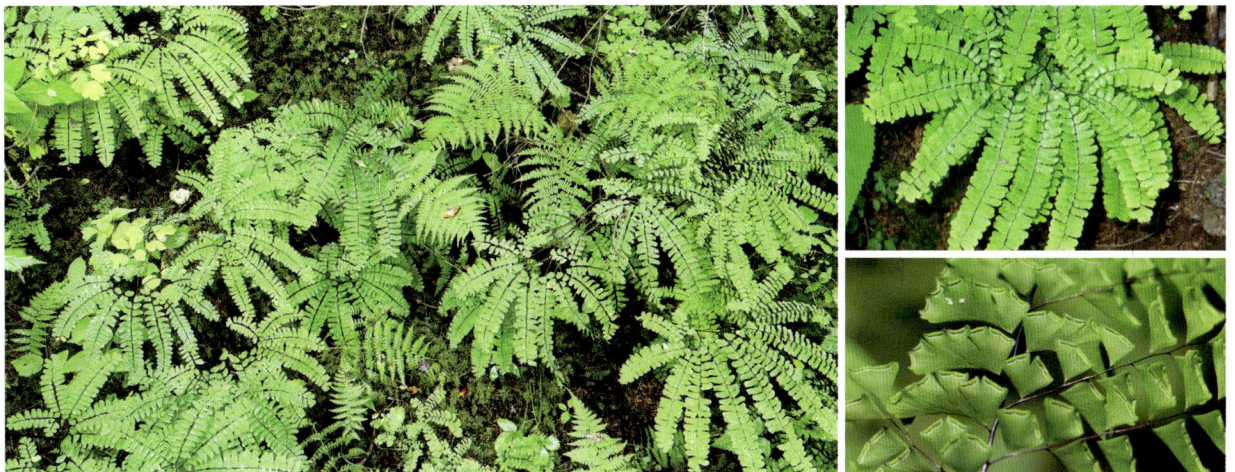

白背铁线蕨

Adiantum davidii Franch.

科 凤尾蕨科 Pteridaceae
属 铁线蕨属 *Adiantum*

形态识别要点：石生草本，高20～30厘米。叶远生；柄长10～20厘米；叶片三角状卵形，长10～15厘米，基部宽6～10厘米，三回羽状；羽片3～5对，互生，有短柄；小羽片4～5对，互生，有短柄；末回小羽片1～4对，互生，扇形，长宽各4～7毫米，顶部圆形，具锯齿。每末回小羽片具1枚孢子囊群，少有2枚，横小羽片顶部弯缺内。

本区分布：官滩沟、西山、马场沟、大洼沟、新庄沟、小水尾子、阳道沟、分豁岔。海拔2200～2700米。

生境：溪旁岩石上。

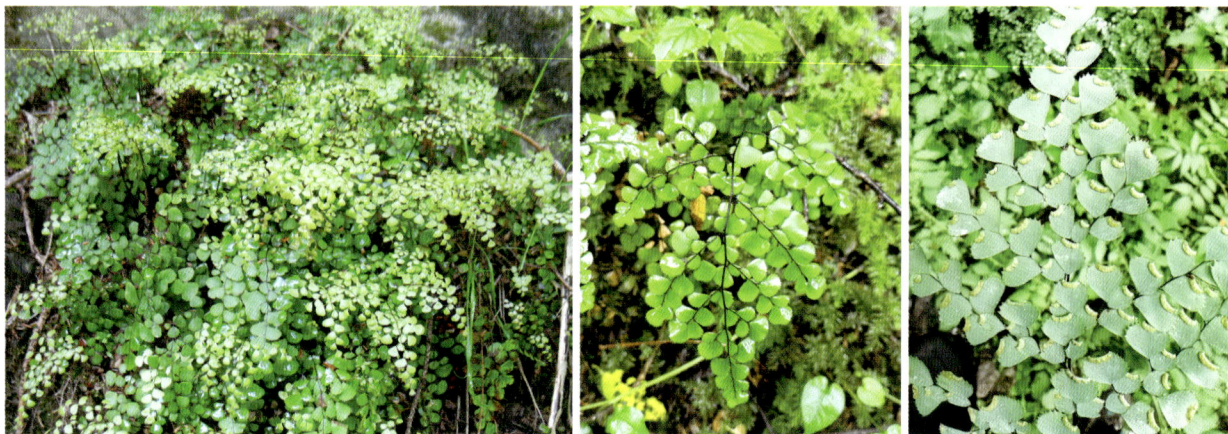

羽节蕨

Gymnocarpium jessoense (Koidz.) Koidz.

科 冷蕨科 Cystopteridaceae
属 羽节蕨属 *Gymnocarpium*

形态识别要点：地生草本。能育叶长16～50厘米；叶柄长8～51厘米；叶片三角状卵形，长7～27厘米，宽7～30厘米，一至二回羽状；羽片3～8对，一回羽状，小羽片羽裂或深羽裂，一回小羽片5～8对，三角状披针形，一回羽状或羽裂；裂片5～10对，长方形至长卵形。孢子囊群小，着小脉背上。

本区分布：官滩沟、唐家峡、西山、小水尾子、新庄沟。海拔2100～2300米。

生境：林下阴湿处或山坡。

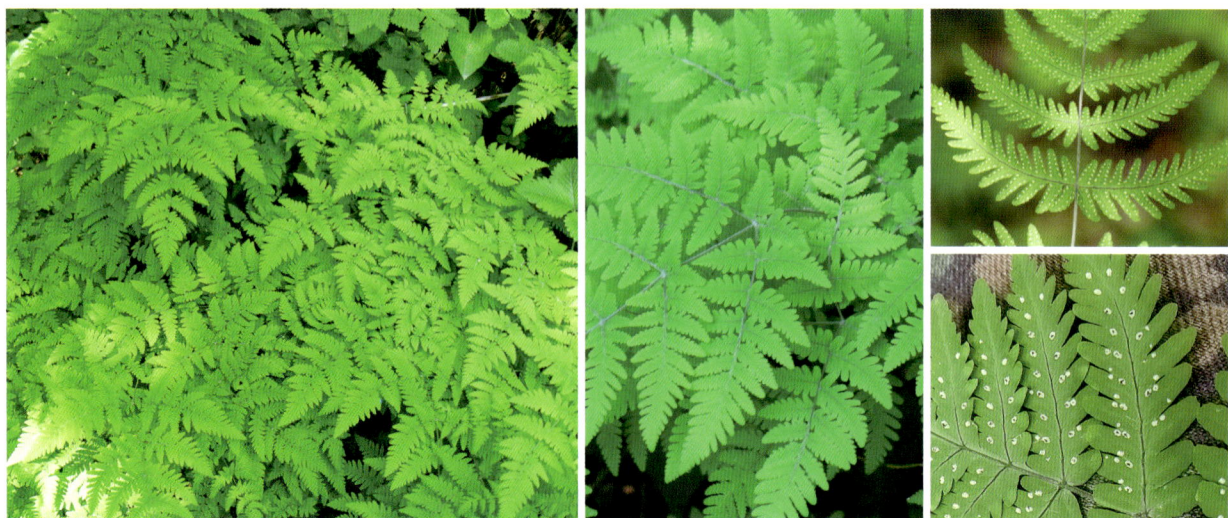

高山冷蕨

Cystopteris montana (Lam.) Bernh. ex Desv.

科 冷蕨科 Cystopteridaceae
属 冷蕨属 *Cystopteris*

形态识别要点：地生草本，高20～30厘米。叶远生；能育叶长20～49厘米，叶柄长6～31厘米；叶片近五角形，长宽几相等，5～20厘米，三至四回羽状；羽片4～10对，基部一对最大，三角状卵形或三角形；一回小羽片3～10对，二回小羽片约6对，卵形至长圆形，三回小羽片4～5对。孢子囊群小，圆形，着小脉背上。

本区分布：官滩沟、峡口、新庄沟、马啣山。海拔2100～2800米。

生境：高山林下潮湿处。

膜叶冷蕨

Cystopteris pellucida (Franch.) Ching

科 冷蕨科 Cystopteridaceae
属 冷蕨属 *Cystopteris*

形态识别要点：地生草本，高30～50厘米。叶远生；能育叶长20～60厘米，叶柄长10～32厘米；叶片卵形至狭卵状长圆形，长10～33厘米，宽5～25厘米，一回羽状；羽片10～17对，羽裂至二回羽状；小羽片8～12对，有锯齿，基部两侧极不对称，裂片3～5对，长圆形或卵形。孢子囊群圆形，着上侧小脉背上。

本区分布：新庄沟、阳道沟、马啣山。海拔2200～2600米。

生境：山坡林下或沟边阴湿处。

西北铁角蕨
Asplenium nesii Christ

科 铁角蕨科 Aspleniaceae
属 铁角蕨属 *Asplenium*

形态识别要点：石生草本，高6～12厘米。叶多数密集簇生；叶柄长2.5～8厘米；叶片披针形，长4～6厘米，中部宽1～2厘米，两端渐狭，二回羽状；羽片7～9对，彼此远离，椭圆形，长9～12毫米，一回羽状；小羽片3～5对，舌形。孢子囊群椭圆形。

本区分布：兴隆峡、分豁岔中沟。海拔2200～2600米。

生境：岩石缝隙中。

变异铁角蕨
Asplenium varians Wall. ex Hook. & Grev.

科 铁角蕨科 Aspleniaceae
属 铁角蕨属 *Asplenium*

形态识别要点：石生草本，高10～22厘米。叶簇生，薄草质；叶柄长4～10厘米；叶片披针形，长7～13厘米，宽2.5～4厘米，二回羽状；羽片10～11对，三角状卵形，一回羽状；小羽片2～3对，基部上侧一片较大，倒卵形，顶端有6～8个小锯齿，其余的小羽片较小。孢子囊群短线形，着小脉下部，每小羽片有2～4枚。

本区分布：东山、官滩沟。海拔2400～2600米。

生境：林下潮湿岩石上。

光岩蕨

Woodsia glabella R. Brown ex Richards.

科 岩蕨科 Woodsiaceae
属 岩蕨属 *Woodsia*

形态识别要点：石生草本，高5～10厘米。叶密集簇生；叶柄纤细，长仅1～2厘米；叶片线状披针形，长3～6厘米，二回羽裂；羽片4～9对，无柄，基部一对往往为扇形，中部羽片三角状卵形，深羽裂几达羽轴；裂片2～3对，椭圆形或舌形，边缘波状或顶部为圆齿状。孢子囊群圆形，着小脉的中部或分叉处。
本区分布：官滩沟、马坡、马啣山。海拔2400～2800米。
生境：林下岩石缝隙中。

陕西岩蕨

Woodsia shensiensis Ching

科 岩蕨科 Woodsiaceae
属 岩蕨属 *Woodsia*

形态识别要点：石生草本，高10～15厘米。叶簇生；叶柄长3～5厘米；叶片披针形，长7～10厘米，二回羽状；羽片8～10对，具短柄，卵状菱形，羽状深裂或为羽状；裂片2～3对，卵形或倒卵形，边缘有粗锯齿或圆齿。孢子囊群近圆形，通常顶生脉端，每裂片有2～6枚。
本区分布：官滩沟、马啣山。海拔2600～3000米。
生境：林下石上。

蜘蛛岩蕨
Woodsia andersonii (Bedd.) Christ

科 岩蕨科 Woodsiaceae
属 岩蕨属 *Woodsia*

形态识别要点：石生草本，高10～20厘米。叶密集簇生；叶柄长5～10厘米；叶片披针形，长5～10厘米，宽1～2厘米，二回羽状深裂；羽片6～9对，无柄，中部羽片卵圆形或近菱形，羽状半裂；裂片椭圆形，基部一对最大，先端有2～3枚粗齿，两侧全缘或为波状；叶两面密被锈色毛。孢子囊群圆形，着小脉上侧分叉的中部或上部。

本区分布：官滩沟、黄崖沟。海拔2600～2900米。

生境：岩石缝隙中。

中华蹄盖蕨
Athyrium sinense Rupr.

科 蹄盖蕨科 Athyriaceae
属 蹄盖蕨属 *Athyrium*

形态识别要点：地生草本。叶簇生；叶柄长10～26厘米；叶片长圆状披针形，长25～65厘米，宽15～25厘米，二回羽状；羽片约15对，一回羽状；小羽片约18对，边缘浅羽裂；裂片4～5对，近圆形。孢子囊群多为长圆形，少有弯钩形或马蹄形，着基部上侧小脉。

本区分布：水岔沟、新庄沟、阳道沟、大洼沟。海拔2400～2700米。

生境：林下及林缘。

无毛黑鳞双盖蕨

Diplazium sibiricum (Turcz. ex Kunze) Sa. Kurata var. *glabrum* (Tagawa) Sa. Kurata

科 蹄盖蕨科 Athyriaceae
属 双盖蕨属 *Diplazium*

形态识别要点： 地生草本。叶柄长达45厘米；叶片阔三角形，长宽近相等，达35厘米，二回羽状；侧生羽片达10对以上，阔披针形；侧生小羽片达10对以上，披针形；裂片约达10对，矩圆形，边缘有粗圆齿或近全缘；叶两面无毛。孢子囊群矩圆形，在裂片上可达3对。

本区分布： 官滩沟、银木沟。海拔2000～2600米。

生境： 林下。

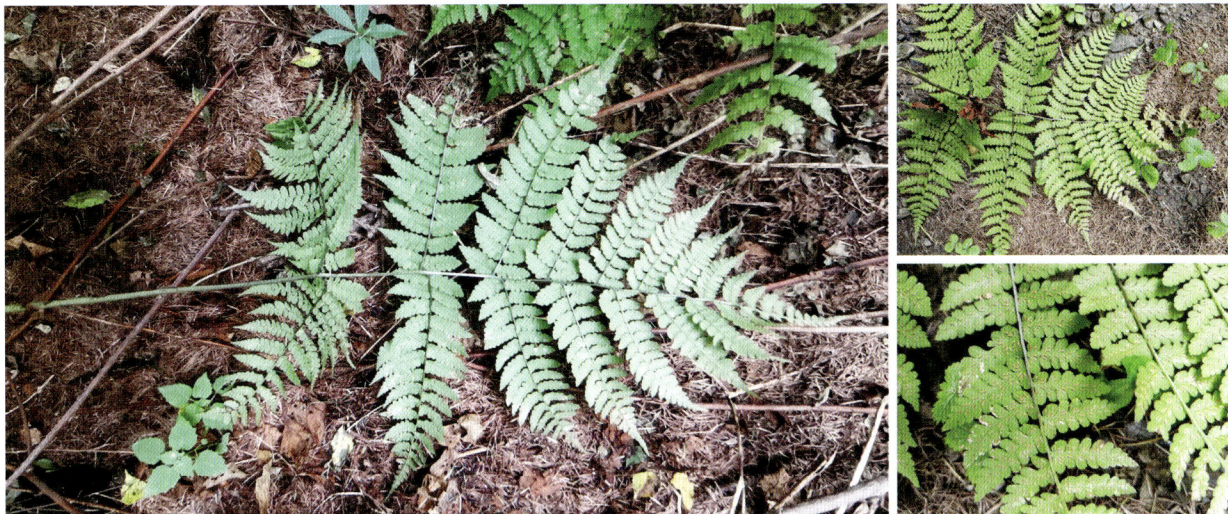

华北鳞毛蕨

Dryopteris goeringiana (Kunze) Koidz.

科 鳞毛蕨科 Dryopteridaceae
属 鳞毛蕨属 *Dryopteris*

形态识别要点： 地生草本，高50～90厘米。叶柄长25～50厘米；叶片卵状长圆形，长25～50厘米，宽15～40厘米，三回羽状深裂；羽片具短柄，披针形或长圆状披针形，中下部羽片较长，长11～27厘米；小羽片披针形，羽状深裂；裂片长圆形，顶端有尖锯齿；羽轴及小羽轴背面生有毛状鳞片。孢子囊群近圆形，通常沿小羽片中肋排成2行。

本区分布： 大洼沟、新庄沟。海拔2100～2400米。

生境： 林缘草地上。

秦岭槲蕨
Drynaria baronii Diels

科 水龙骨科 Polypodiaceae
属 槲蕨属 *Drynaria*

形态识别要点： 石生或地生，偶有树上附生。根状茎直径1～2厘米。基生不育叶椭圆形，长5～15厘米，宽3～6厘米，羽状深裂达叶片的2/3或更深，裂片10～20对；正常能育叶的叶柄长2～10厘米，具明显的狭翅，叶片长22～50厘米，宽7～12厘米，裂片16～30对，边缘锯齿状；叶片上下两面多少被毛。孢子囊群在裂片中脉两侧各1行。

本区分布： 大水沟、大洼沟。海拔2100～2700米。

生境： 岩石上、灌丛下、崖边、树干上。

中华水龙骨
Polypodiodes chinensis (Christ) S. G. Lu

科 水龙骨科 Polypodiaceae
属 水龙骨属 *Polypodiodes*

形态识别要点： 石生或附生草本。叶柄长10～20厘米；叶片卵状披针形或阔披针形，长15～25厘米，宽7～10厘米，羽状深裂或基部几全裂；裂片15～25对，线状披针形，长3～5厘米，宽5～7毫米，边缘有锯齿；叶两面近无毛，背面疏被小鳞片。孢子囊群圆形，较小，生内藏小脉顶端。

本区分布： 晏家洼、西山。海拔2300～2600米。

生境： 石上苔藓层中或树干上。

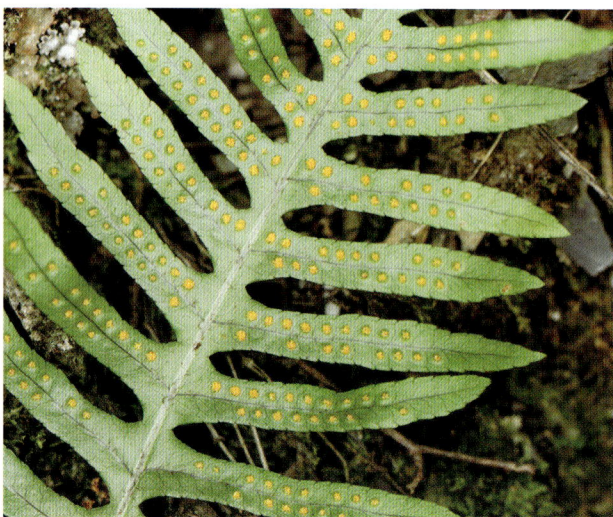

扭瓦韦

Lepisorus contortus (Christ) Ching

科 水龙骨科 Polypodiaceae
属 瓦韦属 *Lepisorus*

形态识别要点：石生或附生草本，高10～25厘米。叶柄长1～6厘米；叶片线状披针形或披针形，长9～23厘米，中部最宽为4～13毫米，基部渐变狭并下延，自然干后常反卷扭曲；叶近软革质。孢子囊群圆形或卵圆形，聚叶片中上部，位于主脉与叶缘之间。

本区分布：官滩沟、马场沟、阳道沟。海拔2200～2400米。

生境：岩壁上。

裸子植物

油松
Pinus tabuliformis Carr.

科 松科 Pinaceae
属 松属 *Pinus*

形态识别要点： 常绿乔木。小枝淡红褐色。针叶2针一束，粗硬，长10～15厘米，径约1.5毫米。雄球花圆柱形，长1.2～1.8厘米，在新枝下部聚生呈穗状。球果卵形或圆卵形，长4～9厘米，有短梗；种鳞矩圆状倒卵形，长1.6～2厘米，宽约1.4厘米，鳞盾肥厚，扁菱形或菱状多角形，鳞脊显著，鳞脐突起有尖刺。种子卵圆形，长6～8毫米，具翅。

本区分布： 谢家岔、水家沟、歧儿沟、分豁岔、马场沟、三岔路口、徐家峡、唐家峡、小水尾子、陶家窑。海拔2200～2800米。

生境： 山地。

云杉
Picea asperata Mast.

科 松科 Pinaceae
属 云杉属 *Picea*

形态识别要点： 常绿乔木。叶脱落后在枝条留下凸起的叶枕。叶四棱状条形，在枝条上螺旋状散生，长1～2厘米，宽1～1.5毫米，先端尖。球果单生枝顶，下垂，柱状矩圆形或圆柱形，长5～16厘米，径2.5～3.5厘米，成熟后淡褐色或栗色；种鳞倒卵形，长约2厘米，宽约1.5厘米；苞鳞不外露。

本区分布： 深岘子、小银木沟、大洼沟、三岔口。海拔2200～3000米。

生境： 山地。

青海云杉
Picea crassifolia Kom.

科 松科 Pinaceae
属 云杉属 *Picea*

形态识别要点：常绿乔木。小枝有白粉。叶较粗，四棱状条形，长1.2～3.5厘米，宽2～3毫米，先端钝。球果单生枝顶，下垂，矩圆状圆柱形，长7～11厘米，直径2～3.5厘米，成熟前种鳞背部露出部分绿色，上部边缘紫红色；种鳞倒卵形，长约1.8厘米，宽约1.5厘米；苞鳞不外露。

本区分布：官滩沟、麻家寺、深岘子、平滩、马场沟、范家山、翻车沟、阳道沟、上庄、马啣山。海拔2200～2900米。

生境：山地。

青杆
Picea wilsonii Mast.

科 松科 Pinaceae
属 云杉属 *Picea*

形态识别要点：常绿乔木；树冠塔形。叶排列较密，四棱状条形，细、短，长0.8～1.3厘米，宽1.2～1.7毫米，先端尖。球果单生枝顶，下垂，卵状圆柱形，长5～8厘米，直径2.5～4厘米，成熟时黄褐色；种鳞倒卵形，长1.4～1.7厘米，宽1～1.4厘米；苞鳞不外露。

本区分布：西山、东山、大洼沟、马场沟、麻家寺、官滩沟、兴隆峡、新庄沟、小水尾子、分豁岔、小银木沟。海拔2200～2800米。

生境：山地。

华北落叶松

Larix gmelinii (Rupr.) Kuzen. var. *principis-rupprechtii* (Mayr) Pilger

科 松科 Pinaceae
属 落叶松属 *Larix*

形态识别要点：落叶乔木。叶在长枝上螺旋状散生，在短枝上簇生，窄条形，长2～3厘米，宽约1毫米。球果单生短枝顶端，长卵圆形或卵圆形，长2～4厘米，直径约2厘米，熟时淡褐色；种鳞26～45枚，五角状；苞鳞暗紫色，带状矩圆形，中肋延长呈尾状尖头，仅球果基部苞鳞的先端露出。

本区分布：平滩、红桦沟、张家窑、水家沟、红庄子、阳道沟、罗圈湾、窑沟、分豁岔、徐家峡、黄坪、深岘子、范家山、小银木沟、官滩沟。海拔2400～2800米。

生境：山地。

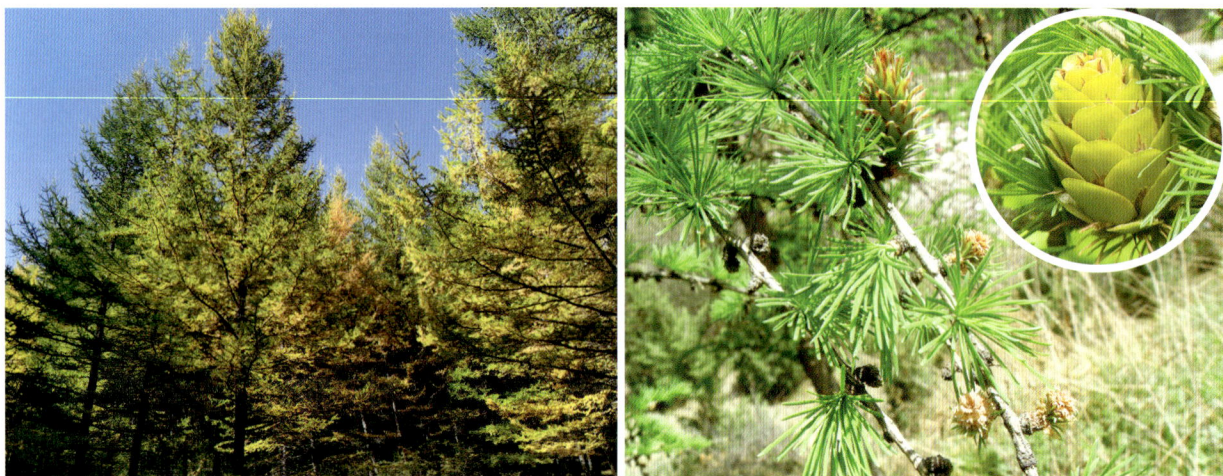

巴山冷杉

Abies fargesii Franch.

科 松科 Pinaceae
属 冷杉属 *Abies*

形态识别要点：常绿乔木。小枝红褐色或微带紫色，无毛。枝条下面的叶排成两列；叶扁平条形，长1～3厘米，宽1.5～4毫米，先端钝、有凹缺，背面发白。球果着生叶腋，直立，柱状矩圆形，长5～8厘米，直径3～4厘米，成熟时淡紫色至紫黑色；种鳞扇状肾形，长0.8～1.2厘米，宽1.5～2厘米；苞鳞倒卵状楔形，边缘有细缺齿，先端有急尖的短尖头，尖头露出或微露出。

本区分布：麻家寺、石门沟。海拔2600～2800米。

生境：山地阴坡。

刺柏

Juniperus formosana Hayata

科 柏科 Cupressaceae
属 刺柏属 *Juniperus*

形态识别要点： 常绿乔木；树皮纵裂呈长条薄片脱落。小枝下垂，三棱形。三叶轮生，条状披针形或条状刺形，长 1.2～2 厘米，宽 1.2～2 毫米，先端渐尖具锐尖头，上面稍凹。球花单生叶腋；雄球花圆球形或椭圆形，长 4～6 毫米。球果近球形或宽卵圆形，长 6～10 毫米，径 6～9 毫米，熟时淡红褐色，被白粉或白粉脱落。

本区分布： 西山、马啣山。海拔 2200～2900 米。

生境： 山地。

中麻黄

Ephedra intermedia Schrenk ex C. A. Mey.

科 麻黄科 Ephedraceae
属 麻黄属 *Ephedra*

形态识别要点： 灌木。茎直立，粗壮，基部多分枝；小枝对生或轮生，圆筒形，灰绿色，有节。叶退化成膜质鞘状，上部约 1/3 分裂，裂片通常 3 枚，三角形。雄球花常数枚密集于节上呈团状；雌球花 2～3 枚成簇，对生或轮生于节上，无梗或有短梗，苞片 3～5 轮（每轮 3 枚）或 3～5 对交叉对生，熟时红色，长 6～10 毫米，径 5～8 毫米。种子包于肉质红色的苞片内，不外露，3 粒或 2 粒。

本区分布： 黄崖沟、响水沟、马啣山。海拔 2600～2700 米。

生境： 干旱山坡。

单子麻黄

Ephedra monosperma Gmel. ex Mey.

科 麻黄科 Ephedraceae
属 麻黄属 *Ephedra*

形态识别要点： 草本状矮小灌木。木质茎短小，多分枝；绿色小枝常微弯曲，节间细短。叶2枚对生，膜质鞘状，下部1/3～1/2合生，裂片短三角形。雄球花多呈复穗状；雌球花苞片3对，成熟时肉质红色，微被白粉，卵圆形。种子外露，多为1粒。

本区分布： 黄崖沟、八盘梁、官滩沟、分豁岔、尖山。海拔2900～3100米。

生境： 干燥地带或石缝中。

被子植物

山杨
Populus davidiana Dode

科 杨柳科 Salicaceae
属 杨属 *Populus*

形态识别要点：落叶乔木。单叶互生；叶片三角状卵圆形或近圆形，长宽近等，长3～6厘米，先端钝尖、急尖或短渐尖，基部圆形、截形或浅心形，边缘有密波状浅齿；叶柄侧扁，长2～6厘米。柔荑花序下垂；雄花序长5～9厘米；雌花序长4～7厘米。果序长达12厘米；蒴果卵状圆锥形，长约5毫米，有短柄，2瓣裂。

本区分布：马场沟、官滩沟、水家沟、麻家寺、窑沟、八盘梁、马啣山。海拔2200～2600米。

生境：山坡、山脊皮沟谷地带。

小叶杨
Populus simonii Carr.

科 杨柳科 Salicaceae
属 杨属 *Populus*

形态识别要点：落叶乔木。单叶互生；叶片菱状卵形、菱状椭圆形或菱状倒卵形，长3～6厘米，宽2～5厘米，中部以上较宽，先端突急尖或渐尖，基部楔形或窄圆形，边缘具细锯齿，两面无毛；叶柄圆筒形，长0.5～4厘米。柔荑花序下垂；雄花序长2～7厘米；雌花序长2.5～6厘米。果序长达15厘米；蒴果小，2～3瓣裂，无毛。

本区分布：麻家寺、大洼沟。海拔2200～2400米。

生境：沟谷。

光果匙叶柳

Salix spathlifolia seemen var. *glabra* C. Wang & C. F. Fang ex T. Y. Ding

科 杨柳科 Salicaceae
属 柳属 *Salix*

形态识别要点：落叶小乔木。单叶互生；叶片披针形或狭披针形，长7～10厘米，宽1.7～2厘米，下面带白色，两面无毛，两端急尖或先端长渐尖，边缘有腺锯齿；叶柄长约1.3厘米。花与叶同时开放，雄花序长3厘米，具2～5小叶，雄蕊3～6枚，具背、腹腺，腺体基部连结成花盘状，上部分裂；雌花序长4厘米，具2～3叶，子房无毛，椭圆状长圆形，近无柄，花柱细长，柱头2裂。果序长达10厘米。

本区分布：马啣山。海拔2700～3000米。

生境：山坡。

康定柳

Salix paraplesia C. K. Schneid.

科 杨柳科 Salicaceae
属 柳属 *Salix*

形态识别要点：落叶小乔木。单叶互生；叶片倒卵状椭圆形或椭圆状披针形，长3.5～6.5厘米，宽1.8～2.8厘米，先端渐尖或急尖，基部楔形，下面带白色，两面无毛，边缘有明显的细腺锯齿；叶柄长5～8毫米，先端有腺点。柔荑花序与叶同时开放；花序梗长，具3～5叶；雄花序长3.5～6厘米，粗约7毫米；雌花序长2～4厘米。果序达5厘米；蒴果卵状圆锥形，长约9毫米。

本区分布：麻家寺、平滩、马场沟、分豁岔、官滩沟、祁家坡、马啣山、阳洼村。海拔2400～3000米。

生境：山沟及山脊。

丝毛柳
Salix luctuosa Lévl.

科 杨柳科 Salicaceae
属 柳属 *Salix*

形态识别要点：落叶灌木。单叶互生；叶片椭圆形或狭椭圆形，长1～4厘米，宽5～15毫米，下面初有绢质柔毛，后近无毛，但中脉仍有毛，两端钝，全缘；叶柄长1～3毫米。柔荑花序；雄花序长3～4.5厘米，粗6～9毫米，花序梗基部有3～4枚小叶；雌花序长3厘米，粗约6毫米，花序梗基部有2～3枚小叶。果序长达5厘米；蒴果长约3毫米。

本区分布：麻家寺、唐家峡、张家窑、凡柴沟、新庄沟。海拔2300～2500米。

生境：河边、山沟及山坡杂木林。

杯腺柳
Salix cupularis Rehd.

科 杨柳科 Salicaceae
属 柳属 *Salix*

形态识别要点：落叶小灌木。单叶互生；叶片椭圆形或倒卵状椭圆形，长1.5～2.7厘米，宽1～1.5厘米，全缘，两面无毛。花与叶同时开放，或稍晚开放；雄花序长约1厘米，有短梗，基部有3枚小叶，雄花有背、腹腺，狭卵状圆柱形；雌花序长1厘米，椭圆形至短圆柱形，雌花腺体2个，腹腺2～3深裂，背腺基部结合成假花盘状。蒴果长约3毫米。

本区分布：马啣山。海拔2800～3200米。

生境：山坡。

山生柳

Salix oritrepha C. K. Schneid.

科 杨柳科 Salicaceae
属 柳属 *Salix*

形态识别要点：直立矮小灌木。单叶互生；叶片椭圆形或卵圆形，长1～1.5厘米，萌枝叶长可达2.4厘米，先端钝或急尖，基部圆形或钝，下面灰色或苍白色，后无毛，全缘；叶柄长5～8毫米，紫色。雄花序圆柱形，长1～1.5厘米，粗约5毫米，花密集，花序梗短；雌花序长1～1.5厘米，粗约1厘米，花密生，花序梗长3～7毫米，具2～3枚叶。蒴果卵形，密被灰白柔毛，2瓣裂。

本区分布：上庄、马啣山、八盘梁、尖山。海拔2900～3600米。

生境：山脊、山坡及山沟河边灌丛。

青山生柳

Salix oritrepha C. K. Schneid. var. *amnematchinensis* (K. S. Hao ex C. F. Fang & A. K. Skvortsov) G. Zhu

科 杨柳科 Salicaceae
属 柳属 *Salix*

与山生柳的区别：叶椭圆状卵形或椭圆状披针形。

本区分布：马啣山。海拔3000～3400米。

生境：山坡。

匙叶柳

Salix spathulifolia Seemen ex Diels

科 杨柳科 Salicaceae
属 柳属 *Salix*

形态识别要点：落叶灌木。单叶互生；叶片倒卵状长圆形至椭圆形，长4～9厘米，宽1.5～3.5厘米，先端急尖或钝尖，基部宽楔形或近圆形，下面苍白色或有白粉，边缘有不规则的细锯齿，稀近全缘；叶柄长达1.5厘米。花序长2～4厘米，粗6～8毫米，花序梗明显，具有2～4枚正常叶。蒴果卵状长圆形，密被灰白色柔毛，无柄或具短柄。

本区分布：马啣山、尖山、窑沟、大洼沟。海拔2400～2900米。

生境：山梁、山坡、林缘。

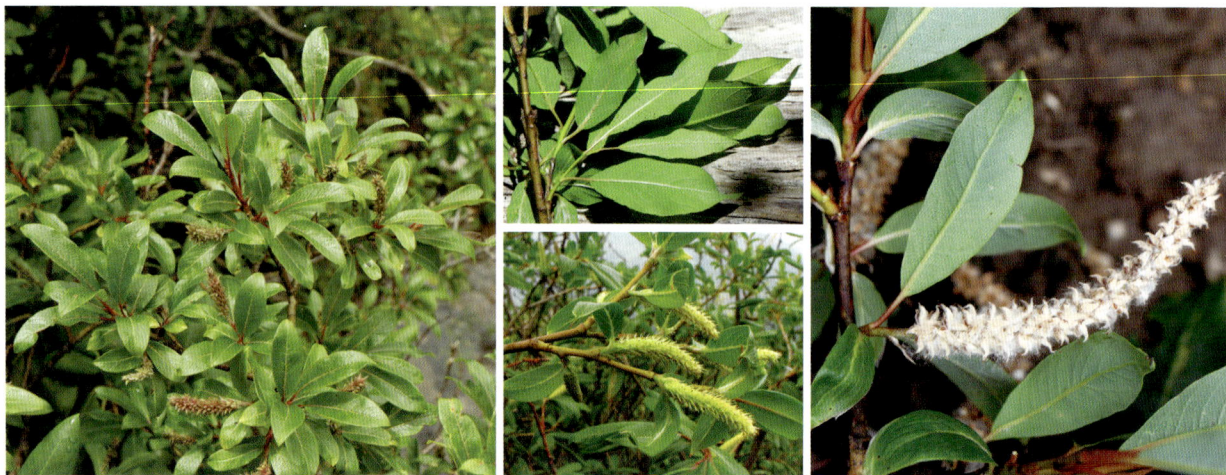

秦岭柳

Salix alfredi Goerz ex Rehd. & Kobuski

科 杨柳科 Salicaceae
属 柳属 *Salix*

形态识别要点：落叶灌木或小乔木。小枝细。单叶互生；叶片椭圆形、卵状椭圆形至卵状披针形，长2.5～4.5厘米，宽1.5～2.5厘米，先端急尖，基部圆形，下面浅绿色或灰蓝色，近无毛，全缘。花序与叶同时开放，有短梗；雄花序长1.5～3厘米，粗6～10毫米。幼果序长2.5～4厘米，粗4～5毫米；蒴果近球形，长3毫米，散生短柔毛，有明显的柄。

本区分布：八盘梁、祁家坡、阳道沟、分豁岔。海拔2300～2800米。

生境：山坡、林缘。

中国黄花柳

Salix sinica (K. S. Hao) C. Wang & C. F. Fang

科 杨柳科 Salicaceae
属 柳属 *Salix*

形态识别要点：落叶灌木或小乔木。单叶互生；叶片椭圆形至宽卵形，长3.5～6厘米，宽1.5～2.5厘米，先端短渐尖或急尖，下面发白色，多全缘；萌枝或小枝上部的叶较大，边缘有牙齿。柔荑花序先叶开放；雄花序无梗，宽椭圆形至近球形，长2～2.5厘米，粗1.8～2厘米；雌花序短圆柱形，长2.5～3.5厘米，粗7～9毫米，无梗。蒴果线状圆锥形，长达6毫米。

本区分布：麻家寺、平滩、马唧山、陈沟峡、马场沟、陶家窑。海拔2200～2600米。

生境：山坡、林中。

皂柳

Salix wallichiana Ander.

科 杨柳科 Salicaceae
属 柳属 *Salix*

形态识别要点：落叶灌木或乔木。单叶互生；叶片披针形至狭椭圆形，长4～10厘米，宽1～3厘米，下面有平伏的绢质短柔毛，浅绿色至有白霜，全缘或萌枝叶有细锯齿；叶柄长约1厘米；幼叶发红色。柔荑花序先叶开放或近同时开放，无花序梗；雄花序长1.5～3厘米，粗1～1.5厘米；雌花序圆柱形，长2.5～4厘米，粗1～1.2厘米。果序长达12厘米，粗1.5厘米；蒴果被柔毛，具长尖。

本区分布：官滩沟、麻家寺、大洼沟。海拔2400～2600米。

生境：林缘、山坡。

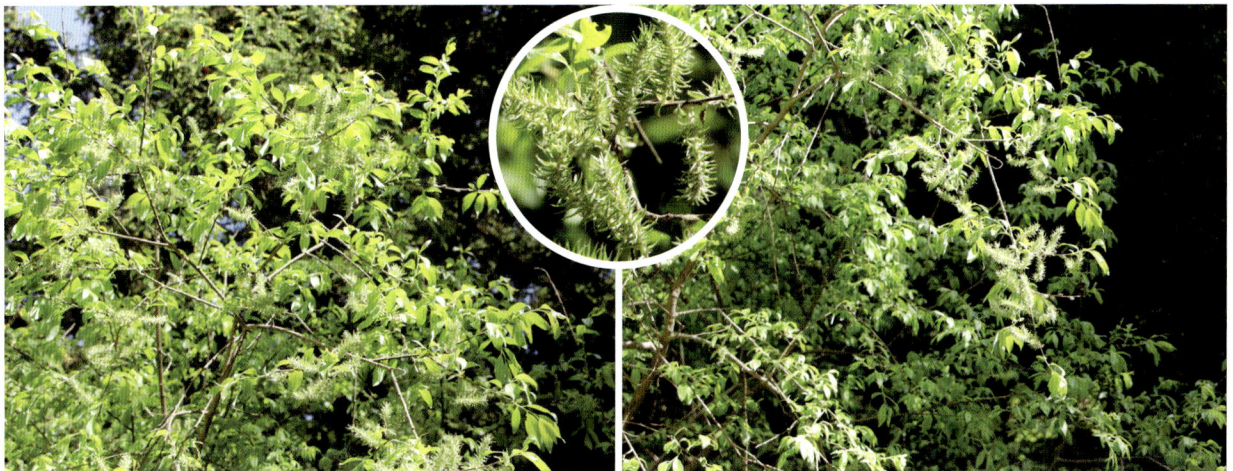

川滇柳

Salix rehderiana C. K. Schneid.

科 杨柳科 Salicaceae
属 柳属 *Salix*

形态识别要点：落叶灌木或小乔木。单叶互生；叶片披针形至倒披针形，长5～11厘米，宽1.2～2.5厘米，先端钝或急尖，基部楔形，下面浅绿色，边缘近全缘或有腺圆锯齿，向下反卷，叶两面及叶柄均具白柔毛。柔荑花序先叶开放或近同时开放；雄花序椭圆形至短圆柱形，无梗，长达2.5厘米，粗约10毫米；雌花序圆柱形，长2～6厘米，有短梗。蒴果有毛或无毛。

本区分布：新庄沟、阳道沟、马场沟、水家沟、麻家寺、水岔沟、张家窑、陈沟峡、分豁岔、马啣山。海拔2300～2700米。

生境：林缘、灌丛或山谷溪流旁。

灌柳

Salix rehderiana C. K. Schneid. var. *dolia* (C. K. Schneid.) N. Chao

科 杨柳科 Salicaceae
属 柳属 *Salix*

与川滇柳的区别：花序较小；雄花序仅长1～2厘米；雌花序仅长1～1.5厘米。

本区分布：马啣山、窑沟。海拔3000～3200米。

生境：林缘、山坡。

坡柳

Salix myrtillacea Anderss.

科 杨柳科 Salicaceae
属 柳属 *Salix*

形态识别要点：落叶灌木。小枝暗紫红色或灰黑色。单叶互生；叶片倒卵状长圆形或倒披针形，长3～6厘米，宽1～2厘米，先端急尖，基部近圆形至楔形，两面无毛，边缘有细锯齿；叶柄短。柔荑花序，先叶开放，长2～3厘米，粗10～13毫米，无花序梗；雄蕊2，花丝合生。蒴果卵形，密被短柔毛，2瓣裂。

本区分布：马啣山、八盘梁、峡口、窑沟、尖山。海拔2400～3000米。

生境：林缘、山坡。

洮河柳

Salix taoensis Goerz ex Rehd. & Kobuski

科 杨柳科 Salicaceae
属 柳属 *Salix*

形态识别要点：落叶大灌木。小枝红褐色、紫红色至黑紫色。单叶互生；叶片狭倒卵状长圆形至狭倒披针形，长2～4厘米，宽0.5～1厘米，先端急尖，基部楔形至圆形，下面淡绿色或稍发白色，边缘有锯齿，或向基部全缘；叶柄短。柔荑花序先叶开放或近同时开放，无梗；雄花序长1.2～2.5厘米，粗约1厘米，雄蕊2，花丝合生；雌花序长约1厘米，粗约7毫米。果序长1.5～4厘米，无梗；蒴果卵球形，被毛。

本区分布：麻家寺、马场沟、西山。海拔2200～3000米。

生境：河谷、山坡。

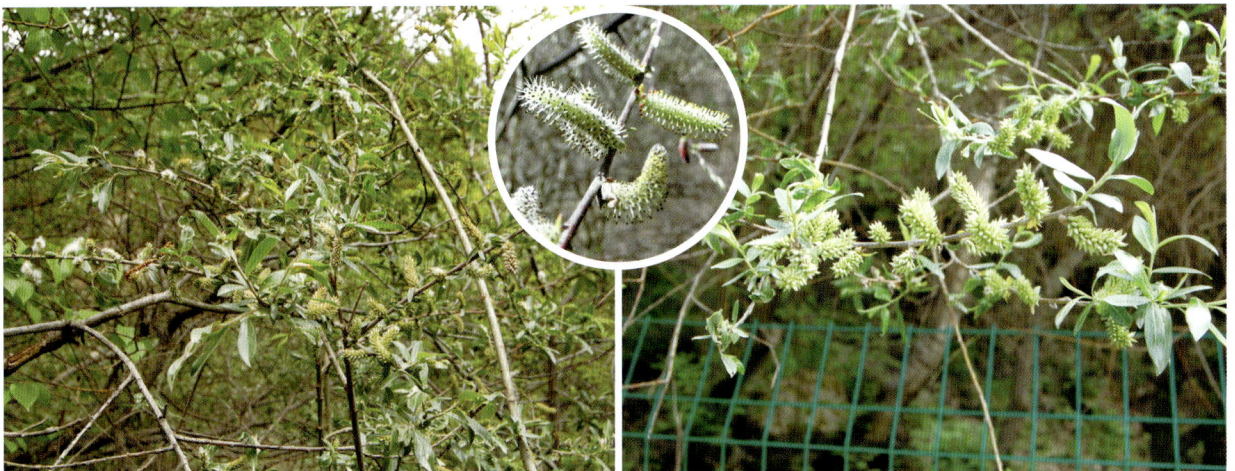

乌柳

Salix cheilophila C. K. Schneid.

科 杨柳科 Salicaceae
属 柳属 *Salix*

形态识别要点：落叶灌木或小乔木。小枝灰黑色或黑红色。单叶互生；叶片线形或线状倒披针形，长2.5～5厘米，宽3～7毫米，先端渐尖或具短硬尖，上面疏被柔毛，下面灰白色，密被绢状柔毛，边缘外卷，上部具腺锯齿，下部全缘。花序近无梗；雄花序长1.5～2.3厘米，粗3～4毫米，密花；雌花序长1.3～2厘米，粗1～2毫米，密花。果序长达3.5厘米；蒴果长3毫米，密被短毛。

本区分布：八盘梁、兴隆峡。海拔2300～2700米。

生境：山坡、河滩。

红皮柳

Salix sinopurpurea C. Wang & Ch. Y. Yang

科 杨柳科 Salicaceae
属 柳属 *Salix*

形态识别要点：落叶灌木。单叶对生或斜对生；叶片披针形，长5～10厘米，宽1～1.2厘米，先端短渐尖，基部楔形，边缘有腺锯齿，下面苍白色；萌条叶较长而宽。柔荑花序先叶开放，圆柱形，长2～3厘米，粗5～6毫米，对生或互生，无花序梗。蒴果卵形，密被灰茸毛，2瓣裂。

本区分布：官滩沟。海拔2400～2600米。

生境：山地灌丛或河滩地。

拉马山柳

Salix lamashanensis K. S. Hao ex Fang & A. K. Skvortsov

科 杨柳科 Salicaceae
属 柳属 *Salix*

形态识别要点：落叶灌木。单叶互生；叶片倒披针形，长4～6厘米，宽5～12毫米，先端渐尖，基部楔形，边缘有疏锯齿，下面灰白色；叶柄长5～10毫米。柔荑花序卵形，长约1厘米，无花序梗，基部具2枚披针形鳞片；苞片椭圆状长圆形，长为子房的1/2，棕色；腺体1个，腹生；子房卵形，密被茸毛，近无柄，花柱短，柱头头状，2裂。蒴果淡黄色，有茸毛。

本区分布：马场沟、分豁岔。海拔2400～2700米。

生境：山地灌丛或河滩地。

毛榛

Corylus mandshurica Maxim.

科 桦木科 Betulaceae
属 榛属 *Corylus*

形态识别要点：落叶灌木。小枝被长柔毛。单叶互生；叶片宽卵形，长6～12厘米，宽4～9厘米，顶端骤尖或尾状，基部心形，边缘具不规则粗锯齿，疏被毛。柔荑花序，2～4枚排成总状，下垂；雄花序长圆柱状果单生或2～6枚簇生；果苞管状，在坚果上部缢缩，外面密被毛；坚果近球形，顶端具小突尖，外面密被白色茸毛。

本区分布：麻家寺、水岔沟、祁家坡、驴圈沟、唐家峡、新庄沟、阳道沟、分豁岔、西山。海拔2100～2500米。

生境：山坡灌丛中或林下。

虎榛子
Ostryopsis davidiana Decne.

科 桦木科 Betulaceae
属 虎榛子属 *Ostryopsis*

形态识别要点：落叶灌木。单叶互生；叶片卵形或椭圆状卵形，长2～6.5厘米，宽1.5～5厘米，顶端渐尖或锐尖，基部心形或几圆形，缘具重锯齿；下面沿脉密被短柔毛。雄花序短圆柱形，单生。小坚果宽卵球形，长5～6毫米，多枚排成总状，下垂，生于枝顶；果苞上部延伸呈管状，外被密短毛，成熟后一侧开裂，顶端4浅裂。

本区分布：官滩沟、麻家寺、水家沟、唐家峡、兴隆山大湾、东山、马啣山。海拔2200～2500米。

生境：山坡。

糙皮桦
Betula utilis D. Don

科 桦木科 Betulaceae
属 桦木属 *Betula*

形态识别要点：落叶乔木；树皮暗褐色至黑褐色，呈层剥裂。单叶互生；叶片厚纸质，卵形至椭圆形或矩圆形，长4～9厘米，宽2.5～6厘米，顶端渐尖，基部圆形或近心形，边缘具不规则重锯齿。穗状果序单生或兼有2～4枚排成总状，圆柱形，长3～5厘米，直径7～12毫米。

本区分布：官滩沟、八盘梁、红庄子、西番沟、上庄、马啣山。海拔2500～3000米。

生境：山坡林中。

红桦

Betula albosinensis Burk.

科 桦木科 Betulaceae
属 桦木属 *Betula*

形态识别要点：落叶乔木；树皮淡红褐色或紫红色，有光泽和白粉，纸状成层剥落。单叶互生；叶片卵形或卵状矩圆形，长3~8厘米，宽2~5厘米，顶端渐尖，基部圆形，边缘具不规则重锯齿。雄花序圆柱形，长3~8厘米，直径3~7毫米，无梗。穗状果序单生或兼有2~4枚排成总状，圆柱形，斜展，长3~4厘米，直径约1厘米。

本区分布：官滩沟、水岔沟、麻家寺、范家山、翻车沟、双咀山、小银木沟、唐家峡。海拔2300~2600米。

生境：山坡杂木林中。

白桦

Betula platyphylla Suk.

科 桦木科 Betulaceae
属 桦木属 *Betula*

形态识别要点：落叶乔木；树皮灰白色，纸状剥落。单叶互生；叶片三角状卵形至宽卵形，长3~9厘米，宽2~7.5厘米，顶端锐尖至尾状渐尖，基部截形至楔形，边缘具重锯齿或单齿，近无毛；叶柄细瘦，长1~2.5厘米。穗状果序单生，圆柱形，下垂，长2~5厘米；序梗细瘦。

本区分布：官滩沟、麻家寺、平滩、红庄子、驴圈沟、张家窑、峡口、兴隆峡、黄坪、唐家峡、朱家沟、分豁岔、三岔路口、东山、马啣山。海拔2200~2700米。

生境：山坡或林中。

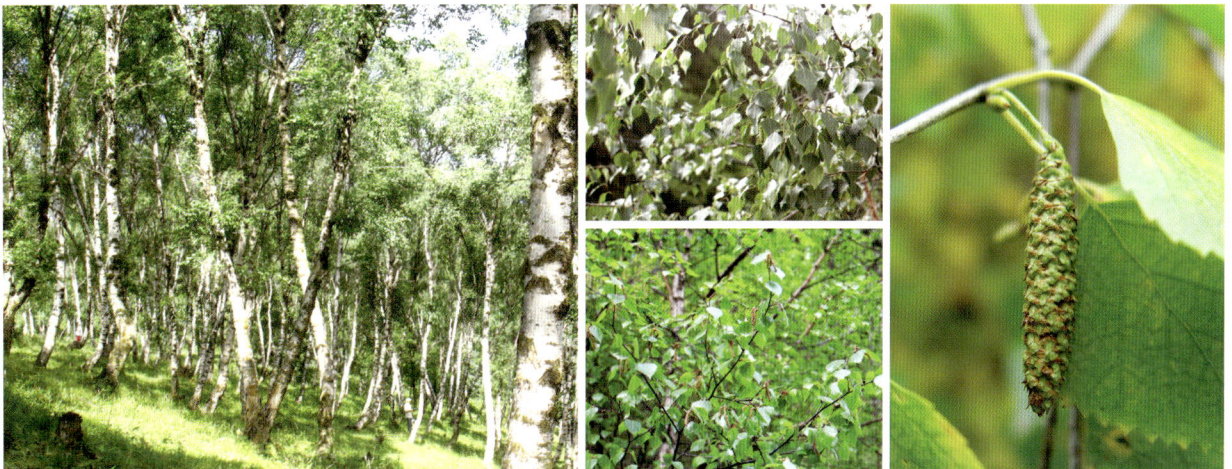

蒙古栎
Quercus mongolica Fisch. ex Ledeb.

科 壳斗科 Fagaceae
属 栎属 *Quercus*

形态识别要点：落叶乔木。叶互生；叶片倒卵形至长倒卵形，长5～17厘米，宽2～10厘米，顶端圆钝或短渐尖，基部窄圆形或耳形，叶缘有5～7对圆齿。雄花序生于新枝基部，长5～7厘米；雌花序生于新枝上端叶腋，长0.5～2厘米。壳斗浅杯形，包着坚果约1/3，直径1.2～1.5厘米，高约8毫米；小苞片长三角形，长1.5毫米，扁平微突起，被稀疏短茸毛。坚果卵形至卵状椭圆形，高1.5～1.8厘米，顶端有短茸毛。

本区分布：官滩沟、兴隆峡、水家沟、翻车沟、阳道沟、大洼沟、马场沟、分豁岔、马啣山。海拔2100～2700米。

生境：阳坡、半阳坡。

旱榆
Ulmus glaucescens Franch.

科 榆科 Ulmaceae
属 榆属 *Ulmus*

形态识别要点：落叶乔木。单叶互生；叶片卵形至椭圆状披针形，长2.5～5厘米，宽1～2.5厘米，先端渐尖至尾状渐尖，基部偏斜，楔形或圆形，两面无毛，边缘具钝而整齐的单锯齿或近单锯齿；叶柄长5～8毫米。花散生于新枝基部或3～5花簇生于去年生枝上。翅果椭圆形或宽椭圆形，长2～2.5厘米，宽1.5～2厘米，无毛，果核位于翅果中上部。

本区分布：新庄沟、祁家坡、干沟。海拔2200～2400米。

生境：山坡、沟谷。

春榆

Ulmus davidiana Planch. var. *japonica* (Rehd.) Nakai

科 榆科 Ulmaceae
属 榆属 *Ulmus*

形态识别要点：落叶乔木。小枝幼时密被柔毛，萌生条和幼枝有时具木栓质翅。单叶互生；叶片长4～12厘米，宽1.5～5.5厘米，先端尾状渐尖或渐尖，基部歪斜，叶面幼时有散生硬毛，后脱落无毛，边缘具重锯齿；叶柄长5～17毫米。花在去年生枝上排成簇状聚伞花序。翅果倒卵形或近倒卵形，长10～19毫米，宽7～14毫米，无毛，果核位于翅果中上部或上部。

本区分布：祁家坡。海拔2100～2200米。

生境：山坡、沟谷。

啤酒花

Humulus lupulus Linn.

科 大麻科 Cannabaceae
属 葎草属 *Humulus*

形态识别要点：多年生攀缘草本。茎、枝密生茸毛和倒钩刺。叶卵形或宽卵形，长4～11厘米，宽4～8厘米，不裂或3～5裂，边缘具粗锯齿，表面密生小刺毛，背面疏生小毛和黄色腺点；叶柄长不超过叶片。花单性，雌雄异株；雄花排列为圆锥花序；雌花每两朵生于一苞片腋间；苞片呈覆瓦状排列为近球形的穗状花序。果穗球果状，宿存苞片干膜质，果时增大。

本区分布：官滩沟、麻家寺、周家湾。海拔2200～2400米。

生境：沟边灌丛、荒地、林缘。

毛果荨麻

Urtica triangularis Hand.-Mazz. subsp. *trichocarpa* C. J. Chen

科 荨麻科 Urticaceae
属 荨麻属 *Urtica*

形态识别要点：多年生草本。茎四棱形，疏生刺毛和细糙毛。单叶对生；叶片卵形至披针形，长2.5～11厘米，宽15厘米，先端锐尖或渐尖，基部常圆形，有时浅心形，边缘具粗牙齿，两面疏生刺毛，钟乳体点状；叶柄长1～5厘米，生稍密的刺毛和细糙毛。雌雄同株；雄花序圆锥状，生下部叶腋，开展；雌花序近穗状，生上部叶腋。果序多少下垂；瘦果双凸透镜状，表面有较明显的疏微毛和细洼点。

本区分布：哈班岔、水家沟、深岘子、清水沟、上庄、魏河、马场沟、大洼沟、西山、马啣山。海拔2400～3000米。

生境：山谷湿润处或山坡灌丛旁。

羽裂荨麻

Urtica triangularis Hand. -Mazz. subsp. *pinnatifida* (Hand. -Mazz.) C. J. Chen

科 荨麻科 Urticaceae
属 荨麻属 *Urtica*

形态识别要点：多年生草本。茎四棱形，疏生刺毛和细糙毛。叶三角状披针形，边缘上部为粗牙齿或锐裂锯齿，下部具数对半裂至深裂的羽裂片，其最下对最大，裂片常在外缘有数枚不规则的牙齿状锯齿，两面疏生刺毛。雄花序圆锥状，生下部叶腋；雌花序近穗状，生上部叶腋。瘦果熟时具较粗的疣点。

本区分布：马场沟。海拔2200～2400米。

生境：山坡灌丛、路边、草地。

麻叶荨麻

Urtica cannabina Linn.

科 荨麻科 Urticaceae
属 荨麻属 *Urtica*

形态识别要点： 多年生草本。茎四棱形，常近于无刺毛。单叶对生；叶片五角形，掌状3全裂，一回裂片再羽状深裂，自下而上变小，二回裂片常有裂齿或浅锯齿，钟乳体细点状，在上面密布；叶柄长2～8厘米，生刺毛或微柔毛。雌雄同株；雄花序圆锥状，生下部叶腋，长5～8厘米，斜展；雌花序生上部叶腋，常穗状，长2～7厘米，直立或斜展。瘦果狭卵形，长2～3毫米；宿存花被片4枚。

本区分布： 深岘子、八盘梁、马场沟、陈沟峡、水家沟。海拔2200～2800米。

生境： 坡地、河谷、溪旁。

宽叶荨麻

Urtica laetevirens Maxim.

科 荨麻科 Urticaceae
属 荨麻属 *Urtica*

形态识别要点： 多年生草本。茎四棱形，在节上密生细糙毛。单叶对生；叶片卵形或披针形，向上的常渐变狭，长4～10厘米，宽2～6厘米，先端短渐尖至尾状渐尖，基部圆形或宽楔形，边缘除基部和先端全缘外，有锐或钝的牙齿，两面疏生刺毛和细糙毛，钟乳体常短杆状，有时点状；叶柄长1.5～7厘米，向上的渐变短。雌雄同株，稀异株；雄花序近穗状，生上部叶腋，长达8厘米；雌花序近穗状，生下部叶腋，较短。瘦果双凸透镜状，多少有疣点。

本区分布： 官滩沟、大洼沟、阳道沟、上庄、黄崖沟、分豁岔。海拔2300～2600米。

生境： 山谷溪边或山坡林下阴湿处。

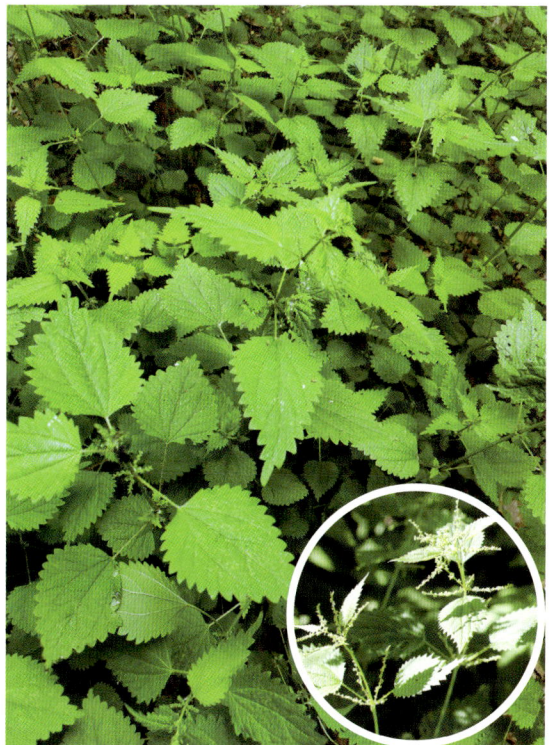

异株荨麻
Urtica dioica Linn.

科 荨麻科 Urticaceae
属 荨麻属 *Urtica*

形态识别要点：多年生草本。茎四棱形，密生刺毛。单叶对生；叶片卵形或狭卵形，长5～7厘米，宽2.5～4厘米，先端渐尖，基部心形，边缘有锯齿，上面疏生刺毛和细糙毛，钟乳体点状；叶柄长为叶片的1/2。雌雄异株，稀同株；花序圆锥状，长3～7厘米；雌花序在果时常下垂；雄花具短梗；花被片4枚。瘦果双凸透镜状，光滑。

本区分布：马坡、驴圈沟、响水沟、红庄子、深岘子、平滩。海拔2400～2600米。

生境：山坡阴湿处。

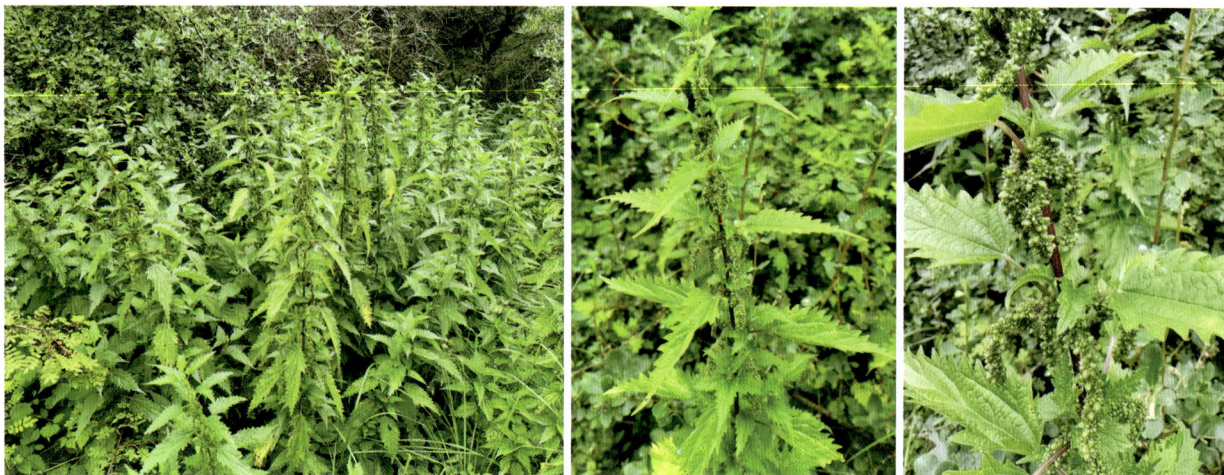

少花冷水花
Pilea pauciflora C. J. Chen

科 荨麻科 Urticaceae
属 冷水花属 *Pilea*

形态识别要点：一年生小草本，高5～20厘米。茎纤细，肉质。单叶对生，同对的近等大，膜质；叶片圆卵形或宽卵形，长0.8～4厘米，宽0.6～3厘米，边缘有3～7个钝圆齿，下部的叶较小，常全缘；叶柄纤细，长0.5～2.6厘米。雌雄同株并同序，稀异株；花序生于每个叶腋，由少数花组成，密集成簇生状或短的蝎尾状。瘦果三角状卵形，扁，长约1.5毫米。

本区分布：陈沟峡、大洼沟、阳道沟。海拔2200～2400米。

生境：沼泽旁或林下阴湿处。

墙草
Parietaria micrantha Ledeb.

科 荨麻科 Urticaceae
属 墙草属 *Parietaria*

形态识别要点： 一年生铺散草本。茎上升平卧或直立，肉质，纤细，被短柔毛。单叶互生；叶片卵形或卵状心形，长0.5～3厘米，宽0.4～2.2厘米，边缘全缘，上面疏生短糙伏毛，下面疏生柔毛，钟乳体点状，在上面明显；叶柄纤细，长0.4～2厘米。花杂性，聚伞花序腋生，常有少数几朵花组成，具短梗或近簇生状。果卵形，长1～1.3毫米，具宿存的花被和苞片。

本区分布： 张家窑、西山。海拔2100～2300米。

生境： 山坡阴湿草地或岩石下阴湿处。

急折百蕊草
Thesium refractum C. A. Mey.

科 檀香科 Santalaceae
属 百蕊草属 *Thesium*

形态识别要点： 多年生草本，高20～40厘米。叶线形，长3～5厘米，宽2～2.5毫米，两面粗糙；无柄。总状花序腋生或顶生；总花梗呈"之"字形曲折；苞片1枚，长6～8毫米，叶状，开展；小苞片2枚；花梗长5～7毫米；花白色，长5～6毫米，裂片5枚，线状披针形。坚果椭圆状或卵形，长3毫米；花被宿存；果柄长达1厘米，果熟时反折。

本区分布： 尖山、水家沟、张家窑、干沟、西山。海拔2200～2500米。

生境： 草地、灌丛下、多沙砾坡地。

冰岛蓼

Koenigia islandica Linn.

科 蓼科 Polygonaceae
属 冰岛蓼属 *Koenigia*

形态识别要点： 一年生矮小草本，高3～7厘米。茎细弱，通常簇生，分枝开展。叶互生；叶片宽椭圆形或倒卵形，长3～6毫米，宽2～4毫米，无毛；叶柄长1～3毫米。花簇腋生或顶生；花被3深裂，淡绿色，花被片宽椭圆形，长约1毫米。瘦果长卵形，双凸镜状，比宿存花被稍长。

本区分布： 红庄子、分豁岔、西山、马啣山。海拔2300～3000米。

生境： 草地、山沟水边。

萹蓄

Polygonum aviculare Linn.

科 蓼科 Polygonaceae
属 蓼属 *Polygonum*

形态识别要点： 一年生草本。茎平卧、上升或直立。单叶互生；叶片椭圆形至披针形，长1～4厘米，宽3～12毫米，全缘；叶柄短或近无柄。花单生或数朵簇生于叶腋，遍布植株；花梗细；花被5深裂，花被片绿色，边缘白色或淡红色。瘦果卵形，具3棱，与宿存花被近等长或稍超过。

本区分布： 西山、马坡、阳道湾、马啣山。海拔2000～2700米。

生境： 田野、路旁以及潮湿阳光充足之处。

马蓼

Polygonum lapathifolium Linn.

形态识别要点：一年生草本。单叶互生；叶片披针形或宽披针形，长5~15厘米，宽1~3厘米，上面常有一个大的黑褐色新月形斑点，全缘；叶柄短；托叶鞘筒状，长1.5~3厘米，顶端截形。总状花序呈穗状，顶生或腋生，近直立，花紧密，通常由数个花穗再组成圆锥状；花被淡红色或白色，4~5深裂，花被片椭圆形，外面两片较大。瘦果宽卵形，双凹，包于宿存花被内。

本区分布：马莲滩、小泥窝子、祁家坡。海拔2100~2300米。

生境：路旁、水边、田边、荒地或沟边湿地。

珠芽拳参

Polygonum viviparum Linn.

形态识别要点：多年生草本。基生叶长圆形或卵状披针形，长3~10厘米，宽0.5~3厘米，边缘外卷，叶柄长；茎生叶较小，披针形，近无柄；托叶鞘筒状，膜质，开裂。总状花序呈穗状，顶生，紧密，下部生珠芽；花被5深裂，白色或淡红色。瘦果卵形，具3棱，包于宿存花被内。

本区分布：八盘梁、马啣山、红庄子、哈班岔、尖山。海拔2100~3500米。

生境：山坡林下、高山草地。

细叶珠芽拳参

Polygonum viviparum Linn. var. *angustum* A. J. Li

科 蓼科 Polygonaceae
属 蓼属 *Polygonum*

与珠芽拳参的区别： 叶片线形，长3～7厘米，宽0.2～0.3厘米。

本区分布： 马啣山。海拔3100～3500米。

生境： 山坡草地、林缘、河谷湿地。

支柱拳参

Polygonum suffultum Maxim.

科 蓼科 Polygonaceae
属 蓼属 *Polygonum*

形态识别要点： 多年生草本。基生叶卵形或长卵形，长5～12厘米，宽3～6厘米，基部心形，全缘，叶柄长4～15厘米；茎生叶卵形，较小，具短柄，最上部的叶无柄，抱茎；托叶鞘膜质，筒状，长2～4厘米。总状花序呈穗状，紧密，顶生或腋生，长1～2厘米；花被5深裂，白色或淡红色。瘦果宽椭圆形，具3锐棱，稍长于宿存花被。

本区分布： 分豁岔、官滩沟。海拔2300～2500米。

生境： 山坡路旁、林下湿地及沟边。

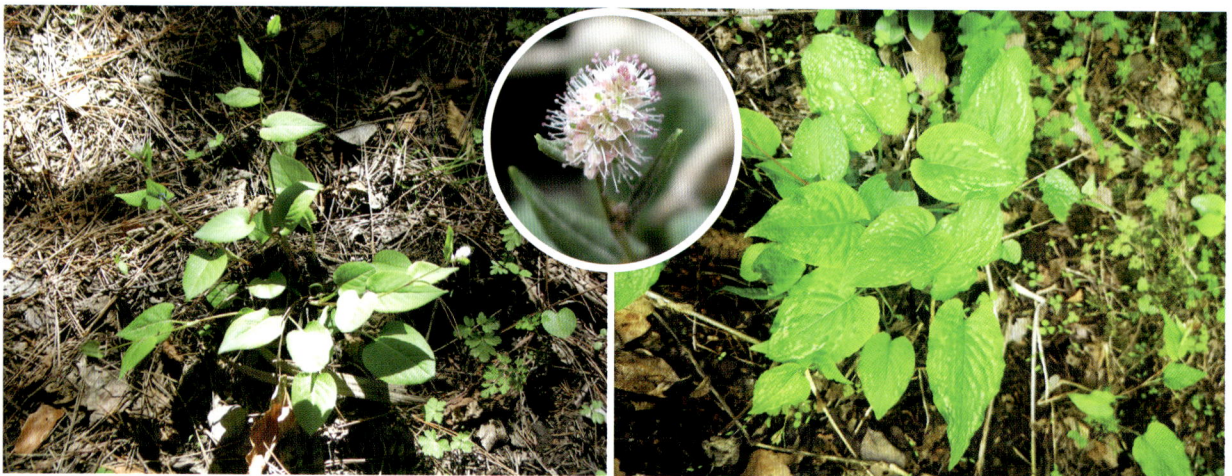

圆穗拳参

Polygonum macrophyllum D. Don

科 蓼科 Polygonaceae
属 蓼属 *Polygonum*

形态识别要点： 多年生草本。基生叶长圆形或披针形，长 3～11 厘米，宽 1～3 厘米，顶端急尖，基部近心形，边缘外卷，叶柄长 3～8 厘米；茎生叶较小，狭披针形或线形，叶柄短或近无柄。总状花序呈短穗状，顶生，长 1.5～2.5 厘米，直径 1～1.5 厘米；花被 5 深裂，淡红色或白色。瘦果卵形，具 3 棱，包于宿存花被内。

本区分布： 马啣山。海拔 3000～3500 米。

生境： 高山草地。

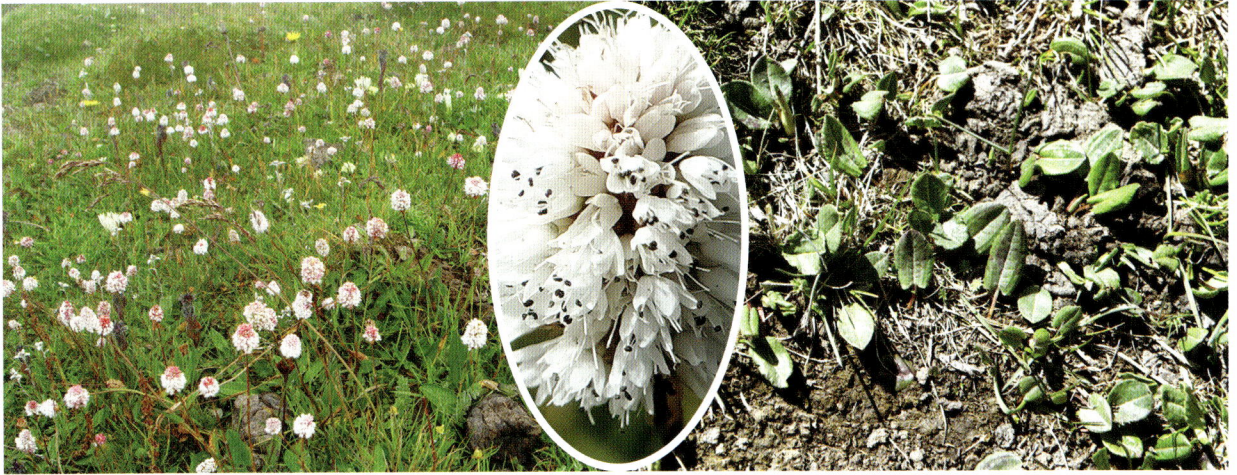

尼泊尔蓼

Polygonum nepalense Meisn.

科 蓼科 Polygonaceae
属 蓼属 *Polygonum*

形态识别要点： 一年生草本。茎下部叶卵形或三角状卵形，长 3～5 厘米，宽 2～4 厘米，基部沿叶柄下延成翅；茎上部叶较小，叶柄长 1～3 厘米，或近无柄，抱茎；托叶鞘筒状，长 5～10 毫米。花序头状，顶生或腋生，基部常具 1 枚叶状总苞片；花被通常 4 裂，淡紫红色或白色。瘦果宽卵形，双凸镜状，包于宿存花被内。

本区分布： 大洼沟、马啣山。海拔 2000～2200 米。

生境： 山坡草地、山谷路旁。

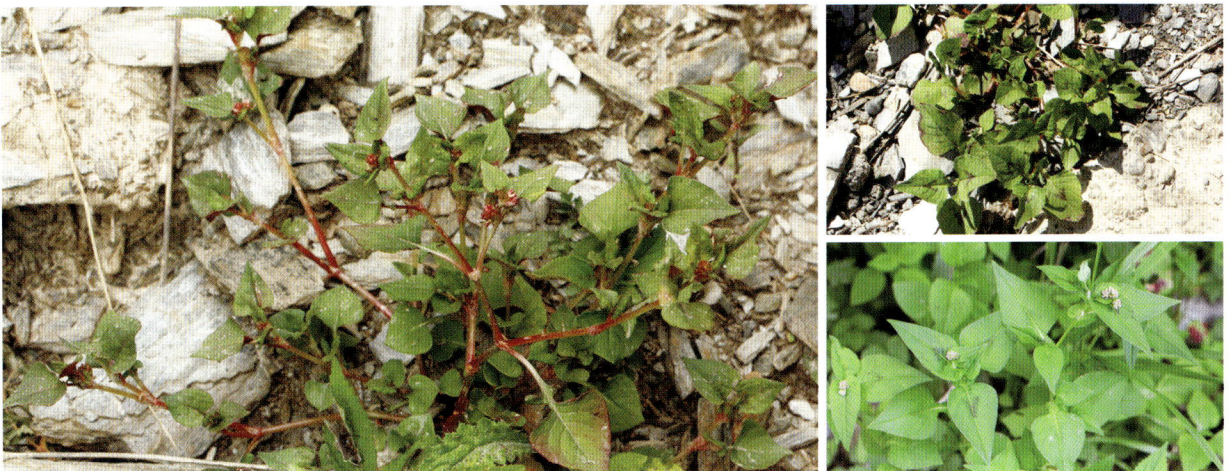

冰川蓼

Polygonum glaciale (Meisn.) Hook. f.

科 蓼科 Polygonaceae
属 蓼属 *Polygonum*

形态识别要点： 一年生矮小草本，高10～15厘米。茎细弱，铺散，无毛。叶互生；叶片卵形或宽卵形，长0.8～2厘米，宽6～10毫米，无毛；叶柄与叶片近等长或比叶片长。花序头状，直径5～6毫米，顶生或腋生；花被5裂，白色或淡红色，花被片大小近相等。瘦果卵形，具3棱，长1～1.5毫米，包于宿存花被内。

本区分布： 红桦沟、响水沟。海拔2400～2800米。

生境： 山坡草地、山谷湿地。

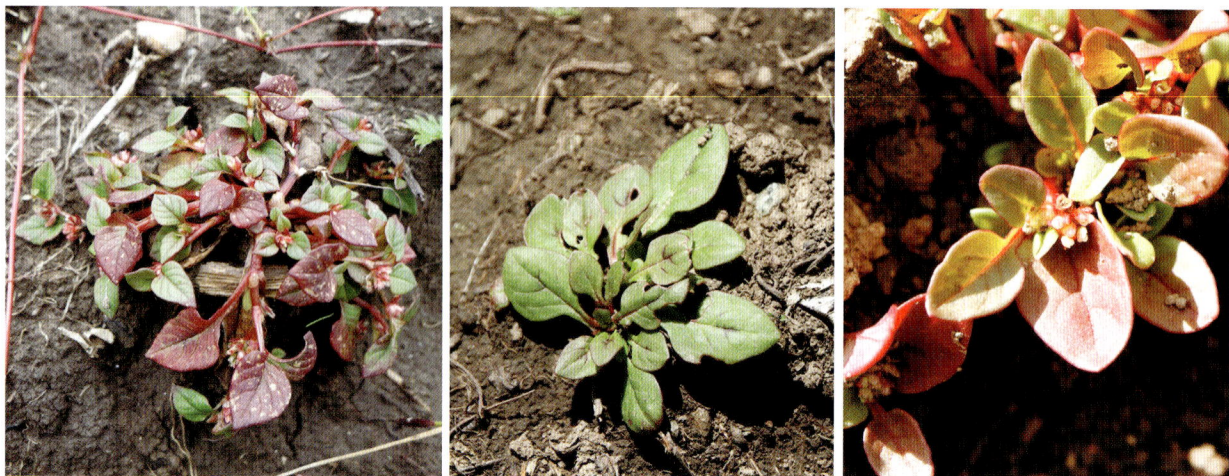

青藏蓼

Polygonum fertile (Maxim.) A. J. Li

科 蓼科 Polygonaceae
属 蓼属 *Polygonum*

形态识别要点： 一年生草本，高5～8毫米。茎细弱，分枝开展，无毛。叶互生；叶片倒卵形或椭圆形，长3～6毫米，宽2～4毫米；叶柄细弱，长1～2毫米。花簇腋生或顶生；花被4深裂，白色。瘦果长卵形，双凸镜状，比宿存花被稍长。

本区分布： 马䜔山。海拔2700～3200米。

生境： 山坡草地、山谷湿地。

柔毛蓼

Polygonum sparsipilosum A. J. Li

科 蓼科 Polygonaceae
属 蓼属 *Polygonum*

形态识别要点：一年生草本。单叶互生；叶片宽卵形，长1～1.5厘米，宽0.8～1厘米，两面疏生柔毛；叶柄长4～8毫米；托叶鞘筒状，开裂，基部密生柔毛。头状花序顶生或腋生；每苞内具1朵花；花梗短；花被4深裂，白色，花被片大小不等。瘦果卵形，具3棱，包于宿存花被内。

本区分布：官滩沟、麻家寺、马场沟、大洼沟、阳道沟、黄崖沟、水岔沟、窑沟。海拔2100～2300米。

生境：山坡草地、山谷湿地。

硬毛神血宁

Polygonum hookeri Meisn.

科 蓼科 Polygonaceae
属 蓼属 *Polygonum*

形态识别要点：多年生草本。茎不分枝，疏生长硬毛。叶互生；叶片长椭圆形或匙形，长5～10厘米，宽1.5～3厘米，两面疏生长硬毛，边缘全缘；茎生叶较小，叶柄长0.5～1厘米。花单性，雌雄异株；花序圆锥状，顶生，分枝稀疏；苞片狭披针形，每苞内具1朵花；雌花花被5深裂，深紫红色，边缘黄绿色，花被片大小不等；雄花具8枚雄蕊。瘦果宽卵形，具3棱，稍突出花被之外。

本区分布：马啣山。海拔3200～3600米。

生境：高山草甸、山谷灌丛。

齿翅首乌
Fallopia dentatoalata (F. Schmidt) Holub

科 蓼科 Polygonaceae
属 何首乌属 *Fallopia*

形态识别要点：一年生草本。茎缠绕，沿棱密生小突起。叶互生；叶片卵形或心形，长3～6厘米，宽2.5～4厘米，基部心形，沿叶脉具小突起，边缘全缘；叶柄长2～4厘米；托叶鞘短，偏斜，膜质。花序总状，腋生或顶生，长4～12厘米，花排列稀疏，间断，具小叶；每苞内具4～5朵花；花被5深裂，红色，外面3枚背部具翅，果时增大，翅通常具齿。瘦果椭圆形，具3棱，包于宿存花被内。

本区分布：兴隆峡。海拔1800～2000米。

生境：山坡草丛、山谷湿地。

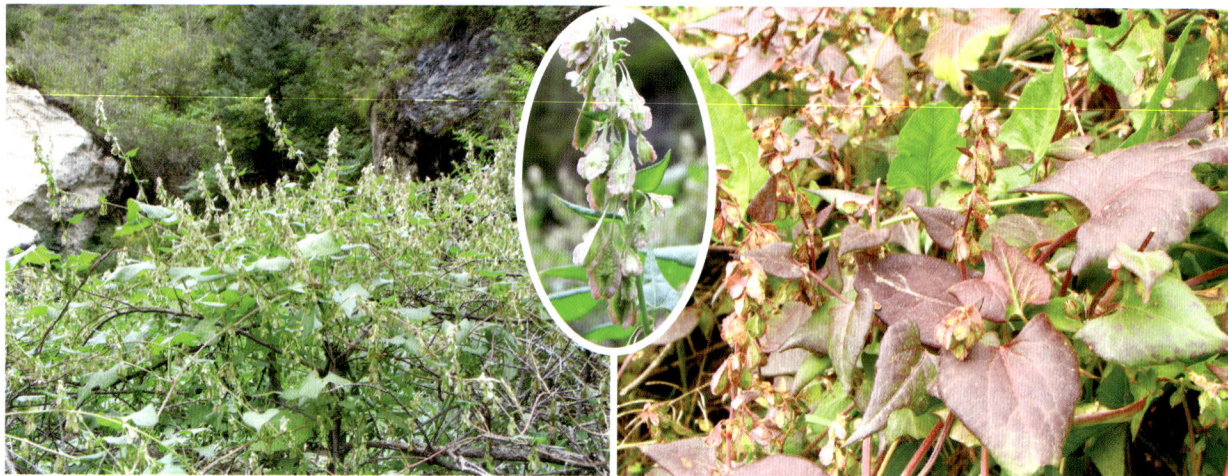

木藤首乌
Fallopia aubertii (L. Henry) Holub

科 蓼科 Polygonaceae
属 何首乌属 *Fallopia*

形态识别要点：半灌木。茎缠绕。叶簇生，稀互生；叶片长卵形或卵形，长2.5～5厘米，宽1.5～3厘米，基部近心形；叶柄长1.5～2.5厘米。花序圆锥状，少分枝，稀疏，腋生或顶生；每苞内具3～6朵花；花梗长3～4毫米；花被5深裂，淡绿色或白色，外面3枚较大，背部具翅，果时增大，基部下延。瘦果卵形，具3棱，包于宿存花被内。

本区分布：矿湾村、谢家岔。海拔2100～2200米。

生境：山坡草地、山谷灌丛。

金荞

Fagopyrum dibotrys (D. Don) H. Hara

科 蓼科 Polygonaceae
属 荞麦属 *Fagopyrum*

形态识别要点： 多年生草本，高50～100厘米。叶三角形，长4～12厘米，宽3～11厘米，顶端渐尖，基部近戟形，边缘全缘，两面具乳头状突起或柔毛；叶柄长可达10厘米；托叶鞘筒状，膜质，褐色，偏斜，顶端截形。花序伞房状，顶生或腋生；每苞内具2～4朵花；花梗与苞片近等长；花被5深裂，白色。瘦果宽卵形，具3锐棱，超出宿存花被2～3倍。

本区分布： 党家山、荨麻沟。海拔2300～2400米。

生境： 山谷湿地、山坡灌丛。

巴天酸模

Rumex patientia Linn.

科 蓼科 Polygonaceae
属 酸模属 *Rumex*

形态识别要点： 多年生草本。基生叶长圆形或长圆状披针形，长15～30厘米，宽5～10厘米，基部圆形或近心形，边缘波状，叶柄粗壮，长5～15厘米；茎上部叶披针形，较小，具短叶柄或近无柄；托叶鞘筒状，膜质，长2～4厘米，易破裂。花两性；花序圆锥状，大型；内花被片果时增大，宽心形。瘦果卵形，具3锐棱，包于增大的内花被片内。

本区分布： 峡口、麻家寺、谢家岔、水家沟、白房子、银山、大洼沟、龙泉寺。海拔2200～2600米。

生境： 沟边湿地、水边。

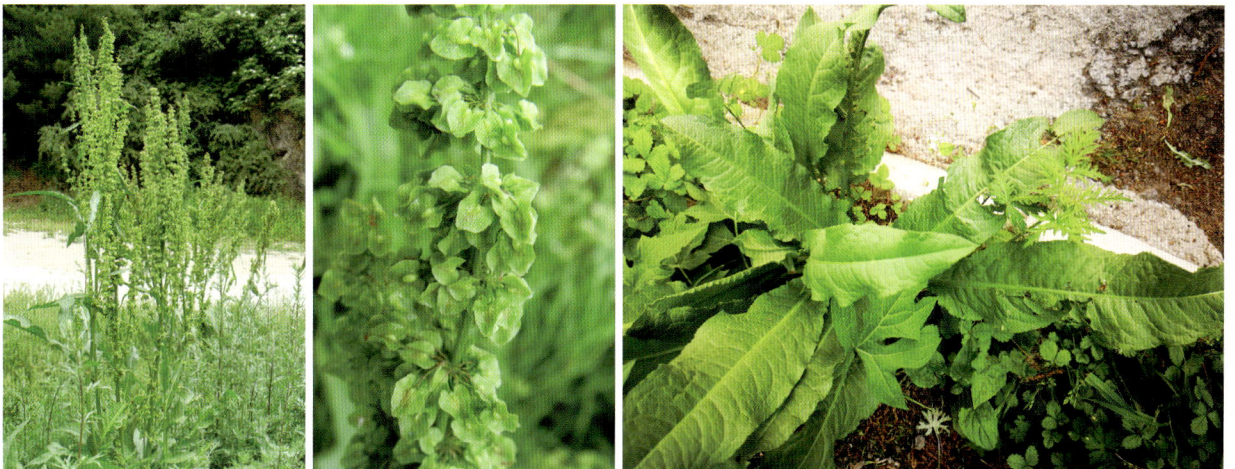

尼泊尔酸模
Rumex nepalensis Spreng.

科 蓼科 Polygonaceae
属 酸模属 *Rumex*

形态识别要点： 多年生草本。基生叶长圆状卵形，长10～15厘米，宽4～8厘米，顶端急尖，基部心形，边缘全缘；茎生叶卵状披针形；叶柄长3～10厘米；托叶鞘膜质，易破裂。花两性；花序圆锥状；花被片6枚，呈2轮；内花被片果时增大，边缘每侧具7～8个刺状齿，齿端呈钩状。瘦果卵形，具3锐棱，包于增大的内花被片内。
本区分布： 尖山、上庄、深岘子、红庄子、唐家峡。海拔2400～2800米。
生境： 山坡路旁、山谷草地。

药用大黄
Rheum officinale Baill.

科 蓼科 Polygonaceae
属 大黄属 *Rheum*

形态识别要点： 高大草本，高1.5～2米。基生叶大型，叶片近圆形，直径30～50厘米，顶端近急尖，基部近心形，掌状浅裂，裂片大齿状三角形，叶柄粗圆柱状，与叶片等长或稍短。茎生叶向上逐渐变小，上部叶腋具花序分枝，托叶鞘宽大，长可达15厘米。大型圆锥花序，分枝开展，花4～10朵成簇互生，绿色到黄白色；花被片6枚，内外轮近等大。果实长圆状椭圆形，中央微下凹，基部浅心形，翅宽约3毫米。
本区分布： 保护区偶见逸生者。

掌叶大黄
Rheum palmatum Linn.

科 蓼科 Polygonaceae
属 大黄属 *Rheum*

形态识别要点：多年生高大粗壮草本。基生叶长宽近相等，达40～60厘米，基部近心形，通常掌状5裂至中部，裂片又近羽状分裂，叶上面粗糙，具乳突状毛，下面及边缘密被短毛，叶柄粗壮，与叶片近等长，密被锈乳突状毛；茎生叶向上渐小，柄亦渐短，托叶鞘大，长达15厘米。圆锥花序大型，分枝较聚拢；花小，紫红色，有时黄白色；花被片6枚，外轮3枚窄小，内轮3枚较大。瘦果矩圆状椭圆形至矩圆形，两端均下凹，翅宽约2.5毫米。

本区分布：阳洼村、大滩、红庄子、马啣山。海拔2400～3000米。

生境：山坡石砾地带或山谷湿地。

鸡爪大黄
Rheum tanguticum (Maxim. ex Regel) Balf.

科 蓼科 Polygonaceae
属 大黄属 *Rheum*

形态识别要点：多年生高大草本，高1.5～2米。基生叶大型，叶片近圆形或及宽卵形，长30～60厘米，掌状5深裂，中间3枚裂片多为三回羽状深裂，小裂片窄长披针形，叶上面具乳突或粗糙，下面具密短毛；叶柄与叶片近等长；茎生叶较小，叶柄较短，裂片狭窄，托叶鞘大型，多破裂。大型圆锥花序，分枝较紧聚，花小，紫红色稀淡红色。瘦果矩圆状卵形到矩圆形，长8～9.5毫米，宽7～7.5毫米，翅宽2～2.5毫米。

本区分布：分豁岔、哈班岔、大滩、红庄子、马啣山。海拔2400～2800米。

生境：高山沟谷、林缘或林中。

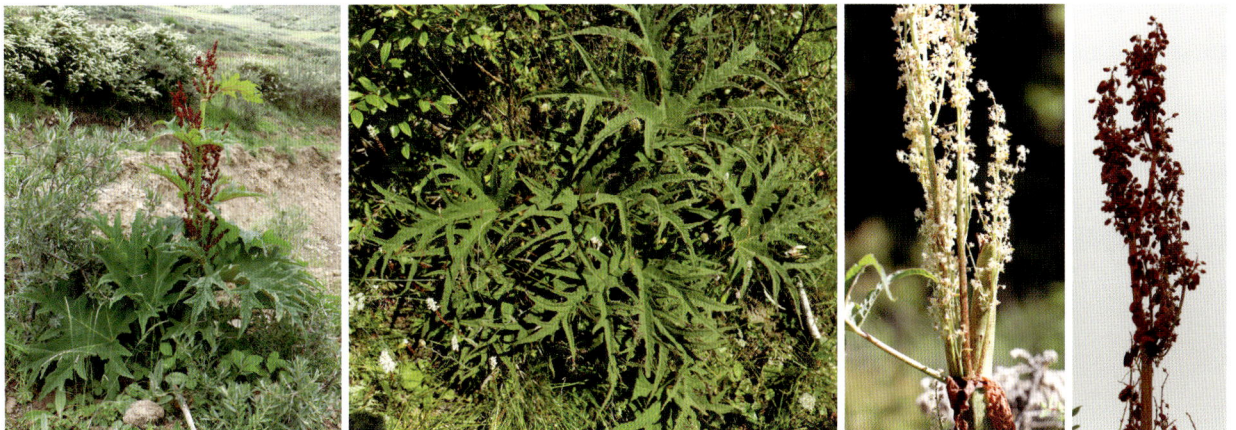

小大黄

Rheum pumilum Maxim.

科 蓼科 Polygonaceae
属 大黄属 *Rheum*

形态识别要点：多年生草本，高10～25厘米。基生叶2～3枚，卵状椭圆形或卵状长椭圆形，长1.5～5厘米，宽1～3厘米，近革质，基部浅心形，全缘，叶柄半圆柱状，与叶片等长或稍长，被短毛；茎生叶1～2枚，较窄小。窄圆锥状花序，分枝稀疏，具短毛，花2～3朵簇生；花梗极细，长2～3毫米；花被不开展，边缘为紫红色。瘦果三角形或三角状卵形，长5～6毫米，顶端微凹，翅窄。

本区分布：马啣山、西番沟。海拔3200～3600米。

生境：山坡或灌丛下。

轴藜

Axyris amaranthoides Linn.

科 藜科 Chenopodiaceae
属 轴藜属 *Axyris*

形态识别要点：一年生草本。单叶互生；基生叶大，披针形，长3～7厘米，宽0.5～1.3厘米；枝生叶和苞叶较小，边缘通常内卷。花单性，雌雄同株；雄花序穗状，花被裂片3枚；雌花数朵构成二歧聚伞花序，腋生，花被片3枚，膜质。果长椭圆状倒卵形，侧扁，长2～3毫米，顶端具一冠状附属物。

本区分布：官滩沟、西山。海拔2000～2500米。

生境：山坡、草地、荒地、河边、田间或路旁。

驼绒藜

Krascheninnikovia ceratoides (Linn.) Gueldenst.

科 藜科 Chenopodiaceae
属 驼绒藜属 *Krascheninnikovia*

形态识别要点： 灌木。叶较小，条形、条状披针形、披针形或矩圆形，长1～5厘米，宽0.2～1厘米，1条脉，有时近基处有2条侧脉。雄花序较短，长达4厘米，紧密；雌花管椭圆形，长3～4毫米，宽约2毫米，花管裂片角状，长为管长的1/3到等长。果直立，椭圆形，被毛。

本区分布： 水家沟、谢家岔、圆头、白房子、龙泉寺、朱家沟。海拔2100～2300米。

生境： 山坡或草地。

绳虫实

Corispermum declinatum Steph. ex Stev.

科 藜科 Chenopodiaceae
属 虫实属 *Corispermum*

形态识别要点： 一年生草本，高15～50厘米。分枝较多，最下部者较长，余者较短。叶条形，长2～6厘米，宽2～3毫米，先端具小尖头。穗状花序顶生和侧生，细长，稀疏，长5～15厘米，直径约0.5厘米，圆柱形；苞片较狭，长0.5～3厘米；花被片1枚，稀3枚。果实无毛，倒卵状矩圆形，果喙长约0.5毫米，果翅窄或几近于无翅。

本区分布： 水家沟、白房子、上庄。海拔2100～2300米。

生境： 沙质荒地、田边、路旁和河滩。

鸟爪状香藜

Dysphania nepalensis (Link ex Colla) Mosyakin & Clemants

科 藜科 Chenopodiaceae
属 香藜属 *Dysphania*

形态识别要点：一年生草本，全株有腺毛和强烈气味。单叶互生；叶片椭圆形到长圆形，长3～5厘米，宽2～2.5厘米，边缘不等的羽状分裂，裂片全缘；叶柄长1～1.5厘米。花两性；二歧聚伞花序着生叶腋，通常短于叶，花排列紧密；花梗鸟足状弯曲，密被腺毛；花被近球形，直径0.6～1毫米，5裂，裂片不等长，背面具纵向龙骨状脊和短腺毛。

本区分布：唐家峡。海拔2100～2300米。

生境：河边、阳坡草地、路旁。

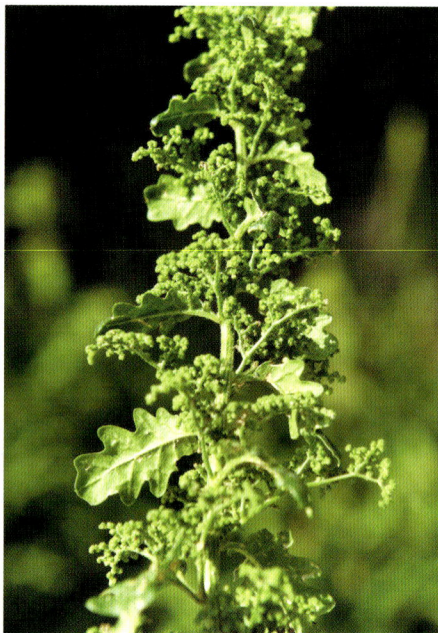

菊叶香藜

Dysphania schraderiana (Schult.) Mosyakin & Clemants

科 藜科 Chenopodiaceae
属 香藜属 *Dysphania*

形态识别要点：一年生草本，高20～60厘米，有强烈气味，全体有具节的疏生短柔毛。单叶互生；叶片矩圆形，长2～6厘米，宽1.5～3.5厘米，边缘羽状浅裂至羽状深裂，下面有具节的短柔毛并兼有黄色无柄的颗粒状腺体，很少近无毛；叶柄长2～10毫米。花两性；复二歧聚伞花序腋生；花被5深裂。胞果扁球形。

本区分布：马坡。海拔2100～2300米。

生境：林缘草地、河沿、农田、村庄附近。

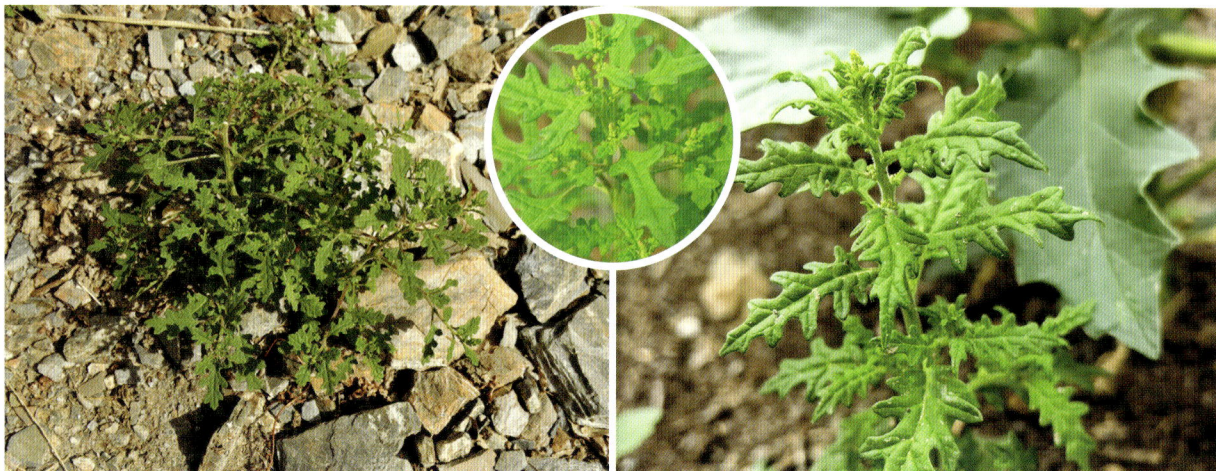

灰绿藜

Chenopodium glaucum Linn.

科 藜科 Chenopodiaceae
属 藜属 *Chenopodium*

形态识别要点：一年生草本。茎平卧或外倾，具条棱及绿色或紫红色条纹。单叶互生；叶片矩圆状卵形至披针形，长2～4厘米，宽6～20毫米，边缘具缺刻状牙齿，下面有粉而呈灰白色；叶柄长5～10毫米。花两性兼有雌性；数花聚成团伞花序，再于分枝上排列成有间断而通常短于叶的穗状或圆锥状花序；花被裂片3～4枚，浅绿色，长不及1毫米。胞果顶端露出于花被外。

本区分布：兴隆峡。海拔1500～2000米。

生境：路旁、水边等轻度盐碱地。

小白藜

Chenopodium iljinii Golosk.

科 藜科 Chenopodiaceae
属 藜属 *Chenopodium*

形态识别要点：一年生草本，高10～30厘米，全株有粉。茎平卧或斜升，多分枝。单叶互生；叶片卵形至卵状三角形，长0.5～1.5厘米，宽0.4～1.2厘米，两面均有密粉，呈灰绿色，全缘或3浅裂；叶柄细瘦，长0.4～1厘米。花簇于枝端及叶腋的小枝上集成短穗状花序；花被裂片5枚，较少为4枚，背面有密粉。胞果顶基扁。

本区分布：石窑沟、张家窑、白房子。海拔2100～2300米。

生境：河谷阶地、山坡及较干旱的草地。

杂配藜

Chenopodium hybridum Linn.

科 藜科 Chenopodiaceae
属 藜属 *Chenopodium*

形态识别要点：一年生草本。单叶互生；叶片宽卵形至卵状三角形，长6～15厘米，宽5～13厘米，边缘掌状浅裂，裂片2～3对，不等大，轮廓略呈五角形；上部叶较小，多呈三角状戟形，边缘具少数裂片状锯齿，有时几全缘；叶柄长2～7厘米。花两性兼有雌性；通常数朵团集，在分枝上排列成开散的圆锥状花序。胞果双凸镜状。

本区分布：杜家庄、分豁岔、中沟、张家窑、白房子。海拔2100～2300米。

生境：林缘、山坡灌丛、多石滩地。

藜

Chenopodium album Linn.

科 藜科 Chenopodiaceae
属 藜属 *Chenopodium*

形态识别要点：一年生草本。单叶互生；叶片菱状卵形至宽披针形，长3～6厘米，宽2.5～5厘米，边缘具不整齐锯齿。花两性；簇于枝上部排列成或大或小的穗状或圆锥状花序；花被裂片5枚，背面具纵隆脊，有粉。胞果双凸镜形。

本区分布：东山。海拔2000～2300米。

生境：路旁、荒地及田间。

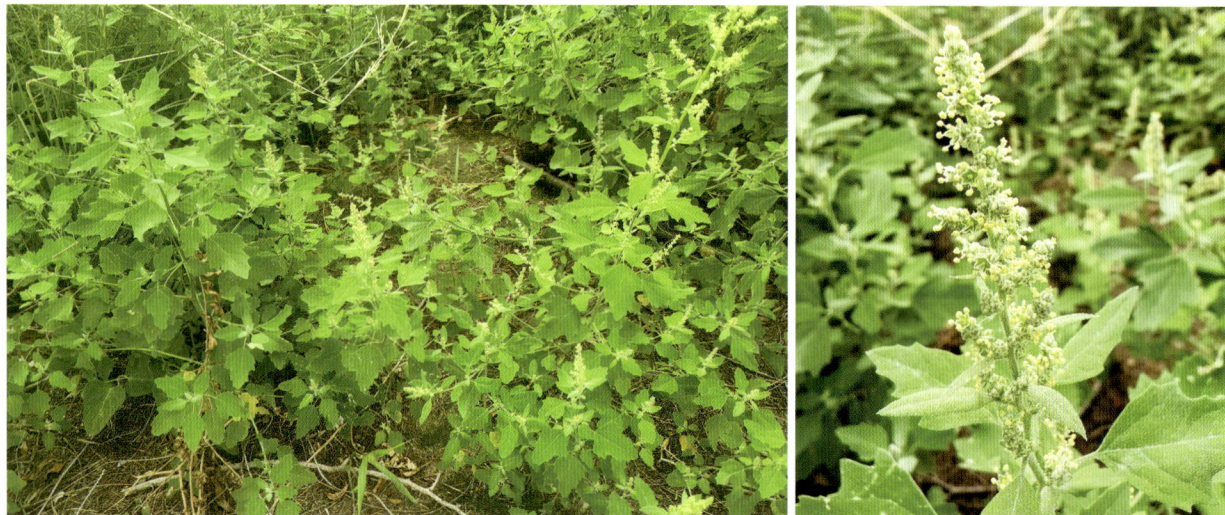

地肤

Kochia scoparia (Linn.) Schrad.

科 藜科 Chenopodiaceae
属 地肤属 *Kochia*

形态识别要点：一年生草本。单叶互生；叶片披针形或条状披针形，长2～5厘米，宽3～7毫米；茎上部叶较小，无柄。花两性或雌性，1～3朵生于上部叶腋，构成疏穗状圆锥状花序；花被近球形，淡绿色。胞果扁球形。

本区分布：兴隆峡。海拔1500～2200米。

生境：田边、路旁、荒地。

碱蓬

Suaeda glauca (Bunge) Bunge

科 藜科 Chenopodiaceae
属 碱蓬属 *Suaeda*

形态识别要点：一年生草本，高可达1米。茎粗壮，圆柱形，有条棱；枝细长。叶丝状条形，半圆柱状，长1.5～5厘米，宽约1.5毫米。花两性兼有雌性，单生或2～5朵团集于叶的近基部；两性花花被杯状，黄绿色；雌花花被近球形，灰绿色；花被裂片卵状三角形，果时增厚呈五角星状。胞果包在花被内。

本区分布：兴隆峡。海拔1500～2000米。

生境：盐碱地、湿沙地、荒地。

白茎盐生草
Halogeton arachnoideus Moq.

科 藜科 Chenopodiaceae
属 盐生草属 *Halogeton*

形态识别要点：一年生草本，高10～40厘米。枝互生，灰白色，幼时生蛛丝状毛，以后脱落。叶肉质，圆柱形，长3～10毫米，宽1.5～2毫米。花2～3朵簇生叶腋；小苞片卵形，边缘膜质；花被片宽披针形，膜质，果时自背面的近顶部生翅；翅5枚，半圆形，膜质透明。胞果，果皮膜质。

本区分布：兴隆峡。海拔1500～2000米。

生境：干旱山坡、沙地和河滩。

猪毛菜
Salsola collina Pall.

科 藜科 Chenopodiaceae
属 猪毛菜属 *Salsola*

形态识别要点：一年生草本。单叶互生，极少为对生；无柄；叶片丝状圆柱形，长2～5厘米，宽0.5～1.5毫米，生短硬毛，顶端有刺状尖。花两性，单生或簇生于苞腋；花序穗状，生枝条上部；苞片顶部延伸，有刺状尖；花被片卵状披针形，膜质，顶端尖，果时变硬，自背面中上部生鸡冠状突起，花被片在突起以上部分近革质，顶端为膜质，向中央折曲成平面，紧贴果实，有时在中央聚集成小圆锥体。

本区分布：水家沟、白庄子、祁家坡。海拔2100～2400米。

生境：沙地、荒地、戈壁。

反枝苋
Amaranthus retroflexus Linn.

科 苋科 Amaranthaceae
属 苋属 *Amaranthus*

形态识别要点：一年生草本。茎粗壮，有时具带紫色条纹，密生短柔毛。叶片菱状卵形或椭圆状卵形，长5～12厘米，宽2～5厘米，全缘或边缘波状，两面及边缘有柔毛，下面毛较密；叶柄长1.5～5.5厘米。多数穗状花序组成圆锥花序，顶生及腋生，直径2～4厘米；苞片及小苞片钻形，背面有一龙骨状突起，伸出顶端呈白色尖芒；花被片矩圆形，白色。胞果扁卵形。

本区分布：大洼沟、响水沟。海拔2000～2400米。

生境：农田旁、草地、路旁。

细叶孩儿参
Pseudostellaria sylvatica (Maxim.) Pax.

科 石竹科 Caryophyllaceae
属 孩儿参属 *Pseudostellaria*

形态识别要点：多年生草本，高15～25厘米。块根长卵形，通常数个串生。单叶对生；叶片线状或披针状线形，长3～7厘米，宽2～5毫米；无柄。开花受精花单生茎顶或呈二歧聚伞花序，花梗纤细，长0.5～1.5厘米，萼片披针形，花瓣白色，倒卵形，稍长于萼片，顶端2浅裂，花柱2～3个；闭花受精花着生下部叶腋或短枝顶端。蒴果卵圆形，稍长于宿存萼。

本区分布：官滩沟、分豁岔。海拔2400～2600米。

生境：林下、灌丛。

孩儿参

Pseudostellaria heterophylla (Miq.) Pax

科 石竹科 Caryophyllaceae
属 孩儿参属 *Pseudostellaria*

形态识别要点：多年生草本，高15～20厘米。块根长纺锤形。茎下部叶常1～2对，倒披针形，基部渐狭呈长柄状；上部叶2～3对，宽卵形或菱状卵形，长3～6厘米，宽2～20毫米。开花受精花1～3朵，腋生或呈聚伞花序，花梗长1～2厘米，有时长达4厘米，萼片5枚，狭披针形，花瓣5枚，白色，长圆形或倒卵形，长7～8毫米，顶端2浅裂；闭花受精花具短梗。蒴果宽卵形。

本区分布：官滩沟、西山。海拔2300～2500米。

生境：林下。

腺毛繁缕

Stellaria nemorum Linn.

科 石竹科 Caryophyllaceae
属 繁缕属 *Stellaria*

形态识别要点：一年生草本，全株被疏腺柔毛。茎铺散。基生叶较小，卵形，具柄；茎中部叶片长圆状卵形，长2～4厘米，宽2～3厘米，基部心脏形，全缘，叶柄长2～4厘米；上部叶较小，具短柄或无柄至半抱茎。疏散聚伞花序顶生；花梗长2～3厘米，被白色柔毛；萼片5枚，披针形，长5～8毫米；花瓣白色，2深裂达近基部，稍长于萼片。蒴果卵圆形，长于宿存萼1.5～2倍。

本区分布：官滩沟、大洼沟、水家沟、阳道沟、水岔沟、张家窑、兴隆峡。海拔2200～2600米。

生境：山坡草地。

繁缕

Stellaria media (Linn.) Villars

科 石竹科 Caryophyllaceae
属 繁缕属 *Stellaria*

形态识别要点：一或二年生草本，高10～30厘米。茎俯仰或上升。叶宽卵形或卵形，长1.5～2.5厘米，宽1～1.5厘米，顶端渐尖或急尖，基部渐狭或近心形，全缘；基生叶具长柄，上部叶无柄或具短柄。疏聚伞花序顶生；花梗细弱，花后伸长，下垂，长7～14毫米；萼片5枚，卵状披针形；花瓣白色，长椭圆形，比萼片短，深2裂达基部，裂片近线形。蒴果卵形，稍长于宿存萼，顶端6裂。

本区分布：西山。海拔2200～2600米。

生境：原野、草地。

伞花繁缕

Stellaria umbellata Turcz.

科 石竹科 Caryophyllaceae
属 繁缕属 *Stellaria*

形态识别要点：多年生草本，高5～15厘米，全株无毛。茎单生，分枝。叶椭圆形，长1.5～2厘米，宽4～5毫米，顶端钝或急尖，基部楔形，微抱茎，两面无毛。聚伞状伞形花序，具3～10朵花，伞幅基部具3～5枚卵形、近膜质的苞片；花梗丝状，长5～20毫米，果时下垂；萼片5枚，披针形；花瓣无。蒴果比宿存萼长近1倍，6齿裂。

本区分布：马喝山。海拔2500～3500米。

生境：高山草地。

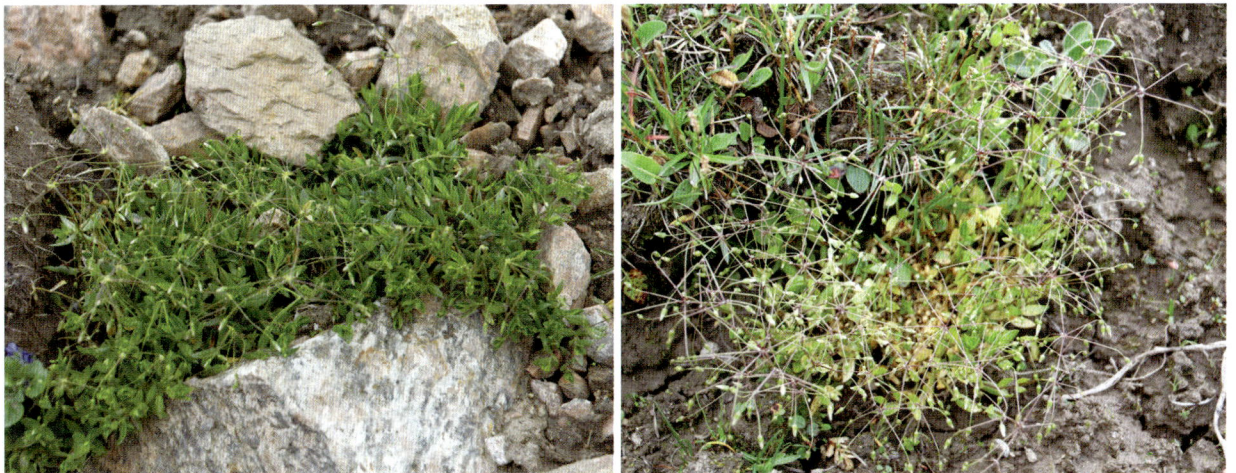

薄蒴草

Lepyrodiclis holosteoides (C. A. Mey.) Fenzl ex Fisch. & C. A. Mey.

科 石竹科 Caryophyllaceae
属 薄蒴草属 *Lepyrodiclis*

形态识别要点：一年生草本，全株被腺毛。叶披针形，长3～7厘米，宽2～5毫米，有时达10毫米。圆锥花序开展；花梗细，长1～3厘米，密生腺柔毛；萼片5枚，线状披针形，长4～5毫米；花瓣5枚，白色，宽倒卵形，与萼片等长或稍长。蒴果卵圆形，短于宿存萼，2瓣裂。

本区分布：官滩沟、窑沟、西山。海拔2000～2800米。

生境：山坡草地、荒地或林缘。

簇生泉卷耳

Cerastium fontanum Baumg. subsp. *vulgare* (Hartman) Greuter & Burdet

科 石竹科 Caryophyllaceae
属 卷耳属 *Cerastium*

形态识别要点：多年生或一、二年生草本。茎单生或丛生，被柔毛和腺毛。单叶对生；基生叶近匙形或倒卵状披针形，基部渐狭呈柄状，两面被短柔毛；茎生叶近无柄，卵形至披针形，长1～4厘米，宽3～12毫米。聚伞花序顶生；花梗长5～25毫米，密被长腺毛，花后弯垂；萼片5枚，长圆状披针形，长5.5～6.5毫米，外面密被长腺毛；花瓣5枚，白色，倒卵状长圆形，等长或微短于萼片，顶端2浅裂。蒴果圆柱形，长为宿存萼的2倍，顶端10齿裂。

本区分布：官滩沟、马啣山、响水沟。海拔2300～3200米。

生境：山地林缘或疏松砂质土壤。

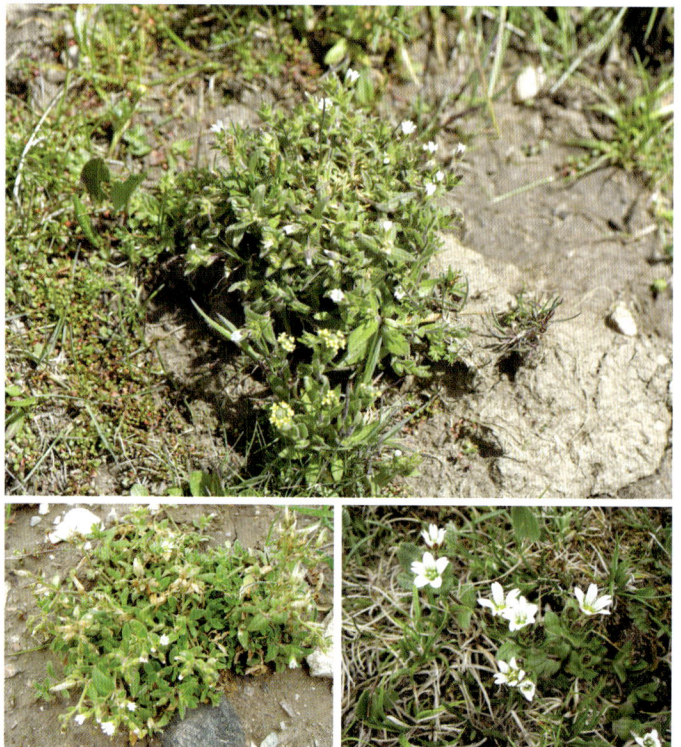

福禄草

Arenaria przewalskii Maxim.

科 石竹科 Caryophyllaceae
属 无心菜属 *Arenaria*

形态识别要点：多年生草本，密丛生，高10～12厘米。基生叶线形，长2～3厘米，宽1～2毫米，基部连合成鞘，边缘稍反卷；茎生叶披针形，长1～1.5厘米，宽2～3毫米。花3朵，呈聚伞状花序；花梗长3～4毫米，密被腺毛；萼片5枚，紫色，宽卵形，长4～5毫米；花瓣5枚，白色，倒卵形，长8～10毫米。

本区分布：马啣山、响水沟。海拔3000～3500米。

生境：高山草地。

四齿无心菜

Arenaria quadridentata (Maxim.) Will.

科 石竹科 Caryophyllaceae
属 无心菜属 *Arenaria*

形态识别要点：多年生草本。茎丛生，细弱。下部茎生叶匙形或长圆状匙形，上部茎生叶卵状椭圆形或披针形，长1～2厘米，宽3～5毫米。聚伞花序具少数花；花梗长1～2厘米；萼片5枚，长圆形或披针形，长4～5毫米，外面被腺柔毛；花瓣5枚，白色，倒卵形或长椭圆形，顶端4齿裂。蒴果球形，顶端4裂。

本区分布：马啣山、上庄、红庄子。海拔2800～3400米。

生境：高山草地、灌丛。

蔓茎蝇子草

Silene repens Patr.

科 石竹科 Caryophyllaceae
属 蝇子草属 *Silene*

形态识别要点： 多年生草本，全株被短柔毛。叶片线状披针形至长圆状披针形，长2～7厘米，宽3～12毫米。总状圆锥花序，小聚伞花序常具1～3朵花；花梗长3～8毫米；花萼筒状棒形，长11～15毫米，直径3～4.5毫米，常带紫色，萼齿宽卵形；花瓣白色，稀黄白色，爪不露出花萼，瓣片平展，浅2裂或深达中部；副花冠片长圆状。蒴果卵形，比宿存萼短。

本区分布： 谢家岔、白堡、水岔沟、小水尾子。海拔2200～2400米。

生境： 林下、湿润草地、溪岸或石质草坡。

细蝇子草

Silene gracilicaulis C. L. Tang

科 石竹科 Caryophyllaceae
属 蝇子草属 *Silene*

形态识别要点： 多年生草本。基生叶线状倒披针形，长6～18厘米，宽2～5毫米，基部渐狭成柄状；茎生叶线状披针形，比基生叶小，基部半抱茎。花序总状，花多数，对生，稀呈假轮生；花梗与花萼几等长；花萼狭钟形，长8～12毫米，直径约4毫米，纵脉紫色，萼齿三角状卵形；花瓣白色或灰白色，下面带紫色，瓣片露出花萼，2裂达瓣片中部或更深；副花冠片小，长圆形。蒴果长圆状卵形，长6～8毫米。

本区分布： 马啣山、白石头沟、陈沟峡。海拔2800～3000米。

生境： 多砾石草地或山坡。

长梗蝇子草

Silene pterosperma Maxim.

科 石竹科 Caryophyllaceae
属 蝇子草属 *Silene*

形态识别要点：多年生草本。基生叶簇生，叶片倒披针状线形或线形，长15～30厘米，宽1～3毫米，基部渐狭呈柄状；茎生叶1～2对，比基生叶短小，基部半抱茎。总状花序，花常对生，微俯垂；花梗纤细，呈丝状，比花萼长2倍以上；花萼狭钟形，长8～9毫米，果期可达11毫米，脉淡紫色，萼齿卵状；花瓣黄白色，瓣片外露，深2裂，裂片条形。蒴果长圆卵形，微长于宿存萼。

本区分布：杜家庄、上庄、西山。海拔2000～2500米。

生境：草地或石缝中。

女娄菜

Silene aprica Turcz. ex Fisch. & C. A. Mey.

科 石竹科 Caryophyllaceae
属 蝇子草属 *Silene*

形态识别要点：一或二年生草本，全株密被灰色短柔毛。基生叶倒披针形或狭匙形，长4～7厘米，宽4～8毫米，基部渐狭成长柄状；茎生叶比基生叶稍小。圆锥花序较大型；花梗长5～40毫米，直立；花萼卵状钟形，长6～8毫米，密被短柔毛，果期长达12毫米，纵脉绿色，萼齿三角状披针形；花瓣白色或淡红色，倒披针形，微露出花萼或与花萼近等长，瓣片倒卵形，2裂。蒴果卵形，长8～9毫米，与宿存萼近等长或微长。

本区分布：深岘子、西番沟、麻家寺、西山。海拔2000～2600米。

生境：山坡或荒地。

狗筋蔓
Silene baccifera Linn.

科 石竹科 Caryophyllaceae
属 蝇子草属 *Silene*

形态识别要点： 多年生草本，全株被逆向短绵毛。茎铺散，俯仰，多分枝。叶卵形、卵状披针形或长椭圆形，长1.5～13厘米，宽0.8～4厘米，基部渐狭呈柄状。圆锥花序疏松；花梗细，具1对叶状苞片；花萼宽钟形，长9～11毫米，后期膨大呈半圆球形，萼齿卵状三角形，果期反折；花瓣白色，轮廓倒披针形，长约15毫米，宽约2.5毫米，爪狭长，瓣片叉状浅2裂。蒴果圆球形，呈浆果状，直径6～8毫米，成熟时黑色。

本区分布： 大洼沟、阳道沟。海拔2200～2600米。

生境： 林缘、灌丛或草地。

隐瓣蝇子草
Silene gonosperma (Rupr.) Bocquet

科 石竹科 Caryophyllaceae
属 蝇子草属 *Silene*

形态识别要点： 多年生草本。茎密被短柔毛，上部被腺毛和黏液。基生叶线状倒披针形，长3～6厘米，宽4～8毫米，基部渐狭呈柄状，两面被短柔毛；茎生叶1～3对，无柄，叶片披针形。花单生，稀2～3朵，俯垂；花梗长2～5厘米，密被腺柔毛；花萼狭钟形，长13～15毫米，被柔毛和腺毛，纵脉暗紫色，萼齿三角形；花瓣暗紫色，内藏。蒴果椭圆状卵形，长10～12毫米，10齿裂。

本区分布： 马啣山。海拔3000～3500米。

生境： 山坡、流石滩、高山草甸。

须弥蝇子草

Silene himalayensis (Rohrb.) Majumdar

科 石竹科 Caryophyllaceae
属 蝇子草属 *Silene*

形态识别要点： 多年生草本。基生叶狭倒披针形，长4～10厘米，宽4～10毫米，基部渐狭呈柄状；茎生叶3～6对，披针形或线状披针形。总状花序具3～7朵花，微俯垂；花梗长1～5厘米；花萼卵状钟形，长约10毫米，紧贴果实，密被短柔毛和腺毛，纵脉紫色，萼齿三角形；花瓣暗红色，长约10毫米，不露或微露出花萼，爪楔形，瓣片浅2裂，副花冠片小，鳞片状。蒴果卵形，长8～10毫米，短于宿存萼，10齿裂。

本区分布： 马啣山。海拔3000～3500米。

生境： 灌丛或高山草甸。

石竹

Dianthus chinensis Linn.

科 石竹科 Caryophyllaceae
属 石竹属 *Dianthus*

形态识别要点： 多年生草本，高30～50厘米，全株无毛，带粉绿色。叶片线状披针形，长3～5厘米，宽2～4毫米，全缘或有细小齿。花单生枝端或数花集成聚伞花序；花梗长1～3厘米；花萼圆筒形，长15～25毫米，萼齿披针形；花瓣长16～18毫米，瓣片倒卵状三角形，长13～15毫米，紫红色、粉红色、鲜红色或白色，顶缘不整齐齿裂，喉部有斑纹，疏生髯毛。蒴果圆筒形，包于宿存萼内，顶端4裂。

本区分布： 徐家峡、石窑沟、驴圈沟、分豁岔、三岔路口。海拔2200～2400米。

生境： 草原、山坡草地、石缝。

瞿麦

Dianthus superbus Linn.

科 石竹科 Caryophyllaceae
属 石竹属 *Dianthus*

形态识别要点：多年生草本。叶线状披针形，长5～10厘米，宽3～5毫米，基部合生成鞘状。花1或2朵生枝端；花萼圆筒形，长2.5～3厘米，直径3～6毫米，常染紫红色晕，萼齿披针形，长4～5毫米；花瓣长4～5厘米，爪包于萼筒内，瓣片宽倒卵形，边缘繸裂至中部或中部以上，通常淡红色或带紫色，稀白色，喉部具丝毛状鳞片。蒴果圆筒形，与宿存萼等长或微长，顶端4裂。

本区分布：谢家沟、大洼沟、马坡、上庄、八盘沟、清水沟、马啣山、张家窑、三岔路口。海拔2200～2500米。

生境：疏林下、林缘、草地、沟谷溪边。

细叶石头花

Gypsophila licentiana Hand.-Mazz.

科 石竹科 Caryophyllaceae
属 石头花属 *Gypsophila*

形态识别要点：多年生草本，高30～50厘米。叶线形，长1～3厘米，宽约1毫米，顶端具骨质尖，边缘粗糙，基部连合成短鞘。聚伞花序顶生，花较密集；花梗长2～10毫米，带紫色；花萼狭钟形，具5条绿色或带深紫色脉，脉间白色，萼齿卵形，渐尖；花瓣白色，三角状楔形，顶端微凹。蒴果略长于宿存萼。

本区分布：石窑沟。海拔2500～2700米。

生境：山坡、沙地、田边。

川赤芍

Paeonia anomala Linn. subsp. *veitchii* (Lynch) D. Y. Hong & K. Y. Pan

科 芍药科 Paeoniaceae
属 芍药属 *Paeonia*

形态识别要点：多年生草本，高30～80厘米。二回三出复叶，叶柄长3～9厘米；小叶羽状分裂，裂片窄披针形至披针形，顶端渐尖，全缘，背面淡绿色。花2～4朵生茎顶端及叶腋，直径4～10厘米；花瓣6～9枚，倒卵形，紫红色或粉红色，偶有白色；心皮2～5枚，密生黄色茸毛。菁葖果卵圆形，长1～2厘米，密生黄色茸毛。

本区分布：新庄沟、凡柴沟、马场沟、大洼沟、分豁岔、三岔路口、红庄子、阳道沟、谢家岔、水家沟、麻家寺、八盘梁、窑沟、西番沟、马啣山。海拔2100～2800米。

生境：山坡林下及路旁。

空茎驴蹄草

Caltha palustris Linn. var. *barthei* Hance

科 毛茛科 Ranunculaceae
属 驴蹄草属 *Caltha*

形态识别要点：多年生草本，高达120厘米，全株无毛。茎中空。基生叶3～7枚，叶片圆形、圆肾形或心形，基部深心形或二裂片互相覆压，边缘密生正三角形小牙齿；叶柄长4～24厘米；花序下之叶与基生叶近等大。聚伞花序分枝较多，常有多数花；花梗长1.5～10厘米；苞片三角状心形，边缘生牙齿；萼片5枚，花瓣状，黄色，长1～2.5厘米。菁葖果长约1厘米，喙长约1毫米。

本区分布：官滩沟、马场沟、水家沟、三岔路口、哈班岔、阳道沟、谢家岔、水岔沟、阳洼村、新庄沟、分豁岔。海拔2200～2500米。

生境：山谷溪边、湿草地或林下较阴湿处。

青藏金莲花

Trollius pumilus D. Don var. *tanguticus* Brühl

科 毛茛科 Ranunculaceae
属 金莲花属 *Trollius*

形态识别要点：多年生草本，高达25厘米，全株无毛。叶3～6枚生茎基部或近基部；叶片五角形，基部深心形，3深裂至近基部，深裂片近邻接，中央深裂片倒卵形，3浅裂达或不达中部，浅裂片具2～3枚小裂片，侧深裂片斜扇形，不等2深裂；叶柄长1.5～5厘米。花单独顶生，直径1.5～2厘米；萼片5枚，花瓣状，黄色，通常脱落。蓇葖长约1厘米，喙直，长1.3～2毫米。

本区分布：马啣山。海拔2900～3300米。

生境：草地、河滩或沼泽。

矮金莲花

Trollius farreri Stapf

科 毛茛科 Ranunculaceae
属 金莲花属 *Trollius*

形态识别要点：多年生草本，高5～17厘米，全株无毛。叶3～4枚基生或近基生，有长柄；叶片五角形，基部心形，3全裂达基部，中央全裂片菱状倒卵形，3浅裂，小裂片生2～3个不规则三角形牙齿，侧全裂片不等2裂，二回裂片生稀疏小裂片及三角形牙齿。花单独顶生，直径1.8～3.4厘米；萼片5～6枚，花瓣状，黄色，外面常带暗紫色。蓇葖长0.9～1.2厘米，喙直，长约2毫米。

本区分布：马啣山、八盘梁、西番梁。海拔3100～3400米。

生境：草地。

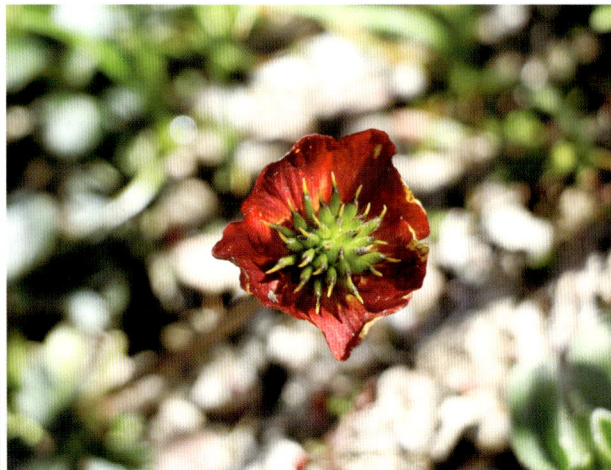

升麻
Cimicifuga foetida Linn.

科 毛茛科 Ranunculaceae
属 升麻属 *Cimicifuga*

形态识别要点：多年生草本，高1～2米。二至三回三出羽状复叶；茎下部叶片三角形，宽达30厘米，顶生小叶菱形，常浅裂，边缘有锯齿，侧生小叶斜卵形，叶柄长达15厘米；茎上部叶较小，具短柄或无柄。花序具3～20分枝，长达45厘米；萼片花瓣状，倒卵状圆形，白色或绿白色，长3～4毫米。蓇葖长圆形，长8～14毫米，有伏毛，基部渐狭成长2～3毫米的柄，顶端有短喙。

本区分布：官滩沟、麻家寺、马场沟、分豁岔、大洼沟、红庄子、马坡、八盘梁。海拔2100～2800米。

生境：林缘、林中或路旁。

类叶升麻
Actaea asiatica Hara

科 毛茛科 Ranunculaceae
属 类叶升麻属 *Actaea*

形态识别要点：多年生草本，高30～80厘米。叶2～3枚，三回三出近羽状复叶，叶片三角形，宽达27厘米；顶生小叶卵形至宽卵状菱形，3裂，边缘有锐锯齿，侧生小叶卵形至斜卵形；叶柄长10～17厘米。总状花序长2.5～4厘米；萼片4枚，花瓣状，白色，早落。果实浆果状，成熟时紫黑色，直径约6毫米。

本区分布：阳道沟、新庄沟。海拔2300～2700米。

生境：山地林下或沟边阴处。

高乌头

Aconitum sinomontanum Nakai

科 毛茛科 Ranunculaceae
属 乌头属 *Aconitum*

形态识别要点：多年生草本，高60~150厘米。叶片肾形，3深裂，中裂片菱形，边缘有不整齐的三角形锐齿，侧生裂片较大，不等3裂；叶柄长30~50厘米。总状花序具密集的花；萼片蓝紫色或淡紫色，外面密被短曲柔毛，上萼片圆筒形，高1.6~3厘米。蓇葖长1.1~1.7厘米。

本区分布：官滩沟、红庄子、马坡、上庄、马啣山、八盘梁。海拔2200~3600米。

生境：山坡草地或林中。

牛扁

Aconitum barbatum Pers. var. *puberulum* Ledeb.

科 毛茛科 Ranunculaceae
属 乌头属 *Aconitum*

形态识别要点：多年生高大草本。茎和叶柄均被反曲而紧贴的短柔毛。叶片肾形或圆肾形，3全裂，中央全裂片宽菱形，3深裂，末回小裂片三角形或狭披针形，表面疏被短毛，背面被长柔毛；叶柄长13~30厘米。顶生总状花序具密集的花；花梗长0.2~1厘米；萼片黄色，外面密被短柔毛，上萼片圆筒形，高1.3~1.7厘米，直。蓇葖长约1厘米，疏被紧贴的短毛。

本区分布：东岳台、谢家岔、唐家峡、东山。海拔2300~2500米。

生境：山地疏林下、林缘。

松潘乌头
Aconitum sungpanense Hand.-Mazz.

科 毛茛科 Ranunculaceae
属 乌头属 *Aconitum*

形态识别要点：缠绕草本。叶五角形，3全裂，中央全裂片卵状菱形，渐尖，又3裂，边缘疏生钝牙齿；叶柄比叶片短，无鞘。总状花序有3～9朵花；花梗长2～4厘米；萼片淡蓝紫色，有时带黄绿色，上萼片高盔形。蓇葖长1～1.5厘米，无毛或疏被短柔毛。

本区分布：新庄沟、分豁岔、张家窑、兴隆峡、祁家坡、窑沟、阳道沟、唐家峡、马啣山。海拔2200～2700米。

生境：山地林中、林缘或灌丛中。

伏毛铁棒锤
Aconitum flavum Hand.-Mazz.

科 毛茛科 Ranunculaceae
属 乌头属 *Aconitum*

形态识别要点：多年生草本，高35～100厘米，茎中部或上部被反曲而紧贴的短柔毛，密生多数叶。叶宽卵形，3全裂，全裂片细裂，末回裂片线形；叶柄长3～4毫米。顶生总状花序有12～25朵花；花梗长4～8毫米；下部苞片似叶，中部以上的苞片线形；萼片黄色带绿色，或暗紫色，外面被短柔毛，上萼片盔状船形。蓇葖无毛，长1.1～1.7厘米。

本区分布：麻家寺、响水沟、平滩、西番梁、马啣山。海拔2100～3700米。

生境：草地或疏林下。

露蕊乌头

Aconitum gymnandrum Maxim.

科 毛茛科 Ranunculaceae
属 乌头属 *Aconitum*

形态识别要点：一年生草本，高25～60厘米。叶片宽卵形或三角状卵形，3全裂，全裂片二至三回深裂，小裂片狭卵形至狭披针形，表面疏被短伏毛；下部叶柄长4～7厘米，上部的叶柄渐变短，具狭鞘。总状花序有6～16朵花；花梗长1～5厘米；基部苞片叶状，下部苞片3裂，中部以上苞片线形；萼片蓝紫色，少有白色，外面疏被柔毛，有较长爪，上萼片船形，高约1.8厘米。蓇葖长0.8～1.2厘米。

本区分布：上庄、马坡、杜家庄、峡口、红庄子、哈班岔、尖山、马啣山。海拔2200～2700米。

生境：草地、田边或河边沙地。

毛翠雀花

Delphinium trichophorum Franch.

科 毛茛科 Ranunculaceae
属 翠雀属 *Delphinium*

形态识别要点：多年生草本，高25～65厘米，被糙毛，有时变无毛。叶片圆肾形，深裂片互相覆压或稍分开；叶柄长5～20厘米。总状花序狭长；下部苞片叶状，具短柄，上部苞片变小；花序轴及花梗有开展的糙毛；萼片淡蓝色或紫色，内外两面均被长糙毛，上萼片船状卵形，距下垂，钻状圆筒形，长1.8～2.4厘米，末端钝。蓇葖长1.8～2.8厘米。

本区分布：马啣山。海拔2600～3500米。

生境：高山草地。

细须翠雀花

Delphinium siwanense Franch.

科 毛茛科 Ranunculaceae
属 翠雀属 *Delphinium*

形态识别要点：多年生草本，高约1米，无毛，多分枝。叶五角形，3全裂近基部，中央全裂片3深裂或不裂，侧全裂片扇形，不等2深裂，二回裂片不等2～3裂，末回小裂片披针形至条形，两面均被白色短伏毛；叶柄长4.5～10厘米。伞房花序有2～7朵花；花梗长1.5～3厘米；萼片蓝紫色，外面被短柔毛，距钻形，长1.6～1.8厘米，直或末端稍向下弯曲。蓇葖长约1.2厘米。

本区分布：官滩沟、清水沟、分豁岔、大洼沟、红庄子、唐家峡、马啣山。海拔2100～3000米。

生境：山坡草地、林缘或灌丛。

疏花翠雀花

Delphinium sparsiflorum Maxim.

科 毛茛科 Ranunculaceae
属 翠雀属 *Delphinium*

形态识别要点：多年生草本，高达1.2米。叶片五角形，3全裂，中央全裂片菱形，先端渐尖，在中部3裂，二回裂片有少数小裂片和卵形粗齿，侧全裂片不等2深裂近基部。圆锥花序金字塔形；花梗长1.8～3.8厘米；萼片蓝色、淡粉红色至黄白色，距圆锥状，长6～11毫米，末端钝，直或稍向下倾。

本区分布：官滩沟、麻家寺、小水尾子。海拔2300～2800米。

生境：山坡草地或林中。

扁果草

Isopyrum anemonoides Kar. et Kir.

科 毛茛科 Ranunculaceae
属 扁果草属 *Isopyrum*

形态识别要点：多年生草本，高10～23厘米。基生叶多数，为二回三出复叶，叶片轮廓三角形，宽达6.5厘米，中央小叶等边菱形至倒卵状圆形，3全裂或3深裂，裂片有3个粗圆齿或全缘，不等的2～3深裂或浅裂；叶柄长3.2～9厘米。茎生叶1～2枚，较小。单歧聚伞花序具2～3花；苞片卵形，3全裂或3深裂；花梗长达6厘米；花直径1.5～1.8厘米；萼片白色，宽椭圆形至倒卵形，长7～8.5毫米；花瓣长圆状船形，长2.5～3毫米。蓇葖扁平，宿存花柱微外弯。

本区分布：马场沟、东山。海拔2300～2600米。

生境：草地、林下。

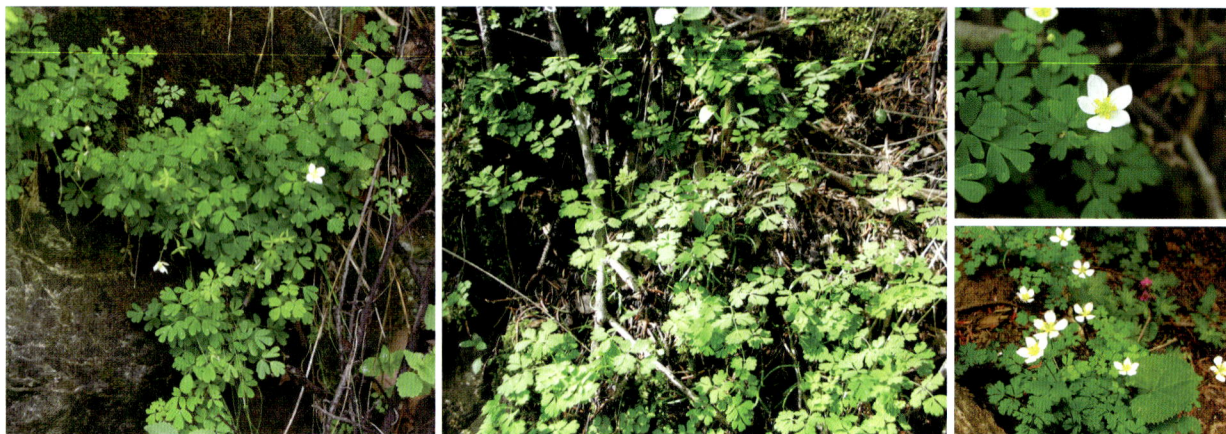

无距耧斗菜

Aquilegia ecalcarata Maxim.

科 毛茛科 Ranunculaceae
属 耧斗菜属 *Aquilegia*

形态识别要点：多年生草本，高20～60厘米。二回三出复叶；中央小叶3深裂或3浅裂，裂片有2～3个圆齿，侧生小叶不等2裂，背面粉绿色；叶柄长7～15厘米。花2～6朵，直立或有时下垂；花梗长达6厘米，被伸展的白色柔毛；萼片紫色，近平展，椭圆形；花瓣直立，长方状椭圆形，与萼片近等长，顶端近截形，无距或有短距。蓇葖长8～11毫米，宿存花柱长3～5毫米，疏被长柔毛。

本区分布：麻家寺、水家沟、徐家峡、唐家峡、水岔沟、马啣山。海拔2300～2700米。

生境：山地林下或路旁。

耧斗菜

Aquilegia viridiflora Pall.

毛茛科 Ranunculaceae
耧斗菜属 *Aquilegia*

形态识别要点： 多年生草本，高15～50厘米，被柔毛和腺毛。基生叶少数，二回三出复叶，中央小叶楔状倒卵形，3裂，裂片常有2～3个圆齿，叶柄长达18厘米；茎生叶数枚，一至二回三出复叶，向上渐小。花3～7朵，倾斜或微下垂；花梗长2～7厘米；萼片黄绿色，长椭圆状卵形，长1.2～1.5厘米，疏被柔毛；花瓣黄绿色至褐色，直立，倒卵形，比萼片稍长或稍短，顶端近截形，距直或微弯，长1.2～1.8厘米。蓇葖长1.5厘米。

本区分布： 干沟、马啣山。海拔2300～2800米。

生境： 山地路旁、河边和潮湿草地。

甘肃耧斗菜

Aquilegia oxysepala Trautv. & C. A. Mey. var. *kansuensis* Brühl

毛茛科 Ranunculaceae
耧斗菜属 *Aquilegia*

形态识别要点： 多年生草本，高40～80厘米。二回三出复叶；中央小叶3浅裂或3深裂，裂片顶端圆形，常具2～3个粗圆齿；叶柄长10～20厘米，被开展的柔毛或无毛。花3～5朵，较大，微下垂；萼片紫色，狭卵形，长1.6～3厘米，顶端急尖；花瓣黄白色，长1～1.5厘米，顶端近截形，距长1.5～2.2厘米，末端强烈内弯呈钩状。蓇葖5～6枚，长1.5～2.7厘米。

本区分布： 官滩沟、马场沟、歧儿沟、水岔沟、徐家峡、东岳台、麻家寺、张家窑、唐家峡、周家湾、分豁岔。海拔2100～2800米。

生境： 山坡草地。

高山唐松草
Thalictrum alpinum Linn.

科 毛茛科 Ranunculaceae
属 唐松草属 *Thalictrum*

形态识别要点：多年生小草本，全株无毛。叶均基生，二回羽状三出复叶；小叶圆菱形或倒卵形，3浅裂；叶柄长1.5～3.5厘米。花莛1～2个，高6～20厘米；总状花序；花梗长1～10毫米；萼片4枚，脱落。瘦果狭椭圆形，稍扁。

本区分布：马啣山。海拔3000～3500米。

生境：高山草地、山谷阴湿处或沼泽地。

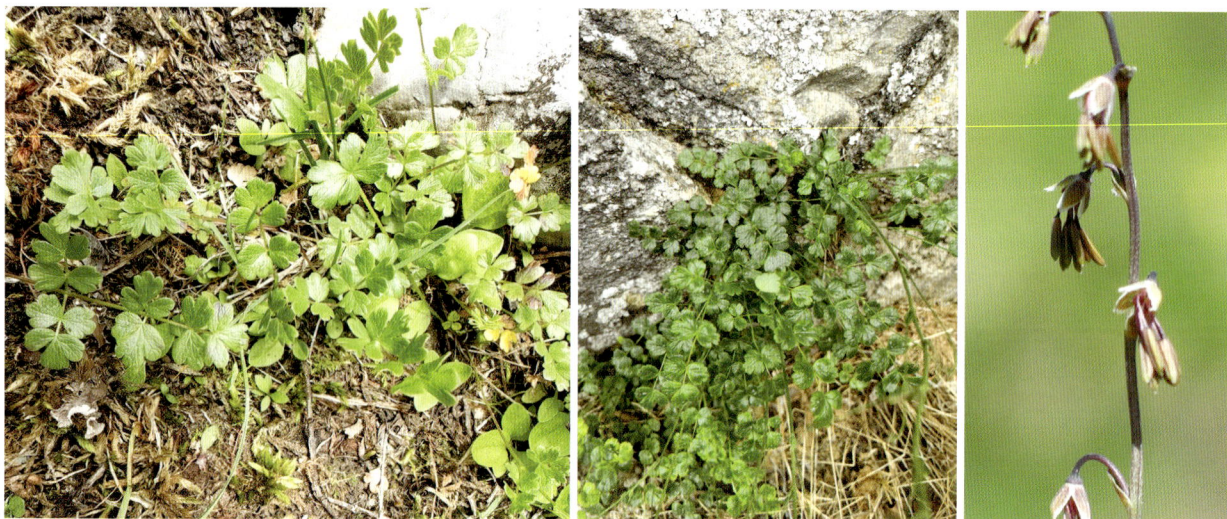

贝加尔唐松草
Thalictrum baicalense Turcz. ex Ledeb.

科 毛茛科 Ranunculaceae
属 唐松草属 *Thalictrum*

形态识别要点：多年生草本，高45～80厘米，全株无毛。茎中部叶有短柄，为三回三出复叶；顶生小叶宽菱形，3浅裂，裂片有圆齿。花序圆锥状；花梗细，长4～9毫米；萼片4枚，绿白色。瘦果卵球形，稍扁。

本区分布：官滩沟、大洼沟、麻家寺、小银木沟。海拔2100～2600米。

生境：山地林下或湿润草坡。

长喙唐松草

Thalictrum macrorhynchum Franch.

科 毛茛科 Ranunculaceae
属 唐松草属 *Thalictrum*

形态识别要点：多年生草本，高45～65厘米，全株无毛。二至三回三出复叶；顶生小叶圆菱形或宽倒卵形，3浅裂，有圆牙齿；叶柄长达8厘米。圆锥状花序有稀疏分枝；花梗长1.2～3.2厘米；萼片白色，椭圆形，早落。瘦果狭卵球形，基部突变成短柄，有8条纵肋，宿存花柱长约2.2毫米，拳卷。
本区分布：官滩沟、麻家寺、马场沟、分豁岔。海拔2200～2500米。
生境：山地林中或山谷灌丛中。

东亚唐松草

Thalictrum minus Linn. var. *hypoleucum* (Sieb. & Zucc.) Miq.

科 毛茛科 Ranunculaceae
属 唐松草属 *Thalictrum*

形态识别要点：多年生草本，全株无毛。四回三出羽状复叶；顶生小叶楔状倒卵形、近圆形或狭菱形，背面有白粉；叶柄长达4厘米。圆锥花序长达30厘米；花梗长3～8毫米；萼片4枚，淡黄绿色。瘦果狭椭圆球形，稍扁。
本区分布：马场沟、水家沟、谢家岔、水岔沟、大洼沟。海拔2100～2600米。
生境：山地林缘或山谷沟边。

瓣蕊唐松草

Thalictrum petaloideum Linn.

科 毛茛科 Ranunculaceae
属 唐松草属 *Thalictrum*

形态识别要点：多年生草本，高20～80厘米，全株无毛。基生叶数枚，为三至四回三出或羽状复叶；顶生小叶倒卵形或近圆形，3浅裂至3深裂；叶柄长达10厘米。花序伞房状；花梗长0.5～2.5厘米；萼片4枚，白色。瘦果卵形，宿存花柱长约1毫米。

本区分布：东岳台、谢家岔、歧儿沟、红庄子、马坡、清水沟、白庄子、小水尾子、三岔路口、张家窑、西山、马啣山。海拔2200～2600米。

生境：山坡草地。

长柄唐松草

Thalictrum przewalskii Maxim.

科 毛茛科 Ranunculaceae
属 唐松草属 *Thalictrum*

形态识别要点：多年生草本，高50～120厘米。叶为四回三出复叶，具长柄；小叶卵形或倒卵形，3裂，全缘或具疏牙齿。花序圆锥状，常多分枝；花梗长3～5毫米；萼片白色或稍带黄色。瘦果斜倒卵形，扁平，子房柄长0.8～3毫米，宿存花柱长约1毫米。

本区分布：官滩沟、深岘子、麻家寺、马场沟、水岔沟、哈班岔、徐家峡、红庄子、阳道沟、马坡、马啣山。海拔2200～2500米。

生境：山地灌丛边、林下或草坡。

芸香叶唐松草

Thalictrum rutifolium Hook. f. & Thoms.

科 毛茛科 Ranunculaceae
属 唐松草属 *Thalictrum*

形态识别要点： 多年生草本，高 11～50 厘米，全株无毛。三至四回近羽状复叶；顶生小叶楔状倒卵形，3 裂或不裂；叶柄长达 6 厘米。花序狭长；花梗长 2～7 毫米；萼片 4 枚，淡紫色，早落。瘦果倒垂，镰状半月形，有 8 条纵肋，宿存花柱长约 0.3 毫米，反曲。

本区分布： 深岘子、哈班岔。海拔 2200～2900 米。

生境： 草坡、河滩或山谷。

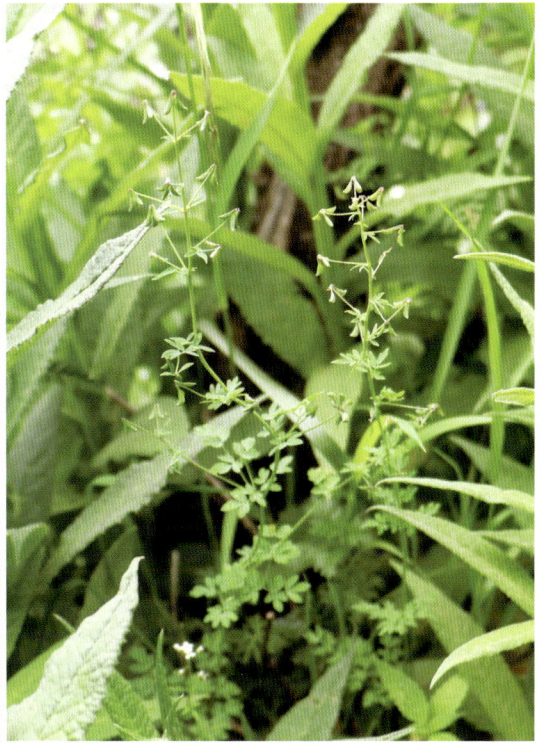

细唐松草

Thalictrum tenue Franch.

科 毛茛科 Ranunculaceae
属 唐松草属 *Thalictrum*

形态识别要点： 多年生草本，高 27～70 厘米，全株无毛，有白粉。茎下部和中部叶为三至四回羽状复叶；小叶小，稍带肉质，卵形至倒卵形，全缘，很少 3 浅裂；叶柄长 2～4 厘米。复单歧聚伞花序；花梗长 0.7～3 厘米；萼片 4 枚，淡黄绿色。瘦果两侧扁，狭倒卵形，宿存柱头长约 0.7 毫米。

本区分布： 西山。海拔 2100～2300 米。

生境： 干燥山坡或田边。

小银莲花

Anemone exigua Maxim.

科 毛茛科 Ranunculaceae
属 银莲花属 *Anemone*

形态识别要点：多年生低矮草本，高5～24厘米。基生叶2～5枚，有长柄；叶心状五角形，长1～3厘米，宽1.7～4厘米，3全裂，中裂片3浅裂，中部以上边缘有少数钝牙齿，侧裂片不等2浅裂。花莛1～2个；叶状苞片3枚，具柄；花梗1～4条，长1～3厘米；萼片5枚，花瓣状，白色，长5.5～9.5毫米。瘦果黑色，长约2.6毫米，疏被短毛。

本区分布：官滩沟、分豁岔、谢家岔。海拔2300～2500米。

生境：山地云杉林中或灌丛中。

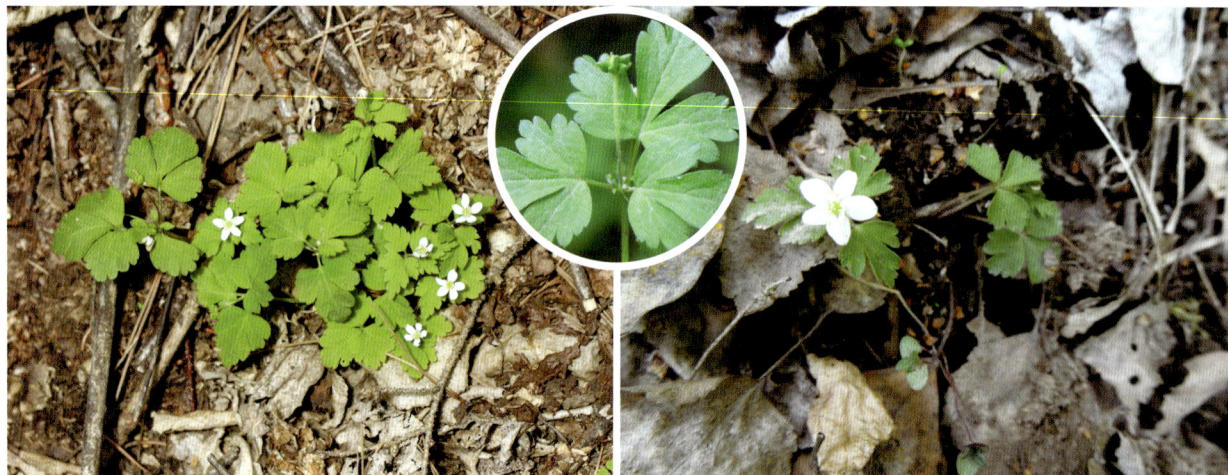

阿尔泰银莲花

Anemone altaica Fisch. ex C. A. Mey.

科 毛茛科 Ranunculaceae
属 银莲花属 *Anemone*

形态识别要点：多年生草本，高11～23厘米。基生叶1枚或不存在，叶宽卵形，长2～4厘米，宽2.6～7厘米，3全裂，中全裂片有细柄，又3裂，边缘有缺刻状牙齿，侧全裂片不等2全裂；叶柄长4～10厘米。苞片3枚；花梗长2.5～4厘米；萼片8～9枚，花瓣状，白色，长1.5～2厘米。瘦果卵球形，长约4毫米，有柔毛。

本区分布：大洼沟。海拔2300～2500米。

生境：林下。

小花草玉梅

Anemone rivularis Buch.-Ham. ex DC. var. *flore-minore* Maxim

科 毛茛科 Ranunculaceae

属 银莲花属 *Anemone*

形态识别要点：多年生草本，高42～125厘米。基生叶3～5枚，叶片肾状五角形，长1.6～7.5厘米，宽2～14厘米，3全裂，中央裂片具少数小裂片和牙齿，两侧裂片不等2深裂；叶柄长3～22厘米。聚伞花序；苞片3枚，宽菱形，3裂近基部，裂片通常不分裂，披针形至披针状线形；萼片5～6枚，白色，长6～9毫米。聚合果近球形，瘦果先端具钩状喙。

本区分布：官滩沟、马场沟、水家沟、徐家峡、小泥窝子、分豁岔、八盘梁、唐家峡。海拔2200～2700米。

生境：山地林边或草坡。

大火草

Anemone tomentosa (Maxim.) Pei

科 毛茛科 Ranunculaceae

属 银莲花属 *Anemone*

形态识别要点：多年生草本，高40～150厘米。基生叶3～4枚，为三出复叶，有时有1～2单叶，叶柄长6～48厘米；中央小叶有长柄，小叶片卵形至三角状卵形，长9～16厘米，宽7～12厘米，3浅裂至3深裂，边缘有不规则小裂片和锯齿，表面有糙伏毛，背面密被白色茸毛，侧生小叶稍斜。聚伞花序二至三回分枝；花梗长3.5～6.8厘米；萼片5枚，花瓣状，淡粉红色或白色，长1.5～2.2厘米，背面有短茸毛。聚合果球形，直径约1厘米；瘦果密被绵毛。

本区分布：陈沟峡。海拔2300～2400米。

生境：山地草坡或路边阳处。

叠裂银莲花

Anemone imbricata Maxim.

科 毛茛科 Ranunculaceae
属 银莲花属 *Anemone*

形态识别要点：低矮草本。基生叶4～7枚，叶片椭圆状狭卵形，长1.5～2.8厘米，宽1.1～2.2厘米，3全裂，裂片又3深裂，各回裂片互相覆压，背面密被长柔毛；叶柄长3～4.5厘米，有密柔毛。花葶1～4个，直立，长4.5～13厘米，密被长柔毛；苞片3枚，3深裂；萼片6～9枚，白色、紫色或黑紫色。瘦果扁平，长约6.5毫米，顶端有弯曲的短宿存花柱。

本区分布：马啣山。海拔3000～3600米。

生境：高山草地或灌丛。

条叶银莲花

Anemone coelestina Franch. var. *linearis* (Brühl) Ziman & B. E. Dutton

科 毛茛科 Ranunculaceae
属 银莲花属 *Anemone*

形态识别要点：多年生草本，高10～18厘米。叶较狭，线状倒披针形或匙形，长3～6厘米，宽0.7～2厘米，不分裂，顶端有3～6个锐齿，偶尔全缘或不明显3浅裂。花葶1～4个；花梗1条，长0.5～3厘米；萼片5～6枚，花瓣状，白色、蓝色或黄色；心皮密被黄色柔毛。

本区分布：马啣山。海拔3400～3600米。

生境：高山草地或灌丛中。

钝裂银莲花

Anemone obtusiloba D. Don

科 毛茛科 Ranunculaceae
属 银莲花属 *Anemone*

形态识别要点：多年生草本，高10～30厘米。基生叶7～15枚，多少密被短柔毛，叶片肾状五角形或宽卵形，长1.2～3厘米，宽1.7～5.5厘米，基部心形，3全裂或3裂近基部，中全裂片菱状倒卵形，二回浅裂，侧全裂片与中全裂片近等大或稍小；叶柄3～18厘米。花葶2～5个；苞片3枚，无柄，宽菱形或楔形，常3深裂，长1～2厘米；花梗1～2条，长1.5～8厘米；萼片5～8枚，白色、蓝色或黄色，长0.8～1.2厘米。

本区分布：马场沟、水家沟、三岔路口、八盘梁、石骨岔。海拔2500～3200米。

生境：高山草地或林下。

路边青银莲花

Anemone geum H. Lév.

科 毛茛科 Ranunculaceae
属 银莲花属 *Anemone*

形态识别要点：多年生草本，高3～15厘米。基生叶5～15枚，被长柔毛，叶片卵形，长2～5厘米，基部心形或近截形，3全裂或3深裂，中全裂片显著长于侧全裂片，全裂片又2～3裂，叶两面密被长毛或疏被短毛；叶柄长3～15厘米。花葶2～5个，高5～25厘米；花序有1朵花；萼片5～8枚，花瓣状，白色、黄色、蓝色或紫色；子房被短柔毛或无毛。

本区分布：马啣山。海拔3000～3600米。

生境：灌丛、草地。

蒙古白头翁

Pulsatilla ambigua (Turcz. ex Hayek) Juz.

科 毛茛科 Ranunculaceae
属 白头翁属 *Pulsatilla*

形态识别要点：多年生草本。基生叶6～8枚，叶片卵形，与花同时发育，下面有柔毛，3全裂，中央裂片通常具柄，3深裂，末回裂片披针形，背面有稀疏长柔毛；叶柄长3～10厘米，密生长柔毛。花莛1～2个；苞片3枚；萼片6枚，排成2轮，蓝紫色，背面有密绢状毛。瘦果聚合成球形，宿存花柱羽毛状，长2.5～3厘米。

本区分布：西番沟。海拔3000～3200米。

生境：草地。

绣球藤

Clematis montana Buch.-Ham. ex DC.

科 毛茛科 Ranunculaceae
属 铁线莲属 *Clematis*

形态识别要点：木质藤本。三出复叶，数叶与花簇生，或对生；小叶片卵形至椭圆形，长2～7厘米，宽1～5厘米，边缘缺刻状锯齿由多而锐至粗而钝，顶端3裂或不明显，两面疏生短柔毛。花1～6朵与叶簇生，直径3～5厘米；萼片4枚，开展，白色或外面带淡红色，长圆状倒卵形至倒卵形。瘦果长4～5毫米，宿存花柱长约2.5厘米。

本区分布：官滩沟、马场沟、分豁岔、水家沟、东山、西番沟、唐家峡、峡口、大洼沟、兴隆峡、陶家窑。海拔2200～2700米。

生境：山坡、山谷灌丛中、林边或沟旁。

薄叶铁线莲
Clematis gracilifolia Rehd. et Wils.

科 毛茛科 Ranunculaceae
属 铁线莲属 *Clematis*

形态识别要点： 木质藤本。三出复叶至一回羽状复叶，有3～5枚小叶，数叶与花簇生，或为对生；小叶片2或3裂至3全裂，小叶卵状披针形至倒卵形，长0.5～4厘米，顶端锐尖，基部圆形或楔形，边缘有缺刻状锯齿或牙齿。花1～5朵与叶簇生，直径2.5～3.5厘米；萼片4枚，开展，白色或外面带淡红色，长圆形至宽倒卵形。瘦果长约4毫米，宿存花柱长1.5～2.5厘米。

本区分布： 分豁岔、兴隆峡、西山、马啣山。海拔2100～2500米。

生境： 河谷岸边、林中阴湿处或沟边草丛。

短尾铁线莲
Clematis brevicaudata DC.

科 毛茛科 Ranunculaceae
属 铁线莲属 *Clematis*

形态识别要点： 木质藤本。一至二回羽状复叶或二回三出复叶，有5～15枚小叶，有时茎上部为三出复叶；小叶片长卵形至披针形，长1～6厘米，顶端渐尖或长渐尖，基部圆形、截形至浅心形，边缘疏生粗锯齿或牙齿，有时3裂。圆锥状聚伞花序腋生或顶生；花直径1.5～2厘米；萼片4枚，开展，白色，狭倒卵形，长约8毫米。瘦果长约3毫米，宿存花柱长1.5～3厘米。

本区分布： 麻家寺、唐家峡、祁家坡、谢家岔、大洼沟、火烧沟、水家沟。海拔2100～2600米。

生境： 山地灌丛或疏林。

小叶铁线莲

Clematis nannophylla Maxim.

科 毛茛科 Ranunculaceae
属 铁线莲属 *Clematis*

形态识别要点：直立小灌木，高30～100厘米。单叶对生或数叶簇生，叶片轮廓近卵形，长0.5～1厘米，羽状全裂，裂片2～4对，或裂片又2～3裂，裂片或小裂片有不等的2～3个缺刻状小牙齿或全缘；几无柄或具短柄。花单生或聚伞花序有3朵花；萼片4枚，斜上展呈钟状，黄色，长椭圆形至倒卵形，长0.8～1.5厘米。瘦果长约5毫米，宿存花柱长约2厘米。

本区分布：白石头沟、白房子、白庄子、石窑沟、马啣山。海拔2100～2600米。

生境：干山坡或乱石山坡。

甘青铁线莲

Clematis tangutica (Maxim.) Korsh.

科 毛茛科 Ranunculaceae
属 铁线莲属 *Clematis*

形态识别要点：落叶木质藤本。一回羽状复叶，对生；小叶5～7枚，卵状长圆形、狭长圆形或披针形，长3～4厘米，基部常浅裂、深裂或全裂，侧生裂片小，中裂片较大，边缘有不整齐缺刻状锯齿；叶柄长2～7.5厘米。花单生，有时为单歧聚伞花序，有3朵花，腋生；萼片4枚，黄色外面带紫色，狭卵形或椭圆状长圆形，长1.5～2.5厘米。瘦果长约4毫米，宿存花柱长达4厘米。

本区分布：白石头沟、杜家庄、水家沟、马坡、白房子、陈沟峡、响水沟、红庄子、上庄、陶家窑、马啣山。海拔2200～2900米。

生境：灌丛或高原草地。

粉绿铁线莲
Clematis glauca Willd.

科 毛茛科 Ranunculaceae
属 铁线莲属 *Clematis*

形态识别要点：草质藤本。一至二回羽状复叶；小叶有柄，2～3全裂、深裂、浅裂至不裂，中间裂片较大，椭圆形至长卵形，长1.5～5厘米，全缘或有少数牙齿，两侧裂片短小。聚伞花序有3朵花；萼片4枚，黄色，外面带紫红色，长1.3～2厘米，顶端尖。瘦果长约2毫米，宿存花柱长4厘米。

本区分布：谢家岔、上庄、唐家峡、尖山、马啣山。海拔2200～2500米。

生境：草地、灌丛或河边。

长瓣铁线莲
Clematis macropetala Ledeb.

科 毛茛科 Ranunculaceae
属 铁线莲属 *Clematis*

形态识别要点：木质藤本。二回三出复叶，叶柄长3～5.5厘米；小叶9枚，卵状披针形或菱状椭圆形，长2～4.5厘米，宽1～2.5厘米，顶端渐尖，边缘有整齐的锯齿或分裂，小叶柄短。花单生；花梗长8～12.5厘米；花萼钟状，直径3～6厘米；萼片4枚，蓝色或淡紫色，狭卵形，长3～4厘米；退化雄蕊花瓣状，与萼片等长或微短。瘦果长5毫米，宿存花柱长4～4.5厘米，向下弯曲。

本区分布：麻家寺、兴隆峡、西番沟、红庄子、阳道沟。海拔2200～2600米。

生境：山坡、岩石缝隙及林下。

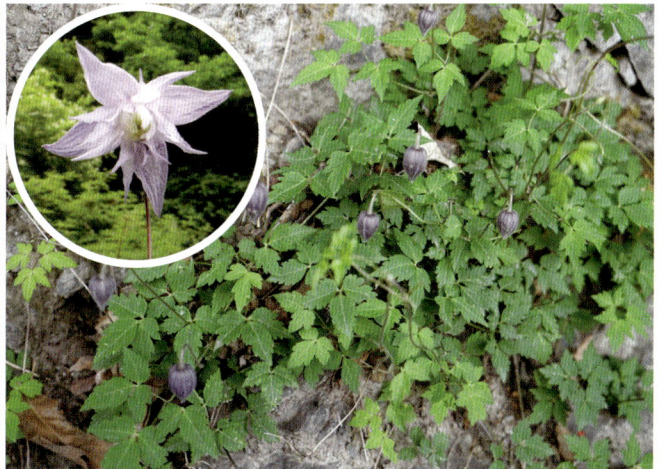

蓝侧金盏花
Adonis coerulea Maxim.

科 毛茛科 Ranunculaceae
属 侧金盏花属 *Adonis*

形态识别要点：多年生草本，高3～15厘米。茎下部叶有长柄，上部的有短柄或无柄；叶片长圆形或长圆状狭卵形，长1～4.8厘米，二至三回羽状细裂，羽片4～6对，末回裂片狭披针形。花单生，直径1～1.8厘米；萼片5～7枚，长4～6毫米；花瓣约8枚，淡紫色或淡蓝色，狭倒卵形，长5.5～11毫米，顶端有少数小齿。瘦果倒卵形，下部有稀疏短柔毛。

本区分布：窑沟、歧儿沟、黄崖沟、西番沟、尖山、马啣山。海拔2700～3200米。

生境：云冷杉林下或山地草坡。

栉裂毛茛
Ranunculus pectinatilobus W. T. Wang

科 毛茛科 Ranunculaceae
属 毛茛属 *Ranunculus*

形态识别要点：多年生草本，高9～15厘米。基生叶3浅裂，卵圆形、椭圆形或倒卵形，长 0.6～2.2厘米，宽0.8～1.5厘米，中央裂片长圆状卵形，叶柄2～5.5厘米；上部叶近无柄，3裂。花单生，直径1～1.7厘米；花瓣5枚，宽倒卵形，长6～9厘米。聚合果卵球形或长圆形，长5～8毫米；瘦果卵球形，长约1毫米，无毛。

本区分布：阳洼村。海拔2200～2400米。

生境：溪流边、草地。

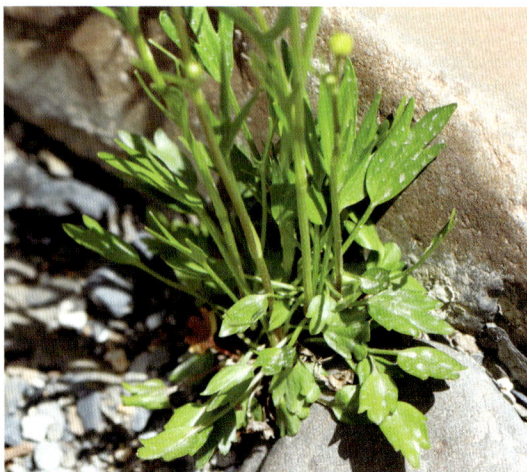

鸟足毛茛

Ranunculus brotherusii Freyn

科 毛茛科 Ranunculaceae
属 毛茛属 *Ranunculus*

形态识别要点：多年生草本，高3～10厘米。基生叶肾圆形，长6～10毫米，宽6～16毫米，3深裂，中裂片全缘或有3个齿，侧裂片2中裂至2深裂，叶柄长2～4厘米；上部叶无柄，3～5深裂，裂片再不等地2～3裂，末回裂片线形。花单生于茎顶，直径约1厘米。聚合果矩圆形，长5～6毫米；瘦果卵球形，喙长0.5～0.8毫米。

本区分布：马啣山。海拔2600～3000米。

生境：草地。

高原毛茛

Ranunculus tanguticus (Maxim.) Ovcz.

科 毛茛科 Ranunculaceae
属 毛茛属 *Ranunculus*

形态识别要点：多年生草本，高10～30厘米。三出复叶，小叶片二至三回3全裂至中裂，末回裂片披针形至线形，小叶柄短或近无；上部叶渐小，3～5全裂，裂片线形，有短柄至无柄。花单生，直径8～18毫米；花瓣5枚，长5～8毫米。聚合果长圆形，长6～8毫米；瘦果卵球形，较扁。

本区分布：阳道沟、上庄、马啣山。海拔2200～3600米。

生境：山坡或沼泽湿地。

云生毛茛
Ranunculus nephelogenes Edgeworth

科 毛茛科 Ranunculaceae
属 毛茛属 *Ranunculus*

形态识别要点：多年生草本，高3～12厘米。基生叶披针形或条状披针形，长1～5厘米，宽2～8毫米，全缘或有疏钝齿，叶柄长1～4厘米；茎生叶无柄，披针形至条形。花单生，直径1～1.5厘米；花梗长2～5厘米或果期伸长；萼片常带紫色；花瓣5枚，倒卵形，长6～8毫米。聚合果长圆形，直径5～8毫米；瘦果卵球形，喙直伸，长约1毫米。

本区分布：响水沟、马啣山。海拔3000～3600米。

生境：高山草地、河滩地及沼泽草地。

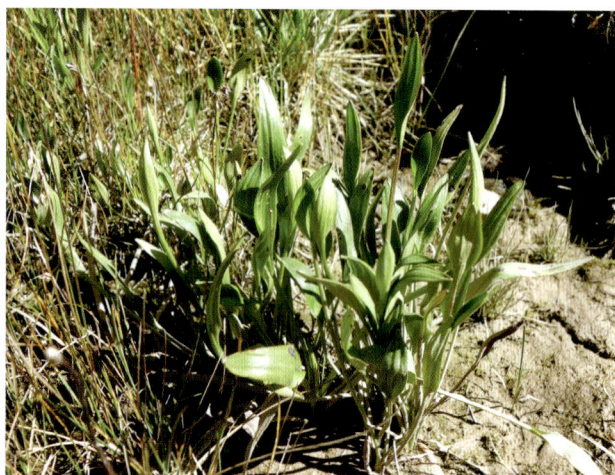

毛茛
Ranunculus japonicus Thunb.

科 毛茛科 Ranunculaceae
属 毛茛属 *Ranunculus*

形态识别要点：多年生草本，高30～70厘米。基生叶圆心形或五角形，长及宽为3～10厘米，3深裂，中裂片又3浅裂，侧裂片不等地2裂，叶柄长达15厘米；最上部叶线形，全缘，无柄。聚伞花序有多数花，疏散；花直径1.5～2.2厘米；花梗长达8厘米；花瓣5枚，长6～11毫米。聚合果近球形，直径6～8毫米；瘦果扁平。

本区分布：本区广布。海拔2000～3000米。

生境：沟旁和林缘湿草地。

碱毛茛

Halerpestes sarmentosa (Adams) Kom.

科 毛茛科 Ranunculaceae
属 碱毛茛属 *Halerpestes*

形态识别要点： 多年生草本。匍匐茎细长。叶多数，叶片纸质，多近圆形，或肾形、宽卵形，长0.5～2.5厘米，基部圆心形、截形或宽楔形，边缘有3～11个圆齿，有时3～5裂。花葶1～4个；花小，直径6～8毫米，黄色；萼片反折。聚合果椭圆球形，直径约5毫米。

本区分布： 红桦沟、大洼沟。海拔2300～2600米。

生境： 湿草地、沼泽地。

星叶草

Circaeaster agrestis Maxim.

科 星叶草科 Circaeasteraceae
属 星叶草属 *Circaeaster*

形态识别要点： 一年生小草本，高3～10厘米。叶菱状倒卵形或匙形，边缘上部有小牙齿，齿顶端有刺状短尖，无毛，背面粉绿色。花小，两性；萼片2～3枚，狭卵形，长约0.5毫米。瘦果狭长圆形或近纺锤形，长2.5～3.8毫米，有密或疏的钩状毛。

本区分布： 马场沟、大洼沟、八盘梁、太平沟、窑沟。海拔2500～3000米。

生境： 山谷沟边、林中或湿草地。

鲜黄小檗
Berberis diaphana Maxim.

科 小檗科 Berberidaceae
属 小檗属 *Berberis*

形态识别要点：落叶灌木，高1～3米。茎刺三分叉。单叶互生；叶片坚纸质，长圆形或倒卵状长圆形，边缘具2～12个刺齿，偶全缘；叶柄短。花2～5朵簇生，偶单生，黄色；花梗长12～22毫米；萼片2轮。浆果红色，卵状长圆形，长1～1.2厘米，具明显宿存花柱。

本区分布：官滩沟、马场沟、东岳台、谢家岔、水家沟、窑沟、哈班岔、阳道沟、太平沟、石骨岔、红庄子、深岘子、平滩、八盘梁、上庄、尖山、马啣山。海拔2200～2600米。

生境：灌丛、草甸、林缘、坡地。

短柄小檗
Berberis brachypoda Maxim.

科 小檗科 Berberidaceae
属 小檗属 *Berberis*

形态识别要点：落叶灌木，高1～3米。茎刺三分叉，稀单生。单叶互生；叶片厚纸质，椭圆形至长圆状椭圆形，上面有折皱，疏被短柔毛，叶缘每边具刺齿；叶柄长3～10毫米。穗状总状花序直立或斜上，长5～12厘米，密生多花；花梗长约2毫米；花淡黄色；萼片3轮，边缘具短毛。浆果长圆形，直径约5毫米，鲜红色，顶端具明显宿存花柱。

本区分布：官滩沟、东岳台、谢家岔、水家沟、歧儿沟、麻家寺、分豁岔、张家窑、小岔湾、唐家峡、大洼沟、阳道沟、东山。海拔2200～2500米。

生境：山坡灌丛、林下、林缘。

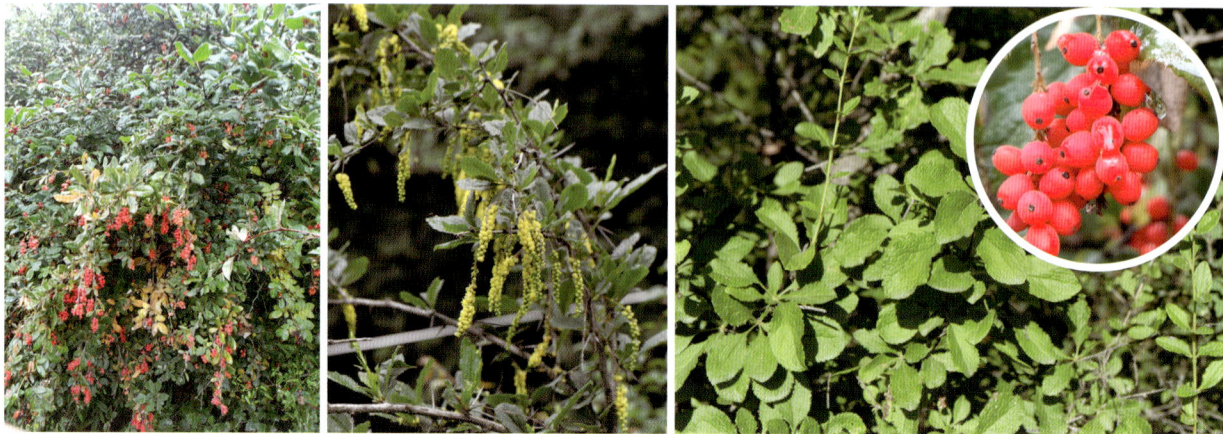

匙叶小檗

Berberis vernae C. K. Schneid.

科 小檗科 Berberidaceae
属 小檗属 *Berberis*

形态识别要点：落叶灌木，高 0.5～1.5 米。茎刺粗壮，单生。单叶互生；叶片纸质，匙状倒披针形，叶缘全缘，偶具 1～3 个刺齿；叶柄长 2～6 毫米。穗状总状花序具多花；花梗长 1.5～4 毫米；花黄色；萼片 2 轮。浆果长圆形，淡红色，长 4～5 毫米，顶端不具宿存花柱。

本区分布：上庄、东岳台、谢家岔、水家沟、大洼沟。海拔 2200～2400 米。

生境：河滩地或山坡灌丛。

甘肃小檗

Berberis kansuensis C. K. Schneid.

科 小檗科 Berberidaceae
属 小檗属 *Berberis*

形态识别要点：落叶灌木，高达 3 米。茎刺单生或三分叉。单叶互生；叶片厚纸质，近圆形或阔椭圆形，基部渐狭成柄，背面灰色，微被白粉，叶缘具刺齿；叶柄长 1～2 厘米。总状花序具多花；花梗长 4～8 毫米；花黄色；萼片 2 轮。浆果长圆状倒卵形，红色，长 7～8 毫米，顶端不具宿存花柱。

本区分布：官滩沟、麻家寺、凡柴沟、马场沟、东岳台、谢家岔、水家沟、三岔路口、分豁岔、大洼沟、唐家峡、晏家洼、小银木沟、陶家窑、上庄、东山。海拔 2100～2700 米。

生境：山坡灌丛或杂木林。

直穗小檗

Berberis dasystachya Maxim.

科 小檗科 Berberidaceae
属 小檗属 *Berberis*

形态识别要点：落叶灌木，高2～3米。茎刺单一。单叶互生；叶片纸质，长圆状椭圆形至近圆形，基部骤缩，叶缘具细小刺齿；叶柄长1～4厘米。总状花序直立，具多花；花梗长4～7毫米；花黄色；萼片2轮。浆果椭圆形，长6～7毫米，红色，顶端无宿存花柱。

本区分布：马场沟、大洼沟、分豁岔、红庄子、东岳台、谢家岔、水家沟。海拔2200～2500米。

生境：向阳山地灌丛、林缘、林下。

黄芦木

Berberis amurensis Rupr.

科 小檗科 Berberidaceae
属 小檗属 *Berberis*

形态识别要点：落叶灌木，高2～3.5米。茎刺三分叉，稀单一。单叶互生；叶片纸质，倒卵状椭圆形至卵形，长5～10厘米，叶缘具细刺齿；叶柄长5～15毫米。总状花序具多花；花梗长5～10毫米；花黄色；萼片2轮。浆果长圆形，长约10毫米，红色，顶端不具宿存花柱。

本区分布：马啣山。海拔2400～2800米。

生境：山地灌丛、沟谷、林缘、疏林。

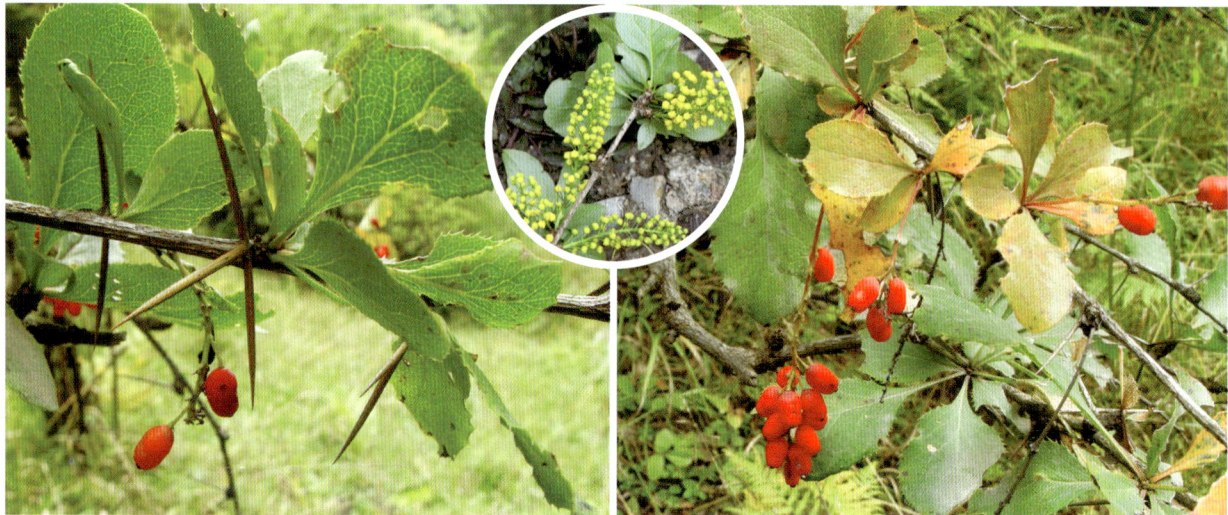

置疑小檗
Berberis dubia Schneid.

科 小檗科 Berberidaceae
属 小檗属 *Berberis*

形态识别要点：落叶灌木，高1～3米。茎刺单一或三分叉。单叶互生；叶片纸质，狭倒卵形，先端渐尖，基部渐狭，叶缘具细刺齿；叶柄长1～3毫米。总状花序具5～10朵花；花梗长3～6毫米；花黄色；萼片2轮。浆果倒卵状椭圆形，红色，长约8毫米，顶端不具宿存花柱。

本区分布：官塘沟、兴隆峡、马场沟、东岳台、谢家岔、水家沟、窑沟、干沟、马坡、石骨岔、大洼沟、红庄子、西山。海拔2100～2700米。

生境：山坡灌丛、石质山坡、河滩地或林下。

桃儿七
Sinopodophyllum hexandrum (Royle) Ying

科 小檗科 Berberidaceae
属 桃儿七属 *Sinopodophyllum*

形态识别要点：多年生草本，高20～50厘米。叶2枚，基部心形，3～5深裂几达中部，裂片不裂或有时2～3小裂，叶背面被柔毛，边缘具粗锯齿；叶柄长10～25厘米。花单生，大，先叶开放，两性，粉红色；萼片6枚；花瓣6枚，倒卵形，先端略呈波状。浆果卵圆形，长4～7厘米，熟时橘红色。

本区分布：本区广布。海拔2300～3100米。

生境：林下、林缘、灌丛或草丛。

淫羊藿
Epimedium brevicornu Maxim.

科 小檗科 Berberidaceae
属 淫羊藿属 *Epimedium*

形态识别要点： 多年生草本，高20～60厘米。二回三出复叶基生和茎生，具9枚小叶；小叶纸质或厚纸质，卵形或阔卵形，长3～7厘米，基部深心形，背面苍白色，叶缘具刺齿。圆锥花序长10～35厘米，具20～50朵花，花序轴及花梗被腺毛；花梗长5～20毫米；萼片2轮，外萼片暗绿色，长1～3毫米，内萼片白色或淡黄色，长约10毫米；花瓣片很小。蒴果长约1厘米，宿存花柱喙状。

本区分布： 官滩沟、东岳台、谢家岔、水家沟、窑沟、水岔沟、张家窑、兴隆峡、大洼沟、马场沟、峡口、分豁岔、陶家窑。海拔2100～2400米。

生境： 林下、沟边灌丛或山坡阴湿处。

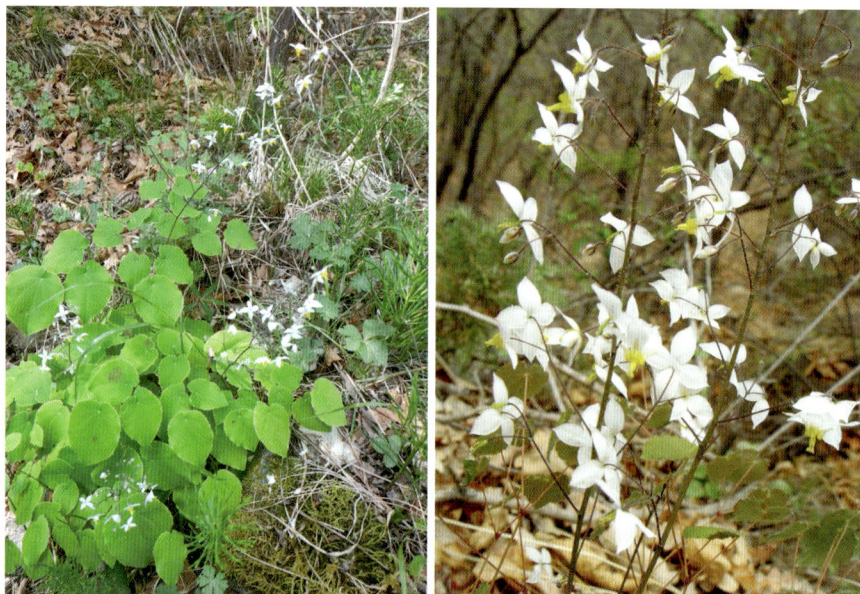

全缘叶绿绒蒿
Meconopsis integrifolia (Maxim.) Franch.

科 罂粟科 Papaveraceae
属 绿绒蒿属 *Meconopsis*

形态识别要点： 一年生至多年生草本，全体被锈色和金黄色长柔毛。茎粗壮，不分枝。基生叶莲座状，叶片倒披针形，连叶柄长8～30厘米，宽1～5厘米，两面被毛，边缘全缘；茎生叶同形，较小。花4～5朵生茎生叶叶腋内；花梗长3～32厘米，果时延长；萼片舟状，长约3厘米，外面被毛；花瓣6～8枚，近圆形至倒卵形，长3～7厘米，宽3～5厘米，黄色。蒴果椭圆形，长2～3厘米，被金黄色或褐色长硬毛。

本区分布： 窑沟、八盘梁、西番沟、马啣山、尖山。海拔3000～3400米。

生境： 草坡或林下。

五脉绿绒蒿

Meconopsis quintuplinervia Regel

科 罂粟科 Papaveraceae
属 绿绒蒿属 *Meconopsis*

形态识别要点： 多年生草本，全体密被淡黄色或棕褐色硬毛。叶全部基生，莲座状，倒卵形，长2～9厘米，宽1～3厘米，边缘全缘，明显具3～5条纵脉；叶柄长3～6厘米。花葶1～3个；花单生于花葶上，下垂；萼片长约2厘米；花瓣4～6枚，倒卵形或近圆形，长3～4厘米，淡蓝色或紫色。蒴果椭圆形，长1.5～2.5厘米，密被紧贴的刚毛。

本区分布： 麻家寺、窑沟、上庄、八盘梁、马啣山。海拔2900～3600米。

生境： 阴坡灌丛或高山草地。

白屈菜

Chelidonium majus Linn.

科 罂粟科 Papaveraceae
属 白屈菜属 *Chelidonium*

形态识别要点： 多年生草本，高30～100厘米。聚伞状多分枝。基生叶少，早落，叶片倒卵状长圆形，长8～20厘米，羽状全裂，全裂片2～4对，不规则深裂或浅裂，裂片边缘圆齿状，背面具白粉，疏被短柔毛，叶柄长2～5厘米，基部扩大成鞘；茎生叶同形，较小。伞形花序多花；花梗长2～8厘米；萼片2枚，舟状，早落；花瓣4枚，倒卵形，长约1厘米，黄色。蒴果狭圆柱形，长2～5厘米。

本区分布： 兴隆峡、大洼沟。海拔2100～2700米。

生境： 山坡、林缘、路旁。

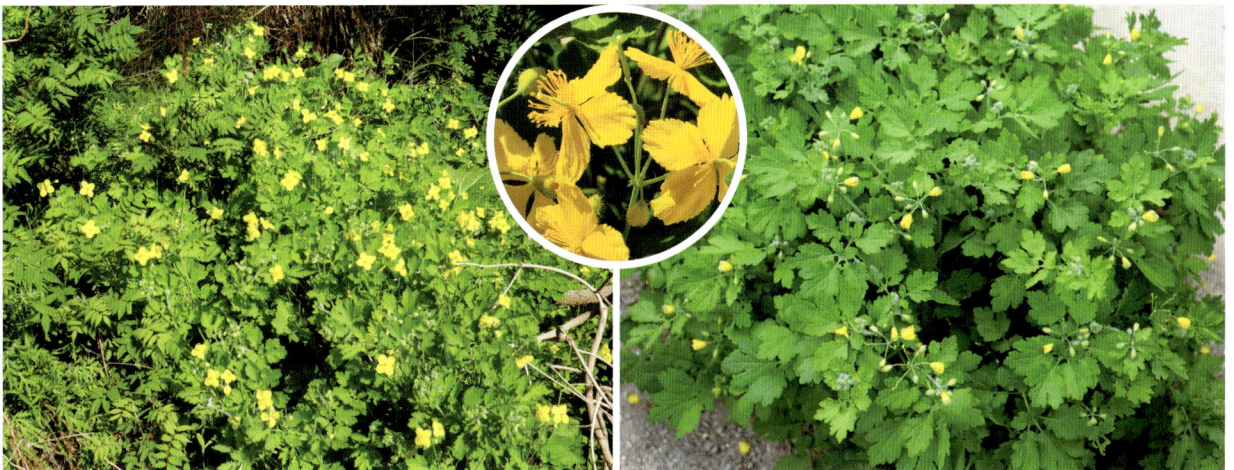

细果角茴香

Hypecoum leptocarpum Hook. f. & Thoms.

科 罂粟科 Papaveraceae
属 角茴香属 *Hypecoum*

形态识别要点：一年生草本。茎丛生，铺散。基生叶多数，蓝绿色，叶片狭倒披针形，长5～20厘米，二回羽状全裂，裂片4～9对，疏离，小裂片披针形至倒卵形，叶柄长1.5～10厘米；茎生叶同形，较小。二歧聚伞花序；花直径5～8毫米；花梗细长；萼片2枚，卵形，长2～4毫米；花瓣4枚，淡紫色，外面2枚全缘，里面2枚较小，3裂几达基部。蒴果圆柱形，长3～4厘米，成熟时在关节处分离成数小节。

本区分布：官滩沟、杜家庄、分豁岔、马啣山。海拔2100～3000米。

生境：山坡、草地、河滩、砾石地。

灰绿黄堇

Corydalis adunca Maxim.

科 罂粟科 Papaveraceae
属 紫堇属 *Corydalis*

形态识别要点：多年生灰绿色草本，高20～60厘米。基生叶高达茎的1/2～2/3，具长柄，叶片狭卵圆形，二回羽状全裂，二回羽片1～2对，近无柄，3深裂，有时裂片2～3浅裂；茎生叶具短柄，近一回羽状全裂。总状花序多花，常较密集；苞片狭披针形，约与花梗等长；萼片卵圆形；花黄色，外花瓣顶端浅褐色，兜状，距圆筒形，末端圆钝。蒴果长圆形，长约1.8厘米，宿存花柱长约5毫米。

本区分布：麻家寺、白庄子、石窑沟、朱家沟、马啣山。海拔2200～2400米。

生境：干旱山地、河滩地或石缝中。

蛇果黄堇

Corydalis ophiocarpa Hook. f. & Thoms.

科 罂粟科 Papaveraceae
属 紫堇属 *Corydalis*

形态识别要点： 一或二年生草本，高30～120厘米。基生叶多数，叶片长圆形，一至二回羽状全裂，二回羽片2～3对，3～5裂，叶柄约与叶片等长；茎生叶同形，近一回羽状全裂。总状花序长10～30厘米，多花；苞片线状披针形；花梗长5～7毫米；花淡黄色至苍白色，内花瓣顶端暗紫红色至暗绿色，距短囊状。蒴果线形，长1.5～2.5厘米，蛇形弯曲。

本区分布： 官滩沟、火烧沟、小银木沟。海拔2200～2400米。

生境： 沟谷林缘。

红花紫堇

Corydalis livida Maxim.

科 罂粟科 Papaveraceae
属 紫堇属 *Corydalis*

形态识别要点： 多年生草本，高15～60厘米。基生叶少数，下面苍白色，一至二回羽状全裂，末回羽片3深裂，裂片卵圆形，叶柄约与叶片等长，基部鞘状；茎生叶一回羽状全裂，羽片3深裂至二回3深裂。总状花序疏具10～15朵花；下部苞片叶状；萼片小；花冠紫红色或淡紫色，距圆筒形，末端圆钝，稍下弯。蒴果线形，长1.5～2厘米。

本区分布： 官滩沟、麻家寺、唐家峡、阳道沟、红庄子、上庄。海拔2200～2900米。

生境： 林下或林缘石缝中。

条裂黄堇

Corydalis linarioides Maxim.

科 罂粟科 Papaveraceae
属 紫堇属 *Corydalis*

形态识别要点：多年生草本，高25~50厘米。基生叶少数，叶片轮廓近圆形，长约4厘米，二回羽状分裂，第一回3全裂，小裂片线形，背面具白粉，叶柄长达14厘米；茎生叶2~3枚，一回奇数羽状全裂，全裂片3对，线形。总状花序顶生，多花密集；苞片下部者羽状分裂，上部者线形；萼片鳞片状；花瓣黄色，距圆筒形。蒴果长圆形，长约1.2厘米。

本区分布：官滩沟、窑沟、八盘梁、红庄子、上庄、马啣山。海拔2500~3600米。

生境：林下、林缘、灌丛、草坡或石缝中。

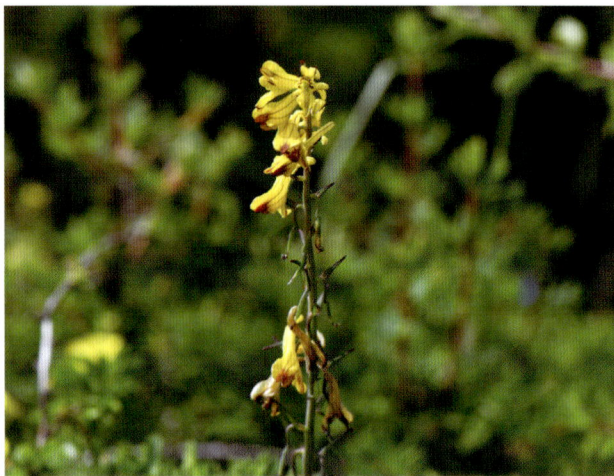

曲花紫堇

Corydalis curviflora Maxim. ex Hemsl.

科 罂粟科 Papaveraceae
属 紫堇属 *Corydalis*

形态识别要点：多年生草本，高7~50厘米。基生叶少数，叶片轮廓圆形或肾形，背面具白粉，3全裂，全裂片2~3深裂，叶柄长2~13厘米；茎生叶1~4枚，疏离，柄极短或无，掌状全裂。总状花序长2.5~12厘米，有10~15朵花或更多，花期密集；苞片狭，全缘；花梗短或等长于苞片；萼片小，常早落；花瓣淡蓝色、淡紫色或紫红色，距圆筒形，粗壮，末端略渐狭并向上弯曲。蒴果线状长圆形，长0.5~1.2厘米。

本区分布：麻家寺、马场沟、分豁岔、窑沟、大洼沟、谢家岔、水家沟、唐家峡、西番沟、哈班岔、八盘梁、尖山、马啣山。海拔2300~3400米。

生境：山坡林下、灌丛或草丛。

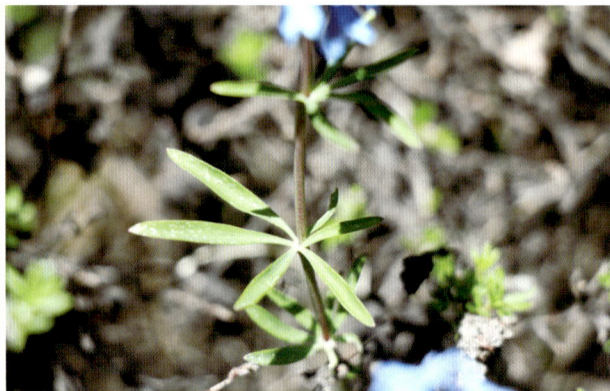

宽叶独行菜

Lepidium latifolium Linn.

科 十字花科 Brassicaceae
属 独行菜属 *Lepidium*

形态识别要点： 多年生草本，高30～150厘米。茎上部多分枝。基生叶及茎下部叶革质，长圆状披针形或卵形，长3～6厘米，宽3～5厘米，全缘或有牙齿，两面有柔毛，叶柄长1～3厘米；茎上部叶披针形或长圆状椭圆形，长2～5厘米，宽5～15毫米，无柄。总状花序圆锥状；萼片脱落；花瓣白色，倒卵形，长约2毫米。短角果宽卵形或近圆形，长1.5～3毫米，有柔毛，花柱极短。

本区分布： 干沟。海拔2100～2200米。

生境： 山坡及盐化草地。

独行菜

Lepidium apetalum Willd.

科 十字花科 Brassicaceae
属 独行菜属 *Lepidium*

形态识别要点： 一或二年生草本。基生叶窄匙形，一回羽状浅裂或深裂，长3～5厘米，宽1～1.5厘米，叶柄长1～2厘米；茎上部叶线形，有疏齿或全缘。总状花序在果期可延长至5厘米；萼片早落；花瓣不存或退化成丝状，比萼片短。短角果近圆形或宽椭圆形，扁平，长2～3毫米。

本区分布： 兴隆峡。海拔2100～2300米。

生境： 山坡、山沟、路旁。

双果荠

Megadenia pygmaea Maxim.

科 十字花科 Brassicaceae
属 双果荠属 *Megadenia*

形态识别要点：一年生草本，高3～15厘米，无毛。叶心状圆形，长5～20毫米，宽5～30毫米，基部心形，全缘，有3～7枚棱角；叶柄长1.5～10厘米。花直径约1毫米；花梗长4～10毫米；花瓣白色，长约1.5毫米。短角果横向卵形，长约2毫米，宽约5毫米，中间2深裂，宿存花柱长约1毫米。

本区分布：官滩沟、阳道沟、分豁岔。海拔2300～2700米。

生境：山坡灌丛下、林下。

菥蓂

Thlaspi arvense Linn.

科 十字花科 Brassicaceae
属 菥蓂属 *Thlaspi*

形态识别要点：一年生草本。基生叶倒卵状长圆形，长3～5厘米，宽1～1.5厘米，基部抱茎，两侧箭形，边缘具疏齿，叶柄长1～3厘米；茎生叶互生，卵形或披针形，基部心形或箭形，抱茎。总状花序顶生；花白色，直径约2毫米；花梗长5～10毫米。短角果倒卵形或近圆形，长13～16毫米，宽9～13毫米，扁平，顶端凹入，边缘翅宽约3毫米。

本区分布：马场沟、阳道沟、深岘子、兴隆峡、红庄子。海拔2200～2800米。

生境：路旁、沟边或草地。

荠

Capsella bursa-pastoris (Linn.) Medic.

科 十字花科 Brassicaceae
属 荠属 *Capsella*

形态识别要点： 一或二年生草本。基生叶丛生呈莲座状，大头羽状分裂，长可达12厘米，宽可达2.5厘米，叶柄长5～40毫米；茎生叶窄披针形或披针形，长5～6.5毫米，宽2～15毫米，基部箭形，抱茎，边缘有缺刻或锯齿。总状花序顶生及腋生，果期延长达20厘米；花梗长3～8毫米；花瓣白色，长2～3毫米。短角果倒三角形，长5～8毫米，扁平；果梗长5～15毫米。

本区分布： 八盘梁、黄崖沟、分豁岔。海拔2000～2500米。

生境： 山坡、田边及路旁。

锐棱阴山荠

Yinshania acutangula (O. E. Schulz) Y. H. Zhang

科 十字花科 Brassicaceae
属 阴山荠属 *Yinshania*

形态识别要点： 一年生草本，高达30厘米。茎弯曲，有锐棱，多分枝，直立开展，具细单毛。基生叶羽状全裂，长1～2.5厘米，裂片2～3对，边缘有锯齿或具不整齐羽状深裂，叶柄长5～10毫米；茎生叶相似，越向上叶柄越短。总状花序顶生，有30～40朵疏生的花，果期伸长达15厘米；花瓣白色，长约1毫米。短角果长圆形或长圆状卵形，长1.5～2毫米，稍扭曲，有贴生短毛；花柱长0.5～1毫米；果梗长5～7毫米。

本区分布： 兴隆峡。海拔2400～2800米。

生境： 山坡。

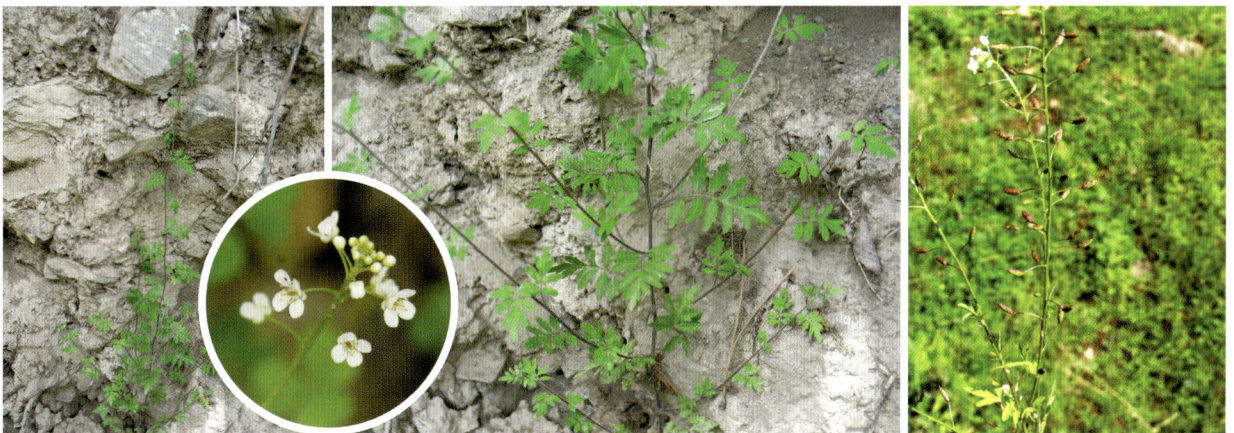

喜山葶苈
Draba oreades Schrenk

科 十字花科 Brassicaceae
属 葶苈属 *Draba*

形态识别要点：多年生草本，高2～10厘米。叶丛生呈莲座状，有时呈互生；叶片长圆形至倒披针形，长6～25毫米，宽2～4毫米，全缘，有时有锯齿。花茎高5～8厘米，无叶或偶有1枚叶，密生毛。总状花序密集成头状，果时疏松；小花梗长1～2毫米；花瓣黄色，长3～5毫米。短角果短宽卵形，长4～6毫米，宽3～4毫米，顶端渐尖。

本区分布：马啣山、响水沟。海拔3000～3400米。

生境：高山石砾中。

葶苈
Draba nemorosa Linn.

科 十字花科 Brassicaceae
属 葶苈属 *Draba*

形态识别要点：一或二年生草本，高5～45厘米。基生叶莲座状，长倒卵形，边缘有疏细齿或近全缘；茎生叶卵形，边缘有细齿，无柄。总状花序有花25～90朵，密集成伞房状，花后显著伸长，疏松；小花梗长5～10毫米；萼片椭圆形，背面略有毛；花瓣黄色，后变白色，倒楔形，顶端凹。短角果长圆形或长椭圆形，长4～10毫米，被短单毛；果梗长8～25毫米，与果序轴成直角开展。

本区分布：官滩沟、麻家寺、尖山、水岔沟、兴隆峡。海拔2200～2800米。

生境：田边路旁、山坡草地及河谷湿地。

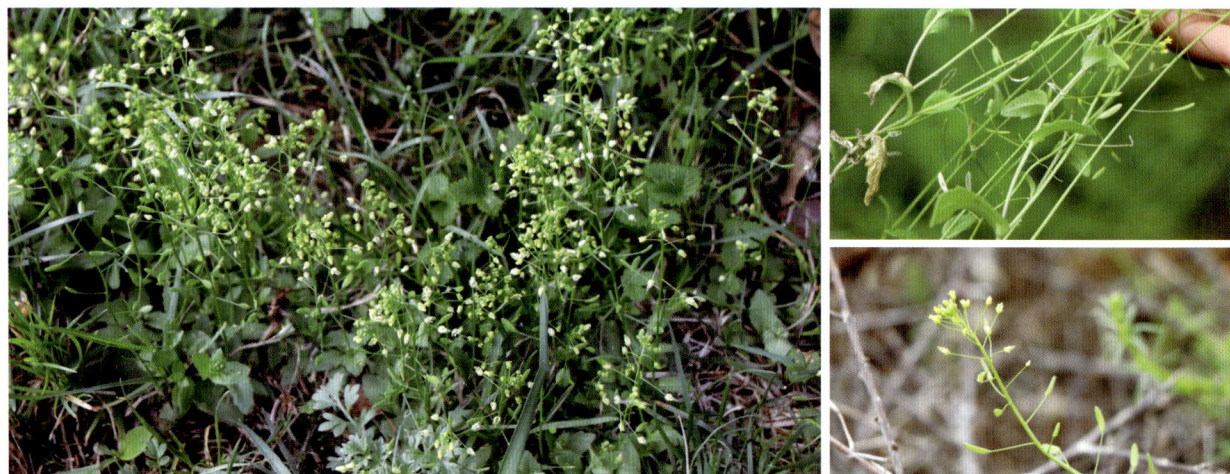

毛葶苈

Draba eriopoda Turcz.

科 十字花科 Brassicaceae
属 葶苈属 *Draba*

形态识别要点：二年生草本。茎密被毛。基生叶莲座状，披针形，全缘；茎生叶较多，下部的长卵形，上部的卵形，两缘各有1～4个锯齿，两面被毛，无柄或近于抱茎。总状花序有花20～50朵，密集成伞房状，花后显著伸长，疏松；小花梗长2～5毫米；花瓣金黄色，长3～4毫米。短角果卵形或长卵形，长5～10毫米；果梗长3～8毫米，与果序轴近直角开展。

本区分布：麻家寺、水岔沟、官滩沟、马啣山。海拔2400～3500米。

生境：山坡、河谷草滩。

唐古碎米荠

Cardamine tangutorum O. E. Schulz

科 十字花科 Brassicaceae
属 碎米荠属 *Cardamine*

形态识别要点：多年生草本。基生叶有长叶柄，小叶3～5对，长椭圆形，长1.5～5厘米，宽5～20毫米，边缘具钝齿，无小叶柄；茎生叶通常3枚，叶柄长1～4厘米，小叶3～5对。总状花序有10余朵花；花梗长10～15毫米；花瓣紫红色或淡紫色，长8～15毫米。长角果线形，扁平，长3～3.5厘米，宽约2毫米；果梗直立，长15～20毫米。

本区分布：麻家寺、马场沟、分豁岔、大洼沟、谢家岔、马家寺、红庄子、八盘梁、尖山、马啣山。海拔2000～3000米。

生境：草地及林下阴湿处。

弹裂碎米荠
Cardamine impatiens Linn.

科 十字花科 Brassicaceae
属 碎米荠属 *Cardamine*

形态识别要点：一或二年生草本。基生叶叶柄长1~3厘米，基部有1对托叶状耳，小叶2~8对，边缘有不整齐钝齿状浅裂，小叶柄显著；茎生叶具小叶5~8对。总状花序顶生和腋生，花多数，直径约2毫米，果期花序极延长；花梗长2~6毫米；花瓣白色。长角果狭条形且扁，长20~28毫米；果梗开展，长10~15毫米。

本区分布：官滩沟、麻家寺、阳道沟、水岔沟、深岘子、上庄、张家窑。海拔2000~2800米。

生境：路旁、山坡、沟谷、水边或阴湿地。

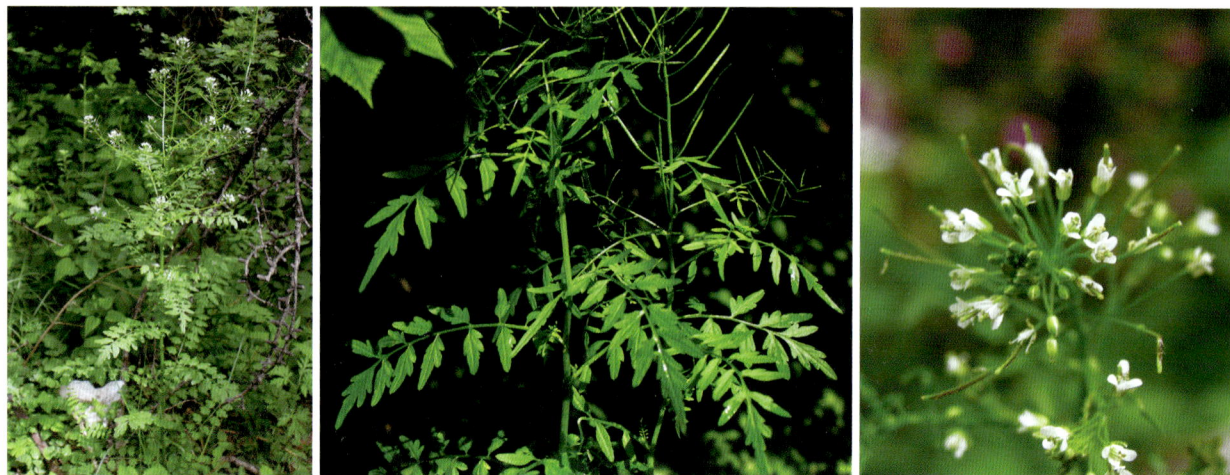

垂果南芥
Arabis pendula Linn.

科 十字花科 Brassicaceae
属 南芥属 *Arabis*

形态识别要点：二年生草本，全株被硬毛。茎下部叶长椭圆形至倒卵形，长3~10厘米，宽1.5~3厘米，边缘有浅锯齿，基部渐狭成柄，长达1厘米；茎上部叶狭长椭圆形至披针形，较下部的叶略小，基部呈心形或箭形，抱茎。总状花序顶生或腋生，有花10余朵；花瓣白色，长3.5~4.5毫米。长角果线形，长4~10厘米，宽1~2毫米，弧曲，下垂。

本区分布：峡口、麻家寺、阳道沟。海拔2000~2500米。

生境：山坡、路旁、河边草丛及灌木林下。

沼生蔊菜
Rorippa palustris (Linn.) Besser

科 十字花科 Brassicaceae
属 蔊菜属 *Rorippa*

形态识别要点：一或二年生草本，光滑无毛或稀有单毛。基生叶多数，具柄，长圆形至狭长圆形，长5～10厘米，宽1～3厘米，羽状深裂或大头羽裂，裂片3～7对，边缘不规则浅裂或呈深波状；茎生叶向上渐小，近无柄。总状花序顶生或腋生，果期伸长；花小，多数，黄色；花梗长3～5毫米。短角果椭圆形或近圆柱形，有时稍弯曲，长3～8毫米。

本区分布：麻家寺、水岔沟、峡口河。海拔2000～2400米。

生境：溪岸、路旁、田边、山坡草地。

涩荠
Malcolmia africana (Linn.) R. Brown

科 十字花科 Brassicaceae
属 涩荠属 *Malcolmia*

形态识别要点：二年生草本，密生单毛或叉状硬毛。叶长圆形、倒披针形或近椭圆形，长1.5～8厘米，宽5～18毫米，边缘有波状齿或全缘；叶柄长5～10毫米或近无柄。总状花序有10～30朵花，疏松排列，果期长达20厘米；花瓣紫色或粉红色，长8～10毫米。长角果圆柱形或近圆柱形，长3.5～7厘米，宽1～2毫米，近4棱。

本区分布：歧儿沟。海拔2200～2400米。

生境：路边、荒地。

红紫糖芥
Erysimum roseum (Maxim.) Polatschek

科 十字花科 Brassicaceae
属 糖芥属 *Erysimum*

形态识别要点：多年生草本，全体贴生分叉毛。基生叶披针形或线形，长2～7厘米，宽3～5毫米，全缘或具疏生细齿，叶柄长1～4厘米；茎生叶较小，具短柄，上部叶无柄。总状花序有多数疏生的花，长达9厘米；花粉红色或红紫色，直径1.5～2厘米；花梗长5～10毫米；花瓣倒披针形，长12～15毫米，有深紫色脉纹。长角果线形，有4棱，长2～3.5厘米，稍弯曲。
本区分布：黄崖沟、尖山。海拔2700～3000米。
生境：岩壁、高山草地。

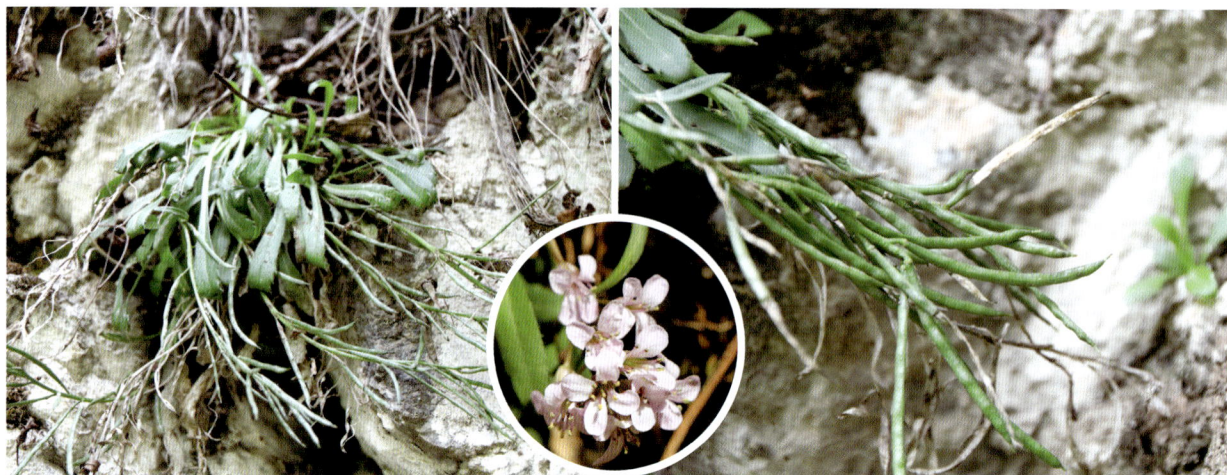

波齿糖芥
Erysimum macilentum Bunge

科 十字花科 Brassicaceae
属 糖芥属 *Erysimum*

形态识别要点：一年生草本，高30～60厘米。茎直立，分枝，具二叉毛。茎生叶密生，叶片线形或线状狭披针形，长3～8厘米，宽4～5毫米，边缘近全缘或具波状裂齿。总状花序顶生或腋生；花瓣深黄色，匙形，长约8毫米。长角果圆柱形，长3～5厘米；果梗短。
本区分布：麻家寺。海拔2200～2400米。
生境：路边、山坡。

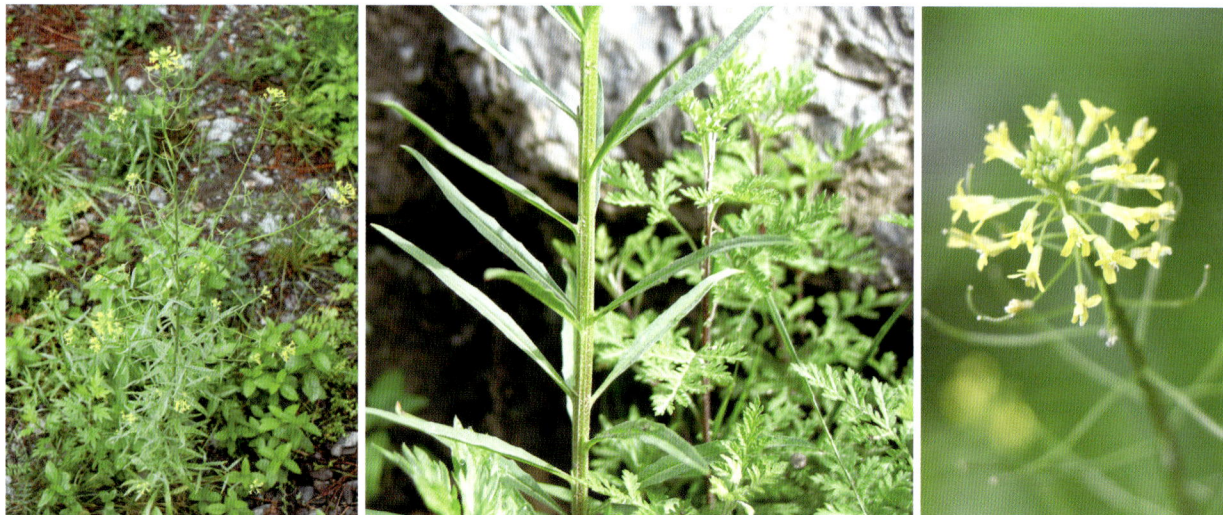

密序山萮菜

Eutrema heterophyllum (W. W. Smith) Hara

科 十字花科 Brassicaceae
属 山萮菜属 *Eutrema*

形态识别要点：多年生草本，高3～20厘米，全体无毛。基生叶具长柄；叶片长圆状披针形至条形，长1～2厘米。花序密集成头状；花瓣白色；花梗长2～3毫米。角果直或微曲，长圆状条形，长6～12毫米；果梗长2～4毫米。

本区分布：马啣山。海拔3200～3600米。

生境：山坡草丛或高山石缝中。

垂果大蒜芥

Sisymbrium heteromallum C. A. Mey.

科 十字花科 Brassicaceae
属 大蒜芥属 *Sisymbrium*

形态识别要点：一或二年生草本，高30～90厘米。基生叶为羽状深裂或全裂，叶片长5～15厘米，顶端裂片大，全缘或具齿，侧裂片2～6对，叶柄长2～5厘米；上部叶无柄，叶片羽状浅裂。总状花序密集成伞房状，果期伸长；花梗长3～10毫米；萼片淡黄色；花瓣黄色，长圆形。长角果线形，纤细，长4～8厘米，常下垂；果梗长1～1.5厘米。

本区分布：兴隆峡。海拔2100～2300米。

生境：林下、阴坡、河边。

蚓果芥

Braya humilis (C. A. Mey.) B. L. Rob.

科 十字花科 Brassicaceae
属 肉叶荠属 *Braya*

形态识别要点： 多年生草本，被叉毛。基生叶窄卵形，早枯；下部的茎生叶变化较大，宽匙形至窄长卵形，长 5～30 毫米，宽 1～6 毫米，近无柄，全缘，或具 2～3 对钝齿；中、上部的叶条形；最上部数叶常入花序而成苞片。花序呈紧密伞房状，果期伸长；花瓣白色，长 2～3 毫米。长角果筒状，长 8～30 毫米，略呈念珠状；果梗长 3～6 毫米。

本区分布： 水家沟、兴隆峡、干沟、兴隆山、大湾、尖山、马㘎山。海拔 2100～2500 米。

生境： 林下、河滩、草地。

播娘蒿

Descurainia sophia (Linn.) Webb. ex Prantl

科 十字花科 Brassicaceae
属 播娘蒿属 *Descurainia*

形态识别要点： 一年生草本。叶三回羽状深裂，长 2～15 厘米，末回裂片条形或长圆形，裂片长 2～10 毫米，宽 0.8～2 毫米；下部叶具柄，上部叶无柄。花序伞房状，果期伸长；萼片早落；花瓣黄色，长 2～2.5 毫米。长角果圆筒状，长 2.5～3 厘米，宽约 1 毫米，无毛，稍内曲；果梗长 1～2 厘米。

本区分布： 保护区广布。海拔 1600～2800 米。

生境： 山坡、田野及农田。

瓦松

Orostachys fimbriata (Turcz.) Berge

科 景天科 Crassulaceae
属 瓦松属 *Orostachys*

形态识别要点：二年生草本。莲座叶线形，先端增大，为白色软骨质，半圆形，有齿；叶互生，疏生，有刺，线形至披针形，长可达3厘米，宽2～5毫米。二年生花茎高10～20厘米；花序总状，紧密，或下部分枝，可呈宽20厘米的金字塔形；苞片线状渐尖；花梗长达1厘米，萼片5枚，长圆形；花瓣5枚，红色，披针状椭圆形，长5～6毫米。蓇葖5枚，长圆形，长5毫米，喙长1毫米。

本区分布：白房子、白庄子。海拔2000～2300米。

生境：阳坡、岩缝。

狭穗八宝

Hylotelephium angustum (Maxim.) H. Ohba

科 景天科 Crassulaceae
属 八宝属 *Hylotelephium*

形态识别要点：多年生草本。茎高50～100厘米。叶3～5枚轮生，长圆形，长4～7.5厘米，宽1.5～2厘米，边缘有疏钝齿。花序顶生及腋生，紧密多花，分枝多，由聚伞状伞房花序组成外观为中断的穗状花序，长达30厘米以上；萼片5枚，披针形；花瓣5枚，淡红色，长圆形。蓇葖5枚，直立，长圆形，喙短。

本区分布：官滩沟、深岘子、分豁岔、水岔沟、马坡、清水沟、大洼沟、马场沟、平滩、阳道沟、马啣山。海拔2100～2800米。

生境：山坡、沟边灌丛、疏林。

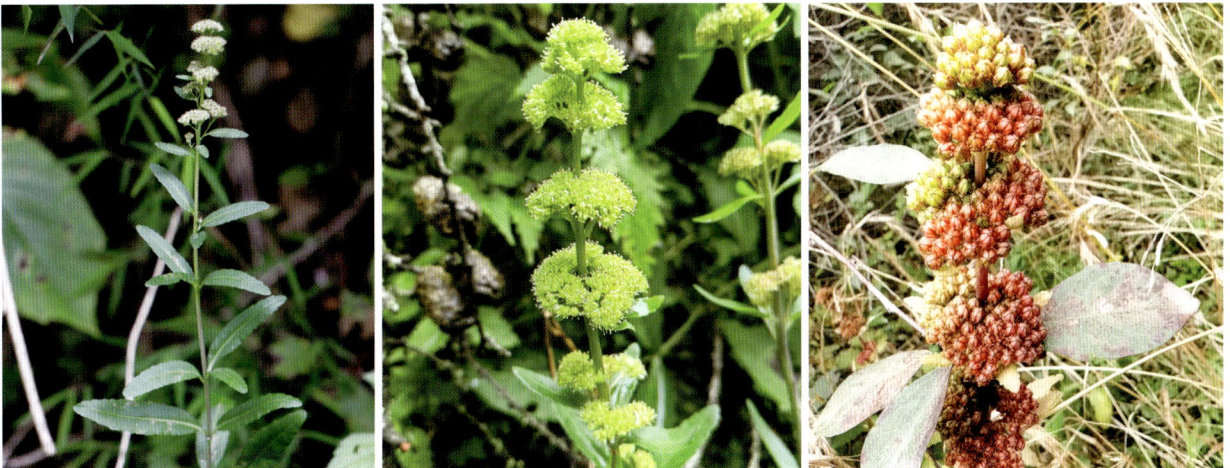

费菜

Phedimus aizoon (Linn.) 't Hart

科 景天科 Crassulaceae
属 费菜属 *Phedimus*

形态识别要点：多年生草本。茎高20～50厘米，1～3个，不分枝。叶互生；叶片近革质，狭披针形至卵状倒披针形，长3.5～8厘米，宽1.2～2厘米，边缘有不整齐锯齿。聚伞花序有多花，平展；萼片5枚，线形，不等长；花瓣5枚，黄色，长圆形至椭圆状披针形，长6～10毫米，有短尖。菁葖5枚，星芒状排列，长约7毫米。

本区分布：水家沟、谢家岔、三岔路口、麻家寺、西山。海拔2200～2500米。

生境：山坡草地、林缘。

勘察加费菜

Phedimus kamtschaticus (Fisch. & C. A. Mey.) 't Hart

科 景天科 Crassulaceae
属 费菜属 *Phedimus*

形态识别要点：多年生草本。茎高15～40厘米。叶互生或对生，少有3枚叶轮生；叶片倒披针形至倒卵形，长2.5～7厘米，宽0.5～3厘米，上部边缘有疏锯齿至疏圆齿。聚伞花序，花疏生；萼片5枚，披针形，长3～4毫米；花瓣5枚，黄色，披针形，长6～8毫米，先端有短尖头，背面有龙骨状突起。菁葖5枚，上部星芒状水平横展，腹面浅囊状突起。

本区分布：东山。海拔2200～2300米。

生境：山坡。

甘南景天
Sedum ulricae Fröd.

科 景天科 Crassulaceae
属 景天属 *Sedum*

形态识别要点：一年生草本。花茎直立，高3～6厘米。叶互生；叶片宽线形至近长圆形，长5～7.5毫米，有短距。花序伞房状，有少数花；萼片线形，长4.5～5毫米，有钝形短距；花瓣披针形，长约4毫米。蓇葖果5枚，开展，长圆形。

本区分布：马啣山。海拔3000～3300米。

生境：山坡。

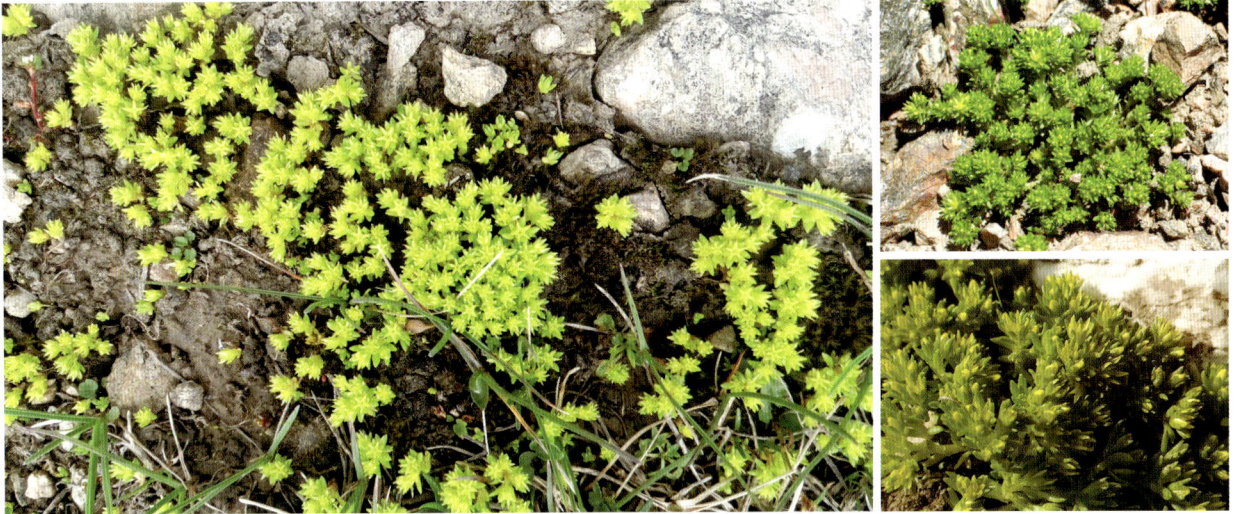

阔叶景天
Sedum roborowskii Maxim.

科 景天科 Crassulaceae
属 景天属 *Sedum*

形态识别要点：二年生草本。花茎近直立，高3.5～15厘米。叶互生；叶片长圆形，长5～13毫米，宽2～6毫米，有钝距。近蝎尾状聚伞花序，疏生多数花；苞片叶形；花梗长达3.5毫米；萼片长圆形，不等长，有钝距；花瓣淡黄色，卵状披针形，长3.5～3.8毫米。蓇葖果5枚，长圆形。

本区分布：黄崖沟。海拔2400～2700米。

生境：山坡林下阴处或岩石上。

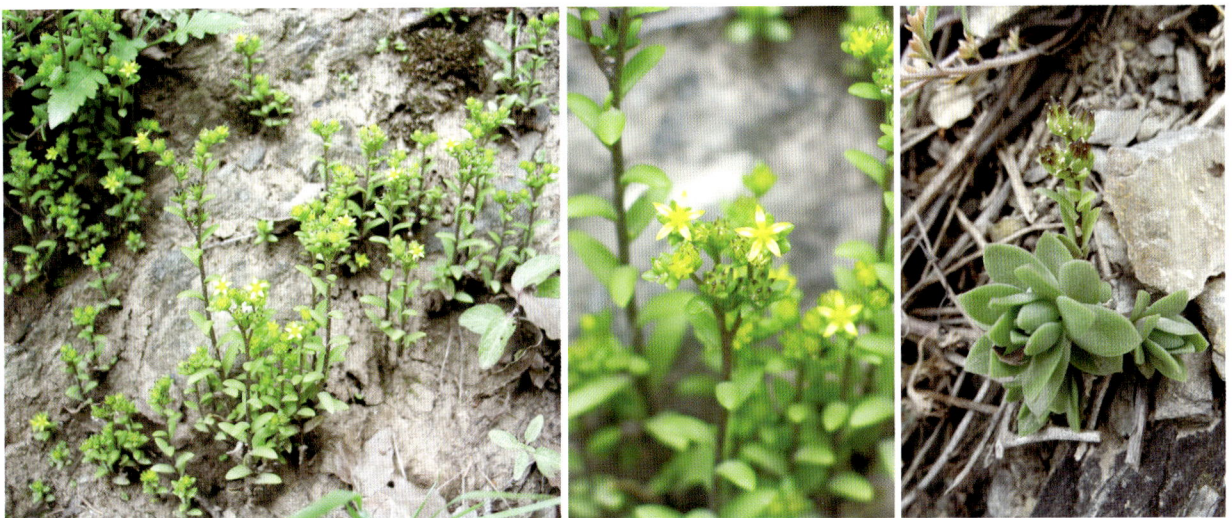

小丛红景天

Rhodiola dumulosa (Franch.) S. H. Fu

科 景天科 Crassulaceae
属 红景天属 *Rhodiola*

形态识别要点： 多年生草本。花茎聚生主轴顶端，长5～28厘米。叶互生；叶片线形至宽线形，长7～10毫米，宽1～2毫米，全缘，无柄。花序聚伞状，有4～7朵花；萼片5枚，线状披针形，长4毫米；花瓣5枚，白色或红色，披针状长圆形，长8～11毫米。蓇葖果5枚，卵状长圆形，直立。

本区分布： 黄崖沟、红庄子、上庄、尖山、马啣山。海拔2900～3600米。

生境： 石缝中。

甘肃红景天

Rhodiola kansuensis (Fröd.) S. H. Fu

科 景天科 Crassulaceae
属 红景天属 *Rhodiola*

形态识别要点： 多年生草本。不育茎长2～3厘米，具密集的叶；花茎丛生，长7～8厘米。茎生叶狭线形，长不及10毫米。花序伞房状，紧密；花两性；萼片线形；花瓣长圆形，长6～6.5毫米。蓇葖果直立。

本区分布： 马啣山。海拔3200～3500米。

生境： 草地、山坡岩石。

狭叶红景天

Rhodiola kirilowii (Regel) Maxim.

科 景天科 Crassulaceae
属 红景天属 *Rhodiola*

形态识别要点：多年生草本。叶互生；叶片线形至线状披针形，长4～6厘米，宽2～5毫米，边缘有疏锯齿或有时全缘；无柄。雌雄异株；伞房花序有多花；萼片4枚或5枚，长2～2.5毫米；花瓣4枚或5枚，绿黄色，倒披针形，长3～4毫米。蓇葖果披针形，长7～8毫米，有短而外弯的喙。

本区分布：黄崖沟。海拔2800～3000米。

生境：多石草地或石坡。

大果红景天

Rhodiola macrocarpa (Praeg.) S. H. Fu

科 景天科 Crassulaceae
属 红景天属 *Rhodiola*

形态识别要点：多年生草本。花茎多数，高20～25厘米。叶近轮生；叶片线状倒披针形，长1.3～2.5厘米，宽3～4毫米，边缘有疏锯齿1～6个。雌雄异株；花序顶生，密集；萼片5枚，狭线形，长2～3.5毫米；花瓣5枚，紫红色或淡黄色，线状倒披针形，长4～5毫米。蓇葖果5枚，近有柄，有短喙，直立。

本区分布：麻家寺、哈班岔、黄崖沟、红庄子、谢家岔、水家沟、八盘梁、马卿山。海拔2400～2700米。

生境：山坡林下或山坡沟边石上。

黑蕊虎耳草

Saxifraga melanocentra Franch.

科 虎耳草科 Saxifragaceae
属 虎耳草属 *Saxifraga*

形态识别要点：多年生草本，高3～22厘米。叶均基生；叶片卵形至长圆形，长0.8～4厘米，边缘具圆齿状锯齿和腺睫毛，基部楔形；叶柄长0.7～3.6厘米。花莛被卷曲腺柔毛；聚伞花序伞房状；萼片在花期开展或反曲，长2.9～6.5毫米；花瓣白色，稀红色至紫红色，长3～6毫米；花药黑色；心皮2枚，黑紫色。蒴果阔卵球形，长约5毫米。

本区分布：马啣山。海拔3200～3700米。

生境：高山灌丛、高山草地和碎石隙。

山地虎耳草

Saxifraga sinomontana J. T. Pan & Gornall

科 虎耳草科 Saxifragaceae
属 虎耳草属 *Saxifraga*

形态识别要点：多年生丛生草本，高4.5～35厘米。茎疏被褐色卷曲柔毛。基生叶椭圆形至线状长圆形，长0.5～3.4厘米，无毛，叶柄长0.7～4.5厘米；茎生叶披针形至线形，长0.9～2.5厘米。聚伞花序长1.4～4厘米，具2～8朵花；花梗长0.4～1.8厘米；萼片在花期直立；花瓣黄色，倒卵形至椭圆形，长8～12.5毫米。

本区分布：马啣山。海拔3000～3600米。

生境：灌丛、高山草地和碎石隙。

唐古特虎耳草
Saxifraga tangutica Engl.

科 虎耳草科 Saxifragaceae
属 虎耳草属 *Saxifraga*

形态识别要点：多年生丛生草本，高3.5～31厘米。茎被褐色卷曲长柔毛。基生叶卵形，长6～33毫米，宽3～8毫米，叶柄长1.7～2.5厘米；茎生叶狭卵状披针形。多歧聚伞花序具多花；萼片由直立变反曲；花瓣黄色，或腹面黄色而背面紫红色，卵形，长2.5～4.5毫米。蒴果卵球形。

本区分布：西山、上庄、马啣山。海拔2700～3600米。

生境：林下、灌丛、高山草地和碎石隙。

橙黄虎耳草
Saxifraga aurantiaca Franch.

科 虎耳草科 Saxifragaceae
属 虎耳草属 *Saxifraga*

形态识别要点：多年生丛生草本，高5～7厘米。小主轴之叶近匙形，肉质肥厚，长约8.6毫米，宽1.8～2毫米，边缘疏生刚毛状睫毛；茎生叶线形，长约8.4毫米，边缘先端具极少刚毛状睫毛。聚伞花序具2～4朵花；花梗长0.9～1.7厘米；萼片在花期反曲；花瓣黄色，中部以下具紫色斑点，卵形至近长圆形，长约5.6毫米。蒴果阔卵球形。

本区分布：马啣山、八盘梁。海拔3000～3400米。

生境：高山草地和石隙。

裸茎金腰

Chrysosplenium nudicaule Bunge.

科 虎耳草科 Saxifragaceae
属 金腰属 *Chrysosplenium*

形态识别要点：多年生草本，高 4.5～10 厘米。无茎生叶；基生叶具长柄，叶片肾形，革质，长 0.9～1.0 厘米，宽 1.2～1.5 厘米，边缘具 7～15 浅齿，齿常相互叠压，两面无毛，叶柄长 1.0～7.5 厘米。聚伞花序密集成半球形，苞片阔卵形至扇形，具 3～9 浅齿；萼片在花期直立。蒴果长 3.0～3.5 毫米。

本区分布：马啣山。海拔 3000～3300 米。

生境：林下、林缘、高山草地和碎石隙。

中华金腰

Chrysosplenium sinicum Maxim.

科 虎耳草科 Saxifragaceae
属 金腰属 *Chrysosplenium*

形态识别要点：多年生草木，高 3.0～33 厘米。叶常对生，叶片阔卵形至近圆形，长 0.6～1.1 厘米，宽 0.7～1.2 厘米，边缘具钝齿；叶柄长 0.6～1.0 厘米。聚伞花序具 4～10 花；花梗无毛；花黄绿色；萼片在花期直立。蒴果长 0.7～1.0 厘米。

本区分布：官滩沟、分豁岔、阳道沟、八盘梁、马啣山。海拔 2300～3600 米。

生境：林下、灌丛或石隙。

柔毛金腰

Chrysosplenium pilosum Maxim. var. *valdepilosum* Ohwi

科 虎耳草科 Saxifragaceae
属 金腰属 *Chrysosplenium*

形态识别要点： 多年生草本，高 14～16 厘米。不育枝和花茎生褐色柔毛。不育枝之叶对生，近扇形，长 0.7～1.6 厘米，宽 0.7～2 厘米，边缘具 5～9 个明显钝圆齿，叶柄长 4～8 毫米，具褐色柔毛；花茎之叶对生，扇形，较小，叶柄较短。聚伞花序长约 2 厘米；苞叶近扇形，边缘具 3～5 个明显钝圆齿；萼片阔卵形。蒴果长约 5.5 毫米。

本区分布： 官滩沟、新庄沟、马场沟、谢家岔、水家沟、麻家寺、阳道沟、小银木沟。海拔 2200～2500 米。

生境： 林下阴湿处。

细叉梅花草

Parnassia oreophila Hance

科 虎耳草科 Saxifragaceae
属 梅花草属 *Parnassia*

形态识别要点： 多年生小草本，高 17～30 厘米。基生叶 2～8 枚，叶片卵状长圆形或三角状卵形，长 2～3.5 厘米，宽 1～1.8 厘米，基部常截形或微心形，有时下延于叶柄，全缘，叶柄长 2～10 厘米；茎生叶卵状长圆形，长 2.5～4.5 厘米，宽 1～2.5 厘米，基部半抱茎，无柄。花单生茎顶，直径 2～3 厘米；萼筒钟状，萼片披针形；花瓣白色，长 1～1.5 厘米。蒴果长卵球形，直径 5～7 毫米。

本区分布： 黄崖沟、西番沟、西山、八盘梁。海拔 2800～3000 米。

生境： 高山草地、林缘、阴坡潮湿处及路旁。

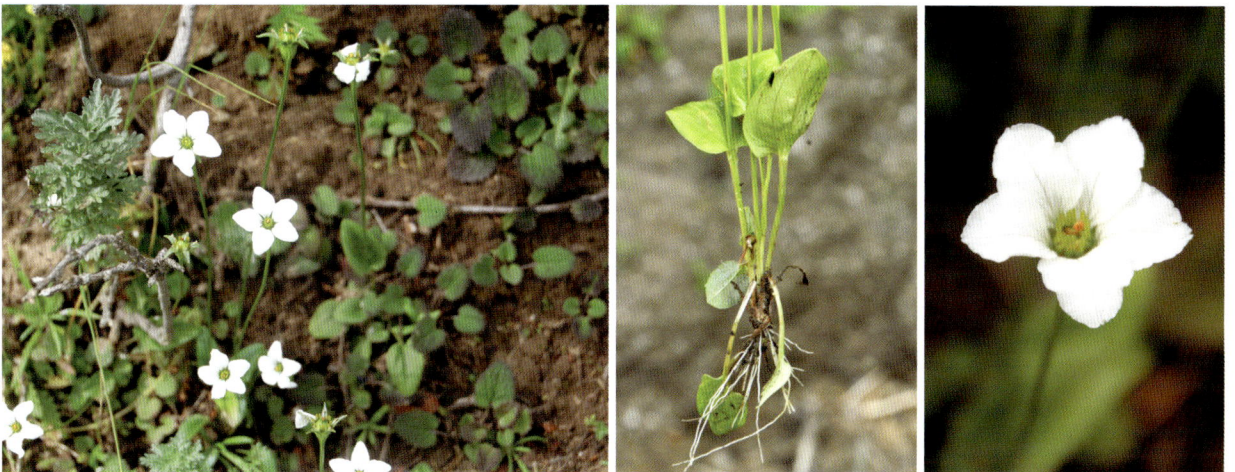

三脉梅花草

Parnassia trinervis Drude

科 虎耳草科 Saxifragaceae
属 梅花草属 *Parnassia*

形态识别要点：多年生草本，高7～30厘米。基生叶4～9枚，叶片长圆形至卵状长圆形，长8～15毫米，宽5～12毫米，基部微心形、截形或下延而连于叶柄，叶柄长8～15毫米；茎生叶与基生叶同形，但较小，基部半抱茎，无柄。花单生茎顶，直径约1厘米；萼筒管漏斗状；花瓣白色，长约7.8毫米。蒴果长圆形。

本区分布：马啣山。海拔3000～3300米。

生境：山谷潮湿地、沼泽草地或河滩。

太平花

Philadelphus pekinensis Rupr.

科 虎耳草科 Saxifragaceae
属 山梅花属 *Philadelphus*

形态识别要点：落叶灌木。单叶对生，叶片卵形或阔椭圆形，长6～9厘米，宽2.5～4.5厘米，先端长渐尖，基部阔楔形或楔形，边缘具锯齿花枝上叶较小；叶脉离基出3～5条；叶柄长5～12毫米。总状花序有花5～9朵；花梗长3～6毫米；花萼黄绿色，裂片卵形；花瓣4枚，白色，倒卵形。蒴果近球形或倒圆锥形，宿存萼裂片近顶生。

本区分布：张家窑。海拔2300～2500米。

生境：山坡杂木林或灌丛。

甘肃山梅花

Philadelphus kansuensis (Rehd.) S. Y. Hu

科 虎耳草科 Saxifragaceae
属 山梅花属 *Philadelphus*

形态识别要点：落叶灌木。单叶对生；叶片卵形或卵状椭圆形，长5～10厘米，宽3～6.5厘米，边缘近全缘或具疏齿；叶脉稍离基出3～5条；叶柄长2～8毫米。总状花序具5～7朵花；花序轴长2～8厘米，紫红色，疏被糙伏毛；花梗长4～8毫米；花萼紫红色，外面疏被糙伏毛；花瓣4枚，白色，长圆状卵形，长1.2～1.5厘米，宽1～1.3厘米。蒴果倒卵形，长6～8毫米。
本区分布：官滩沟、分豁岔、麻家寺、张家窑、大洼沟、小水尾子、马啣山。海拔2300～2500米。
生境：林下灌丛中。

东陵绣球

Hydrangea bretschneideri Dipp.

科 虎耳草科 Saxifragaceae
属 绣球属 *Hydrangea*

形态识别要点：落叶灌木。单叶对生；叶片卵形至长椭圆形，长7～16厘米，宽2.5～7厘米，边缘有具硬尖头的锯齿，下面密被柔毛或近无毛；叶柄长1～3.5厘米。伞房状聚伞花序较短小，直径8～15厘米；不育花萼片4枚，白色或粉紫色，广椭圆形至近圆形，长1.3～1.7厘米，宽1～1.6厘米；孕性花萼筒杯状，长约1毫米，花瓣白色，长2.5～3毫米。蒴果卵球形。
本区分布：官滩沟、麻家寺、大洼沟、分豁岔、东山、马场沟、小水尾子、阳道沟。海拔2100～2800米。
生境：山谷溪边、山坡林中。

长果茶藨子
Ribes stenocarpum Maxim.

科 虎耳草科 Saxifragaceae
属 茶藨子属 *Ribes*

形态识别要点：落叶灌木。在叶下部的节上具1～3枚粗壮刺，刺长0.8～2厘米，节间散生稀疏小针刺或无刺。单叶互生；叶片近圆形或宽卵圆形，长2～3厘米，宽2.5～4厘米，基部截形至近心脏形，掌状3～5深裂，裂片边缘具粗钝锯齿；叶柄长1～3厘米。花两性，2～3朵组成短总状花序或单生于叶腋；花萼浅绿色或绿褐色；花瓣长圆形，白色。果实长圆形，长2～2.5厘米，径约1厘米，无毛。

本区分布：麻家寺、阳道沟、大洼沟、红庄子、马场沟、谢家岔、水家沟、深岘子、黄崖沟、尖山。海拔2300～2600米。

生境：山坡灌丛、林下或山沟。

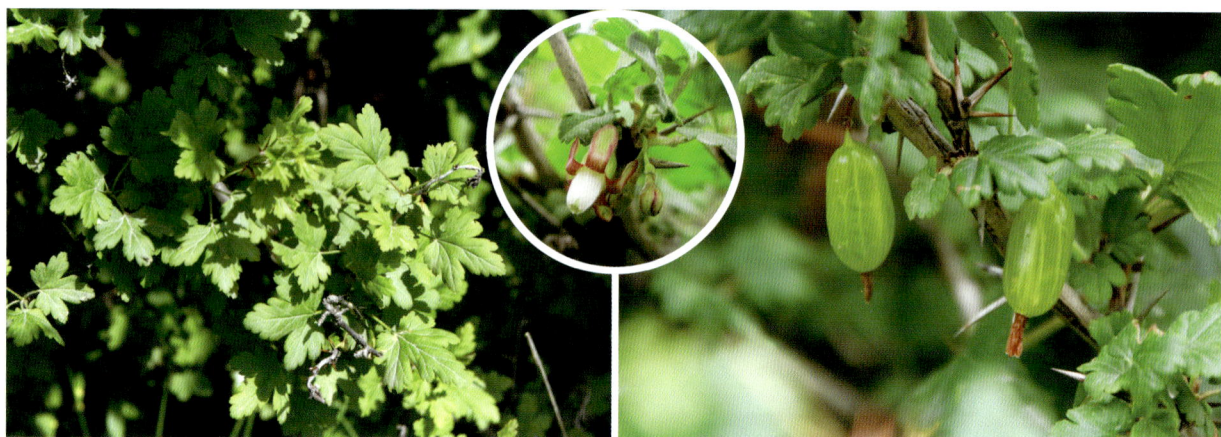

瘤糖茶藨子
Ribes himalense Royle ex Decne. var. *verruculosum* (Rehd.) L. T. Lu

科 茶藨子科 Grossulariaceae
属 茶藨子属 *Ribes*

形态识别要点：落叶灌木。单叶互生；叶片卵圆形或近圆形，叶下面脉上和叶柄具显著瘤状突起或混生少数短腺毛，叶掌状3～5裂，裂片卵状三角形，边缘具粗锐重锯齿或杂以单锯齿；叶柄长3～5厘米。花两性；总状花序长2.5～5厘米；花梗极短近无；花萼绿色带紫红色晕或紫红色；花瓣红色或绿色带浅紫红色。果实球形，直径6～7毫米，红色，无毛。

本区分布：分豁岔、大洼沟、马啣山。海拔2300～2500米。

生境：路边灌丛、林下及林缘。

三裂茶藨子

Ribes moupinense Franch. var. *tripartitum* (Batal.) Jancz.

科 茶藨子科 Grossulariaceae
属 茶藨子属 *Ribes*

形态识别要点： 落叶灌木。叶卵圆形或宽三角状卵圆形，基部深心脏形，边缘 3 深裂，裂片狭卵状披针形或狭三角状长卵圆形，顶生裂片与侧生裂片近等长，先端长渐尖，边缘具不规则锯齿；叶柄长 5～10 厘米。总状花序长 5～12 厘米，下垂，花疏松排列；花梗极短或几无。果实近球形，几无梗，熟时黑色，无毛。

本区分布： 水岔沟、分豁岔。海拔 2300～2500 米。

生境： 岩石坡地、林下、林缘或灌丛中。

陕西藨子

Ribes giraldii Jancz.

科 茶藨子科 Grossulariaceae
属 茶藨子属 *Ribes*

形态识别要点： 落叶灌木。叶宽卵圆形，长、宽各 1.5～3 厘米，两面均被柔毛和腺毛，掌状 3～5 裂，顶生裂片菱形，长于侧生裂片，边缘有粗钝锯齿和腺毛；叶柄长 0.8～2 厘米。花单性，雌雄异株，总状花序；花萼黄绿色，外面具柔毛，或混生疏腺毛，萼片长 3～4 毫米，花期开展或反折，果期反折；花瓣长 1～1.5 毫米。果实卵球形，直径 6～8 毫米，红色，幼时具柔毛和腺毛，老时仅具腺毛。

本区分布： 龙泉寺。海拔 2000～2100 米。

生境： 山沟、山坡灌丛或路边。

长白茶藨子
Ribes komarovii Pojark.

科 茶藨子科 Grossulariaceae
属 茶藨子属 *Ribes*

形态识别要点：落叶灌木。叶宽卵圆形或近圆形，长宽近相等，2～6厘米，基部近圆形至截形，掌状3浅裂，顶生裂片比侧生裂片长，具不整齐圆钝粗锯齿；叶柄长6～17毫米。花单性，雌雄异株，短总状花序直立；花萼黄色或黄绿色；花瓣短于萼片。浆果球形或倒卵球形，直径7～8毫米，熟时红色。

本区分布：东山、兴隆峡、马场沟、翻车沟、新庄沟、东岳台、谢家岔、水家沟、歧儿沟、大洼沟。海拔2100～3000米。

生境：林下、灌丛中或岩石坡地。

细枝茶藨子
Ribes tenue Jancz.

科 茶藨子科 Grossulariaceae
属 茶藨子属 *Ribes*

形态识别要点：落叶灌木。枝细瘦，无刺。单叶互生；叶片长卵圆形，长2～5.5厘米，掌状3～5裂，顶生裂片菱状卵圆形，先端渐尖至尾尖，比侧生裂片长1～2倍，裂片边缘具深裂或缺刻状重锯齿；叶柄长1～3厘米。花单性，雌雄异株，总状花序；花萼近辐状，红褐色，外面无毛；花瓣长约1毫米，暗红色。浆果球形，直径4～7毫米，暗红色，无毛。

本区分布：凡柴沟、八盘梁。海拔2300～2700米。

生境：山坡、山谷或沟旁路边。

南川绣线菊
Spiraea rosthornii Pritz.

科 蔷薇科 Rosaceae
属 绣线菊属 *Spiraea*

形态识别要点： 落叶灌木。单叶互生；叶片卵状长圆形至卵状披针形，长 2.5～8 厘米，宽 1～3 厘米，边缘有缺刻和重锯齿，两面被短柔毛；叶柄长 5～6 毫米。复伞房花序生在侧枝先端，具多花；花梗长 5～7 毫米；花直径约 6 毫米；萼筒钟状，萼片三角形；花瓣白色；雄蕊长于花瓣。蓇葖果开张，萼片反折。

本区分布： 官滩沟、马场沟、分豁岔、东岳台、谢家岔、阳道沟、马坡、水岔沟、哈班岔、红庄子、马啣山。海拔 2000～2700 米。

生境： 山溪沟边或山坡杂木林。

疏毛绣线菊
Spiraea hirsuta (Hemsl.) C. K. Schneid.

科 蔷薇科 Rosaceae
属 绣线菊属 *Spiraea*

形态识别要点： 落叶灌木。单叶互生；叶片倒卵形至椭圆形，长 1.5～3.5 厘米，宽 1～2 厘米，先端圆钝，基部楔形，边缘自中部以上或先端有钝锯齿或稍锐锯齿，上面具稀疏柔毛，下面蓝绿色，具稀疏短柔毛；叶柄长约 6 毫米。伞形花序具 20 朵以上花；花梗长 1.2～2.2 厘米；花直径 6～8 毫米；萼筒钟状，萼片三角形；花瓣白色；雄蕊短于花瓣。蓇葖果稍开张，常具直立萼片。

本区分布： 矿湾村、龙泉寺。海拔 2100～2300 米。

生境： 山坡或岩石缝隙。

高山绣线菊
Spiraea alpina Pall.

科 蔷薇科 Rosaceae
属 绣线菊属 *Spiraea*

形态识别要点：落叶灌木。叶多数簇生；叶片线状披针形至长圆倒卵形，长7～16毫米，宽2～4毫米，全缘，两面无毛，下面灰绿色，具粉霜；叶柄短或几无柄。伞形总状花序具3～15朵花；花梗长5～8毫米；花直径5～7毫米；萼筒钟状，萼片三角形；花瓣白色；雄蕊几与花瓣等长或稍短于花瓣。蓇葖果开张；萼片直立或半开张。

本区分布：窑沟、西番沟、上庄、西山、八盘梁、尖山、马啣山。海拔3000～3700米。

生境：阳坡或灌丛。

蒙古绣线菊
Spiraea mongolica Maxim.

科 蔷薇科 Rosaceae
属 绣线菊属 *Spiraea*

形态识别要点：落叶灌木。单叶互生；叶片长圆形或椭圆形，长8～20毫米，宽3.5～7毫米，全缘，稀先端有少数锯齿；叶柄长1～2毫米。伞形总状花序具8～15朵花；花梗长5～10毫米；花直径5～7毫米；萼筒近钟状，萼片三角形；花瓣白色；雄蕊几与花瓣等长。蓇葖果直立开张；萼片直立或反折。

本区分布：凡柴沟、分豁岔、水家沟、三岔路口、阳道沟、杜家庄、唐家峡、西山、尖山。海拔2200～2800米。

生境：山坡灌丛及多石砾地。

毛叶绣线菊

Spiraea mollifolia Rehder

科 蔷薇科 Rosaceae
属 绣线菊属 *Spiraea*

形态识别要点：落叶灌木，除花瓣外各部均密被长柔毛。单叶互生；叶片长圆形、椭圆形，稀倒卵形，长1～2厘米，宽0.4～0.6厘米，全缘或先端有少数钝锯齿；叶柄长2～5毫米。伞形总状花序具10～18朵花；花梗长4～8毫米；花直径5～7毫米；萼筒钟状，萼片三角形；花瓣白色；雄蕊几与花瓣等长。蓇葖果直立开张；萼片直立。

本区分布：水家沟、骆驼岘、太平沟、红庄子、西番沟、马莲滩、哈班岔、尖山、马啣山。海拔2200～2800米。

生境：山坡、山谷灌丛或林缘。

耧斗菜叶绣线菊

Spiraea aquilegiifolia Pall.

科 蔷薇科 Rosaceae
属 绣线菊属 *Spiraea*

形态识别要点：落叶灌木。花枝上的叶通常为倒卵形，长4～8毫米，宽2～5毫米，先端圆钝，基部楔形，全缘或先端3浅圆裂；不孕枝上的叶片通常为扇形，长宽几相等，7～10毫米，先端3～5浅圆裂，下面灰绿色，密被短柔毛；叶柄极短。伞形花序无总梗，具花3～6朵，基部有数枚小叶片簇生；花梗长6～9毫米；花直径4～5毫米；萼筒钟状，萼片三角形；花瓣白色；雄蕊几与花瓣等长。蓇葖果倾斜开展，具直立或反折萼片。

本区分布：干沟。海拔2400～2500米。

生境：山坡草地。

华北珍珠梅

Sorbaria kirilowii (Regel) Maxim.

科 蔷薇科 Rosaceae
属 珍珠梅属 *Sorbaria*

形态识别要点：落叶灌木。羽状复叶互生；小叶 13～21 枚，对生，披针形至长圆状披针形，长 4～7 厘米，宽 1.5～2 厘米，先端边缘有尖锐重锯齿。顶生大型密集的圆锥花序，直径 7～11 厘米，长 15～20 厘米；花梗长 3～4 毫米；花两性，直径 5～7 毫米；萼筒浅钟状；花瓣 5 枚，白色；雄蕊与花瓣等长或稍短。蓇葖果长圆柱形，长约 3 毫米；果梗直立。

本区分布：谢家岔、水家沟、唐家峡、歧家坡、分豁岔、西山、东山、八盘梁。海拔 2100～2400 米。

生境：山坡阳处、杂木林中。

高丛珍珠梅

Sorbaria arborea Schneid.

科 蔷薇科 Rosaceae
属 珍珠梅属 *Sorbaria*

形态识别要点：落叶灌木。羽状复叶互生；小叶 13～17 枚，对生叶片披针形至长圆状披针形，长 4～9 厘米，宽 1～3 厘米，边缘有重锯齿。顶生大型圆锥花序，直径 15～25 厘米，长 20～30 厘米；花梗长 2～3 毫米；花两性，直径 6～7 毫米；萼筒浅钟状；花瓣 5 枚，白色；雄蕊约长于花瓣 1.5 倍。蓇葖果圆柱形，长约 3 毫米，萼片宿存，反折；果梗弯曲，果实下垂。

本区分布：三岔路口。海拔 2100～2300 米。

生境：山坡林边、山溪沟边。

准噶尔栒子

Cotoneaster soongoricus (Regel & Herder) Popov

科 蔷薇科 Rosaceae
属 栒子属 *Cotoneaster*

形态识别要点：落叶灌木。单叶互生；叶片广椭圆形、近圆形或卵形，长1.5～5厘米，宽1～2厘米，叶脉常下陷，下面被白色茸毛；叶柄长2～3毫米，具茸毛。3～12朵花组成聚伞花序；总花梗和花梗被白色茸毛，花梗长2～3毫米；花直径8～9毫米；萼筒钟状，外被茸毛，萼片宽三角形；花瓣5枚，白色。梨果卵形至椭圆形，长7～10毫米，红色。

本区分布：干沟。海拔2400～2500米。

生境：干燥山坡、林缘或沟谷。

小果准噶尔栒子

Cotoneaster soongoricus (Regel & Herder) Popov var. *microcarpus* (Rehder & E. H. Wilson) Klotz.

科 蔷薇科 Rosaceae
属 栒子属 *Cotoneaster*

与准噶尔栒子的区别：叶片较小，长圆形至长椭圆形，长1.0～1.5厘米。果实较小，椭圆形长5～6毫米，红色。

本区分布：麻家寺、石窑沟、祁家坡、窑沟、白房子、唐家峡。海拔2300～2600米。

生境：灌丛。

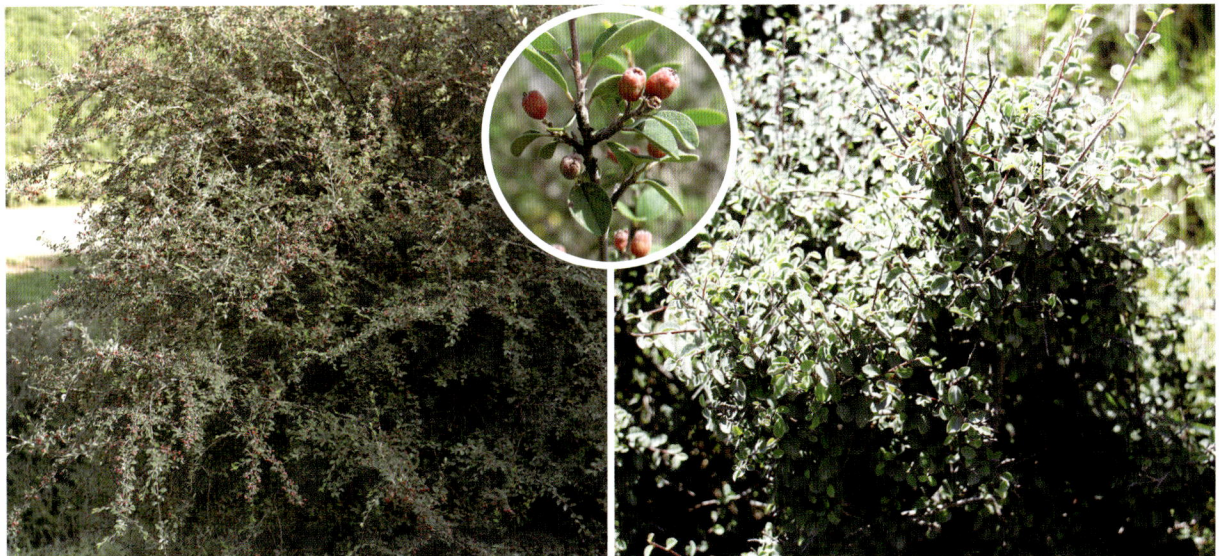

水枸子

Cotoneaster multiflorus Bunge

科 蔷薇科 Rosaceae
属 枸子属 *Cotoneaster*

形态识别要点： 落叶灌木。枝条常呈弓形弯曲。单叶互生；叶片卵形或宽卵形，长2～4厘米，宽1.5～3厘米；叶柄长3～8毫米。多数组成疏松的聚伞花序；花梗长4～6毫米；花直径1～1.2厘米；萼筒钟状，萼片三角形；花瓣5枚，白色，近圆形。梨果近球形或倒卵形，直径8毫米，红色。

本区分布： 官滩沟、马场沟、谢家岔、水家沟、水岔沟、马坡、峡口、分豁岔、张家窑、陶家窑、西山。海拔2100～2600米。

生境： 沟谷、山坡杂木林中。

毛叶水枸子

Cotoneaster submultiflorus Popov

科 蔷薇科 Rosaceae
属 枸子属 *Cotoneaster*

形态识别要点： 落叶灌木。单叶互生；叶片卵形、菱状卵形至椭圆形，长2～4厘米，宽1.2～2厘米，全缘，上面无毛或幼时微具柔毛，下面具短柔毛；叶柄长4～7毫米。多花组成聚伞花序；总花梗和花梗具长柔毛，花梗长4～6毫米；花直径8～10毫米；萼筒钟状，外面被柔毛，萼片三角形；花瓣5枚，白色。梨果近球形，直径6～7毫米，亮红色。

本区分布： 官滩沟、祁家坡、窑沟、谢家岔、水家沟、张家窑、唐家峡、兴隆峡、龙泉寺、分豁岔、马场沟、陈沟峡、晏家洼。海拔2100～2600米。

生境： 灌木林中。

尖叶栒子
Cotoneaster acuminatus Lindl.

科 蔷薇科 Rosaceae
属 栒子属 *Cotoneaster*

形态识别要点：落叶直立灌木。单叶互生；叶片椭圆卵形至卵状披针形，长3～6.5厘米，宽2～3厘米，先端渐尖，全缘，两面被柔毛，下面毛较密；叶柄长3～5毫米，有柔毛。花1～5朵组成聚伞花序；总花梗和花梗带黄色柔毛，花梗长3～5毫米；花直径6～8毫米；萼筒钟状，外面微具柔毛；花瓣直立，粉红色。梨果椭圆形，长8～10毫米，直径7～8毫米，红色。

本区分布：官滩沟、马场沟、分豁岔、三岔路口、阳道沟、深岘子、张家窑、唐家峡、火烧沟、大洼沟、陶家窑、红庄子、东山、马啣山。海拔2100～2600米。

生境：林下。

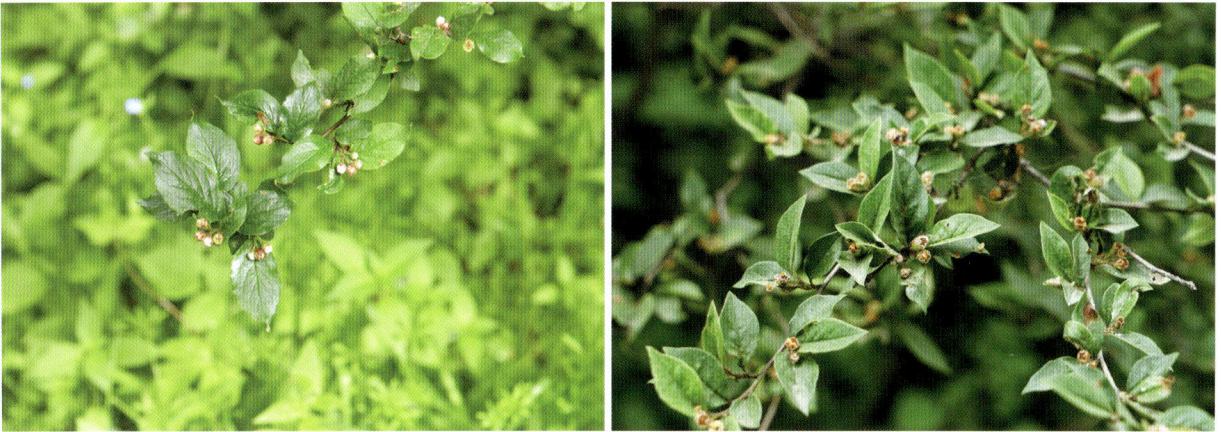

灰栒子
Cotoneaster acutifolius Turcz.

科 蔷薇科 Rosaceae
属 栒子属 *Cotoneaster*

形态识别要点：落叶灌木。单叶互生；叶片椭圆卵形至长圆卵形，长2.5～5厘米，宽1.2～2厘米，先端急尖，全缘，幼时两面均被长柔毛，老时渐脱落至近无毛；叶柄长2～5毫米。2～5朵花组成聚伞花序；总花梗和花梗被长柔毛，花梗长3～5毫米；花直径7～8毫米；萼筒钟状，外面被短柔毛，萼片三角形；花瓣5枚，白色外带红晕。梨果椭圆形，直径7～8毫米，黑色。

本区分布：官滩沟、西山。海拔2000～2600米。

生境：山坡、山沟及林中。

匍匐栒子

Cotoneaster adpressus Bois

科 蔷薇科 Rosaceae
属 栒子属 *Cotoneaster*

形态识别要点：落叶匍匐灌木。不规则分枝，平铺地上。单叶互生；叶片宽卵形或倒卵形，长5～15毫米，宽4～10毫米，边缘全缘而呈波状；叶柄长1～2毫米。花1～2朵，几无梗；花直径7～8毫米；萼筒钟状，萼片卵状三角形；花瓣5枚，直径约4.5毫米，粉红色。梨果近球形，直径6～7毫米，鲜红色。

本区分布：马坡。海拔2500～2800米。

生境：山坡杂木林边及岩石山坡。

橘红山楂

Crataegus aurantia Pojark.

科 蔷薇科 Rosaceae
属 山楂属 *Crataegus*

形态识别要点：落叶灌木至小乔木，无刺或有刺。单叶互生；叶片宽卵形，边缘有2～3对浅裂片，裂片锯齿尖锐不整齐，两面多少被柔毛；叶柄密被柔毛。复伞房花序多花；总花梗和花梗密被柔毛；萼筒钟状，外被柔毛；花瓣近圆形，白色。梨果幼时长圆卵形，熟时近球形，干时橘红色，具2～3枚骨质小核。

本区分布：官滩沟、西山。海拔1800～2300米。

生境：山坡杂木林中。

甘肃山楂

Crataegus kansuensis E. H. Wilson

科 蔷薇科 Rosaceae
属 山楂属 *Crataegus*

形态识别要点：落叶灌木或乔木。枝刺多。单叶互生；叶片宽卵形；叶片长4～6厘米，宽3～4厘米，边缘有尖锐重锯齿和不规则羽状浅裂片；叶柄细，长1.8～2.5厘米；托叶边缘有腺齿，早落。伞房花序具8～18朵花；花梗长5～6毫米；花直径8～10毫米；萼筒钟状，萼片三角卵形；花瓣5枚，白色，直径3～4毫米。梨果红色或橘黄色，近球形，直径8～10毫米，萼片宿存；果梗长1.5～2厘米。

本区分布：官滩沟、谢家岔、水家沟、马场沟、三岔路口、骆驼岘、分豁岔、张家窑、大洼沟、兴隆峡、唐家峡、新庄沟、晏家洼、火烧沟、大水沟、东山。海拔2100～2800米。

生境：杂木林、山坡阴处及山沟旁。

北京花楸

Sorbus discolor (Maxim.) Maxim.

科 蔷薇科 Rosaceae
属 花楸属 *Sorbus*

形态识别要点：落叶乔木。奇数羽状复叶；小叶5～7对，长圆形至长圆状披针形，长3～6厘米，宽1～1.8厘米，边缘有细锐锯齿，基部全缘，两面均无毛，下面具白霜。复伞房花序较疏松，有多数花；花梗长2～3毫米；萼筒钟状，萼片三角形；花瓣5枚，白色，长3～5毫米。梨果卵形，直径6～8毫米，白色或黄色。

本区分布：谢家岔、水家沟、马场沟、峡口、晏家洼、翻车沟。海拔2300～2800米。

生境：林中。

天山花楸
Sorbus tianschanica Rupr.

科 蔷薇科 Rosaceae
属 花楸属 *Sorbus*

形态识别要点：落叶灌木或小乔木。奇数羽状复叶；小叶4～7对，卵状披针形，长5～7厘米，宽1.2～2厘米，边缘大部分有锐锯齿，仅基部全缘，两面无毛。复伞房花序大型，具多花；花梗长4～8毫米；花直径15～20毫米；萼筒钟状，萼片三角形；花瓣5枚，白色。梨果球形，鲜红色，先端具宿存闭合萼片。

本区分布：窑沟、黄崖沟、骆驼岘、小水尾子、八盘梁、尖山、马啣山。海拔2500～2900米。

生境：山谷、山坡及林缘。

陕甘花楸
Sorbus koehneana C. K. Schneid.

科 蔷薇科 Rosaceae
属 花楸属 *Sorbus*

形态识别要点：落叶灌木或小乔木。奇数羽状复叶；小叶8～14对，长圆形至长圆状披针形，长1.5～3厘米，宽0.5～1厘米，边缘有尖锐锯齿。复伞房花序具多数花；花梗长1～2毫米；萼筒钟状，萼片三角形；花瓣5枚，白色，长4～6毫米。梨果球形，直径6～8毫米，白色。

本区分布：官滩沟、麻家寺、马场沟、分豁岔、峡口、大洼沟、黄崖沟、窑沟、马坡、唐家峡、阳道沟、红庄子。海拔2100～2800米。

生境：杂木林。

木梨

Pyrus xerophila T. T. Yu

科 蔷薇科 Rosaceae
属 梨属 *Pyrus*

形态识别要点：落叶乔木。单叶互生；叶片卵形至长卵形，长4～7厘米，宽2.5～4厘米，边缘有钝锯齿；叶柄长2.5～5厘米。伞形总状花序具3～6朵花；花梗长2～3厘米；花两性，直径2～2.5厘米；萼筒无毛，萼片三角状卵形，边缘有腺齿；花瓣5枚，白色，长9～10毫米。梨果卵球形或椭圆形，直径1～1.5厘米，褐色，有稀疏斑点，萼片宿存；果梗长2～3.5厘米。

本区分布：麻家寺、谢家岔、水家沟、马场沟、歧儿沟、张家窑、翻车沟、大洼沟、东山。海拔2200～2700米。

生境：山坡及灌丛。

山荆子

Malus baccata (Linn.) Borkh.

科 蔷薇科 Rosaceae
属 苹果属 *Malus*

形态识别要点：落叶乔木。单叶互生；叶片椭圆形或卵形，长3～8厘米，宽2～3.5厘米，先端渐尖，边缘有细锐锯齿；叶柄长2～5厘米。伞形花序，具4～6朵花，直径5～7厘米；花梗长1.5～4厘米；花直径3～3.5厘米；萼片披针形；花瓣5枚，白色，长2～2.5厘米。梨果近球形，直径8～10毫米，红色或黄色，萼片脱落；果梗长3～4厘米。

本区分布：官滩沟、西山。海拔1800～2300米。

生境：山坡杂木林及山谷灌丛。

花叶海棠

Malus transitoria (Batal.) Schneid.

科 蔷薇科 Rosaceae
属 苹果属 *Malus*

形态识别要点：落叶灌木至小乔木。单叶互生；叶片卵形至广卵形，长2.5～5厘米，宽2～4.5厘米，边缘有不整齐锯齿，通常3～5不规则深裂，稀不裂，下面密被茸毛；叶柄长1.5～3.5厘米。花序近伞形，具3～6朵花；花梗长1.5～2厘米；花直径1～2厘米；萼筒密被茸毛，萼片三角状卵形；花瓣5枚，白色。梨果近球形，直径6～8毫米，萼片脱落；果梗长1.5～2厘米。

本区分布：唐家峡、杜家庄、骆驼岘、平滩、黄崖沟、歧儿沟、张家窑、马莲滩、大洼沟。海拔2000～2600米。

生境：山坡丛林或黄土丘陵。

甘肃悬钩子

Rubus sachalinensis Lévl. var. *przewalskii* (Prochanov) L. T. Lu

科 蔷薇科 Rosaceae
属 悬钩子属 *Rubus*

形态识别要点：落叶灌木。枝被较密针刺，并混生腺毛。小叶常3枚，卵形，长3～7厘米，宽1.5～5厘米，下面密被灰白色茸毛，边缘有不规则粗锯齿或缺刻状锯齿；叶柄长2～5厘米。花5～9朵组成伞房状花序；花梗长1～2厘米；花直径1～1.5厘米；花萼外面密被短柔毛、针刺和腺毛，萼片三角状披针形，顶端长尾尖；花瓣5枚，白色，短于萼。聚合果卵球形，直径1～1.5厘米，红色。

本区分布：太平沟、响水沟、马啣山。海拔2400～2800米。

生境：山坡林缘或灌丛。

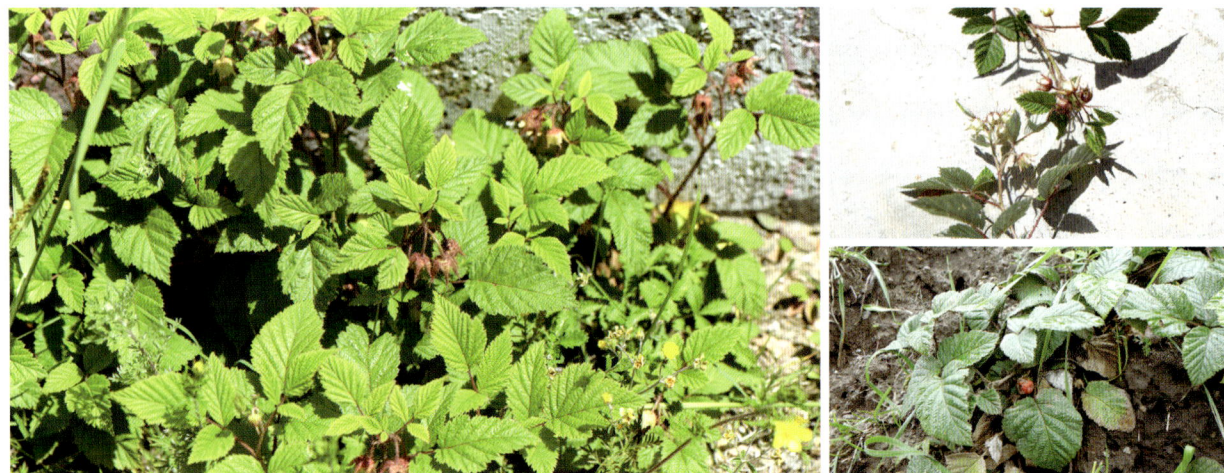

菰帽悬钩子
Rubus pileatus Focke

科 蔷薇科 Rosaceae
属 悬钩子属 *Rubus*

形态识别要点：攀缘灌木。小枝被白粉，疏生皮刺。羽状复叶；小叶5～7枚，卵形或椭圆形，长2.5～8厘米，宽1.5～6厘米，边缘具粗重锯齿；叶柄长3～10厘米。伞房花序具3～5朵花；花梗长2～3.5厘米；花直径1～2厘米；萼片卵状披针形，顶端长尾尖；花瓣5枚，白色，比萼片稍短或几等长。聚合果卵球形，直径0.8～1.2厘米，红色，密被灰白色茸毛。

本区分布：平滩、阳道沟、谢家岔、水家沟、石门沟、祁家坡、张家窑、分豁岔、马场沟、大洼沟、窑沟、尖山。海拔2300～2600米。

生境：沟谷及林下。

秀丽莓
Rubus amabilis Focke

科 蔷薇科 Rosaceae
属 悬钩子属 *Rubus*

形态识别要点：落叶灌木。枝具稀疏皮刺。羽状复叶；小叶7～11枚，卵形或卵状披针形，长1～5.5厘米，宽0.8～2.5厘米，顶生小叶边缘有时浅裂或3裂，下面沿叶脉具柔毛和小皮刺，边缘具缺刻状重锯齿；叶柄长1～3厘米。花单生，下垂；花梗长2.5～6厘米；花两性，直径3～4厘米；花萼外面密被短柔毛，萼片宽卵形；花瓣5枚，白色，比萼片稍长或几等长。聚合果长圆形，长1.5～2.5厘米，直径1～1.2厘米，红色。

本区分布：官滩沟、麻家寺、分豁岔、谢家岔、水家沟、马场沟、唐家峡、大洼沟、阳道沟、马啣山。海拔2200～3000米。

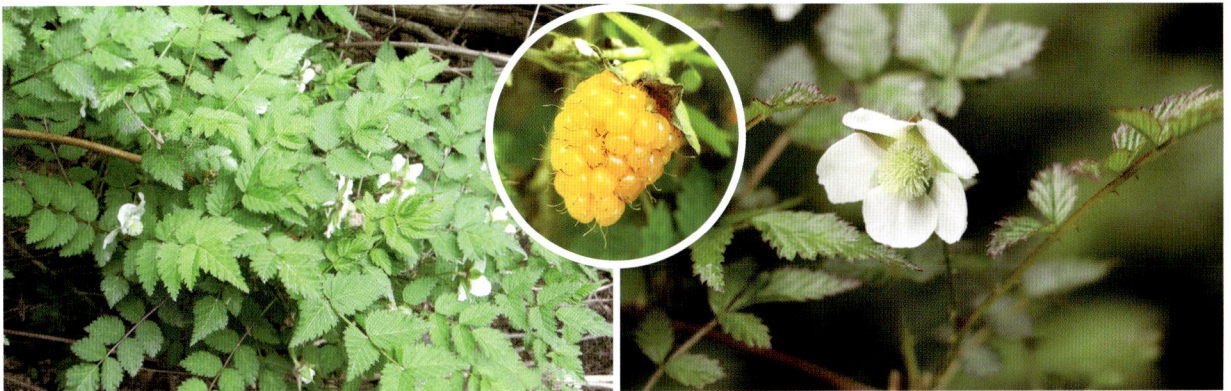

生境：沟边或林下。

针刺悬钩子

Rubus pungens Camb.

科 蔷薇科 Rosaceae
属 悬钩子属 *Rubus*

形态识别要点：匍匐灌木。枝具较稠密的直立针刺。羽状复叶；小叶5～7枚，稀3枚或9枚，卵形、三角状卵形或卵状披针形，长2～5厘米，宽1～3厘米，边缘具重锯齿，顶生小叶常羽状分裂；叶柄长2～6厘米。花单生或2～4朵呈伞房状花序；花梗长2～3厘米；花两性，直径1～2厘米；花萼外面具柔毛和腺毛，密被直立针刺，萼片披针形，顶端长渐尖；花瓣5枚，白色，比萼片短。聚合果近球形，红色，直径1～1.5厘米，具柔毛或近无毛。

本区分布：官滩沟、新庄沟、马场沟、大洼沟、张家窑、分豁岔、徐家峡。海拔2300～2600米。

生境：林下、林缘或河边。

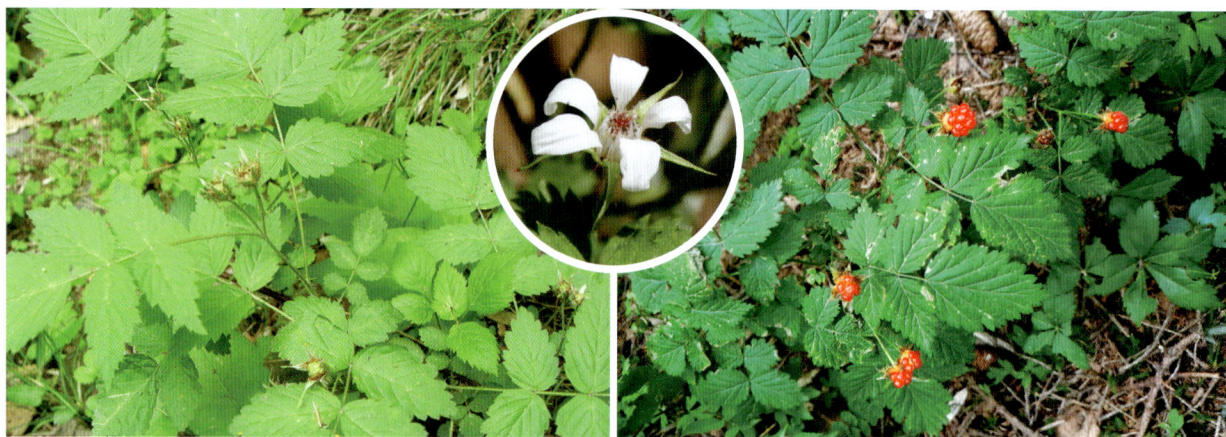

路边青

Geum aleppicum Jacq.

科 蔷薇科 Rosaceae
属 路边青属 *Geum*

形态识别要点：多年生草本，高30～100厘米。基生叶为大头羽状复叶，通常有小叶2～6对，小叶大小极不相等，顶生小叶最大，边缘常浅裂，有不规则粗大锯齿，两面疏生粗硬毛；茎生叶为羽状复叶，有时重复分裂，向上小叶逐渐减少，茎生叶托叶大，叶状，边缘有不规则粗大锯齿。伞房花序顶生，疏散排列；花两性，直径1～1.7厘米；花瓣5枚，黄色，比萼片长。聚合果倒卵状球形；瘦果被长硬毛，花柱宿存，顶端有小钩。

本区分布：哈班岔、水岔沟、徐家峡、马坡、骆驼岘、晏家洼、分豁岔、上庄、大洼沟。海拔2100～2400米。

生境：山坡草地、沟边、路旁、河滩、林下及林缘。

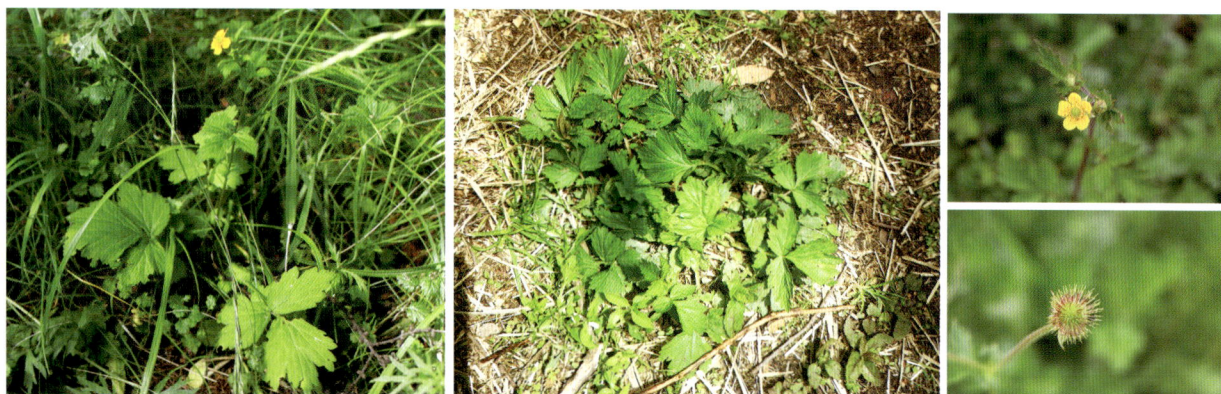

无尾果
Coluria longifolia Maxim.

科 蔷薇科 Rosaceae
属 无尾果属 *Coluria*

形态识别要点：多年生草本。基生叶为间断羽状复叶；小叶片9～20对，上部者较大，紧密排列，下部者渐小，间隔渐远，皆无柄；上部小叶片宽卵形或近圆形，边缘有锐锯齿及黄色长缘毛，下部小叶片卵形或长圆形，全缘或有圆钝锯齿，具缘毛；叶柄长1～3厘米。茎生叶1～4枚，宽条形，羽裂或3裂。聚伞花序有2～4朵花；花直径1.5～2.5厘米；萼片三角状卵形，副萼片长圆形；花瓣黄色，先端微凹。瘦果长圆形，光滑无毛。

本区分布：马啣山。海拔3000～3400米。

生境：高山草地。

金露梅
Potentilla fruticosa Linn.

科 蔷薇科 Rosaceae
属 委陵菜属 *Potentilla*

形态识别要点：落叶灌木。羽状复叶互生；小叶2对，稀3枚小叶，上面一对小叶基部下延与叶轴汇合；小叶长圆形至卵状披针形，长0.7～2厘米，宽0.4～1厘米，全缘。单花或数朵生于枝顶；花梗密被毛；花两性，直径2.2～3厘米；花瓣5枚，黄色，比萼片长。瘦果近卵形，长1.5毫米，外被长柔毛。

本区分布：白房子、马啣山。海拔2500～3000米。

生境：山坡草地、砾石坡、灌丛及林缘。

银露梅

Potentilla glabra Lodd.

科 蔷薇科 Rosaceae
属 委陵菜属 *Potentilla*

形态识别要点：落叶灌木。羽状复叶互生；小叶2对，稀3枚小叶，上面一对小叶基部下延与轴汇合；小叶椭圆形至卵状椭圆形，长0.5～1.2厘米，宽0.4～0.8厘米，顶端圆钝或急尖，边缘平坦或微向下反卷，全缘，两面被疏柔毛或几无毛。单花或数朵顶生；花梗细长；花两性，直径1.5～2.5厘米；花瓣5枚，白色。瘦果表面被毛。

本区分布：分豁岔、谢家岔、水家沟、歧儿沟、徐家峡、八盘梁、张家窑、兴隆峡、红庄子、马啣山。海拔2100～2500米。

生境：山坡草地、岩缝、灌丛及林中。

小叶金露梅

Potentilla parvifolia Fisch. ex Lehm.

科 蔷薇科 Rosaceae
属 委陵菜属 *Potentilla*

形态识别要点：落叶灌木。羽状复叶互生；小叶2对，常混生有3对，基部2对小叶呈掌状或轮状排列；小叶披针形或倒卵状披针形，长0.7～1厘米，宽2～4毫米，全缘，明显向下反卷，两面被绢毛。单花或数朵顶生；花梗被柔毛；花两性，直径1.2～2.2厘米；花瓣5枚，黄色，比萼片长1～2倍。瘦果卵形，表面被毛。

本区分布：石窑沟、干沟、峡口、红庄子、西山、尖山、八盘梁、马啣山。海拔2500～3100米。

生境：山坡、岩缝、林缘及草地。

二裂委陵菜

Potentilla bifurca Linn.

科 蔷薇科 Rosaceae
属 委陵菜属 *Potentilla*

形态识别要点： 多年生草本或亚灌木。羽状复叶；小叶5～8对，最上面2～3对小叶基部下延与叶轴汇合；小叶无柄，对生，稀互生，椭圆形或倒卵椭圆形，长0.5～1.5厘米，宽0.4～0.8厘米，顶端常2裂，稀3裂，两面伏生疏柔毛。近伞房状聚伞伞花序，顶生，疏散；花两性，直径0.7～1厘米；花瓣5枚，黄色，比萼片稍长。瘦果表面光滑。

本区分布： 官滩沟、三岔路口、哈班岔、陈沟峡、黄崖沟、分豁岔、张家窑、干沟、阳洼村、麻家寺、陶家窑、小银木沟、尖山、马啣山。海拔2000～3000米。

生境： 路旁、沙地及山坡草地。

长叶二裂委陵菜

Potentilla bifurca Linn. var. *major* Ledeb.

科 蔷薇科 Rosaceae
属 委陵菜属 *Potentilla*

与二裂委陵菜的区别： 植株高大。叶柄、花茎下部伏生柔毛或脱落几无毛。小叶片带状或长椭圆形，顶端圆钝或2裂。花序聚伞状；花朵较大，直径1.2～1.5厘米。

本区分布： 石窑沟、清水沟。海拔2000～2600米。

生境： 路旁、沙地及山坡草地。

皱叶委陵菜

Potentilla ancistrifolia Bunge

科 蔷薇科 Rosaceae
属 委陵菜属 *Potentilla*

形态识别要点：多年生草本。花茎直立。基生叶为羽状复叶，有小叶 2～4 对，连叶柄长 5～15 厘米；小叶片亚革质，椭圆形，长 1～4 厘米，宽 0.5～1.5 厘米，边缘有急尖锯齿，齿常粗大；茎生叶 2～3 枚，有小叶 1～3 对。伞房状聚伞花序顶生，疏散；花瓣黄色。成熟瘦果表面有脉纹，脐部有长柔毛。

本区分布：西山。海拔 2200～2600 米。

生境：石质山坡及岩缝中。

蕨麻

Potentilla anserina Linn.

科 蔷薇科 Rosaceae
属 委陵菜属 *Potentilla*

形态识别要点：多年生草本。根的下部有时长成纺锤形或椭圆形块根。茎匍匐，在节处生根。基生叶为间断羽状复叶；小叶 6～11 对，对生或互生，最上面一对小叶基部下延与叶轴汇合，基部小叶渐小呈附片状；小叶椭圆形，长 1～2.5 厘米，宽 0.5～1 厘米，边缘有多数尖锐锯齿或呈裂片状，下面密被银白色绢毛。茎生叶较小。单花腋生；花梗长 2.5～8 厘米；花两性，直径 1.5～2 厘米；花瓣 5 枚，黄色，比萼片长 1 倍。

本区分布：麻家寺、平滩、阳道沟、唐家峡、红庄子、西番沟、深岘子、小银木沟、上庄、尖山、哈班岔、马啣山。海拔 2100～3400 米。

生境：河岸、路边及草地。

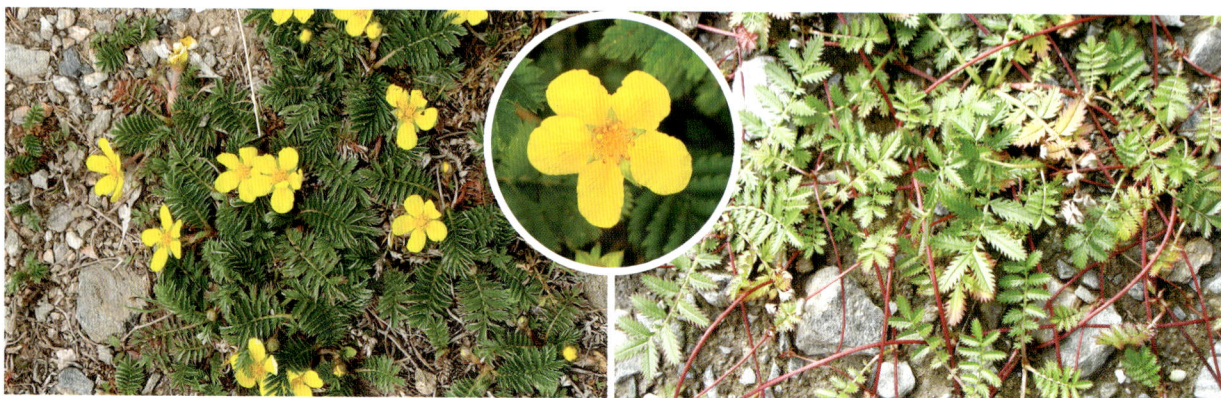

多裂委陵菜

Potentilla multifida Linn.

科 蔷薇科 Rosaceae
属 委陵菜属 *Potentilla*

形态识别要点：多年生草本。基生叶为羽状复叶；小叶3～5对，间隔0.5～2厘米，对生稀互生，长椭圆形或宽卵形，长1～5厘米，宽0.8～2厘米，向基部逐渐变小，羽状深裂几达中脉，裂片带形或带状披针形，下面被白色茸毛；茎生叶2～3枚，渐小。伞房状聚伞花序；花梗长1.5～2.5厘米；花两性，直径1.2～1.5厘米；花瓣5枚，黄色，顶端微凹，长不超过萼片1倍。瘦果平滑或具皱纹。

本区分布：东岳台、三岔路口、官滩沟、黄崖沟、唐家峡、马坡、马啣山。海拔2400～2800米。

生境：山坡草地、沟谷及林缘。

多茎委陵菜

Potentilla multicaulis Bunge

科 蔷薇科 Rosaceae
属 委陵菜属 *Potentilla*

形态识别要点：多年生草本。花茎多而密集丛生，上升或铺散。基生叶为羽状复叶；小叶4～6对，稀达8对，间隔0.3～0.8厘米，对生稀互生，无柄，椭圆形至倒卵形，长0.5～2厘米，宽0.3～0.8厘米，下部的渐小，边缘羽状深裂，裂片带形，叶下面被白色茸毛；茎生叶小叶较少。聚伞花序多花；花直径0.8～1.3厘米；花瓣5枚，黄色，顶端微凹，比萼片稍长或长达1倍。瘦果卵球形，有皱纹。

本区分布：麻家寺、窑沟、红桦沟、唐家峡、石骨岔、谢家岔、分豁岔、水家沟、尖山。海拔2100～2700米。

生境：向阳砾石山坡及草地。

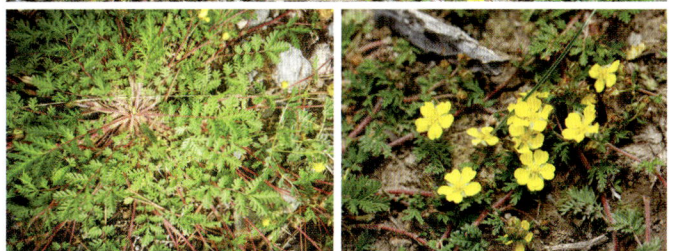

西山委陵菜

Potentilla sischanensis Bunge ex Lehm.

科 蔷薇科 Rosaceae
属 委陵菜属 *Potentilla*

形态识别要点： 多年生草本。花茎丛生，直立或上升。基生叶为羽状复叶，亚革质，有小叶 3～5 对，稀达 8 对；小叶卵形、长椭圆形或披针形，边缘羽状深裂几达中脉，基部小叶小，掌状或近掌状，叶下面密被白色茸毛；茎生叶无或极不发达，呈苞叶状，掌状或羽状 3～5 全裂。聚伞花序疏生；花梗长 1～1.5 厘米；花直径 0.8～1 厘米；萼片卵状披针形，副萼片狭窄，比萼片短或几等长；花瓣黄色，比萼片长 0.5～1 倍。瘦果卵圆形，有皱纹。

本区分布： 麻家寺、谢家岔、黄崖沟。海拔 2200～2900 米。

生境： 干旱山坡、黄土丘陵、草地及灌丛中。

齿裂西山委陵菜

Potentilla sischanensis Bunge ex Lehm. var. *peterae* (Hand.-Mazz.) T. T. Yü & C. L. Li

科 蔷薇科 Rosaceae
属 委陵菜属 *Potentilla*

与西山委陵菜的区别： 花茎上升或铺散，稀矮小而直立。小叶片呈锯齿状浅裂，裂片三角形或三角卵形，顶端急尖或圆钝。

本区分布： 水家沟、峡口、西山。海拔 2000～2400 米。

生境： 荒地、沟谷及山坡草地。

委陵菜
Potentilla chinensis Ser.

科 蔷薇科 Rosaceae
属 委陵菜属 *Potentilla*

形态识别要点： 多年生草本。基生叶为羽状复叶；小叶5～15对，间隔0.5～0.8厘米，对生或互生，长圆形至长圆状披针形，长1～5厘米，宽0.5～1.5厘米，向下逐渐变小，边缘羽状中裂，裂片三角状卵形或长圆状披针形，边缘向下反卷，下面被白色茸毛；茎生叶小叶较少。伞房状聚伞花序；花梗长0.5～1.5厘米；花两性，直径0.8～1厘米；花瓣5枚，黄色，顶端微凹，比萼片稍长。瘦果卵球形，有明显皱纹。

本区分布： 龙泉寺。海拔2100～2200米。

生境： 山坡草地、沟谷、林缘、灌丛或疏林。

钉柱委陵菜
Potentilla saundersiana Royle

科 蔷薇科 Rosaceae
属 委陵菜属 *Potentilla*

形态识别要点： 多年生草本。基生叶为掌状复叶；小叶3～5枚，长圆状倒卵形，长0.5～2厘米，宽0.4～1厘米，边缘有多数缺刻状锯齿，下面密被白色茸毛；茎生叶1～2枚。聚伞花序顶生，有多花，疏散；花梗长1～3厘米；花两性，直径1～1.4厘米；花瓣5枚，黄色，顶端下凹，比萼片略长或长1倍。瘦果光滑。

本区分布： 峡口。海拔2200～2300米。

生境： 山坡草地、多石山地、高山灌丛。

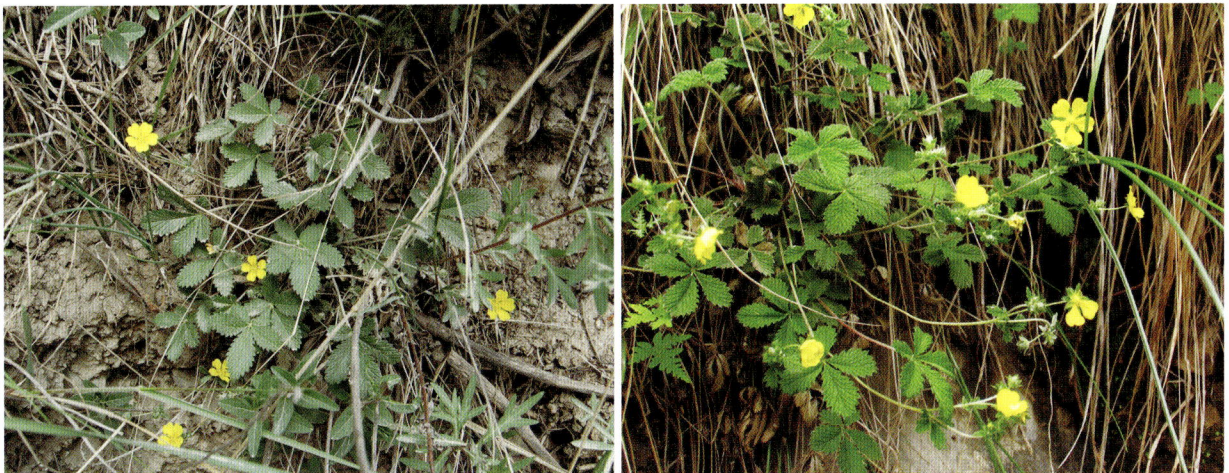

丛生钉柱委陵菜

Potentilla saundersiana Royle var. *eaespitosa* (Lehm.) Wolf

科 蔷薇科 Rosaceae
属 委陵菜属 *Potentilla*

与钉柱委陵菜的区别：植株矮小丛生。叶常三出；小叶宽倒卵形，边缘浅裂至深裂。单花顶生，稀2朵花。

本区分布：马啣山。海拔2800～3600米。

生境：高山草地及岩石缝隙中。

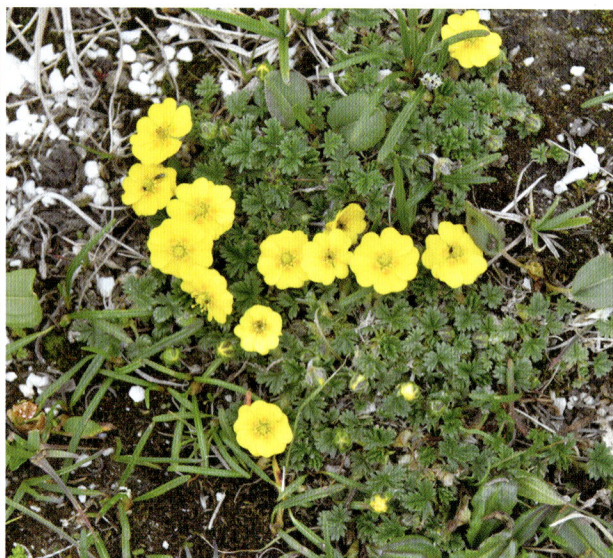

羽叶钉柱委陵菜

Potentilla saundersiana Royle var. *subpinnata* Hand.-Mazz.

科 蔷薇科 Rosaceae
属 委陵菜属 *Potentilla*

与钉柱委陵菜的区别：基生叶小叶3～8枚近羽状排列，上面密被伏生绢状柔毛。副萼片顶端急尖或有1～2个裂齿。

本区分布：尖山。海拔2600～2800米。

生境：高山草地及多石砾地。

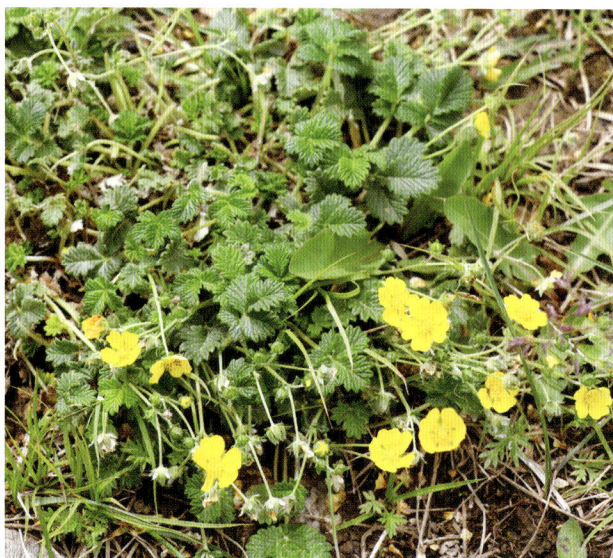

菊叶委陵菜

Potentilla tanacetifolia Willd. ex Schlecht.

科　蔷薇科 Rosaceae
属　委陵菜属 *Potentilla*

形态识别要点：多年生草本。基生叶为羽状复叶；小叶 5～8 对，间隔 0.3～1 厘米，互生或对生，最上面 1～3 对小叶基部下延与叶轴汇合，小叶长圆形或倒卵状披针形，长 1～5 厘米，宽 0.5～1.5 厘米，边缘有缺刻状锯齿；茎生叶小叶较少。伞房状聚伞花序多花；花梗长 0.5～2 厘米；花两性，直径 1～1.5 厘米；花瓣 5 枚，黄色，顶端微凹，比萼片长约 1 倍。瘦果卵球形，具脉纹。

本区分布：清水沟、祁家坡、三岔路口、唐家峡、西山、尖山。海拔 2000～2600 米。

生境：山坡草地、沙石地、草地及林缘。

星毛委陵菜

Potentilla acaulis Linn.

科　蔷薇科 Rosaceae
属　委陵菜属 *Potentilla*

形态识别要点：多年生灰绿色草本，全株密被星状毛及开展微硬毛。花茎丛生。基生叶为掌状三出复叶；小叶片倒卵椭圆形或菱状倒卵形，长 0.8～3 厘米，宽 0.4～1.5 厘米，每边有 4～6 个圆钝锯齿；茎生叶 1～3 枚。顶生花 1～5 朵组成聚伞花序；花梗长 1～2 厘米；花直径 1.5 厘米；花瓣黄色，比萼片长约 1 倍。瘦果近肾形，直径约 1 毫米。

本区分布：清水沟、水家沟、兴隆峡。海拔 2200～2500 米。

生境：山坡草地及黄土坡。

绢毛匍匐委陵菜

Potentilla reptans Linn. var. *sericophylla* Franch.

科 蔷薇科 Rosaceae
属 委陵菜属 *Potentilla*

形态识别要点：多年生匍匐草本。三出掌状复叶；边缘2个小叶浅裂至深裂，有时混生有不裂者，小叶下面及叶柄伏生绢状柔毛，稀脱落被稀疏柔毛。单花生叶腋或与叶对生；花梗长6～9厘米，被疏柔毛；花直径1.5～2.2厘米；萼片卵状披针形，副萼片与萼片近等长；花瓣黄色，宽倒卵形，顶端显著下凹，比萼片稍长。瘦果黄褐色，卵球形。

本区分布：谢家岔、水家沟、歧儿沟、分豁岔、马场沟、马啣山。海拔2000～2600米。

生境：路旁潮湿处。

等齿委陵菜

Potentilla simulatrix Wolf

科 蔷薇科 Rosaceae
属 委陵菜属 *Potentilla*

形态识别要点：多年生匍匐草本。基生叶为三出掌状复叶；小叶倒卵形或近长菱形，齿宽卵形或长圆形。花单生叶腋，直径0.7～1厘米；花梗纤细，长1.5～3厘米；萼片卵状披针形，副萼片近等长或微长于萼片；花瓣黄色，倒卵形，长于萼片，先端微缺或圆形。

本区分布：马场沟、大洼沟。海拔2100～2300米。

生境：山坡及草地。

隐瓣山莓草

Sibbaldia procumbens Linn. var. *aphanopetala* T. T. Yu & C. L. Li

科 蔷薇科 Rosaceae
属 山莓草属 *Sibbaldia*

形态识别要点： 多年生草本，全株被糙伏毛。基生叶为三出复叶；小叶倒卵状长圆形，长 1～3 厘米，宽 0.6～1.5 厘米，顶端截平，有 3～5 个三角形急尖锯齿，基部楔形，两面疏被柔毛；茎生叶 1～2 枚。顶生伞房花序密集，有 8～12 朵花；花两性，直径 4～6 毫米；花瓣 5 枚，黄色，长为萼片的 1/4～1/2。瘦果光滑。

本区分布： 马啣山。海拔 3400～3600 米。

生境： 山坡草地、岩石缝及林下。

纤细山莓草

Sibbaldia tenuis Hand.-Mazz.

科 蔷薇科 Rosaceae
属 山莓草属 *Sibbaldia*

形态识别要点： 多年生草本。基生叶为三出复叶；小叶椭圆形或倒卵形，长 3～15 毫米，宽 2.5～13 毫米，顶端圆钝，边缘有缺刻状急尖锯齿，两面被伏生疏柔毛；茎生叶无。伞房状聚伞花序多花；花两性，直径约 5 毫米；花瓣 5 枚，粉红色，与萼片近等长。瘦果。

本区分布： 马啣山。海拔 3400～3600 米。

生境： 草地。

伏毛山莓草

Sibbaldia adpressa Bunge

科 蔷薇科 Rosaceae
属 山莓草属 *Sibbaldia*

形态识别要点：多年生草本。花茎矮小丛生，高1.5～12厘米，被绢状糙伏毛。基生叶为羽状复叶，有小叶2对，上面一对小叶基部下延与叶轴汇合，有时混生有3枚小叶，连叶柄长1.5～7厘米；顶生小叶倒披针形或倒卵长圆形，顶端截形，有2～3个齿，基部楔形，侧生小叶全缘，披针形或长圆状披针形；茎生叶1～2枚。聚伞花序数朵，或单花顶生；花直径0.6～1厘米；花瓣黄色或白色。

本区分布：杜家庄、水家沟、白房子、银山、兴隆峡、干沟、八盘梁。海拔2100～2800米。

生境：山坡草地。

地蔷薇

Chamaerhodos erecta (Linn.) Bunge

科 蔷薇科 Rosaceae
属 地蔷薇属 *Chamaerhodos*

形态识别要点：一、二年生草本，具长柔毛及腺毛。茎单一，少有丛生。基生叶密生，莲座状，长1～2.5厘米，二回羽状3深裂，侧裂片2深裂，中央裂片常3深裂，二回裂片具缺刻或3浅裂，小裂片条形，长1～2毫米，叶柄长1～2.5厘米；茎生叶3深裂，近无柄。聚伞花序顶生，具多花，二歧分枝形成圆锥花序；花梗细，长3～6毫米；花直径2～3毫米，白色或粉红色。瘦果卵形或长圆形，长1～1.5毫米。

本区分布：白庄子、西山。海拔2000～2400米。

生境：山坡、砾石滩或干旱河滩。

野草莓

Fragaria vesca Linn.

科　蔷薇科 Rosaceae
属　草莓属 *Fragaria*

形态识别要点： 多年生草本。茎被开展柔毛。3小叶稀羽状5小叶，小叶倒卵圆形或宽卵圆形，长1～5厘米，宽0.6～4厘米，边缘具缺刻状锯齿；叶柄长3～20厘米。花序聚伞状，有花2～5朵；花梗被紧贴柔毛，长1～3厘米；花瓣白色，倒卵形。聚合果卵球形，红色。

本区分布： 新庄沟、阳道沟。海拔2200～2500米。

生境： 山坡草地或林下。

东方草莓

Fragaria orientalis Lozinsk.

科　蔷薇科 Rosaceae
属　草莓属 *Fragaria*

形态识别要点： 多年生草本。茎被开展柔毛。三出复叶，小叶几无柄，倒卵形或菱状卵形，长1～5厘米，宽0.8～3.5厘米，边缘有缺刻状锯齿；叶柄被开展柔毛。花序聚伞状，有花1～6朵；花梗长0.5～1.5厘米，被开展柔毛；花两性，直径1～1.5厘米；花瓣白色，几圆形。聚合果半圆形，成熟后紫红色，宿存萼片开展或微反折。

本区分布： 官滩沟、马场沟、分豁岔、谢家岔、水家沟、阳道沟、峡口、清水沟、张家窑、大洼沟、徐家峡、上庄。海拔2100～2500米。

生境： 山坡草地或林下。

黄蔷薇
Rosa hugonis Hemsl.

科 蔷薇科 Rosaceae
属 蔷薇属 *Rosa*

形态识别要点： 落叶灌木。枝常呈弓形；皮刺扁平，常混生细密针刺。小叶5～13枚，卵形、椭圆形或倒卵形，长8～20毫米，宽5～12毫米，边缘有锐锯齿；托叶狭长，离生部分极短，呈耳状。花单生叶腋；花梗长1～2厘米；花直径4～5.5厘米；萼片披针形，全缘；花瓣黄色，宽倒卵形，先端微凹。果扁球形，直径12～15毫米，紫红色至黑褐色，萼片宿存反折。

本区分布： 官滩沟、马场沟、东岳台、谢家岔、水家沟、张家窑、大洼沟、矿湾村、龙泉寺、陈沟峡、小银木沟、分豁岔、陶家窑、西山、东山。海拔2000～2500米。

生境： 山坡向阳处及林边灌丛。

峨眉蔷薇
Rosa omeiensis Rolfe

科 蔷薇科 Rosaceae
属 蔷薇属 *Rosa*

形态识别要点： 落叶灌木。小枝细弱，无刺或有扁而基部膨大皮刺。小叶9～13枚，长圆形或椭圆状长圆形，长8～30毫米，宽4～10毫米，边缘有锐锯齿；托叶大部贴生于叶柄，顶端离生部分呈三角状卵形。花单生叶腋；花梗长6～20毫米；花直径2.5～3.5厘米；萼片4枚，披针形；花瓣4枚，白色，先端微凹。果倒卵球形或梨形，直径8～15毫米，亮红色，成熟时果梗肥大，萼片直立宿存。

本区分布： 官滩沟、麻家寺、新庄沟、马场沟、分豁岔、谢家岔、水家沟、哈班岔、阳道沟、平滩、红庄子、窑沟、马坡、西番沟、八盘梁、尖山、马啣山。海拔2100～2900米。

生境： 山坡、灌丛及林下。

小叶蔷薇
Rosa willmottiae Hemsl.

科 蔷薇科 Rosaceae
属 蔷薇属 *Rosa*

形态识别要点：落叶灌木。小枝细弱，有皮刺。小叶7～9枚，稀11枚，椭圆形或近圆形，长6～17毫米，宽4～12毫米，边缘有单锯齿，中部以上具重锯齿；托叶大部贴生于叶柄，离生部分卵状披针形。花单生；花梗长1～1.5厘米，常有腺毛；花直径约3厘米；萼片三角状披针形，内面密被柔毛；花瓣粉红色，先端微凹。果长圆形或近球形，直径约1厘米，橘红色，成熟时萼片同萼筒上部一同脱落。

本区分布：兴隆峡。海拔2100～2200米。

生境：灌丛、山坡路旁或沟边。

多腺小叶蔷薇
Rosa willmottiae Hemsl. var. *glandulifera* T. T. Yu & T. C. Ku

科 蔷薇科 Rosaceae
属 蔷薇属 *Rosa*

与小叶蔷薇的区别：小叶边缘为重锯齿，齿尖有腺体，叶片下面有疏密不均的腺体。

本区分布：谢家岔、太平沟、马坡、八盘梁。海拔2500～2800米。

生境：向阳坡地。

西北蔷薇

Rosa davidii Crep.

科 蔷薇科 Rosaceae
属 蔷薇属 *Rosa*

形态识别要点：落叶灌木。小叶7～9枚，卵状长圆形或椭圆形，长2.5～4厘米，宽1～2厘米，边缘有尖锐单锯齿，近基部全缘，下面灰白色，密被柔毛；叶脉在叶表下陷；托叶离生部分卵形。伞房状花序；苞片大；花梗长1.5～2.5厘米，有柔毛和腺毛；花直径2～3厘米；萼片卵形，先端伸长呈叶状，两面均有短柔毛，外面有腺毛；花瓣深粉色，先端微凹。果长椭圆形，直径1～2厘米，有腺毛或无腺毛，萼片宿存直立。

本区分布：官滩沟、水岔沟、谢家岔、水家沟、麻家寺、唐家峡、陈沟峡、矿湾村、峡口、张家窑、龙泉寺、翻车沟、分豁岔、西山。海拔2100～2500米。

生境：山坡灌丛或林缘。

扁刺蔷薇

Rosa sweginzowii Koehne

科 蔷薇科 Rosaceae
属 蔷薇属 *Rosa*

形态识别要点：落叶灌木。小枝有扁平皮刺。小叶7～11枚，椭圆形至卵状长圆形，长2～5厘米，宽8～20毫米，边缘有重锯齿；托叶离生部分卵状披针形。花单生或2～3朵簇生；苞片1～2枚；花梗长1.5～2厘米，有腺毛；花直径3～5厘米；萼片卵状披针形，先端浅裂扩展成叶状，或有时羽状分裂；花瓣粉红色，先端微凹。果长圆形或倒卵状长圆形，长1.5～2.5厘米，外面常有腺毛，萼片直立宿存。

本区分布：峡口、红庄子、小泥窝子、张家窑、西番沟、小银木沟、唐家峡、陶家窑、分豁岔、东山、尖山、马啣山。海拔2100～2600米。

生境：山坡路旁、灌丛或疏林中。

钝叶蔷薇

Rosa sertata Rolfa

科 蔷薇科 Rosaceae
属 蔷薇属 *Rosa*

形态识别要点：落叶灌木。小叶7～11枚，广椭圆形至卵状椭圆形，长1～2.5厘米，宽7～15毫米，边缘有尖锐单锯齿，近基部全缘；托叶大部贴生于叶柄，离生部分耳状。花单生或3～5朵排成伞房状；花梗长1.5～3厘米；花直径2～3.5厘米；萼片卵状披针形，先端延长成叶状，全缘；花瓣粉红色或玫瑰色，宽倒卵形，先端微凹，比萼片短。果卵球形，顶端有短颈，深红色。

本区分布：官滩沟、麻家寺、平滩、新庄沟、马场沟、三岔路口、徐家峡、唐家峡、兴隆峡、大洼沟、西山、东山、八盘梁、尖山。海拔2200～2600米。

生境：灌丛或路旁。

龙牙草

Agrimonia pilosa Ldb.

科 蔷薇科 Rosaceae
属 龙牙草属 *Agrimonia*

形态识别要点：多年生草本。间断奇数羽状复叶，小叶3～4对，向上减少至3枚小叶；小叶倒卵形，长1.5～5厘米，宽1～2.5厘米，边缘有急尖到圆钝的锯齿。穗状总状花序顶生；花梗长1～5毫米；花直径6～9毫米；花瓣黄色。果倒卵圆锥形，外面有10条肋，顶端有数层钩刺。

本区分布：深岘子、谢家岔、水家沟、矿湾村、上庄、窑沟、大洼沟、红庄子。海拔2000～2300米。

生境：溪边、路旁、草地、灌丛、林缘及疏林。

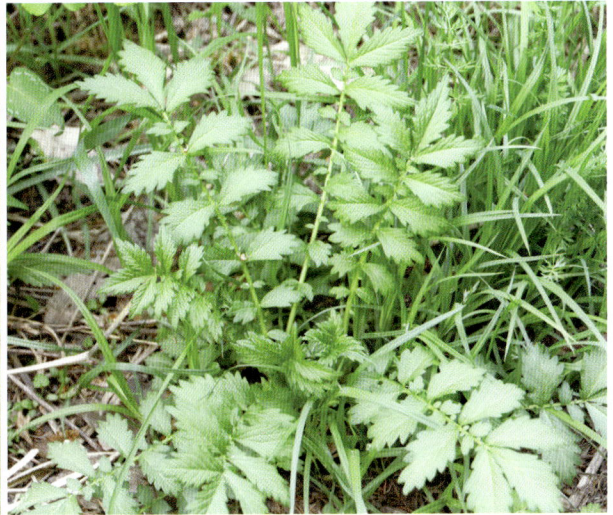

地榆

Sanguisorba officinalis Linn.

科 蔷薇科 Rosaceae
属 地榆属 *Sanguisorba*

形态识别要点：多年生草本。基生叶为羽状复叶，小叶4～6对；小叶卵形或长圆状卵形，长1～7厘米，宽0.5～3厘米，边缘有多数粗大圆钝的锯齿；茎生叶较少。穗状花序椭圆形、圆柱形或卵球形，长1～4厘米，径0.5～1厘米；萼片4枚，紫红色；无花瓣。果实包藏在宿存萼筒内。

本区分布：唐家峡。海拔2000～2600米。

生境：草地、灌丛及疏林。

齿叶扁核木

Prinsepia uniflora Batalin *var. serrata* Rehder

科 蔷薇科 Rosaceae
属 扁核木属 *Prinsepia*

形态识别要点：落叶灌木。枝刺钻形，长0.5～1厘米。叶互生或丛生，近无柄；叶片卵状披针形或卵状长圆形，长2～5.5厘米，宽6～8毫米，边缘有明显锯齿，两面无毛。花单生或2～3朵簇生于叶丛内；花梗长5～15毫米；花直径8～10毫米；萼筒陀螺状；花瓣白色，有紫色脉纹，先端啮蚀状。核果球形，红褐色或黑褐色，直径8～12毫米，萼片宿存，反折；核左右压扁。

本区分布：陶家窑。海拔2000～2200米。

生境：山坡。

西康扁桃

Amygdalus tangutica (Batalin) Korsh.

科　蔷薇科 Rosaceae
属　桃属 *Amygdalus*

形态识别要点：密生落叶灌木。枝条开展，有刺。短枝上叶多数簇生，一年生枝上叶常互生；叶片长椭圆形、长圆形或倒卵状披针形，长1.5～4厘米，宽0.5～1.5厘米，两面无毛，边缘有圆钝细锯齿；叶柄长5～10毫米。花单生，直径约2.5厘米；花无梗或近无梗；花萼无毛；花瓣白色或粉红色。核果近球形或卵球形，直径1.5～2厘米，紫红色，外面密被柔毛，近无梗；果肉薄而干燥，成熟时开裂。

本区分布：官滩沟。海拔2000～2100米。

生境：向阳山坡或溪流边。

山桃

Amygdalus davidiana (Carr.) de Vos ex L. Henry

科　蔷薇科 Rosaceae
属　桃属 *Amygdalus*

形态识别要点：落叶乔木。单叶互生；叶片卵状披针形，长5～13厘米，宽1.5～4厘米，先端渐尖，基部楔形，两面无毛，叶边具细锐锯齿；叶柄长1～2厘米。花单生，先叶开放，直径2～3厘米；花梗极短或几无梗；花萼无毛，萼筒钟形；花瓣粉红色。核果近球形，直径2.5～3.5厘米，淡黄色，外面密被短柔毛；果梗短。

本区分布：东山、火烧沟。海拔2200～2500米。

生境：山坡、山谷、疏林及灌丛。

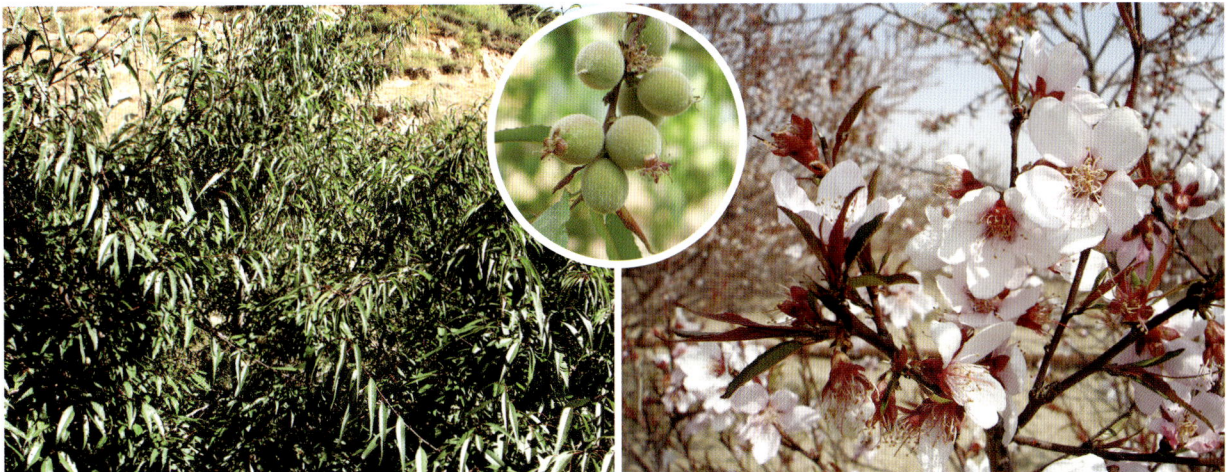

山杏

Armeniaca sibirica (Linn.) Lam.

科 蔷薇科 Rosaceae
属 杏属 *Armeniaca*

形态识别要点：落叶灌木或小乔木。单叶互生；叶片卵形或近圆形，长 5～10 厘米，宽 4～7 厘米，先端长渐尖至尾尖，基部圆形至近心形，叶缘有细钝锯齿，两面无毛；叶柄长 2～3.5 厘米。花单生，直径 1.5～2 厘米，先叶开放；花梗长 1～2 毫米；花萼紫红色，萼片花后反折；花瓣白色或粉红色。核果扁球形，直径 1.5～2.5 厘米，黄色或橘红色，被短柔毛。

本区分布：新庄沟、水家沟、峡口、兴隆峡、翻车沟、晏家洼。海拔 2000～2500 米。

生境：干燥向阳山坡。

李

Prunus salicina Lindl.

科 蔷薇科 Rosaceae
属 李属 *Prunus*

形态识别要点：落叶乔木。单叶互生；叶片长圆倒卵形或长椭圆形，长 6～8 厘米，宽 3～5 厘米，边缘有圆钝重锯齿；叶柄长 1～2 厘米。花通常 3 朵并生；花梗长 1～2 厘米；花直径 1.5～2.2 厘米；萼筒钟状；花瓣白色，先端啮蚀状，有明显紫色脉纹。核果球形或卵球形，直径 3.5～5 厘米，外被蜡粉。

本区分布：麻家寺、窑沟、马场沟、平滩、新庄沟、大洼沟、晏家洼、分豁岔、马啣山。海拔 2000～2700 米。

生境：山坡灌丛、山谷疏林及路旁。

毛樱桃

Cerasus tomentosa (Thunb.) Wall.

科 蔷薇科 Rosaceae
属 樱属 *Cerasus*

形态识别要点：落叶灌木。嫩枝密被茸毛到无毛。单叶互生；叶片卵状椭圆形或倒卵状椭圆形，长 2～7厘米，宽1～3.5厘米，先端急尖或渐尖，边有急尖或粗锐锯齿，上面被疏柔毛，下面密被茸毛或后变稀疏；叶柄长2～8毫米；托叶线形，长3～6毫米。花单生或2朵簇生；花梗长达2.5毫米或近无梗；萼筒外被短柔毛或无毛；花瓣白色或粉红色。核果近球形，红色，直径0.5～1.2厘米。

本区分布：麻家寺、新庄沟、马场沟、三岔路口、歧儿沟、水家沟、翻车沟、张家窑、大洼沟、晏家洼、兴隆峡。海拔2200～2700米。

生境：山坡林中、林缘及灌丛。

刺毛樱桃

Cerasus setulosa (Batal.) T. T. Yu & C. L. Li

科 蔷薇科 Rosaceae
属 樱属 *Cerasus*

形态识别要点：落叶灌木或小乔木。单叶互生；叶片卵形、倒卵形或卵状椭圆形，长2～5厘米，宽 1～2.5厘米，先端尾状渐尖或骤尖，边有圆钝重锯齿，齿尖有小腺体，上面伏生小糙毛；叶柄长4～8 毫米；托叶长4～8毫米，边有腺齿。花序伞形，有花2～3朵；花梗长8～12毫米；花直径6～8毫米；萼筒管状，长5～6毫米，外面疏被糙毛；花瓣粉红色。核果红色，卵状椭球形，长约8毫米。

本区分布：官滩沟、麻家寺、马场沟、水家沟、石骨岔、兴隆峡、大洼沟、分豁岔。海拔 2000～2700米。

生境：山坡、山谷林中及灌丛。

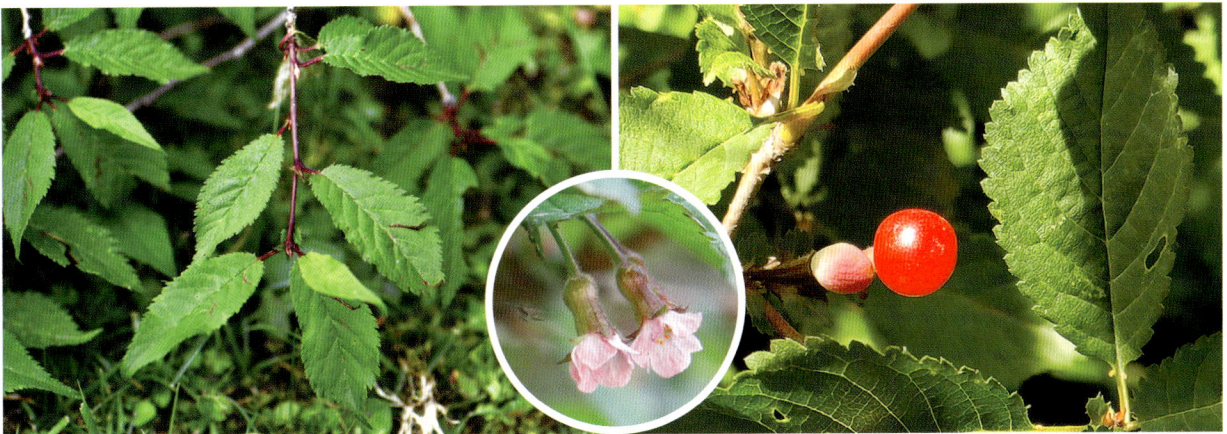

微毛樱桃

Cerasus clarofolia (C. K. Schneid.) T. T. Yu & C. L. Li

科 蔷薇科 Rosaceae
属 樱属 *Cerasus*

形态识别要点：落叶灌木或小乔木。单叶互生；叶片卵形、卵状椭圆形或倒卵状椭圆形，长3～6厘米，宽2～4厘米，边缘有单锯齿或重锯齿，两面疏被短柔毛或无毛；叶柄长0.8～1厘米。花序伞形或近伞形，有花2～4朵；总花梗长4～10毫米；苞片果时宿存，边有锯齿，齿端有锥状或头状腺体；花梗长1～2厘米；萼筒钟状；花瓣白色或粉红色。核果红色，长椭圆形，长7～8毫米。
本区分布：峡口、唐家峡。海拔2000～2500米。
生境：山坡林中或灌丛中。

稠李

Padus avium Mill.

科 蔷薇科 Rosaceae
属 稠李属 *Padus*

形态识别要点：落叶乔木。单叶互生；叶片椭圆形、长圆形或长圆倒卵形，长4～10厘米，宽2～4.5厘米，先端尾尖，边缘有不规则锐锯齿，有时混有重锯齿，两面无毛；叶柄长1～1.5厘米，顶端两侧各具1个腺体。总状花序具多花，长7～10厘米，基部通常有2～3枚叶；花梗长1～1.5厘米；花直径1～1.6厘米；萼筒钟状；花瓣白色。核果卵球形，直径8～10毫米，红褐色至黑色，光滑，萼片脱落。
本区分布：官滩沟、谢家岔、祁家坡、阳道沟。海拔2000～2800米。
生境：山坡、山谷或灌丛。

锐齿臭樱

Maddenia incisoserrata T. T. Yu & T. C. Ku

科 蔷薇科 Rosaceae
属 臭樱属 *Maddenia*

形态识别要点：落叶灌木。单叶互生；叶片卵状长圆形或长圆形，长5～10厘米，宽3～5厘米，先端急尖或尾尖，边缘有缺刻状重锯齿；叶柄长2～3毫米；托叶披针形或线形，长可达1.5厘米。总状花序长3～5厘米，具多数密集的花；花梗长约2毫米，总花梗和花梗密被棕褐色柔毛；萼筒外面有毛，萼片10裂；无花瓣。核果卵球形，紫黑色，直径约8毫米，无毛，萼片宿存。

本区分布：官滩沟、麻家寺、凡柴沟、马场沟、分豁岔、阳道沟。海拔2200～2600米。

生境：山坡、灌丛、山谷密林及河沟边。

华西臭樱

Maddenia wilsonii Koehne

科 蔷薇科 Rosaceae
属 臭樱属 *Maddenia*

形态识别要点：落叶小乔木或灌木。单叶互生；叶片长圆形或长圆倒披形，长3.5～12厘米，宽1.8～6厘米，先端急尖或长渐尖，叶边有缺刻状不整齐重锯齿，叶下面密被柔毛；叶柄长2～7毫米，被柔毛。花多数呈总状，幼时密集，逐渐伸展，长3～4.5厘米；花梗长约2毫米，总花梗和花梗密被茸毛状柔毛；萼片小，10裂，萼筒和萼片外面被柔毛；无花瓣。核果卵球形，直径8毫米，黑色，光滑，萼片脱落。

本区分布：小水尾子、阳道沟。海拔2200～2600米。

生境：山坡、灌丛或河边。

高山野决明

Thermopsis alpina (Pall.) Ledeb.

科 豆科 Fabaceae
属 野决明属 *Thermopsis*

形态识别要点：多年生草本，高10~30厘米。掌状三出复叶；小叶线状倒卵形至卵形，长2~5.5厘米，宽8~25毫米，先端渐尖，基部楔形。总状花序顶生，长5~15厘米，具花2~3轮，2~3朵花轮生；萼钟形，长10~17毫米，被伸展柔毛；花冠黄色。荚果长圆状卵形，长2~6厘米，宽1~2厘米，先端骤尖至长喙，扁平，被白色伸展长柔毛。

本区分布：窑沟、官塘沟、红庄子、谢家岔、西山、八盘梁、马啣山。海拔2300~3000米。

生境：草地和河滩沙地。

披针叶野决明

Thermopsis lanceolata R. Brown

科 豆科 Fabaceae
属 野决明属 *Thermopsis*

形态识别要点：多年生草本，高10~40厘米。掌状三出复叶，叶柄长3~8毫米；小叶狭长圆形、倒披针形，长2.5~7.5厘米，宽5~16毫米，下面多少被贴伏柔毛。总状花序顶生，长6~17厘米，具花2~6轮，排列疏松；萼钟形，长1.5~2.2厘米，密被毛；花冠黄色。荚果线形，长5~9厘米，宽7~12毫米，先端具尖喙，被细柔毛。

本区分布：红庄子、马坡、张家窑、翻车沟、西番沟、小银木沟、水家沟、山庄、陶家窑、西山。海拔2200~3000米。

生境：草地、河岸和砾石滩。

河北木蓝
Indigofera bungeana Walp.

科 豆科 Fabaceae
属 木蓝属 *Indigofera*

形态识别要点：灌木，高 40～100 厘米。羽状复叶长 2.5～5 厘米；小叶 2～4 对，椭圆形，长 5～1.5 毫米，宽 3～10 毫米，两面疏被"丁"字毛。总状花序腋生，长 4～8 厘米；花梗长约 1 毫米；花萼长约 2 毫米，外面被白色"丁"字毛，萼齿与萼筒近等长；花冠紫色或紫红色。荚果线状圆柱形，长不超过 2.5 厘米，被白色"丁"字毛。

本区分布：官滩沟、唐家峡。海拔 2100～2300 米。

生境：山坡、草地或河滩地。

多花胡枝子
Lespedeza floribunda Bunge

科 豆科 Fabaceae
属 胡枝子属 *Lespedeza*

形态识别要点：灌木，高 0.3～1 米。羽状复叶具 3 枚小叶；小叶倒卵形或长圆形，长 1～1.5 厘米，宽 6～9 毫米，先端微凹、钝圆或近截形，具小刺尖，下面密被白色伏柔毛。总状花序腋生；花多数；花萼长 4～5 毫米，被柔毛，5 裂；花冠紫色、紫红色或蓝紫色。荚果宽卵形，长约 7 毫米，超出宿存萼，密被柔毛。

本区分布：水家沟、祁家坡、谢家岔、翻车沟。海拔 2000～2400 米。

生境：石质山坡。

兴安胡枝子

Lespedeza daurica (Laxm.) Schindl.

科 豆科 Fabaceae
属 胡枝子属 *Lespedeza*

形态识别要点： 灌木，高达1米。羽状复叶具3枚小叶；小叶长圆形或狭长圆形，长2～5厘米，宽5～16毫米，先端圆形或微凹，有小刺尖，下面被贴伏的短柔毛。总状花序腋生，较叶短或与叶等长；花萼5深裂，裂片披针形，先端呈刺芒状，与花冠近等长；花冠白色或黄白色，旗瓣长约1厘米，中央稍带紫色。荚果小，倒卵形，长3～4毫米。
本区分布： 水家沟、祁家坡。海拔2200～2400米。
生境： 干旱山坡及草地。

背扁膨果豆

Phyllolobium chinense Fisch. ex DC.

科 豆科 Fabaceae
属 膨果豆属 *Phyllolobium*

形态识别要点： 多年生草本。羽状复叶；小叶9～25枚，椭圆形或倒卵状长圆形，长5～18毫米，宽3～7毫米，下面疏被粗伏毛。总状花序生3～7朵花；总花梗长1.5～6厘米；苞片长1～2毫米；花萼钟状，被短毛，萼筒长2.5～3毫米，萼齿披针形；花冠乳白色或带紫红色，长10～11毫米。荚果略膨胀，狭长圆形，长达35毫米，背腹压扁，微被褐色短粗伏毛。
本区分布： 峡口。海拔2200～2300米。
生境： 路边或草坡。

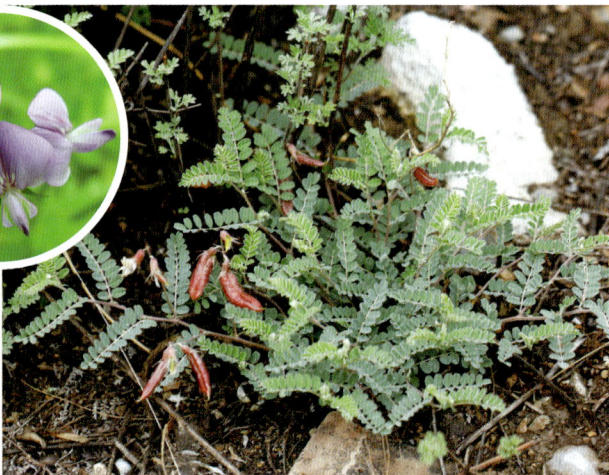

单蕊黄耆

Astragalus monadelphus Bunge ex Maxim.

科 豆科 Fabaceae
属 黄耆属 *Astragalus*

形态识别要点：多年生草本。羽状复叶；小叶9～15枚，长圆状披针形或长椭圆形，长6～24毫米，宽4～11毫米，下面疏生柔毛。总状花序疏生10～16朵花；总花梗较叶长；苞片长8～10毫米；花萼钟状，散生伏毛，萼筒长5～6毫米，萼齿披针形；花冠黄色，长12～13毫米。荚果略膨胀，披针形，长约2厘米，被白色柔毛。

本区分布：黄崖沟、响水沟、西番沟、红庄子、哈班岔、八盘梁、马嘟山。海拔2800～3200米。

生境：山谷、山坡和山顶湿处或灌丛下。

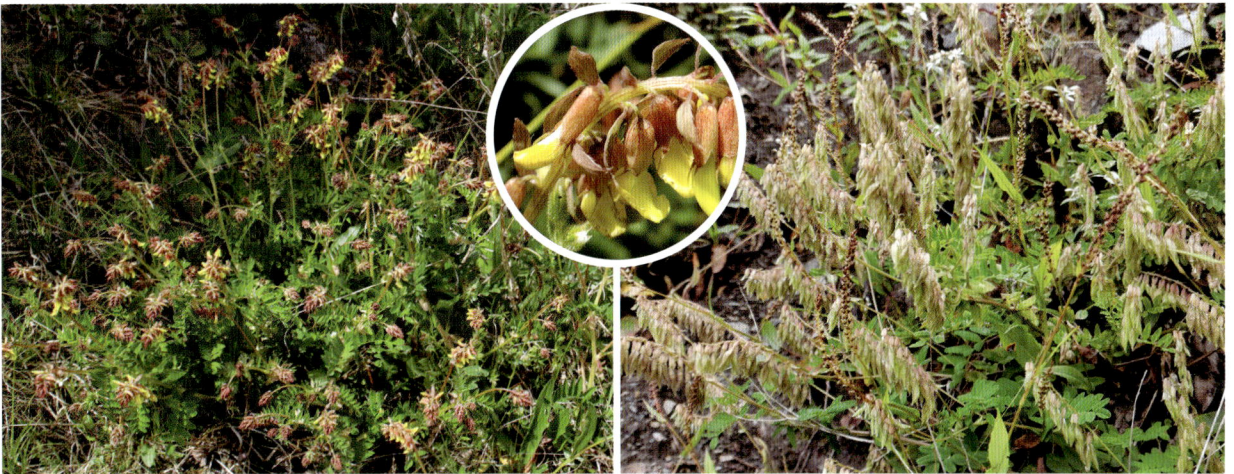

蒙古黄耆

Astragalus mongholicus Bunge

科 豆科 Fabaceae
属 黄耆属 *Astragalus*

形态识别要点：多年生草本。羽状复叶；小叶13～27枚，椭圆形或长圆状卵形，长5～10毫米，宽3～5毫米，下面被伏贴白色柔毛。总状花序稍密，有10～20朵花；总花梗与叶近等长或较长；苞片长2～5毫米；花萼钟状，长5～7毫米，外面被白色或黑色柔毛，萼齿短；花冠黄色或淡黄色，长12～20毫米。荚果稍膨胀，半椭圆形，长20～30毫米，顶端具刺尖，被毛或无毛。

本区分布：峡口、麻家寺、水家沟、张家窑、范家山、深岘子、小水尾子、红庄子、哈班岔、马嘟山。海拔2200～2800米。

生境：向阳草地及山坡。

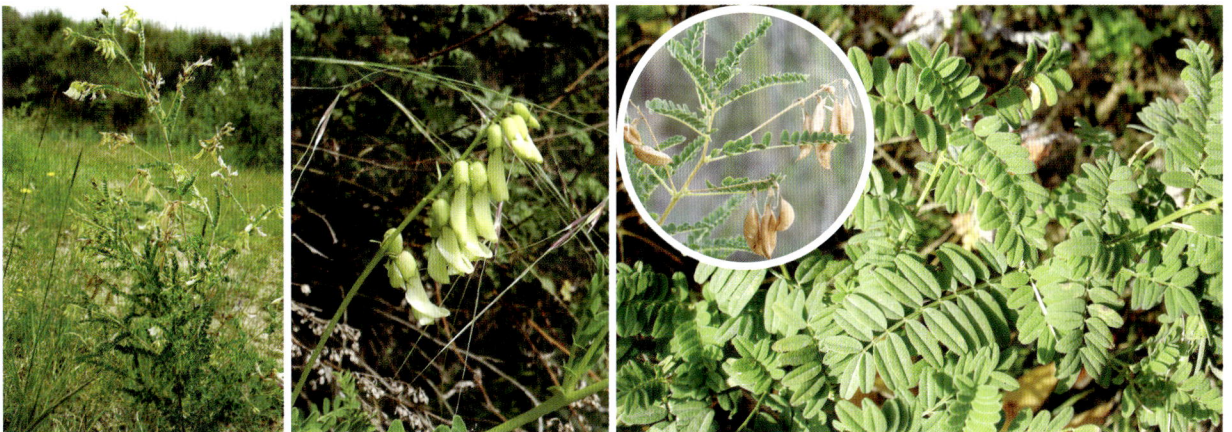

黑紫花黄耆

Astragalus przewalskii Bunge

科 豆科 Fabaceae
属 黄耆属 *Astragalus*

形态识别要点： 多年生草本。羽状复叶；小叶9～17枚，披针形，长1.5～3.5厘米，宽2～8毫米。总状花序稍密集，有10余朵花；总花梗与叶近等长或稍长；苞片长3～5毫米；花萼钟状，长5～7毫米，外面被黑色柔毛，萼齿三角状披针形；花冠黑紫色，旗瓣长10～12毫米。荚果膨大，梭形或披针形，长18～30毫米，被黑色短柔毛。

本区分布： 黄崖沟、红庄子、深岘子、响水沟、哈班岔、八盘梁、马啣山。海拔2500～3000米。

生境： 山坡或灌丛。

淡紫花黄耆

Astragalus purpurinus (Y. C. Ho) Podlech & L. Z. Shue

科 豆科 Fabaceae
属 黄耆属 *Astragalus*

形态识别要点： 多年生草本。羽状复叶；小叶7～19枚，狭椭圆形至狭卵形，长10～17毫米，宽3～7毫米，两面被伏贴白色柔毛。总状花序疏松多花；总花梗长5～13厘米；苞片长5～8毫米；花萼钟状，长4～5毫米，外面被柔毛，萼齿短；花冠淡紫红色至深紫色，长约13毫米。荚果稍膨胀，狭椭圆形，顶端具刺尖，两面被短柔毛。

本区分布： 徐家峡、哈班岔、八盘梁、红庄子、马啣山。海拔2400～3500米。

生境： 山坡、沟旁或灌丛中。

东俄洛黄耆
Astragalus tongolensis Ulbr.

科 豆科 Fabaceae
属 黄耆属 *Astragalus*

形态识别要点：多年生草本。羽状复叶；小叶9~13枚，卵形或长圆状卵形，长1.5~4厘米，宽0.5~2厘米，下面和边缘被白色柔毛。总状花序腋生，生10~20朵花，稍密集；总花梗远较叶为长；苞片长4~6毫米；花萼钟状，长约7毫米，萼齿三角形；花冠黄色，长约18毫米。荚果披针形，长约2.5厘米，表面密被黑色柔毛。

本区分布：马啣山。海拔2900~3200米。

生境：山坡草地。

乌拉特黄耆
Astragalus hoantchy Franch.

科 豆科 Fabaceae
属 黄耆属 *Astragalus*

形态识别要点：多年生草本。羽状复叶；小叶17~25枚，宽卵形或近圆形，长5~20毫米，宽4~15毫米。总状花序疏生12~15朵花；总花梗长10~20厘米；苞片长5~7毫米；花萼钟状，长11~12毫米，疏被长柔毛，萼齿线状披针形，长6~8毫米；花冠粉红色或紫白色，旗瓣长22~27毫米。荚果长圆形，长约6厘米，无毛；果颈长达2厘米。

本区分布：白庄子。海拔2200~2300米。

生境：山谷、水旁、滩地或山坡。

地花黄耆

Astragalus basiflorus Pet.-Stib.

科 豆科 Fabaceae
属 黄耆属 *Astragalus*

形态识别要点：多年生草本。羽状复叶；小叶15～21枚，宽卵形、椭圆形或近圆形，长7～13毫米。总状花序头状，生5～8朵花；总花梗较叶短；苞片宽卵状披针形；花萼钟状，长6～8毫米，萼齿披针形，仅齿上有黑色毛；花冠黄色，长约14毫米。荚果近镰刀状，微膨大，长约20毫米；宿存的花柱尾状，背腹缝线凹入，无毛。

本区分布：马啣山。海拔2800～3000米。

生境：沟谷草地。

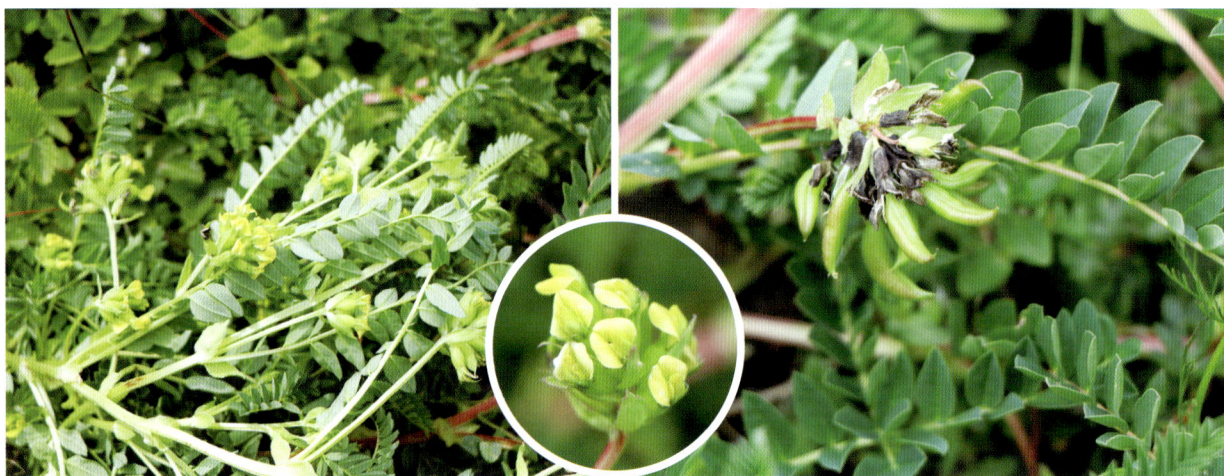

甘肃黄耆

Astragalus licentianus Hand.-Mazz.

科 豆科 Fabaceae
属 黄耆属 *Astragalus*

形态识别要点：多年生草本。羽状复叶；小叶15～33枚，卵形，长5～9毫米，宽2～4毫米，两面密被苍白色长柔毛。总状花序生8～18朵花，稍密集，偏向一边；总花梗与叶近等长或较长；苞片长5～6毫米；花萼管状，长7～9毫米，密被黑色柔毛，萼齿披针形或钻形；花冠青紫色，长14～15毫米。荚果狭椭圆状长圆形，先端尖，长13～14毫米，稍膨胀。

本区分布：马啣山。海拔3000～3400米。

生境：高山草地。

川青黄耆
Astragalus peterae H. T. Tsai & T. T. Yu

科 豆科 Fabaceae
属 黄耆属 *Astragalus*

形态识别要点：多年生草本。羽状复叶；小叶11～19枚，长圆状披针形至线状披针形，长8～20毫米，宽3～5毫米，下面被白色伏贴柔毛。总状花序生20～30朵花，较密集；总花梗比叶长；苞片长4～10毫米；花萼钟状，长7～9毫米，被柔毛，萼齿不等长，披针形；花冠深紫色，长13～14毫米。荚果狭卵形，长8～10毫米，被褐色短伏贴柔毛。

本区分布：红庄子、八盘梁、尖山、马嘟山。海拔2700～3100米。

生境：高山草丛。

橙黄花黄耆
Astragalus aurantiacus Hand.-Mazz.

科 豆科 Fabaceae
属 黄耆属 *Astragalus*

形态识别要点：多年生草本。羽状复叶；小叶3～7对，狭椭圆形，长5～10毫米，宽1.5～3毫米，下面密被毛。总状花序在花期浓密多花，花后伸长达15厘米；花序梗长6～26厘米；苞片2～3毫米；花萼长2～2.5毫米，被贴伏的黑色和白色柔毛；花瓣橙色、淡黄色或近白色，旗瓣长5～6毫米。荚果宽椭圆形，长约4毫米，无毛。

本区分布：干沟、太平沟。海拔2400～2500米。

生境：山坡、河滩及路旁。

草木樨状黄耆

Astragalus melilotoides Pall.

科 豆科 Fabaceae
属 黄耆属 *Astragalus*

形态识别要点： 多年生草本。羽状复叶；小叶5~7枚，长圆状楔形或线状长圆形，长7~20毫米，宽1.5~3毫米，两面均被伏贴柔毛。总状花序生多数花，稀疏；总花梗远较叶长；苞片小；花萼短钟状，长约1.5毫米；花冠白色或带粉红色，长约5毫米。荚果宽倒卵状球形或椭圆形，长2.5~3.5毫米，具短喙。

本区分布： 麻家寺、徐家峡、东岳台、杜家庄、水家沟、谢家岔、翻车沟、龙泉寺、三岔路口、唐家峡。海拔2000~2600米。

生境： 向阳山坡或草地。

马啣山黄耆

Astragalus mahoschanicus Hand.-Mazz.

科 豆科 Fabaceae
属 黄耆属 *Astragalus*

形态识别要点： 多年生草本。羽状复叶；小叶9~19枚，卵形至长圆状披针形，长10~20毫米，宽3~6毫米，上面无毛，下面被白色伏贴柔毛。总状花序生15~40朵花，密集呈圆柱状；总花梗长达10厘米，被柔毛；苞片长1.5~3毫米；花萼钟状，长4~5毫米，被较密的黑色伏贴柔毛，萼齿钻状，与萼筒近等长；花冠黄色，旗瓣长约7毫米，先端微凹。荚果球状，直径约3毫米，密被毛。

本区分布： 三岔路口、徐家峡、黄崖沟、清水沟、红庄子、尖山、马啣山。海拔2300~3300米。

生境： 山顶和沟边。

小果黄耆
Astragalus tataricus Franch.

科 豆科 Fabaceae
属 黄耆属 *Astragalus*

形态识别要点：多年生草本。羽状复叶；小叶13～25枚，披针形或长圆形，长3～8毫米，宽1～3毫米，两面散生白色柔毛。总状花序生8～12朵花，较密集呈头状；总花梗较叶长；苞片长1～2毫米；花萼钟状，长3～4毫米，外面被伏贴短柔毛，萼齿线形；花冠淡红色或近白色，旗瓣长6～7毫米。荚果近椭圆形，长5～8毫米，被白色短柔毛。

本区分布：杜家庄。海拔2200～2500米。

生境：山坡草地或沙地。

金翼黄耆
Astragalus chrysopterus Bunge

科 豆科 Fabaceae
属 黄耆属 *Astragalus*

形态识别要点：多年生草本。羽状复叶；小叶11～21枚，宽卵形或长圆形，长7～20毫米，宽3～8毫米，下面粉绿色，疏被白色伏贴柔毛。总状花序腋生，生3～13朵花，疏松；总花梗通常较叶长；苞片长1～2毫米；花萼钟状，长约4.5毫米，萼齿狭披针形；花冠黄色，长8.5～12毫米。荚果倒卵形，长约9毫米，先端有尖喙，无毛，果颈远较荚果长。

本区分布：兴隆峡。海拔2100～2300米。

生境：山坡、灌丛、林下及沟谷。

地八角

Astragalus bhotanensis Baker

形态识别要点： 多年生草本。羽状复叶；小叶 19～29 枚，倒卵形或倒卵状椭圆形，长 6～23 毫米，宽 4～11 毫米，下面被白色伏贴毛。总状花序头状，生多数花；花梗粗壮；苞片宽披针形；花萼管状，萼齿与萼筒等长，疏被长柔毛；花冠红紫色、紫色、灰蓝色、白色或淡黄色。荚果圆筒形，长 20～25 毫米，无毛，背腹两面稍扁。

本区分布： 水岔沟、徐家峡。海拔 2200～2500 米。

生境： 山坡、山沟、河漫滩及灌丛下。

斜茎黄耆

Astragalus adsurgens Pall.

形态识别要点： 多年生草本。羽状复叶；小叶 9～25 枚，长圆形，长 10～35 毫米，宽 2～8 毫米。总状花序生多数花，排列密集；苞片狭披针形至三角形；花萼管状钟形，长 5～6 毫米，被毛，萼齿狭披针形；花冠近蓝色或红紫色，长 11～15 毫米。荚果长圆形，长 7～18 毫米，两侧稍扁，背缝凹入成沟槽，被毛。

本区分布： 徐家峡、黄崖沟、谢家岔、红桦沟、杜家庄、水家沟、祁家坡、响水沟、晏家洼、朱家沟。海拔 2200～2300 米。

生境： 向阳山坡灌丛及林缘。

糙叶黄耆
Astragalus scaberrimus Bunge

科 豆科 Fabaceae
属 黄耆属 *Astragalus*

形态识别要点： 多年生草本，密被白色伏贴毛。羽状复叶；小叶7～15枚，椭圆形或近圆形，有时披针形，长7～20毫米，宽3～8毫米，两面密被伏贴毛。总状花序生3～5朵花；总花梗极短或长达数厘米；苞片较花梗长；花萼管状，长7～9毫米，被细伏贴毛，萼齿线状披针形；花冠淡黄色或白色，长约2厘米。荚果披针状长圆形，微弯，长8～13毫米，背缝线凹入，密被白色伏贴毛。

本区分布： 峡口、干沟。海拔2100～2300米。

生境： 石砾质草地及河岸。

糙荚棘豆
Oxytropis muricata (Pall.) DC.

科 豆科 Fabaceae
属 棘豆属 *Oxytropis*

形态识别要点： 多年生丛生草本。羽状复叶；小叶15～18轮，每轮常4枚，稀对生，线形、披针形或长圆形，长4～6毫米，宽1～2毫米，上面疏被贴伏白毛，两面疏被腺点。总状花序短缩，有时伸长；苞片宽披针形，长约10毫米；花萼筒状，长约12毫米，萼齿三角形；花冠淡黄白色，旗瓣长22～25毫米。荚果略弯曲，长20～25毫米，喙长3毫米，密被粗糙的腺点。

本区分布： 麻家寺、徐家峡、黄崖沟、张家窑、谢家岔、响水沟、陶家窑、哈班岔、马坡、八盘梁、尖山、马啣山。海拔2300～2700米。

生境： 山坡草地。

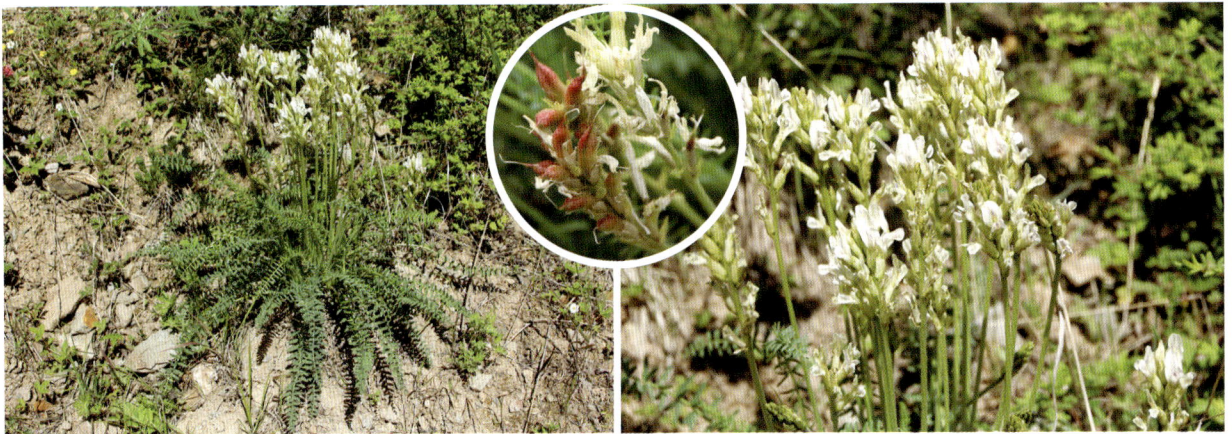

多叶棘豆

Oxytropis myriophylla (Pall.) DC.

科 豆科 Fabaceae
属 棘豆属 *Oxytropis*

形态识别要点： 多年生草本，全株被长柔毛。羽状复叶；小叶25～32轮，每轮4～8枚或有时对生，线形、长圆形或披针形，长3～15毫米，宽1～3毫米。多花组成紧密或较疏松的总状花序；总花梗与叶近等长或长于叶；花长20～25毫米；花萼筒状，长11毫米，萼齿披针形；花冠淡红紫色。荚果披针状椭圆形，膨胀，长约15毫米，喙长5～7毫米。

本区分布： 徐家峡、清水沟、水家沟、张家窑、红庄子、尖山。海拔2400～3000米。

生境： 沙石地、草地及山坡。

地角儿苗

Oxytropis bicolor Bunge

科 豆科 Fabaceae
属 棘豆属 *Oxytropis*

形态识别要点： 多年生草本。羽状复叶；小叶对生或4枚轮生，线形至披针形，长3～23毫米，宽1.5～6.5毫米，两面密被绢状长柔毛。10～23朵花组成或疏或密的总状花序；苞片披针形，长4～10毫米；花萼筒状，长9～12毫米，密被长柔毛，萼齿线状披针形；花冠紫红色或蓝紫色，长14～20毫米。荚果稍坚硬，卵状长圆形，膨胀，腹背稍扁，长17～22毫米，先端具长喙，密被长柔毛。

本区分布： 分豁岔、水家沟、陶家窑、干沟。海拔2100～2400米。

生境： 山坡、路旁及荒地。

长苞黄花棘豆

Oxytropis ochrolongibracteata X. Y. Zhu & H. Ohashi

科 豆科 Fabaceae
属 棘豆属 *Oxytropis*

形态识别要点：多年生草本。羽状复叶；小叶17～25枚，对生或少有2～4枚轮生，卵状披针形，长1～3厘米，两面被短毛。多花组成密集总状花序，以后延伸；总花梗长10～25厘米；苞片线状披针形，长于花萼；花萼筒状，长12～14毫米，密被柔毛，萼齿钻形；花冠黄色，长11～17毫米。荚果长圆形，膨胀，长12～15毫米，先端具弯曲的喙，密被黑色短柔毛。

本区分布：麻家寺、窑沟、响水沟、马坡、八盘梁、马啣山。海拔2600～3200米。

生境：砾石山地或高山草地。

黄毛棘豆

Oxytropis ochrantha Turcz.

科 豆科 Fabaceae
属 棘豆属 *Oxytropis*

形态识别要点：多年生草本，被黄色长柔毛。羽状复叶；小叶13～19枚，对生或4枚轮生，卵形、长椭圆形至线形，长6～25毫米，宽3～10毫米，下面被长柔毛。多花组成密集圆筒形总状花序；花葶与叶几等长；苞片较花萼长；花长15～21毫米；花萼筒状，长8～12毫米，萼齿披针状线形；花冠白色或淡黄色。荚果卵形，膨胀，略扁，长约17.5毫米。

本区分布：麻家寺、谢家岔、水家沟、祁家坡、唐家峡。海拔2100～2800米。

生境：山坡草地。

急弯棘豆

Oxytropis deflexa (Pall.) DC.

科 豆科 Fabaceae
属 棘豆属 *Oxytropis*

形态识别要点：多年生草本。羽状复叶；小叶25～51枚，卵状长圆形至长圆状披针形，长5～25毫米，宽2～8毫米，两面被贴伏柔毛。多花组成穗形总状花序；总花梗与叶等长或较叶长；苞片与花萼近等长；花小，下垂；花萼钟状，长6～7毫米，萼齿披针形；花冠淡蓝紫色。荚果下垂，长圆状椭圆形，略凹陷，长10～20毫米，先端具喙，被贴伏黑色和白色短柔毛。

本区分布：窑沟、八盘梁、马啣山。海拔2800～3400米。

生境：河谷和砾石山坡。

洮河棘豆

Oxytropis taochensis Kom.

科 豆科 Fabaceae
属 棘豆属 *Oxytropis*

形态识别要点：多年生草本，高10～30厘米。羽状复叶；小叶13～17枚，长椭圆形、近圆形或披针状卵形，长5～10毫米，宽2～4毫米，两面被贴伏硬毛。3～8朵花组成较疏的短总状花序；总花梗长3.5～10厘米；苞片短；花萼钟状，长6～7毫米，外面被柔毛，萼齿线形；花冠紫色或蓝紫色，长10～15毫米。荚果圆柱形，膨大，长2～3厘米，喙长约5毫米，被贴伏短毛，腹面具深沟。

本区分布：阳洼村、马啣山。海拔2400～2800米。

生境：山顶草地、山坡及路旁。

黄花棘豆
Oxytropis ochrocephala Bunge

科 豆科 Fabaceae
属 棘豆属 *Oxytropis*

形态识别要点： 多年生草本，高 10～50 厘米。羽状复叶；小叶 17～31 枚，卵状披针形，长 10～30 毫米，宽 3～10 毫米，幼时两面密被贴伏毛。多花组成密集总状花序，以后延伸；总花梗长 10～25 厘米；苞片线状披针形，下部的长 12 毫米；花萼筒状，长 11～14 毫米，密被柔毛，萼齿线状披针形；花冠黄色，长 11～17 毫米。荚果长圆形，膨胀，长 12～15 毫米，先端具弯曲的喙，密被黑色短柔毛。

本区分布： 马啣山。海拔 2800～3600 米。

生境： 荒山、林下、草地。

甘肃棘豆
Oxytropis kansuensis Bunge

科 豆科 Fabaceae
属 棘豆属 *Oxytropis*

形态识别要点： 多年生草本，高 8～20 厘米。羽状复叶；小叶 17～29 枚，卵状长圆形或披针形，长 5～13 毫米，宽 3～6 毫米，先端急尖，两面疏被贴伏短柔毛。多花组成头状的总状花序；总花梗长 7～15 厘米；苞片线形，长约 6 毫米；花萼筒状，长 8～9 毫米，密被黑色间有白色贴伏长柔毛，萼齿线形；花冠黄色，长约 12 毫米。荚果长圆状卵形，膨胀，长 8～12 毫米，密被贴伏黑色短柔毛。

本区分布： 阳道沟、徐家峡、响水沟、红庄子、八盘梁、尖山、马啣山。海拔 2200～3400 米。

生境： 路旁、高山草甸、林下、灌丛下。

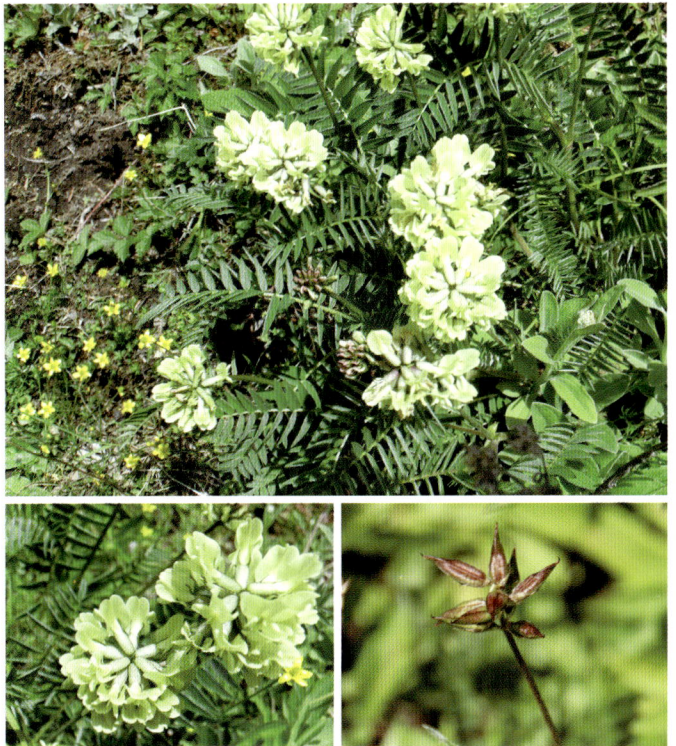

小花棘豆

Oxytropis glabra (Lam.) DC.

科 豆科 Fabaceae
属 棘豆属 *Oxytropis*

形态识别要点：多年生草本，高20～80厘米。羽状复叶；小叶11～27枚，披针形或卵状披针形，长5～25毫米，宽3～7毫米。多花组成稀疏总状花序，长4～7厘米；总花梗长5～12厘米；花长6～8毫米；花冠淡紫色或蓝紫色。荚果膜质，长圆形，膨胀，下垂，长10～20毫米，喙长1～1.5毫米，腹缝具深沟，被短柔毛。

本区分布：马坡。海拔2500～2800米。

生境：山坡草地、石质山坡、河谷阶地、草地、荒地、沼泽草甸、盐土草滩。

兴隆山棘豆

Oxytropis xinglongshanica C. W. Chang

科 豆科 Fabaceae
属 棘豆属 *Oxytropis*

形态识别要点：多年生草本。羽状复叶；小叶19～25枚，卵形、长圆形或披针形，长14～20毫米，宽5～9毫米，两面疏被贴伏短柔毛。多花组成稀疏的总状花序；总花梗长7～18厘米；苞片长3～5毫米；花长11～16毫米；花萼筒状钟形，长8毫米，萼齿线形；花冠紫色或蓝紫色。荚果长圆形，淡黄褐色，膨胀，长约22毫米，喙长2毫米，被贴伏黑色和白色短柔毛。

本区分布：黄崖沟、杜家庄、窑沟、唐家峡、白庄子、阳洼村。海拔2000～2500米。

生境：山坡。

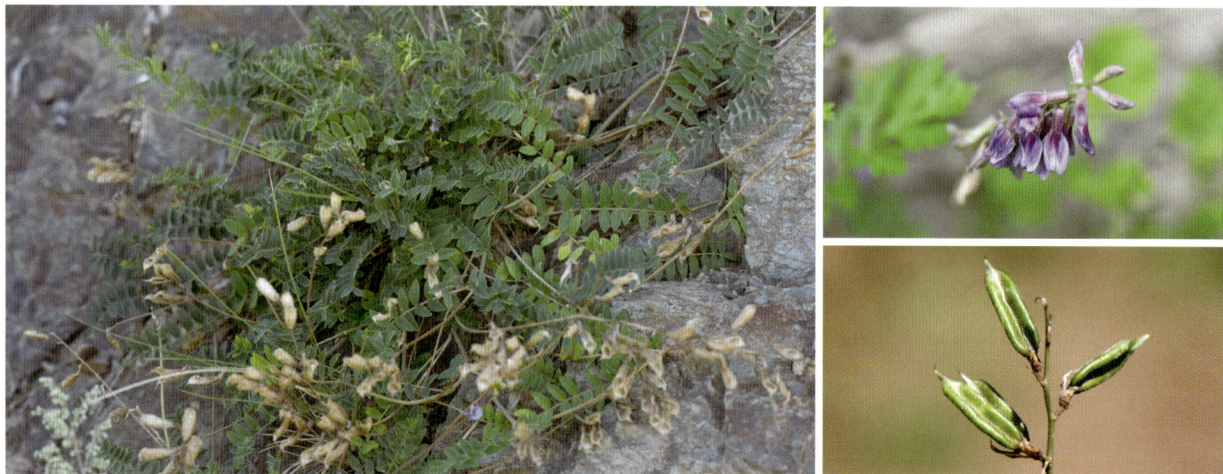

肥冠棘豆

Oxytropis xinglongshanica C. W. Chang var. *obesusicorollata* Y. H. Wu

科 豆科 Fabaceae
属 棘豆属 *Oxytropis*

与兴隆山棘豆的区别：花冠肥大，旗瓣长约15毫米，宽约10毫米，瓣片宽卵形，瓣柄长约6毫米；翼瓣长约14毫米，宽约4.5毫米，瓣片狭倒卵形。

本区分布：陈沟峡。海拔2000～2300米。

生境：山谷。

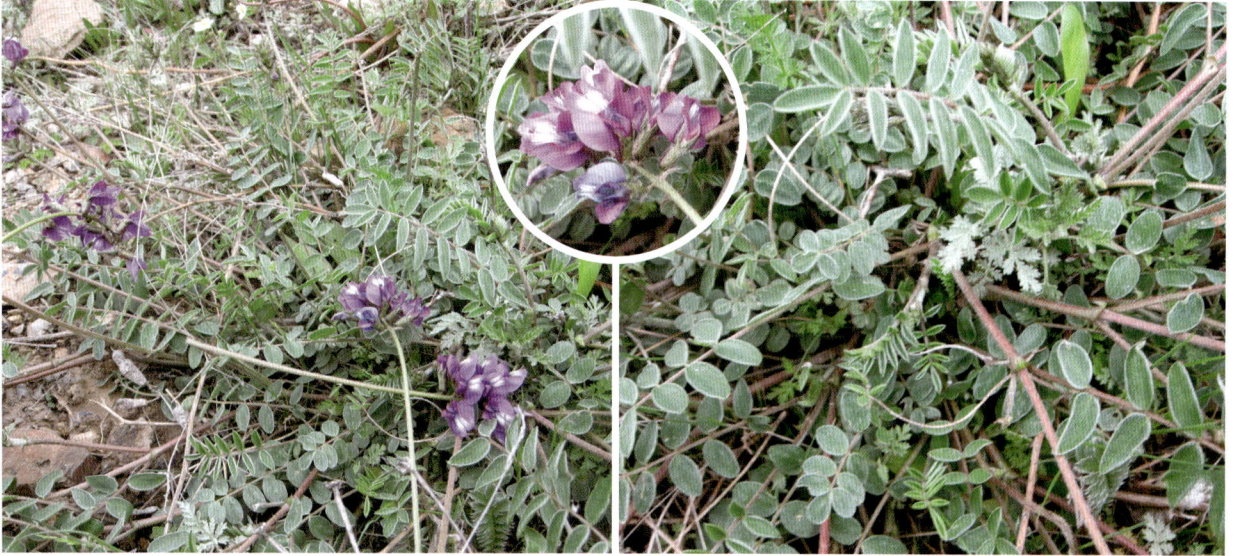

少花米口袋

Gueldenstaedtia verna (Georgi) Boriss.

科 豆科 Fabaceae
属 米口袋属 *Gueldenstaedtia*

形态识别要点：多年生草本。叶柄具沟；羽状复叶具小叶7～21枚，椭圆形、长圆形至披针形，长10～14毫米，宽5～8毫米，先端急尖、钝、微缺或下凹成弧形。伞形花序有2～4朵花；花梗长1～3.5毫米；花萼钟状，长7～8毫米，被贴伏长柔毛；花冠紫堇色，长约13毫米。荚果圆筒状，长17～22毫米，直径3～4毫米，被长柔毛。

本区分布：峡口。海拔2100～2200米。

生境：山坡、路旁、草地。

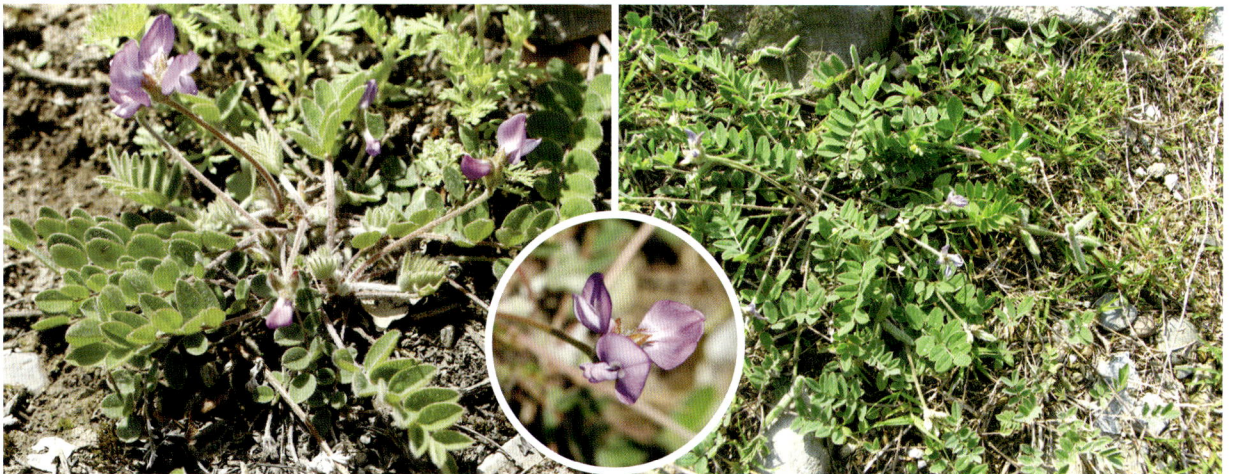

高山豆

Tibetia himalaica (Baker) H. P. Tsui

科 豆科 Fabaceae
属 高山豆属 *Tibetia*

形态识别要点：多年生草本。羽状复叶长2～7厘米；小叶9～13枚，圆形、椭圆形至卵形，长1～9毫米，宽1～8毫米，顶端微缺至深缺，被贴伏长柔毛。伞形花序具1～3朵花；总花梗与叶等长；花萼钟状，长3～5毫米，被长柔毛；花冠深蓝紫色，长6～8毫米。荚果圆筒形或有时稍扁，被稀疏柔毛或近无毛。
本区分布：马场沟、三岔路、张家窑、尖山。海拔2400～2800米。
生境：高山草地。

甘草

Glycyrrhiza uralensis Fisch.

科 豆科 Fabaceae
属 甘草属 *Glycyrrhiza*

形态识别要点：多年生草本，全株密被鳞片状腺点、刺毛状腺体及白色或褐色的茸毛。羽状复叶；小叶5～17枚，卵形至近圆形，长1.5～5厘米，宽0.8～3厘米，边缘全缘或微呈波状。总状花序腋生，具多数花；花冠紫色、白色或黄色，长10～24毫米。荚果弯曲呈镰刀状或呈环状，密集成球，密生瘤状突起和刺毛状腺体。
本区分布：水家沟、谢家岔、红庄子。海拔2000～2400米。
生境：山坡草地及盐渍化土壤中。

红花山竹子

Corethrodendron multijugum (Maxim.) B. H. Choi & H. Ohashi

科 豆科 Fabaceae
属 山竹子属 *Corethrodendron*

形态识别要点：多年生草本或半灌木，高40～80厘米。羽状复叶长6～18厘米；小叶通常15～29枚，阔卵形或卵圆形，长5～15毫米，宽3～8毫米，下面被贴伏短柔毛。总状花序腋生，长达28厘米；花9～25朵，长16～21毫米；萼长5～6毫米，萼齿钻状或锐尖；花冠紫红色或玫瑰状红色。荚果2～3节，节荚椭圆形或半圆形，被短柔毛，边缘具较多的刺。
本区分布：白石头沟、水家沟、谢家岔、银山、干沟、石窑沟、朱家沟。海拔2100～2400米。
生境：干燥山坡和砾石河滩。

多序岩黄耆

Hedysarum polybotrys Hand.-Mazz.

科 豆科 Fabaceae
属 岩黄耆属 *Hedysarum*

形态识别要点：多年生草本，高100～120厘米。羽状复叶长5～9厘米；小叶11～19枚，卵状披针形或卵状长圆形，长18～24毫米，宽4～6毫米，下面被贴伏柔毛。总状花序腋生，高度一般不超出叶；花梗长3～4毫米；花萼斜宽钟状，长4～5毫米；花冠淡黄色，长11～12毫米。荚果2～4节，被短柔毛，节荚近圆形或宽卵形。
本区分布：麻家寺、东岳台、谢家岔、水家沟、晏家洼。海拔2000～2400米。
生境：石质山坡、灌丛和林缘。

弯耳鬼箭锦鸡儿

Caragana jubata (Pall.) Poir. var. *recurva* Y. X. Liou

科 豆科 Fabaceae

属 锦鸡儿属 *Caragana*

形态识别要点：多刺矮灌木，基部分枝。叶密集于枝的上部；托叶不硬化成针刺状；叶轴全部宿存并硬化成针刺状，幼时密生长柔毛；小叶 8～12 枚，长椭圆形至条状长椭圆形，先端圆或急尖，有针尖，两面疏生长柔毛。花单生；花梗极短；花萼筒状，密生长柔毛，基部偏斜，萼齿披针形；花冠紫红色。荚果长椭圆形，密生丝状长柔毛。

本区分布：麻家寺、红庄子、窑沟、上庄、八盘梁、马啣山。海拔 2700～3700 米。

生境：山坡灌丛。

毛刺锦鸡儿

Caragana tibetica Kom.

科 豆科 Fabaceae

属 锦鸡儿属 *Caragana*

形态识别要点：丛生矮灌木，树皮灰黄色。枝条短而密。托叶膜质；叶轴很密，全部宿存并硬化成针刺，幼时密生长柔毛；小叶 6～8 枚，条形，先端具针尖，密生银白色平伏长柔毛。花单生，几无梗；花萼筒状，密生长柔毛，基部稍偏斜，萼齿近披针形；花冠黄色，长为萼的 2 倍或更长。荚果短，椭圆形，外面密生长柔毛。

本区分布：白石头沟、水家沟、峡口。海拔 2100～2300 米。

生境：干旱山坡。

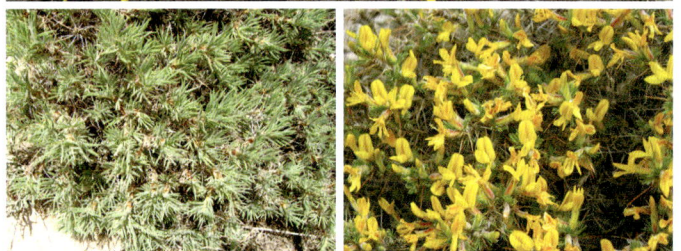

荒漠锦鸡儿

Caragana roborovskyi Kom.

科 豆科 Fabaceae
属 锦鸡儿属 *Caragana*

形态识别要点：灌木。老枝黄褐色，被深灰色剥裂皮，幼枝密被柔毛。小叶3～6对，宽倒卵形或长圆形，长4～10毫米，宽3～5毫米，先端具刺尖，密被白色丝质柔毛；叶轴宿存，硬化成针刺。花梗单生，长约4毫米，密被柔毛；花萼管状，密被白色长柔毛，萼齿披针形；花冠黄色。荚果圆筒状，被白色长柔毛，花萼常宿存。

本区分布：白庄子、石窑。海拔2100～2300米。

生境：干山坡、山沟、黄土丘陵和沙地。

柠条锦鸡儿

Caragana korshinskii Kom.

科 豆科 Fabaceae
属 锦鸡儿属 *Caragana*

形态识别要点：灌木，有时小乔状。老枝金黄色；嫩枝被白色柔毛。羽状复叶有6～8对小叶；托叶在长枝者硬化成针刺，宿存；小叶披针形或狭长圆形，长7～8毫米，宽2～7毫米，先端有刺尖，两面密被白色伏贴柔毛。花梗长6～15毫米；花萼管状钟形，长8～9毫米，密被伏贴短柔毛；花冠长20～23毫米。荚果扁，披针形，长2～2.5厘米，宽6～7毫米。

本区分布：小泥窝子、谢家岔、水家沟、陶家窑。海拔2100～2300米。

生境：半固定和固定沙地。

矮脚锦鸡儿
Caragana brachypoda Pojark.

科 豆科 Fabaceae
属 锦鸡儿属 *Caragana*

形态识别要点：矮灌木，高20～30厘米。假掌状复叶有4枚小叶；托叶和叶柄均宿存并硬化成针刺，短枝上叶无轴，簇生；小叶倒披针形，长2～10毫米，宽1～3毫米，先端有短刺尖，两面有短柔毛。花单生；花萼管状，基部偏斜成囊状突起，长9～11毫米，萼齿卵状三角形；花冠黄色。荚果披针形，扁，长20～27毫米，宽约5毫米。

本区分布：石窑沟。海拔2100～2200米。

生境：山前平原、低山坡和固定沙地。

甘蒙锦鸡儿
Caragana opulens Kom.

科 豆科 Fabaceae
属 锦鸡儿属 *Caragana*

形态识别要点：灌木。小枝细长，有棱。长枝上的托叶和叶轴宿存并硬化成针刺；小叶4枚，假掌状排列，倒卵状披针形，疏生短柔毛或无毛，先端圆，有针尖。花单生；花梗长7～25毫米，关节在顶部或中部以上；萼筒状，萼齿三角形，有针尖；花冠黄色，长20～25毫米。荚果圆筒形，无毛。

本区分布：峡口、官滩沟。海拔2000～2300米。

生境：干旱山坡、沟谷及丘陵。

红花锦鸡儿

Caragana rosea Turcz. ex Maxim.

科 豆科 Fabaceae
属 锦鸡儿属 *Caragana*

形态识别要点：灌木。托叶硬化成细针刺状；叶轴短，脱落或宿存变成针刺状；小叶4枚，假掌状排列，近革质，深绿色，无毛，上面一对通常较大，楔状倒卵形，先端圆或微凹，有刺尖。花单生；花萼近筒状，基部偏斜；花冠黄色带褐红色，或全为粉红色，凋时变红色。荚果近圆筒形，长达6厘米。

本区分布：官滩沟、石窑沟、峡口、干沟、陈沟峡、水家沟。海拔2000~2600米。

生境：山坡、灌丛及沟谷。

白毛锦鸡儿

Caragana licentiana Hand.-Mazz.

科 豆科 Fabaceae
属 锦鸡儿属 *Caragana*

形态识别要点：灌木。老枝绿褐色或红褐色；嫩枝密被白色柔毛。托叶硬化成针刺，密被灰白色短柔毛；叶柄硬化成针刺，宿存；叶假掌状；小叶4枚，倒卵状楔形或倒披针形，先端圆形，具刺尖，两面密被短柔毛。花梗单生或并生，被白色短茸毛，显著长于小叶；花萼管状，被短柔毛；花冠黄色。荚果圆筒形，密被白色柔毛。

本区分布：白石头沟、水家沟、峡口、西番沟、干沟。海拔2000~2600米。

生境：黄土山坡。

短叶锦鸡儿

Caragana brevifolia Kom.

科 豆科 Fabaceae

属 锦鸡儿属 *Caragana*

形态识别要点：灌木，全株无毛。假掌状复叶有4枚小叶；托叶硬化成针刺，宿存；小叶披针形或倒卵状披针形，长2～8毫米，宽1～4毫米，先端锐尖。花梗单生于叶腋，长5～8毫米，关节在中部或下部；花萼管状钟形，长5～6毫米；花冠黄色，长14～16毫米。荚果圆筒状，长1～3.5厘米，熟时黑褐色。

本区分布：窑沟、太平沟、西番沟、八盘梁、马啣山。生于2400～3000米。

生境：河岸、山谷及山坡杂木林。

密叶锦鸡儿

Caragana densa Kom.

科 豆科 Fabaceae

属 锦鸡儿属 *Caragana*

形态识别要点：丛生灌木，树皮条片状剥落。小枝有棱。假掌状复叶；小叶4枚，倒披针形或线形，长6～13毫米，宽2～3毫米，先端有刺尖，仅下面疏被短柔毛；叶轴和托叶在长枝者常硬化成宿存针刺。花梗单生，长3～4毫米，关节在基部；花萼钟状；花冠黄色，长18～23毫米。荚果圆筒状，稍扁，无毛。

本区分布：官滩沟、水家沟、唐家峡、谢家岔、陈沟峡、东岳台、西番沟。海拔2300～2600米。

生境：山坡林中或干旱山坡。

白花草木樨

Melilotus albus Medic. ex Desr.

科 豆科 Fabaceae
属 草木樨属 *Melilotus*

形态识别要点：一、二年生草本。羽状三出复叶；托叶尖刺状锥形，长6～10毫米；小叶长圆形或倒披针状长圆形，长15～30厘米，宽4～12毫米，边缘疏生浅锯齿。总状花序长9～20厘米，腋生，具花多朵，排列疏松；苞片长1.5～2毫米；花梗长1～1.5毫米；萼钟形，长约2.5毫米，萼齿短于萼筒；花冠白色，长4～5毫米。荚果椭圆形至长圆形，长3～3.5毫米，先端具尖喙。

本区分布：响水沟。海拔2000～2200米。

生境：田边、路旁荒地、沙石地。

草木樨

Melilotus officinalis (Linn.) Pall.

科 豆科 Fabaceae
属 草木樨属 *Melilotus*

形态识别要点：二年生草本。羽状三出复叶；托叶镰状线形，长3～7毫米；小叶倒卵形、倒披针形至线形，长15～30毫米，宽5～15毫米，边缘具不整齐疏浅齿。总状花序长6～20厘米，腋生，具花多朵；苞片长约1毫米；花梗与苞片等长或稍长；萼钟形，长约2毫米；花冠黄色，长3.5～7毫米。荚果卵形，长3～5毫米，先端具宿存花柱。

本区分布：麻家寺、红庄子、矿湾村、龙泉寺。海拔2100～2400米。

生境：山坡、河岸、路旁、沙质草地及林缘。

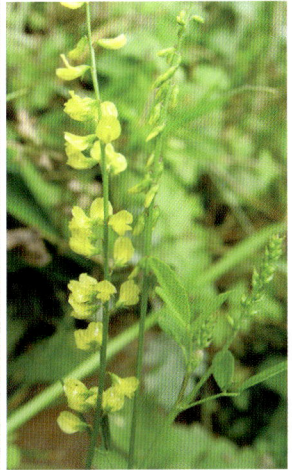

天蓝苜蓿
Medicago lupulina Linn.

科 豆科 Fabaceae
属 苜蓿属 *Medicago*

形态识别要点：一、二年生或多年生草本，全株被柔毛或有腺毛。羽状三出复叶；托叶长达1厘米，常齿裂；小叶倒卵形或倒心形，长5～20毫米，宽4～16毫米，先端多少截平或微凹，具细尖，边缘在上半部具不明显尖齿。花序头状，具花10～20朵；苞片刺毛状；花梗长不到1毫米；萼钟形，长约2毫米，密被毛；花冠黄色，长2～2.2毫米。荚果肾形，长3毫米。

本区分布：歧儿沟、西山。海拔2100～2400米。

生境：河岸、路边、田野及林缘。

青海苜蓿
Medicago archiducis-nicolai Sirj.

科 豆科 Fabaceae
属 苜蓿属 *Medicago*

形态识别要点：多年生草本。羽状三出复叶；托叶戟形，长4～10毫米；叶柄长4～12毫米；小叶阔卵形至圆形，长6～18毫米，宽6～12毫米，先端截平或微凹，边缘具不整齐尖齿。花序伞形，具花4～5朵，疏松；苞片刺毛状；花梗长2～7毫米；萼钟形，长3～4毫米，被柔毛；花冠橙黄色，中央带紫红色晕纹，长7～10毫米。荚果长圆状半圆形，扁平，长10～18毫米，先端具短尖喙。

本区分布：黄崖沟、杜家庄、白庄子、尖山。海拔2300～2500米。

生境：草地。

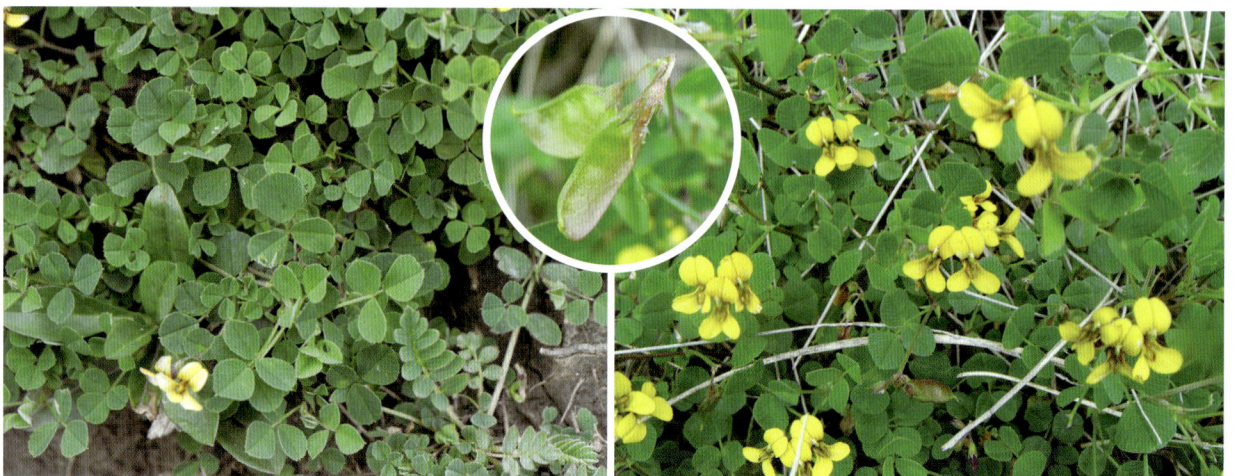

花苜蓿
Medicago ruthenica (Linn.) Trautv.

科 豆科 Fabaceae
属 苜蓿属 *Medicago*

形态识别要点：多年生草本。羽状三出复叶；托叶披针形，基部耳状；叶柄长2～12毫米；小叶长圆状倒披针形至卵状长圆形，长6～25毫米，先端截平、钝圆或微凹，中央具细尖，边缘在基部以上具尖齿。花序伞形；苞片刺毛状；花梗长1.5～4毫米；萼钟形，长2～4毫米；花冠黄褐色，中央深红色或具紫色条纹，长5～9毫米。荚果扁平，长8～20毫米。

本区分布：谢家岔、水家沟、分豁岔。海拔2200～2300米。

生境：草地、沙石地及河岸。

紫苜蓿
Medicago sativa Linn.

科 豆科 Fabaceae
属 苜蓿属 *Medicago*

形态识别要点：多年生草本。羽状三出复叶；托叶大，卵状披针形；小叶长卵形至线状卵形，长5～40毫米，宽3～10毫米，先端钝圆，边缘基部以上具锯齿。花序总状或头状，长1～2.5厘米，具花5～30朵；苞片线状锥形；花梗长约2毫米；萼钟形，长3～5毫米，萼齿比萼筒长；花冠深蓝色至暗紫色，长6～12毫米。荚果螺旋状紧卷2～6圈。

本区分布：谢家岔、水家沟、石窑沟、祁家坡、张家窑、翻车沟、马嘟山。海拔2200～2500米。

生境：路旁、草地、河岸及沟谷等地。

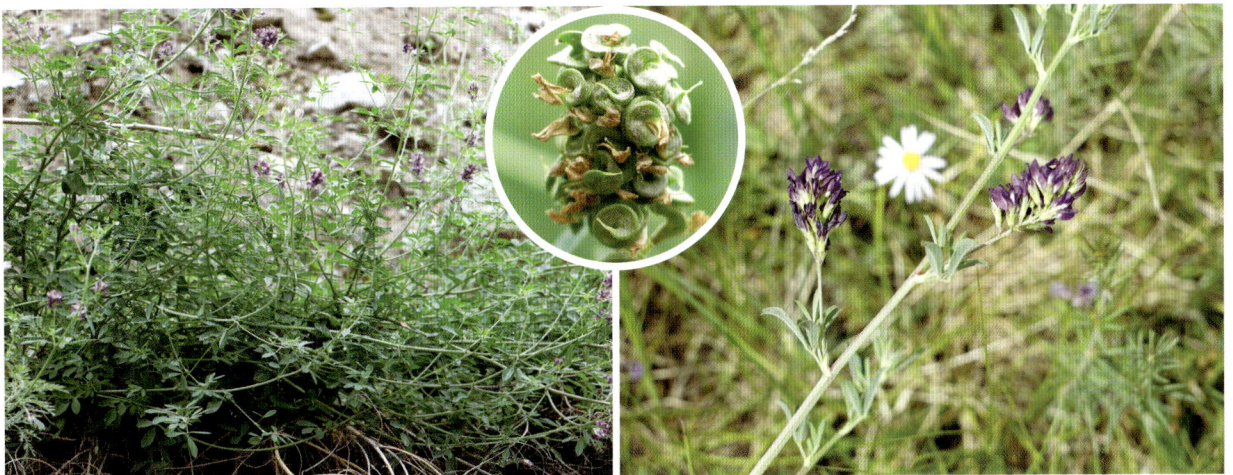

广布野豌豆
Vicia cracca Linn.

科　豆科 Fabaceae
属　野豌豆属 *Vicia*

形态识别要点： 多年生草本，攀缘或蔓生。偶数羽状复叶；叶轴顶端卷须有2～3个分支；托叶半箭头形或戟形，上部2深裂；小叶5～12对，互生，线形、长圆形或披针状线形，长1.1～3厘米，宽0.2～0.4厘米，全缘。总状花序与叶轴近等长，花多数密集一边；花萼钟状，萼齿近三角状披针形；花冠紫色、蓝紫色或紫红色，长0.8～1.5厘米。荚果长圆形，长2～2.5厘米。
本区分布： 麻家寺、深岘子、水岔沟、清水沟、东山、祁家坡、骆驼岘。海拔2000～2300米。
生境： 林缘、山坡、河滩草地及灌丛中。

大龙骨野豌豆
Vicia megalotropis Ledeb.

科　豆科 Fabaceae
属　野豌豆属 *Vicia*

形态识别要点： 多年生草本，直立或斜升。偶数羽状复叶，卷须分支；托叶长0.5～0.8厘米，半箭头形或披针形，下部有1～2个裂齿；小叶7～12对，披针形至线状披针形，长2～4厘米，宽1.5～6毫米，被贴伏柔毛。总状花序与叶近等长，具花10～20朵，密集并偏向一侧；萼钟形，萼齿三角形；花长12～15毫米，紫红色，旗瓣长于翼瓣和龙骨瓣。荚果菱形或长圆形，长2～2.5厘米，宽6～7毫米。
本区分布： 石窑沟、窑沟、干沟、石骨岔、马坡、马啣山。海拔2300～2600米。
生境： 岩缝、沙石地。

山野豌豆

Vicia amoena Fisch. ex DC.

科 豆科 Fabaceae
属 野豌豆属 *Vicia*

形态识别要点： 多年生草本，植株被疏柔毛。茎斜升或攀缘。偶数羽状复叶，顶端卷须有2～3个分支；托叶半箭头形，长0.8～2厘米，边缘有3～4个裂齿；小叶4～7对，互生或近对生，椭圆形至长披针形，长1.3～4厘米，先端微凹，下面粉白色。总状花序长于叶，花多数密集；花萼斜钟状，萼齿近三角形；花冠红紫色至蓝色，长1～1.6厘米。荚果长圆形，长1.8～2.8厘米，无毛。

本区分布： 谢家岔、水家沟。海拔2200～2400米。

生境： 草地、山坡、灌丛或杂木林中。

歪头菜

Vicia unijuga A. Braun

科 豆科 Fabaceae
属 野豌豆属 *Vicia*

形态识别要点： 多年生草本。叶轴末端为细刺尖头，偶见卷须；托叶戟形或近披针形，长0.8～2厘米，边缘有不规则蚀状齿；小叶1对，卵状披针形或近菱形，长1.5～11厘米，宽1.5～5厘米，边缘具小齿，两面均疏被微柔毛。总状花序明显长于叶；花8～20朵；花萼紫色，斜钟状，长约0.4厘米；花冠蓝紫色、紫红色或淡蓝色，长1～1.6厘米。荚果扁、长圆形，长2～3.5厘米，无毛。

本区分布： 官滩沟、麻家寺、黄崖沟、水岔沟、谢家岔、水家沟、祁家坡、徐家峡。海拔2200～2400米。

生境： 山地、林缘、草地、沟边及灌丛。

大花野豌豆

Vicia bungei Ohwi

科 豆科 Fabaceae
属 野豌豆属 *Vicia*

形态识别要点：一、二年生缠绕或匍匐状草本。偶数羽状复叶，卷须有分枝；托叶半箭头形，长0.3～0.7厘米，有锯齿；小叶3～5对，长圆形或狭倒卵长圆形，长1～2.5厘米，先端平截微凹，稀齿状。总状花序长于叶或与叶轴近等长；花2～5朵；萼钟形，被疏柔毛，萼齿披针形；花冠红紫色或蓝紫色，长2～2.5厘米。荚果扁长圆形，长2.5～3.5厘米。

本区分布：官滩沟、兴隆峡、陶家窑、马啣山。海拔2000～2300米。

生境：山坡、谷地、草丛、田边及路旁。

牧地山黧豆

Lathyrus pratensis Linn.

科 豆科 Fabaceae
属 山黧豆属 *Lathyrus*

形态识别要点：多年生草本。茎上升、平卧或攀缘。偶数羽状复叶具1对小叶；叶轴末端具卷须；托叶箭形，长5～45毫米；小叶椭圆形、披针形或线状披针形，长10～50毫米，两面多少被毛。总状花序腋生，具5～12朵花；花黄色，长12～18毫米；花萼钟状，被短柔毛。荚果线形，长23～44毫米，黑色。

本区分布：官滩沟、麻家寺、谢家岔、水家沟、歧儿沟、分豁岔、张家窑、窑沟。海拔2200～2600米。

生境：山坡草地、疏林下、路旁。

鼠掌老鹳草
Geranium sibiricum Linn.

科 牻牛儿苗科 Geraniaceae
属 老鹳草属 *Geranium*

形态识别要点：一或多年生草本，高 30～70 厘米。单叶对生；基生叶和茎下部叶具长柄；下部叶片肾状五角形，基部宽心形，长 3～6 厘米，宽 4～8 厘米，掌状 5 深裂，裂片中部以上齿状羽裂或齿状深缺刻；上部叶片具短柄，3～5 裂。总花梗丝状，单生叶腋，具 1 朵花或偶具 2 朵花；花瓣倒卵形，淡紫色或白色，等于或稍长于萼片，先端微凹或缺刻状。蒴果长 15～18 毫米，被疏柔毛，果梗下垂。

本区分布：官滩沟、石窑沟、分豁岔、峡口、马啣山。海拔 2100～2600 米。

生境：草地。

尼泊尔老鹳草
Geranium nepalense Sweet

科 牻牛儿苗科 Geraniaceae
属 老鹳草属 *Geranium*

形态识别要点：多年生草本，高 30～50 厘米。茎仰卧。基生叶和茎下部叶具长柄；叶片五角状肾形，基部心形，掌状 5 深裂，裂片菱形或菱状卵形，长 2～4 厘米，宽 3～5 厘米，中部以上边缘齿状浅裂或缺刻状；上部叶具短柄，叶片较小，通常 3 裂。总花梗腋生，长于叶，每梗 2 朵花，少有 1 朵花；花瓣紫红色或淡紫红色，倒卵形；雄蕊下部扩大成披针形，具缘毛。蒴果长 15～17 毫米，被柔毛。

本区分布：官滩沟。海拔 2100～2300 米。

生境：林缘、灌丛及荒山草坡。

甘青老鹳草
Geranium pylzowianum Maxim.

科 牻牛儿苗科 Geraniaceae
属 老鹳草属 *Geranium*

形态识别要点：多年生草本，高10～20厘米。基生叶和茎下部叶具长柄；叶片肾圆形，长2～3.5厘米，宽2.5～4厘米，掌状5～7深裂至基部，裂片倒卵形，一至二次羽状深裂，小裂片矩圆形或宽条形。花序腋生和顶生，每梗具2朵花或为4朵花的二歧聚伞状；花瓣紫红色，倒卵圆形；花丝下部扩展，被疏柔毛。蒴果长2～3厘米，被疏短柔毛。

本区分布：阳道沟、黄崖沟、太平沟、上庄、哈班岔、八盘梁、尖山。海拔2400～2900米。

生境：林缘草地、高山草地及灌丛。

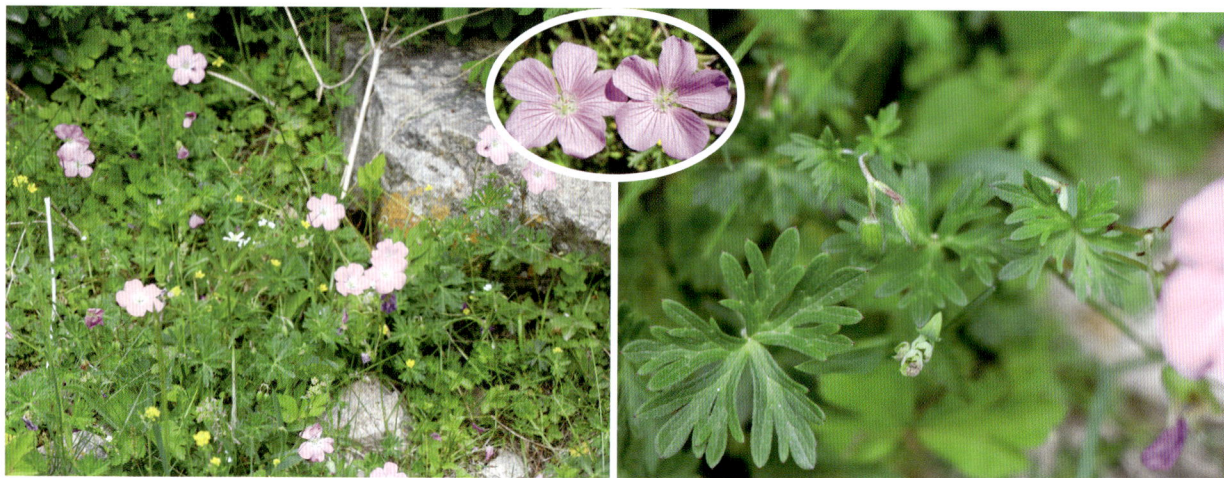

毛蕊老鹳草
Geranium platyanthum Duthie

科 牻牛儿苗科 Geraniaceae
属 老鹳草属 *Geranium*

形态识别要点：多年生草本，高30～80厘米。基生叶和茎下部叶具长柄；叶片五角状肾圆形，长5～8厘米，宽8～15厘米，掌状5裂达叶片中部，裂片菱状卵形或楔状倒卵形，下部全缘，上部边缘具不规则牙齿状缺刻。伞形聚伞花序，顶生或有时腋生，总花梗具2～4朵花；花瓣淡紫红色，宽倒卵形或近圆形，具深紫色脉纹；花丝淡紫色，下部扩展，边缘被糙毛。蒴果长约3厘米，被开展的短糙毛和腺毛。

本区分布：马场沟、谢家岔、水家沟、水岔沟、陶家窑、新庄沟、唐家峡。海拔2100～2600米。

生境：山地林下、灌丛和草地。

草地老鹳草
Geranium pratense Linn.

科 牻牛儿苗科 Geraniaceae
属 老鹳草属 *Geranium*

形态识别要点： 多年生草本，高30～50厘米。具多数纺锤形块根。基生叶和茎下部叶具长柄；叶片肾圆形或上部叶五角状肾圆形，基部宽心形，长3～4厘米，宽5～9厘米，掌状7～9深裂近基部，裂片菱形或狭菱形，羽状深裂，小裂片条状卵形，常具1～2个齿。总花梗腋生或于茎顶集为聚伞花序，每梗具2朵花；花瓣紫红色，宽倒卵形；花丝下部扩展，具缘毛。蒴果长2.5～3厘米，被短柔毛和腺毛。

本区分布： 石窑沟、峡口、大洼沟、八盘梁。海拔2000～2600米。

生境： 草地。

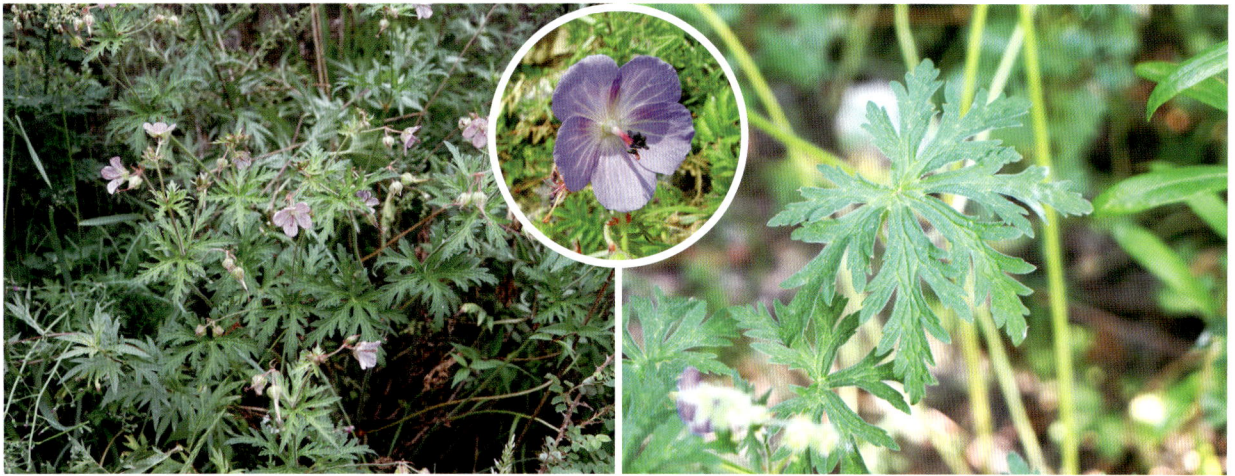

粗根老鹳草
Geranium dahuricum DC.

科 牻牛儿苗科 Geraniaceae
属 老鹳草属 *Geranium*

形态识别要点： 多年生草本，高20～60厘米。基生叶和茎下部叶具长柄；叶片七角状肾圆形，长3～4厘米，宽5～6厘米，掌状7深裂近基部，裂片羽状深裂，小裂片披针状条形。花序腋生和顶生；总花梗具2朵花；花瓣紫红色，倒长卵形；花丝下部扩展。蒴果密被短伏毛。

本区分布： 东岳台、谢家岔、阳道沟。海拔2200～2300米。

生境： 高山草地。

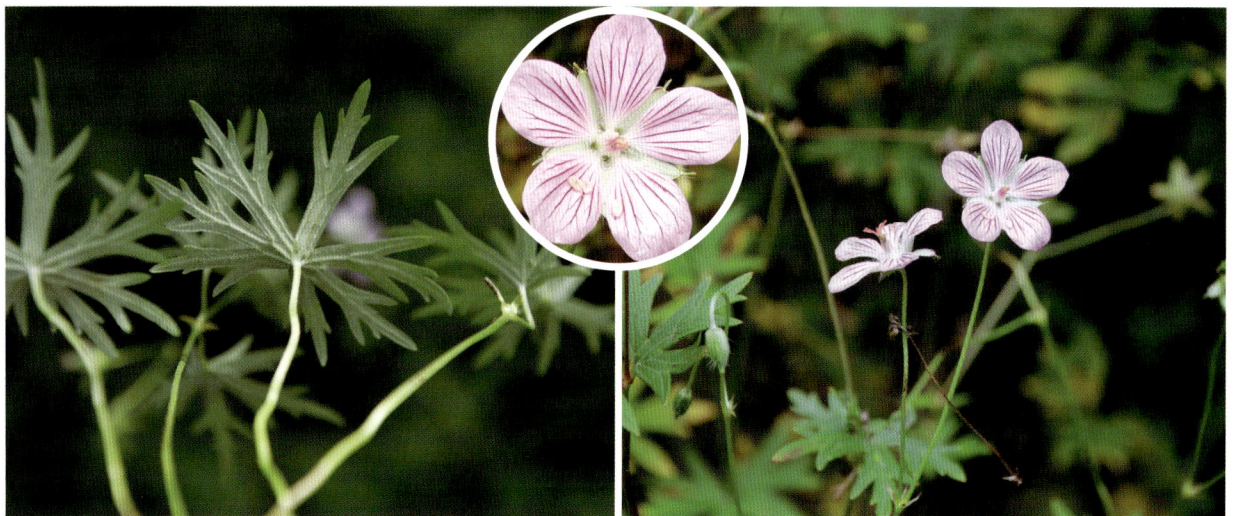

牻牛儿苗

Erodium stephanianum Willd.

科 牻牛儿苗科 Geraniaceae
属 牻牛儿苗属 *Erodium*

形态识别要点：多年生草本，高 15～50 厘米。茎仰卧或蔓生。叶对生；基生叶和茎下部叶具长柄；叶片轮廓卵形或三角状卵形，基部心形，长 5～10 厘米，宽 3～5 厘米，二回羽状深裂，小裂片卵状条形，全缘或具疏齿。伞形花序腋生，明显长于叶；每梗具 2～5 朵花；花瓣紫红色，倒卵形；花丝紫色，被柔毛；雌蕊被糙毛，花柱紫红色。蒴果长约 4 厘米，密被短糙毛。

本区分布：杜家庄、峡口、水家沟。海拔 2100～2400 米。

生境：山坡、沙质河滩地。

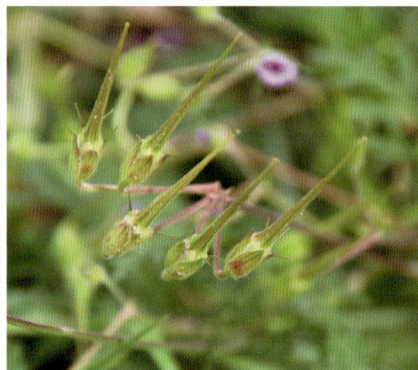

熏倒牛

Biebersteinia heterostemon Maxim.

科 熏倒牛科 Biebersteiniaceae
属 熏倒牛属 *Biebersteinia*

形态识别要点：一年生草本，高 30～90 厘米，具浓烈腥臭味，全株被深褐色腺毛和白色糙毛。叶三回羽状全裂，末回裂片长约 1 厘米，狭条形或齿状；基生叶和茎下部叶具长柄，上部叶柄渐短或无柄。圆锥状聚伞花序；花瓣黄色，倒卵形，稍短于萼片。蒴果肾形，不开裂。

本区分布：东岳台、矿湾村、张家窑、马啣山。海拔 2100～2400 米。

生境：草坡、路边、沟渠及河谷。

垂果亚麻
Linum nutans Maxim.

科 亚麻科 Linaceae
属 亚麻属 *Linum*

形态识别要点： 多年生草本，高20～40厘米。单叶；茎生叶互生或散生，狭条形或条状披针形，长10～25毫米，宽1～3毫米，边缘稍卷。聚伞花序；花两性，4～5数；花梗纤细，长1～2厘米，直立或稍偏向一侧弯曲；花直径约2厘米；萼片5枚，卵形；花瓣5枚，倒卵形，长约1厘米，蓝色或紫蓝色。蒴果近球形，直径6～7毫米，草黄色，开裂。

本区分布： 石窑沟、水家沟、白庄子、谢家岔。海拔2000～2300米。

生境： 草地及干山坡。

多裂骆驼蓬
Peganum multisectum (Maxim.) Bobr.

科 白刺科 Nitrariaceae
属 骆驼蓬属 *Peganum*

形态识别要点： 多年生草本，嫩时被毛。茎平卧。叶二至三回深裂，基部裂片与叶轴近垂直，裂片长6～12毫米。萼片3～5深裂；花瓣5枚，淡黄色，倒卵状矩圆形，长10～15毫米，宽5～6毫米。蒴果近球形，顶部稍平扁。

本区分布： 麻家寺、白庄子、朱家沟、马啣山。海拔2100～2300米。

生境： 沙地、黄土山坡及荒地。

臭椿

Ailanthus altissima (Mill.) Swingle

科 苦木科 Simaroubaceae
属 臭椿属 *Ailanthus*

形态识别要点：落叶乔木。树皮平滑而有直纹。奇数羽状复叶互生，长40～60厘米；叶柄长7～13厘米；小叶13～27枚，对生或近对生，卵状披针形，长7～13厘米，宽2.5～4厘米，全缘，基部两侧各具1或2个粗腺齿。花杂性或单性异株；圆锥花序生于枝顶的叶腋，长10～30厘米；花小，淡绿色；萼片5枚，覆瓦状排列；花瓣5枚。翅果长椭圆形，长3～4.5厘米，宽1～1.2厘米。

本区分布：矿湾村。海拔2200～2300米。

生境：河谷及阳坡地带。

远志

Polygala tenuifolia Willd.

科 远志科 Polygalaceae
属 远志属 *Polygala*

形态识别要点：多年生草本。单叶互生；叶片线形至线状披针形，长1～3厘米，宽0.5～3毫米，全缘，反卷；近无柄。总状花序细弱，长5～7厘米，少花，稀疏；萼片5枚，外面3枚线状披针形，里面2枚花瓣状，倒卵形或长圆形，带紫堇色；花瓣3枚，紫色，侧瓣斜长圆形，长约4毫米，龙骨瓣具流苏状附属物。蒴果圆形，径约4毫米。

本区分布：水家沟、马啣山。海拔2000～2500米。

生境：草地、灌丛及杂木林。

西伯利亚远志

Polygala sibirica Linn.

科 远志科 Polygalaceae
属 远志属 *Polygala*

形态识别要点：多年生草本。单叶互生；下部叶小，卵形，长约6毫米，宽约4毫米，上部者大，披针形或椭圆状披针形，长1～2厘米，宽3～6毫米，全缘，略反卷，两面被短柔毛。总状花序具少数花；花长6～10毫米；萼片5枚，外面3枚披针形，里面2枚花瓣状，近镰刀形，淡绿色；花瓣3枚，蓝紫色，侧瓣倒卵形，长5～6毫米，龙骨瓣具流苏状鸡冠状附属物。蒴果近倒心形，径约5毫米。

本区分布：谢家岔、水家沟、歧儿沟、杜家庄、唐家峡。海拔2200～2600米。

生境：灌丛、林缘或草地。

地构叶

Speranskia tuberculata (Bunge) Baill.

科 大戟科 Euphorbiaceae
属 地构叶属 *Speranskia*

形态识别要点：多年生草本。单叶互生；叶片披针形或卵状披针形，长1.8～5.5厘米，宽0.5～2.5厘米，边缘具疏离圆齿或有时深裂，齿端具腺体，上面疏被短柔毛，下面被柔毛或仅叶脉被毛；叶柄短或近无。总状花序长6～15厘米，上部有雄花20～30朵，下部有雌花6～10朵；雄花2～4朵生于苞腋；雌花1～2朵生于苞腋。蒴果扁球形，被柔毛和具瘤状突起。

本区分布：水家沟、谢家岔。海拔2100～2200米。

生境：山坡草丛或灌丛中。

地锦

Euphorbia humifusa Willd.

科 大戟科 Euphorbiaceae
属 大戟属 *Euphorbia*

形态识别要点：一年生草本。单叶对生；叶片矩圆形或椭圆形，长5～10毫米，宽3～6毫米，先端钝圆，基部偏斜，边缘常于中部以上具细锯齿，两面被疏柔毛；叶柄极短。花序单生叶腋，基部具1～3毫米的短柄；总苞陀螺状，边缘4裂；腺体4个，矩圆形；雄花数枚，近与总苞边缘等长；雌花1枚。蒴果三棱状卵球形，成熟时分裂为3个分果爿，花柱宿存。

本区分布：祁家坡、马啣山。海拔2000～3000米。

生境：荒地、路旁及山坡。

泽漆

Euphorbia helioscopia Linn.

科 大戟科 Euphorbiaceae
属 大戟属 *Euphorbia*

形态识别要点：一年生草本。单叶互生；叶片倒卵形或匙形，长1～3.5厘米，宽5～15毫米，先端具牙齿。总苞叶5枚，倒卵状长圆形，长3～4厘米，宽8～14毫米，先端具牙齿，无柄；总伞幅5个，长2～4厘米；苞叶2枚，卵圆形，先端具牙齿；花序单生，有柄或近无柄；总苞钟状，高约2.5毫米，边缘5裂；腺体4个，盘状；雄花数枚，明显伸出总苞外；雌花1枚。蒴果三棱状阔圆形，光滑，具明显的3条纵沟。

本区分布：麻家寺、峡口、阳道沟、徐家峡、红庄子。海拔2100～2600米。

生境：山沟、路旁、荒野和山坡。

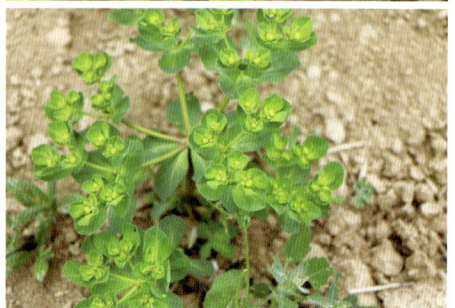

高山大戟

Euphorbia stracheyi Boiss.

科 大戟科 Euphorbiaceae
属 大戟属 *Euphorbia*

形态识别要点：多年生草本。单叶互生；叶片倒卵形至长椭圆形，长8～27毫米，宽4～9毫米，边缘全缘；无叶柄。总苞叶5～8枚，长卵形至椭圆形，基部常具短柄至近无柄；伞幅5～8个，长1～5厘米；苞叶2枚，倒卵形，无柄；花序单生于二歧分枝顶端，无柄；总苞钟状，边缘4裂；腺体4个，肾状圆形；雄花多枚，常不伸出总苞外；雌花1枚，子房光滑。蒴果卵圆状，无毛。

本区分布：马啣山。海拔2800～3000米。

生境：高山草地、灌丛及林缘。

甘肃大戟

Euphorbia kansuensis Prokh.

科 大戟科 Euphorbiaceae
属 大戟属 *Euphorbia*

形态识别要点：多年生无毛草本，高20～60厘米。单叶互生；叶形变化大，长圆形至倒披针形，长6～9厘米，宽1～2厘米，无柄。总苞叶3～8枚，同茎生叶；苞叶2枚，卵状三角形，长2～2.5厘米，宽2.2～2.7厘米；花序单生二歧分枝顶端，无柄；总苞钟状，高2.5～3毫米，边缘4裂；腺体4个，半圆形，暗褐色；雄花多枚，伸出总苞之外；雌花1枚。蒴果三角状球形，具微皱纹；花柱宿存。

本区分布：麻家寺、窑沟、马场沟、分豁岔、黄崖沟、兴隆峡、干沟、太平沟、石骨岔、八盘梁、尖山。海拔2200～2900米。

生境：山坡及草丛。

甘青大戟
Euphorbia micractina Boiss.

科 大戟科 Euphorbiaceae
属 大戟属 *Euphorbia*

形态识别要点：多年生草本，高20～50厘米。单叶互生；长椭圆形至卵状长椭圆形，长1～3厘米，宽5～7毫米，全缘。总苞叶5～8枚，与茎生叶同形；伞幅5～8个，长2～4厘米；苞叶常3枚，卵圆形，长约6毫米；花序单生于二歧分枝顶端，近无柄；总苞杯状，高约2毫米，边缘4裂；雄花多枚，伸出总苞；雌花1枚，伸出总苞。蒴果球状，直径约3.5毫米，果脊上被稀疏的刺状或瘤状突起；花柱宿存。

本区分布：马啣山。海拔2500～3500米。

生境：山坡、草地或石缝中。

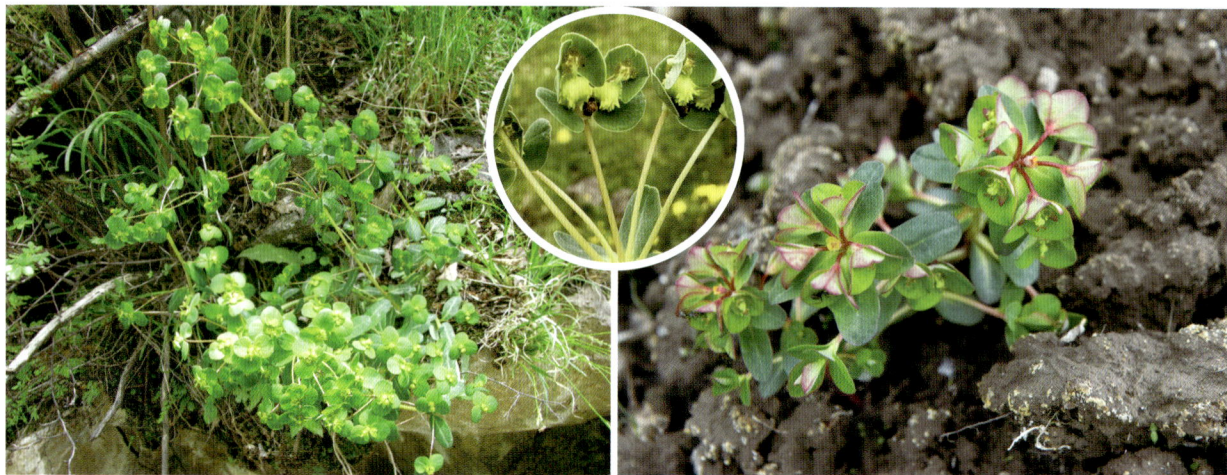

乳浆大戟
Euphorbia esula Linn.

科 大戟科 Euphorbiaceae
属 大戟属 *Euphorbia*

形态识别要点：多年生草本。茎单生或丛生。叶线形至卵形，长2～7厘米，宽4～7毫米，无柄；不育枝叶常为松针状。总苞叶3～5枚，与茎生叶同形；伞幅3～5个；苞叶2枚，常为肾形；花序单生于二歧分枝的顶端；总苞钟状，边缘5裂，裂片半圆形至三角形；腺体4个，新月形，两端具角，角长而尖或短而钝；雄花多枚；雌花1枚。蒴果三棱状球形；花柱宿存。

本区分布：水家沟、张家窑。海拔2100～2300米。

生境：路旁、山坡、林下、河沟边、荒山及草地。

冷地卫矛

Euonymus frigidus Wall. ex Roxb.

科 卫矛科 Celastraceae
属 卫矛属 *Euonymus*

形态识别要点：落叶灌木。单叶对生；叶片椭圆形或长方窄倒卵形，长6～15厘米，宽2～6厘米，边缘有较硬锯齿；叶柄长6～10毫米。聚伞花序松散；花序梗长而细弱，长2～5厘米，顶端具3～5个分枝，小花梗长约1厘米；花紫绿色，直径1～1.2厘米。蒴果具4枚翅，长1～1.4厘米；翅长2～3毫米；假种皮橙色。

本区分布：凡柴沟、石门沟、麻家寺、大洼沟、晏家洼、火烧沟、分豁岔、东山。海拔2100～2700米。

生境：林中或灌丛。

卫矛

Euonymus alatus (Thunb.) Sieb.

科 卫矛科 Celastraceae
属 卫矛属 *Euonymus*

形态识别要点：落叶灌木或小乔木。小枝常具2～4列宽阔木栓翅。单叶对生；叶片卵状椭圆形或窄长椭圆形，长2～8厘米，宽1～3厘米，边缘具细锯齿；叶柄极短或近无。聚伞花序有3～9朵花；总花梗长1.5厘米；花两性，淡绿色，直径5～7毫米。蒴果1～4深裂。

本区分布：官滩沟。海拔2100～2300米。

生境：灌丛。

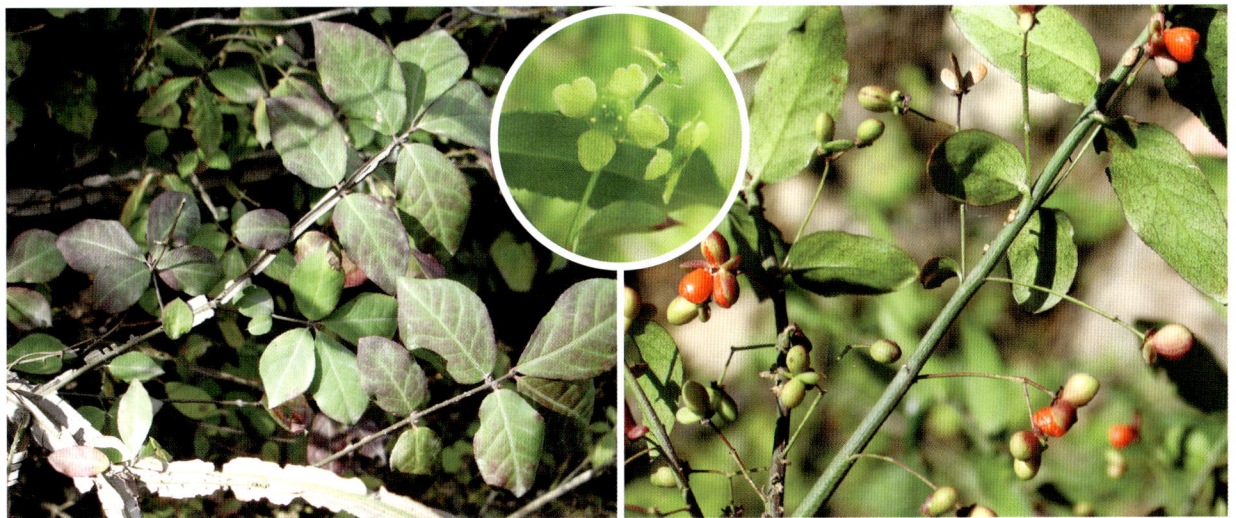

疣点卫矛

Euonymus verrucosoides Loes.

科 卫矛科 Celastraceae
属 卫矛属 *Euonymus*

形态识别要点：落叶灌木。单叶对生；叶片倒卵形、长卵形或椭圆形，长 2～7 厘米，宽 1～3 厘米，两端窄长；叶柄短或近无。花两性，紫色或带绿色，4 数，直径约 1 厘米；聚伞花序有 2～5 朵花；花序梗长 1～3 厘米；萼片近半圆形；花瓣椭圆形；花盘近方形。蒴果 1～4 全裂。

本区分布：周家湾。海拔 2200 米。

生境：阳坡灌丛和河谷地带。

矮卫矛

Euonymus nanus M. Bieb.

科 卫矛科 Celastraceae
属 卫矛属 *Euonymus*

形态识别要点：落叶小灌木，直立或有时匍匐。枝条绿色，具多数纵棱。叶互生或三叶轮生，偶有对生；叶片线形或线状披针形，长 1.5～3.5 厘米，宽 2.5～6 毫米，边缘具稀疏短刺齿；近无柄。聚伞花序 1～3 朵花；花序梗细长丝状，长 2～3 厘米；小花梗丝状，长 8～15 毫米；花紫绿色，直径 7～8 毫米，4 数。蒴果粉红色，扁圆，4 浅裂。

本区分布：东岳台、谢家岔、矿湾、祁家坡、张家窑、唐家峡、阳道沟、官滩沟。海拔 2100～2400 米。

生境：林下及林缘。

栓翅卫矛

Euonymus phellomanus Loes.

科 卫矛科 Celastraceae
属 卫矛属 *Euonymus*

形态识别要点：落叶灌木。枝条常具4纵列木栓质厚翅。单叶对生；叶片长椭圆形或椭圆状倒披针形，长6～12厘米，宽2～4厘米，边缘具细密锯齿；叶柄长8～15毫米。3至多朵花组成聚伞花序，2～3次分枝；花序梗长10～15毫米；花绿白色，直径约8毫米；花盘深褐色，4浅裂。蒴果4棱，倒圆心状，粉红色；假种皮橘红色。

本区分布：唐家峡。海拔2200～2300米。

生境：山谷、灌丛及林缘。

中亚卫矛

Euonymus semenovii Regel & Herd.

科 卫矛科 Celastraceae
属 卫矛属 *Euonymus*

形态识别要点：落叶小灌木。枝条常具4条栓棱或窄翅。单叶对生；叶片卵状披针形至线形，长1～6.5厘米，宽4～25毫米，边缘有细密浅锯齿；叶柄长1～6毫米。聚伞花序具1～2次分枝，3～7朵花；花序梗长2～4厘米；花紫棕色，4数，直径约5毫米。蒴果稍呈倒心状，4浅裂。

本区分布：平滩、新庄沟、分豁岔、阳道沟、麻家寺、唐家峡、张家窑、红庄子、马啣山。海拔2200～2700米。

生境：林下、林缘或灌丛中。

五尖枫

Acer maximowiczii Pax

科 槭树科 Aceraceae
属 槭属 *Acer*

形态识别要点：落叶乔木。单叶对生；叶片卵形或三角卵形，5裂，长8～11厘米，宽6～9厘米，边缘微裂并有紧贴的双重锯齿，基部近于心形，叶片5裂；叶柄长5～7厘米。花黄绿色，单性，雌雄异株，常为下垂的总状花序；萼片5枚，长圆卵形；花瓣5枚，与萼片等长。翅连同小坚果长2.3～2.5厘米，张开呈钝角。

本区分布：小银木沟。海拔2000～2200米。

生境：林缘或疏林中。

四蕊枫

Acer stachyophyllum Hiern subsp. *betulifolium* (Maxim.) P. C. de Jong

科 槭树科 Aceraceae
属 槭属 *Acer*

形态识别要点：落叶乔木。单叶对生；叶片菱形或长圆卵形，长5～7厘米，宽3～4厘米，基部阔楔形或近于圆形，微分裂或不分裂，边缘有较粗的钝锯齿。花黄绿色，单性，雌雄异株，呈总状花序；萼片4枚，长圆卵形；花瓣4枚，长椭圆形；雄花中有雄蕊4枚。总状果序下垂；果梗长1.5～2.5厘米；双翅果长3～4厘米，张开常呈钝角。

本区分布：新庄沟、马场沟、水家沟、骆驼岘、麻家寺、大洼沟、唐家峡、兴隆峡、西山。海拔2200～2600米。

生境：疏林。

齿瓣凤仙花

Impatiens odontopetala Maxim.

科 凤仙花科 Balsaminaceae
属 凤仙花属 *Impatiens*

形态识别要点：一年生草本，高40～50厘米。单叶互生；叶长圆形或卵状长圆形，长3～4厘米，宽2～4厘米，边缘具浅圆齿，稀近全缘；具短柄或上部叶无柄。总花梗生于上部叶腋，长3～3.5厘米，具1～2朵花；花梗长1～1.5厘米；苞片极小；花淡黄色，长2～2.5厘米；侧生萼片2枚，近圆形；旗瓣小，僧帽状，中部以上具鸡冠状突起；翼瓣长1.7～2厘米，2裂；唇瓣漏斗状，具红色斑点，基部狭为内弯的距。蒴果线形，长1.5～2厘米。

本区分布：水岔沟、晏家洼。海拔2200～2400米。

生境：林下。

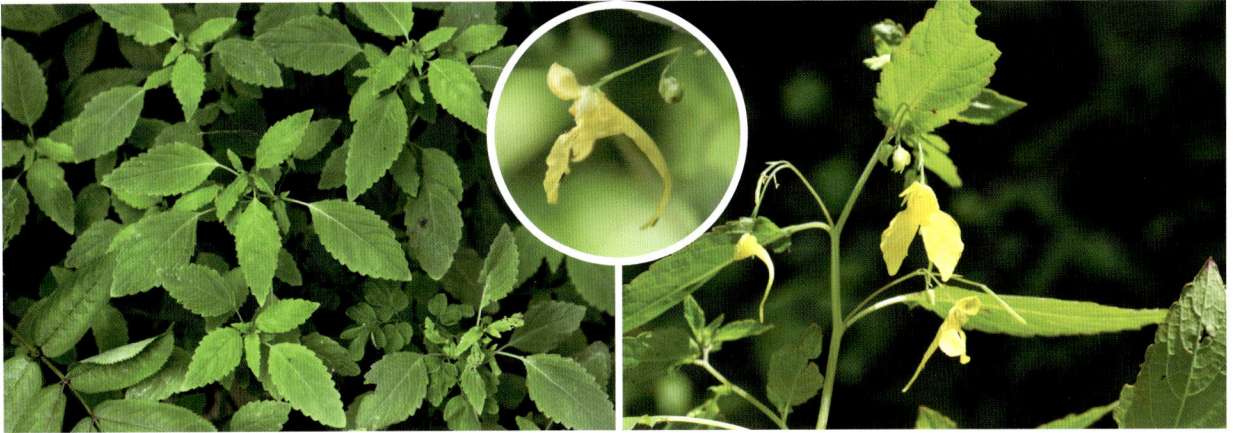

西固凤仙花

Impatiens notolopha Maxim.

科 凤仙花科 Balsaminaceae
属 凤仙花属 *Impatiens*

形态识别要点：一年生细弱草本，高40～60厘米。单叶互生，具细长柄，叶片宽卵形或卵状椭圆形，长3～6厘米，宽1.5～3.5厘米，边缘具粗圆齿；上部叶渐小，卵形，最上部叶近无柄。总花梗生于茎枝上部叶腋，长3～4厘米，具3～5朵花；花梗丝状；花小或极小，黄色；侧生萼片2枚，卵状长圆形；旗瓣近圆形，翼瓣长约1.5厘米，2裂，唇瓣檐部小舟形，基部渐狭成内弯的细距。蒴果狭纺锤形，长1.5～2.5厘米。

本区分布：官滩沟、大洼沟。海拔2200～2600米。

生境：林中或林下阴湿处。

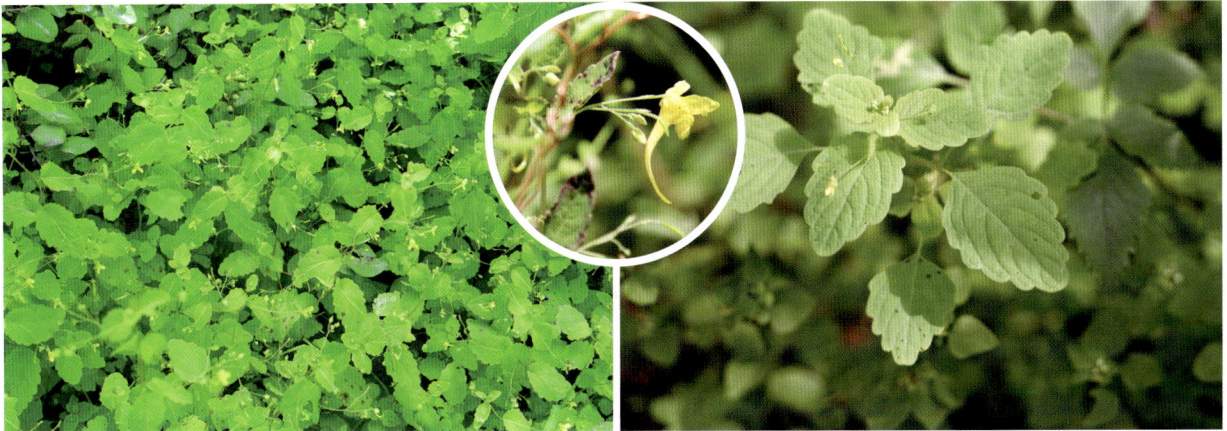

黑桦树

Rhamnus maximovicziana J. Vass.

科 鼠李科 Rhamnaceae
属 鼠李属 *Rhamnus*

形态识别要点：落叶灌木。小枝对生或近对生，枝端及分叉处常具刺。叶近革质，在长枝上对生或近对生，在短枝上簇生，椭圆形至宽卵形，长 1~3.5 厘米，宽 0.6~1.2 厘米，近全缘或具不明显细锯齿；叶柄长 5~20 毫米。花单性，雌雄异株，数朵至 10 余朵簇生于短枝端，4 基数；花梗长 4~5 毫米。核果倒卵状球形或近球形，直径 4~6 毫米，成熟时变黑色。果梗长 4~6 毫米。

本区分布：白房子。海拔 2100~2200 米。

生境：山坡灌丛。

小叶鼠李

Rhamnus parvifolia Bunge

科 鼠李科 Rhamnaceae
属 鼠李属 *Rhamnus*

形态识别要点：落叶灌木。小枝对生或近对生，枝端及分叉处有针刺。叶对生或近对生，或在短枝上簇生，菱状倒卵形或菱状椭圆形，长 1.2~4 厘米，宽 0.8~2 厘米，边缘具圆齿状细锯齿；叶柄长 4~15 毫米。花单性，雌雄异株，黄绿色，4 基数，有花瓣，通常数朵簇生于短枝上；花梗长 4~6 毫米。核果倒卵状球形，直径 4~5 毫米，成熟时黑色。

本区分布：东山、唐家峡、翻车沟。海拔 2300~2500 米。

生境：向阳山坡、草地或灌丛。

刺鼠李

Rhamnus dumetorum C. K. Schneid.

科 鼠李科 Rhamnaceae
属 鼠李属 *Rhamnus*

形态识别要点：落叶灌木。小枝对生或近对生，枝端和分叉处有细针刺。叶对生或近对生，或在短枝上簇生；叶片椭圆形，长2.5～9厘米，宽1～3.5厘米，边缘具不明显波状齿或细圆齿；叶柄长2～7毫米。花单性，雌雄异株，4基数，有花瓣；花梗长2～4毫米；雌花数朵簇生于短枝顶端。核果球形，直径约5毫米；果梗长3～6毫米。

本区分布：唐家峡、张家窑、分豁岔、西山。海拔2300～2800米。

生境：山坡灌丛或林下。

甘青鼠李

Rhamnus tangutica J. Vass.

科 鼠李科 Rhamnaceae
属 鼠李属 *Rhamnus*

形态识别要点：落叶灌木，稀乔木。小枝对生或近对生，枝端和分叉处有针刺；短枝较长。叶对生或近对生，或在短枝上簇生；叶片椭圆形、倒卵状椭圆形或倒卵形，长2.5～6厘米，宽1～3.5厘米，边缘具钝或细圆齿；叶柄长5～10毫米。花单性，雌雄异株，4基数，有花瓣；花梗长4～6毫米；雌花3～9朵簇生于短枝端。核果倒卵状球形，长5～6毫米，径4～5毫米，成熟时黑色；果梗长6～8毫米。

本区分布：马场沟、水家沟、三岔路口、分豁岔、大洼沟、张家窑、西山。海拔2100～2800米。

生境：山谷灌丛或林下。

少脉椴

Tilia paucicostata Maxim.

科 椴树科 Tiliaceae
属 椴树属 *Tilia*

形态识别要点：落叶乔木。单叶互生；叶片薄革质，卵圆形，长6～10厘米，宽3.5～6厘米，基部斜心形或斜截形，下面秃净或有稀疏微毛，边缘有细锯齿；叶柄长2～5厘米。聚伞花序长4～8厘米，有花6～8朵；花柄长1～1.5厘米；苞片狭窄倒披针形，长5～8.5厘米，下半部与花序柄合生；萼片长卵形，长4毫米；花瓣长5～6毫米；退化雄蕊比花瓣短小。核果倒卵形，长6～7毫米，被星状茸毛。

本区分布：分豁岔、张家窑、兴隆峡、阳道沟口、东山、马啣山。海拔2200～2500米。

生境：林中。

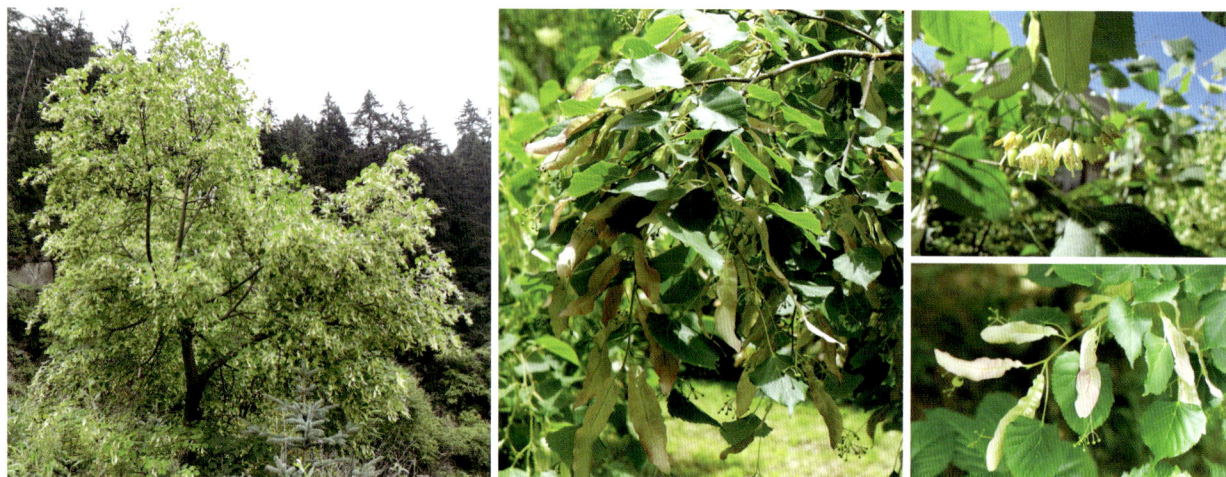

野葵

Malva verticillata Linn.

科 锦葵科 Malvaceae
属 锦葵属 *Malva*

形态识别要点：二年生草本，高50～100厘米。单叶互生；叶片肾形或圆形，直径5～11厘米，掌状5～7裂，裂片三角形，边缘具钝齿，两面被极疏糙伏毛或近无毛；叶柄长2～8厘米。花3朵至多朵簇生于叶腋，具极短柄至近无柄；萼杯状，直径5～8毫米，裂片5枚；花冠稍长于萼片，淡白色至淡红色，花瓣5枚，先端凹入。果扁球形，径5～7毫米。

本区分布：峡口、分豁岔、西山。海拔2000～2100米。

生境：路旁或草坡。

猕猴桃藤山柳

Clematoclethra actinidioides Maxim.

科 猕猴桃科 Actinidlaceae
属 藤山柳属 *Clematoclethra*

形态识别要点：落叶木质藤本。单叶互生；叶片卵形或椭圆形，长3.5～9厘米，宽1.5～4厘米，基部阔楔形至微心形，叶缘有纤毛状小齿；叶柄长2～8厘米，带紫红色。花单生，白色。果实浆果状，近球形，熟时紫红色或黑色。

本区分布：麻家寺、水岔沟、大洼沟、阳道沟、马场沟、官塘沟、分豁岔、东山。海拔2300～2800米。

生境：林中、林缘或沟谷边。

黄海棠

Hypericum ascyron Linn.

科 藤黄科 Clusiaceae
属 金丝桃属 *Hypericum*

形态识别要点：多年生草本。单叶对生；叶片披针形至椭圆形，长4～10厘米，宽1～4厘米，基部楔形或心形而抱茎，全缘；无柄。伞房状至狭圆锥状花序，顶生；花直径3～5厘米；花梗长0.5～3厘米；萼片卵形或披针形，结果时直立；花瓣金黄色，倒披针形，长1.5～4厘米，宿存；雄蕊5束，花药金黄色。蒴果卵珠形，长0.9～2.2厘米。

本区分布：麻家寺、徐家峡。海拔2400～2700米。

生境：草地。

突脉金丝桃

Hypericum przewalskii Maxim.

科 藤黄科 Clusiaceae
属 金丝桃属 *Hypericum*

形态识别要点：多年生草本。单叶对生；无柄；茎下部叶倒卵形，上部者卵形或卵状椭圆形，长2～5厘米，宽1～3厘米，基部心形而抱茎，全缘；侧脉约4对，与中脉在上面凹陷，下面突起。花序顶生；花直径约2厘米，开展；花梗长达3～3.5厘米；萼片果时增大，长达15毫米；花瓣5枚，黄色，长圆形。蒴果卵珠形，长约1.8厘米。

本区分布：麻家寺、谢家沟、窑沟、晏家洼、大洼沟、红庄子、哈班岔、马啣山。海拔2100～2300米。

生境：草地、路旁及林缘。

三春水柏枝

Myricaria paniculata P. Y. Zhang & Y. J. Zhang

科 柽柳科 Tamaricaceae
属 水柏枝属 *Myricaria*

形态识别要点：落叶灌木。叶披针形至长圆形，长2～4毫米，具狭膜质边；叶腋生具稠密小叶的绿色小枝。春季总状花序侧生于去年生枝，苞片先端圆钝；夏季大型疏散圆锥花序生于当年生枝顶端，苞片先端骤凸至尾状渐尖；花瓣淡紫红色。蒴果狭圆锥形，长10毫米，3瓣裂。

本区分布：官滩沟、峡口。海拔2200～2300米。

生境：砾石河滩、河漫滩及河谷山坡。

鸡腿堇菜

Viola acuminata Ledeb.

科 堇菜科 Violaceae
属 堇菜属 *Viola*

形态识别要点：多年生草本，高10～40厘米。叶心形或卵形，长1.5～5.5厘米，宽1.5～4.5厘米，边缘具钝锯齿及短缘毛，两面密生褐色腺点；叶柄下部者长达6厘米，上部者较短；托叶叶状，通常羽状深裂呈流苏状，或浅裂呈齿牙状。花淡紫色或近白色；花梗细，通常超出于叶；萼片线状披针形，长7～12毫米；上花瓣向上反曲，下花瓣里面常有紫色脉纹；距通常直，呈囊状，末端钝。蒴果椭圆形，长约1厘米。

本区分布：水岔沟、张家窑、大洼沟、唐家峡、阳道沟。海拔2200～2400米。

生境：林下。

裂叶堇菜

Viola dissecta Ledeb.

科 堇菜科 Violaceae
属 堇菜属 *Viola*

形态识别要点：多年生草本，植株高度变化大。基生叶叶片轮廓圆形、肾形或宽卵形，长1.2～9厘米，宽1.5～10厘米，通常3，稀5全裂，两侧裂片具短柄，常2深裂，中裂片3深裂，裂片边缘全缘或疏生不整齐缺刻状钝齿，或近羽状浅裂；叶柄长度变化较大。花较大，淡紫色至紫堇色；萼片卵形；侧方花瓣里面基部有须毛；距圆筒形，长4～8毫米，粗2～3毫米，末端钝而稍膨胀。蒴果长圆形，长7～18毫米。

本区分布：黄崖沟、大洼沟、兴隆峡、陈沟峡、石骨岔。海拔2200～2400米。

生境：山坡草地、灌丛。

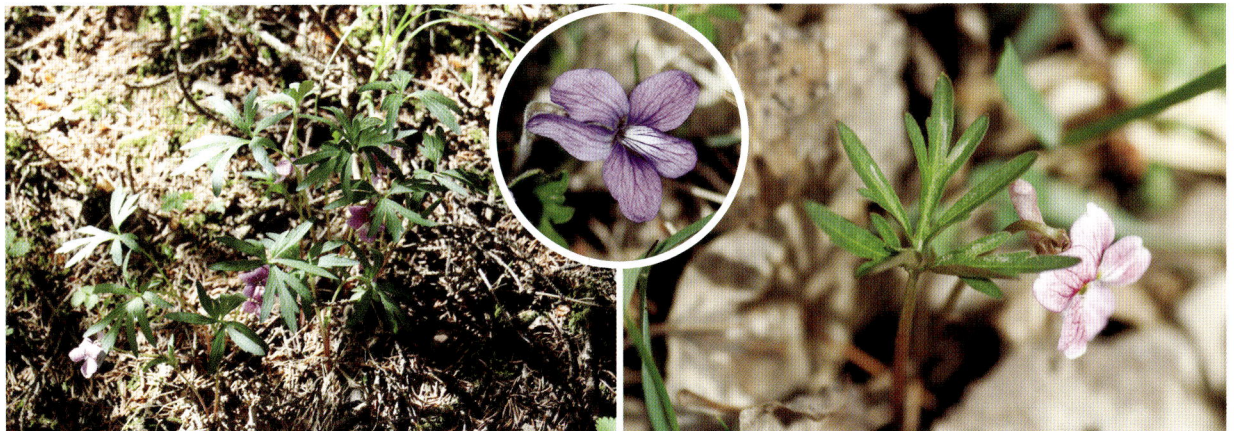

西藏堇菜

Viola kunawarensis Royle

科 堇菜科 Violaceae
属 堇菜属 *Viola*

形态识别要点： 多年生草本，高 2.5～6 厘米。叶基生，莲座状；叶片厚纸质，卵形、圆形或长圆形，长 0.5～2 厘米，宽 2～5 毫米，边缘全缘或疏生浅圆齿，两面均无毛；叶柄较叶片稍长或近等长。花小，淡紫色至深蓝紫色；花梗稍长于或与叶近等长；萼片长圆形或卵状披针形，长 3～4 毫米；花瓣长圆状倒卵形，长 7～10 毫米；距极短，呈囊状。蒴果卵圆形，长 5～7 毫米。

本区分布： 响水沟、马啣山。海拔 2900～3200 米。

生境： 灌丛、草地。

紫花地丁

Viola philippica Cav.

科 堇菜科 Violaceae
属 堇菜属 *Viola*

形态识别要点： 多年生草本，果期高达 20 余厘米。叶多数，基生，莲座状；下部叶通常较小，呈三角状卵形或狭卵形，上部者较长，呈长圆形或长圆状卵形，长 1.5～4 厘米，宽 0.5～1 厘米，边缘具较平的圆齿，果期叶片增大；叶柄在花期长于叶片 1～2 倍，果期长可达 10 余厘米。花紫堇色或淡紫色，稀呈白色，喉部色较淡并带有紫色条纹；花梗与叶片等长或高出；萼片卵状披针形，长 5～7 毫米；花瓣倒卵形；距细管状，长 4～8 毫米，末端圆。蒴果长圆形，长 5～12 毫米。

本区分布： 兴隆峡。海拔 2000～2200 米。

生境： 草地。

 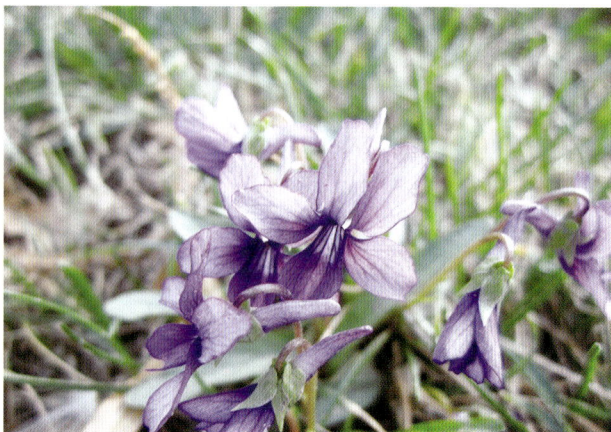

深山堇菜

Viola selkirkii Pursh ex Gold

科 堇菜科 Violaceae
属 堇菜属 *Viola*

形态识别要点：多年生草本，高5～16厘米。叶基生，呈莲座状；叶片心形或卵状心形，长1.5～5厘米，宽1.3～3.5厘米，基部深心形，边缘具钝齿；叶柄长2～7厘米，果期长达13厘米。花淡紫色；花梗长4～7厘米；萼片卵状披针形，长6～7毫米，基部附属物长圆形，长约2毫米；距长5～7毫米，粗2～3毫米，末端圆，直或稍向上弯。蒴果椭圆形，长6～8毫米。

本区分布：三岔路口。海拔2000～2200米。

生境：林下及灌丛下。

早开堇菜

Viola prionantha Bunge

科 堇菜科 Violaceae
属 堇菜属 *Viola*

形态识别要点：多年生草本，果期高达20厘米。叶多数，基生；叶片在花期呈长圆状卵形、卵状披针形或狭卵形，长1～4.5厘米，宽6～20毫米，基部微心形至宽楔形，边缘密生细圆齿；叶柄在果期长达13厘米。花紫堇色或淡紫色，喉部色淡并有紫色条纹，直径1.2～1.6厘米；花梗超出于叶；萼片披针形，长6～8毫米；距长5～9毫米，粗1.5～2.5毫米，末端钝圆且微向上弯。蒴果长椭圆形，长5～12毫米。

本区分布：张家窑、西山。海拔2000～2300米。

生境：山坡草地、沟边向阳处。

双花堇菜

Viola biflora Linn.

科 堇菜科 Violaceae
属 堇菜属 *Viola*

形态识别要点：多年生草本，高10～25厘米。基生叶2至数枚，具长4～8厘米的柄，叶片肾形、宽卵形或近圆形，长1～3厘米，宽1～4.5厘米，基部深心形或心形，边缘具钝齿；茎生叶具短柄，叶片较小。花黄色或淡黄色，在开花末期有时变淡白色；花梗细弱，长1～6厘米；花瓣长6～8毫米，具紫色脉纹；距短筒状，长2～2.5毫米。蒴果长圆状卵形，长4～7毫米。

本区分布：谢家岔、马啣山。海拔2200～3000米。

生境：高山草地、灌丛、林下。

黄瑞香

Daphne giraldii Nitsche

科 瑞香科 Thymelaeacae
属 瑞香属 *Daphne*

形态识别要点：落叶灌木。单叶互生；叶片倒披针形，长3～6厘米，宽0.7～1.2厘米，边缘全缘，下面带白霜；叶柄极短或无。花黄色，常3～8朵组成顶生的头状花序；花序梗极短或无；花萼圆筒状，长6～8毫米，裂片4枚。浆果卵形或近圆形，成熟时红色。

本区分布：本区广布。海拔2400～2800米。

生境：山地林缘或疏林中。

唐古特瑞香
Daphne tangutica Maxim.

科 瑞香科 Thymelaeacae
属 瑞香属 *Daphne*

形态识别要点：常绿灌木。单叶互生；叶片革质或亚革质，披针形至倒披针形，长2～8厘米，宽0.5～1.7厘米，基部下延于叶柄，边缘全缘，反卷；叶柄短或几无。花外面紫色或紫红色，内面白色；头状花序生于小枝顶端；花序梗长2毫米，花梗极短或几无；花萼圆筒形，长9～13毫米，裂片4枚。浆果卵形或近球形，熟时红色。

本区分布：麻家寺、窑沟、西番沟、周家湾、上庄、尖山、八盘梁、马啣山。海拔2800～3200米。

生境：疏林或灌丛。

狼毒
Stellera chamaejasme Linn.

科 瑞香科 Thymelaeacae
属 狼毒属 *Stellera*

形态识别要点：多年生草本，高20～50厘米。单叶，散生，稀对生或近轮生；叶片披针形或长圆状披针形，长12～28毫米，宽3～10毫米，边缘全缘。花白色带紫色，多花组成顶生的头状花序，圆球形；无花梗；花萼筒细瘦，长9～11毫米，裂片5枚。小坚果圆锥形，长5毫米，为宿存的花萼筒所包围。

本区分布：麻家寺、歧儿沟、唐家峡、谢家岔、陶家窑、水家沟、马坡、尖山、八盘梁。海拔2400～2600米。

生境：高山草地。

中国沙棘

Hippophae rhamnoides Linn. subsp. *sinensis* Rousi

科 胡颓子科 Elaeagnaceae
属 沙棘属 *Hippophae*

形态识别要点：落叶灌木或乔木。棘刺较多，粗壮。单叶，近对生；叶片狭披针形或矩圆状披针形，长30～80毫米，宽4～10毫米，上面绿色，下面银白色或淡白色，被鳞片；叶柄极短或几无。花单性，雌雄异株；雄花无花梗，花萼2裂，雄蕊4枚；雌花单生叶腋，具短梗；花萼囊状，顶端2齿裂。核果状坚果圆球形，直径4～6毫米，橙黄色或橘红色；果梗长1～2.5毫米。

本区分布：本区广布。海拔2300～2800米。

生境：谷地、山坡及路旁。

高山露珠草

Circaea alpina Linn.

科 柳叶菜科 Onagraceae
属 露珠草属 *Circaea*

形态识别要点：多年生草本，高3～50厘米。叶形变异极大，狭卵状菱形至近圆形，长1～11厘米，宽0.7～8厘米，边缘近全缘至具尖锯齿。顶生总状花序长达17厘米；花萼无或短；花小，花瓣白色，倒卵形。蒴果棒状至倒卵状，熟时连果梗长3.5～7.8毫米。

本区分布：水岔沟、大洼沟、东山。海拔2000～2700米。

生境：溪沟旁、林下、草地。

柳兰

Chamerion angustifolium (Linn.) Holub

科 柳叶菜科 Onagraceae
属 柳兰属 *Chamerion*

形态识别要点：多年生草本，高 20～130 厘米。单叶螺旋状互生，无柄；茎下部叶披针状长圆形至倒卵形；中上部叶长披针形，长 8～14 厘米，宽 1～2.5 厘米，边缘近全缘或具稀疏浅齿。花序总状，直立，长 5～40 厘米；花大而多，红紫色，直径 1.5～2 厘米。蒴果圆柱形，长 4～8 厘米。

本区分布：深岘子、石门沟、石窑沟、清水沟、哈班岔、红庄子、马坡、窑沟、马啣山。海拔 2200～3200 米。

生境：林缘及山坡草地。

长籽柳叶菜

Epilobium pyrricholophum Franch. & Savat.

科 柳叶菜科 Onagraceae
属 柳叶菜属 *Epilobium*

形态识别要点：多年生草本，高 25～80 厘米。单叶对生，花序上的互生，排列密，近无柄，卵形至宽卵形；茎上部叶有时披针形，长 2～5 厘米，宽 0.5～2 厘米，边缘具锐锯齿，两面被曲柔毛。花序直立，密被腺毛与曲柔毛；花直立；子房 1.5～3 厘米，密被腺毛；花管长 1～1.2 厘米；花瓣粉红色至紫红色，长 6～8 毫米。蒴果长 3.5～7 厘米，被腺毛。

本区分布：上庄、马坡大沟、分豁岔、徐家庄、八盘梁。海拔 2300～2600 米。

生境：河谷、溪旁及湿草地。

毛脉柳叶菜

Epilobium amurense Hausskn.

形态识别要点：多年生直立草本，高10～80厘米。单叶对生，花序上的互生，叶片卵形，有时长圆状披针形，长2～7厘米，宽0.5～2.5厘米，边缘有锐齿，下面脉上与边缘有曲柔毛，其余无毛；近无柄或茎下部的有短柄。花序直立，常被曲柔毛与腺毛；子房长1.5～2.8毫米；花管长0.6～0.9毫米；花瓣白色、粉红色或玫瑰紫色，长5～10毫米。蒴果长1.5～7厘米。

本区分布：麻家寺、水岔沟、窑沟、平滩、阳道沟。海拔2100～2500米。

生境：山谷溪沟边、沼泽地及林缘湿润处。

短柄五加

Eleutherococcus brachypus (Harms) Nakai

形态识别要点：落叶灌木。枝无刺或节上有刺。叶柄长2.5～5厘米，或有时近于无柄；小叶3～5枚，倒卵形至倒卵状长圆形，长3～6厘米，宽1～2.5厘米，先端圆形或短尖，基部狭尖，两面均无毛，边缘全缘；小叶柄无或短。伞形花序单生或2～4个组成顶生短圆锥花序，有花多数；总花梗长1～2厘米，花后延长；花梗长1～1.5厘米；花淡绿色。果实近球形，有5深棱。

本区分布：水岔沟、石门沟、东山。海拔2300～2600米。

生境：灌木林中或向阳山坡上。

红毛五加

Eleutherococcus giraldii (Harms) Nakai

科 五加科 Araliaceae
属 五加属 *Eleutherococcus*

形态识别要点：落叶灌木。小枝密生直刺，稀无刺。掌状复叶；小叶5枚，稀3枚，倒卵状长圆形，长2.5～6厘米，宽1.5～2.5厘米，边缘有不整齐细重锯齿；叶柄长3～7厘米；几无小叶柄。伞形花序单个顶生，直径1.5～2厘米，有多数花；总花梗长5～7毫米，或几无；花梗长5～7毫米；花白色。果球形，有5棱，黑色。

本区分布：官滩沟、麻家寺、马场沟、分豁岔、东山。海拔2400～2600米。

生境：灌丛。

矮五加

Eleutherococcus humillimus (Y. S. Lian & X. L. Chen) Y. F. Deng

科 五加科 Araliaceae
属 五加属 *Eleutherococcus*

形态识别要点：矮小灌木，高5～15厘米。叶近对生；掌状复叶；小叶5枚，稀3枚，倒卵形或椭圆状菱形，长3.5～6厘米，宽1.8～2.5厘米，边缘具重锯齿，齿端有刚毛状芒刺；叶柄长4～8厘米。伞形花序单生枝顶，直径1.5～2厘米；花序梗长0.3～1.5厘米；花瓣淡白色。果黑色，近球形，长约8毫米，干时具3～5条纵棱。

本区分布：红庄子、小银木沟。海拔2400～2700米。

生境：林下阴湿地。

毛狭叶五加

Eleutherococcus wilsonii (Harms) Nakai var. *pilosulus* (Rehder) P. S. Hsu & S. L. Pan

科 五加科 Araliaceae

属 五加属 *Eleutherococcus*

形态识别要点：落叶灌木。掌状复叶；小叶3～5枚，倒披针形至长圆状倒披针形，长4～6厘米，宽0.5～1.6厘米，下面疏生或密生长柔毛，边缘为细锯齿或重锯齿；叶柄长0.5～6厘米；几无小叶柄。伞形花序单个顶生，直径约4厘米，有多数花；总花梗长1.5～4厘米；花梗长1～1.7厘米；花黄绿色。果球形，有5棱，直径6～7毫米。

本区分布：官滩沟、唐家峡、马啣山。海拔2400～2700米。

生境：林下或灌丛。

黄毛楤木

Aralia chinensis Linn.

科 五加科 Araliaceae

属 楤木属 *Aralia*

形态识别要点：落叶灌木或乔木，树皮灰色，疏生粗壮直刺。小枝有黄棕色茸毛，疏生细刺。二回或三回羽状复叶，大型；小叶5～11枚，卵形或长卵形，长5～12厘米，宽3～8厘米，上面疏生糙毛，下面有淡黄色或灰色短柔毛，边缘有锯齿；叶柄粗壮，长可达50厘米；叶轴无刺或有细刺。伞形花序组成大型圆锥花序，密生短柔毛；总花梗长1～4厘米；花梗长4～6毫米；花白色，芳香。果黑色，球形，直径约3毫米，有5棱。

本区分布：麻家寺。海拔2300～2600米。

生境：林缘或灌丛。

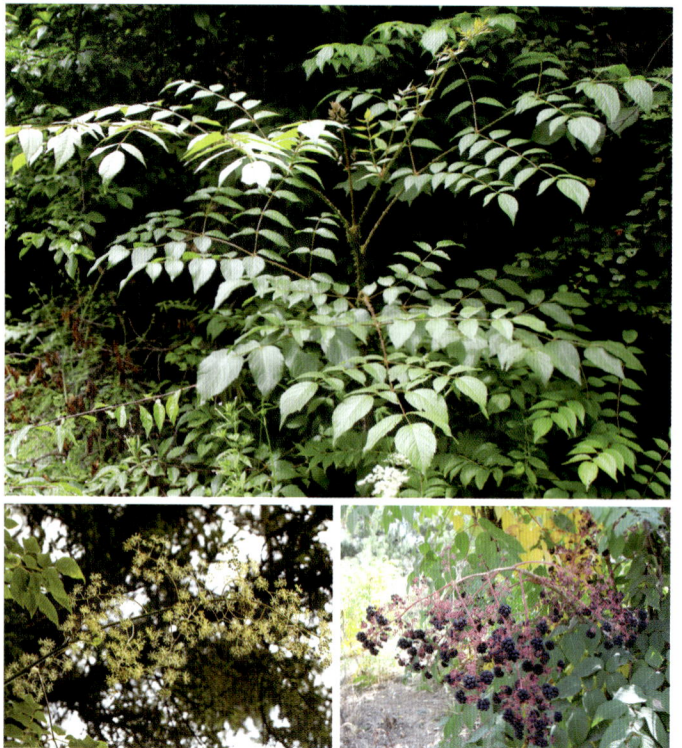

珠子参

Panax japonicus (T. Nees) C. A. Mey. var. *major* (Burkill) C. Y. Wu & K. M. Feng

科 五加科 Araliaceae
属 人参属 *Panax*

形态识别要点：多年生草本。根状茎竹鞭状或串珠状，或二者兼有。地上茎单生，高约40厘米。掌状复叶；4～5枚叶轮生于茎顶；叶柄长4～5厘米；小叶5～7枚，中央的小叶片阔椭圆形、椭圆形、椭圆状卵形至倒卵状椭圆形，最宽处常在中部，长为宽的2～4倍，先端渐尖或长渐尖，基部楔形、圆形或近心形，边缘有细锯齿、重锯齿或缺刻状锯齿；小叶明显具柄。伞形花序单个顶生；花黄绿色；萼杯状，边缘有5个三角形的齿；花瓣5枚，向后反折。果红色，顶部黑色，扁球形或近球形。

本区分布：东山。海拔2400～2600米。

生境：林下。

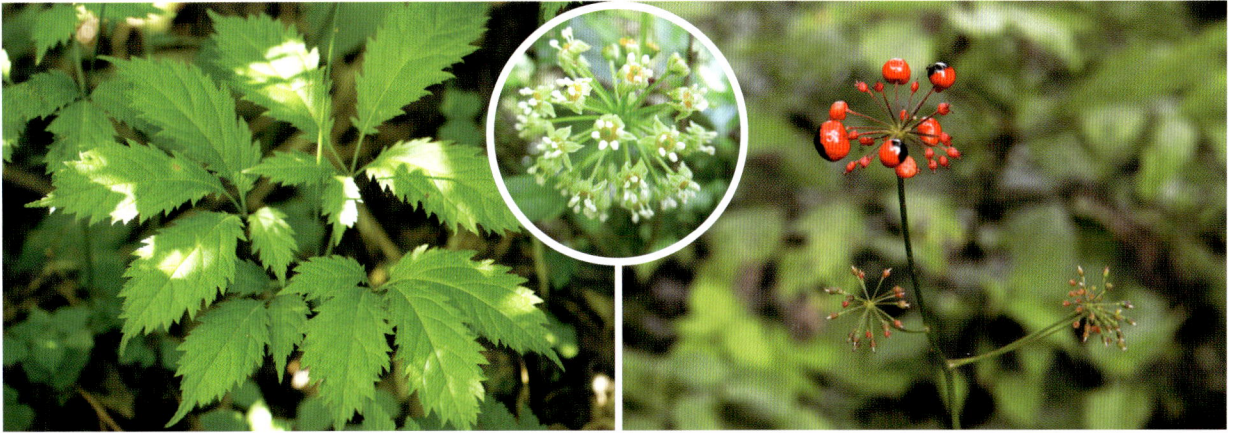

疙瘩七

Panax japonicus (T. Nees) C. A. Mey. var. *bipinnatifidus* (Seemann) C. Y. Wu & K. M. Feng

科 五加科 Araliaceae
属 人参属 *Panax*

形态识别要点：多年生草本。根状茎为长的串珠状或前端有短竹鞭状部分。地上茎单生，高约40厘米。掌状复叶；4～5枚叶轮生于茎顶；叶柄长4～5厘米；小叶5～7枚，中央的小叶片倒披针形、倒卵状椭圆形，稀倒卵形，最宽处在中部以上，先端常长渐尖，稀渐尖，基部狭尖，侧生的较小，边缘有重锯齿；小叶近无柄。伞形花序单个顶生；花黄绿色；萼杯状，边缘有5个三角形的齿；花瓣5枚，向后反折。果红色，顶部黑色，扁球形或近球形。

本区分布：大洼沟。海拔2150～2400米。

生境：林下。

锯叶变豆菜
Sanicula serrata H. Wolff

伞形科 Umbelliferae
属 变豆菜属 *Sanicula*

形态识别要点：多年生草本，高8～30厘米。基生叶近圆形、圆心形或近五角形，长1.5～3厘米，宽3～6厘米，掌状3～5深裂，中间裂片阔倒卵形，顶端通常3浅裂，侧面裂片深2裂，裂片边缘有不规则锐锯齿；叶柄长5～15厘米；茎生叶无柄或有短柄，掌状3～5深裂。伞形花序2～4个，伞幅长3～5毫米；小伞形花序有花6～8朵；花瓣白色或粉红色。果卵形或卵圆形，长约1.2毫米，下部的皮刺呈鳞片状突起，上部的皮刺略弯曲。

本区分布：张家沟、新庄沟。海拔2200～2500米。

生境：林下。

首阳变豆菜
Sanicula giraldii H. Wolff

科 伞形科 Umbelliferae
属 变豆菜属 *Sanicula*

形态识别要点：多年生草本，高30～60厘米。基生叶多数，肾圆形或圆心形，长2～6厘米，宽3～10厘米，掌状3～5裂，中间裂片倒卵形，顶端边缘通常3浅裂，侧裂片深2裂，裂片边缘有不规则重锯齿；叶柄长5～25厘米；茎生叶有短柄。花序二至四回分叉，主枝伸长，长10～20厘米；伞形花序二至四出，伞幅长0.5～2厘米；小伞形花序有花6～7朵；花瓣白色或绿白色。果卵形，长2～2.5毫米，无柄或有短柄，表面有钩状皮刺。

本区分布：官滩沟、新庄沟、兴隆峡。海拔2100～2300米。

生境：林下。

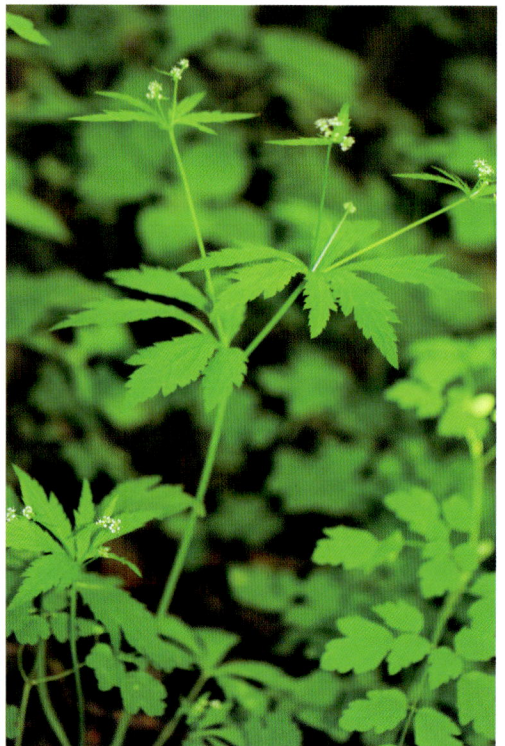

峨参

Anthriscus sylvestris (Linn.) Hoffm.

科 伞形科 Umbelliferae
属 峨参属 *Anthriscus*

形态识别要点：二或多年生草本。基生叶叶柄长5～20厘米，基部具鞘，叶片卵形，二回羽状分裂，一回羽片卵形至宽卵形，有二回羽片3～4对，二回羽片轮廓卵状披针形，羽状全裂或深裂，末回裂片卵形或椭圆状卵形，有粗锯齿；茎上部叶有短柄或无柄。复伞形花序直径2.5～8厘米，伞辐4～15个，不等长；花瓣白色。果长卵形至线状长圆形，长5～10毫米。

本区分布：官滩沟、谢家岔、水家沟、平滩、阳道沟、水岔沟、新庄沟、石门沟、兴隆峡。海拔2100～2600米。

生境：山坡林下及路旁。

小窃衣

Torilis japonica (Houtt.) DC.

科 伞形科 Umbelliferae
属 窃衣属 *Torilis*

形态识别要点：一或多年生草本，高20～120厘米。茎有纵条纹及刺毛。叶柄长2～7厘米；叶片长卵形，一至二回羽状分裂，两面疏生粗毛，第一回羽片卵状披针形，边缘羽状深裂至全缘。复伞形花序顶生或腋生；花序梗长3～25厘米，有倒生的刺毛；伞辐4～12个；小伞形花序有花4～12朵；花瓣白色，倒圆卵形，顶端内折。双悬果圆卵形，长1.5～4毫米，密被内弯及钩状皮刺。

本区分布：水岔沟、峡口、兴隆峡、马啣山、晏家洼。海拔2100～2400米。

生境：林缘及路旁。

宜昌东俄芹

Tongoloa dunnii (H. Boissieu) H. Wolff

科 伞形科 Umbelliferae
属 东俄芹属 *Tongoloa*

形态识别要点：多年生草本，高50～70厘米。较下部的茎生叶叶柄长7～18厘米，基部扩大成膜质抱茎叶鞘；叶片轮廓近阔三角形，二至三回羽状全裂或三出式二回羽状全裂，末回裂片狭线形，全缘；花序托叶为一回羽状分裂或呈三出小叶；叶柄鞘状。复伞形花序顶生或侧生；无总苞片和小总苞片；伞辐7～17个；小伞形花序有花10～25朵；花瓣白色，顶端无内折小舌片。分生果卵形至圆心形。

本区分布：上庄、杜家庄、三岔路口。海拔2000～2300米。

生境：山坡林下。

羌活

Notopterygium incisum C. C. Ting ex H. T. Chang

科 伞形科 Umbelliferae
属 羌活属 *Notopterygium*

形态识别要点：多年生草本，高60～120厘米。基生叶及茎下部叶有柄，基部有膜质叶鞘；叶为三出式三回羽状复叶，末回裂片长圆状卵形至披针形，边缘缺刻状浅裂至羽状深裂；茎上部叶无柄，叶鞘膜质，长而抱茎。复伞形花序直径3～13厘米；伞辐7～18个；小伞形花序有多数花；花瓣白色，顶端内折。分生果长圆状，背腹稍压扁。

本区分布：八盘梁、马啣山。海拔2500～2900米。

生境：林缘及灌丛。

宽叶羌活

Notopterygium franchetii H. Boissieu

科 伞形科 Umbelliferae
属 羌活属 *Notopterygium*

形态识别要点：多年生草本，高80～180厘米。基生叶及茎下部叶有柄，基部有抱茎的叶鞘，叶大，三出式二至三回羽状复叶，一回羽片2～3对，末回裂片长圆状卵形至卵状披针形，长3～8厘米，宽1～3厘米，边缘有粗锯齿；茎上部叶少数，仅有3枚小叶，叶鞘发达。复伞形花序顶生和腋生，直径5～14厘米；花序梗长5～25厘米；伞辐10～23个；小伞形花序有多数花；花瓣淡黄色。分生果近圆形，背腹稍压扁，棱扩展成翅。

本区分布：官滩沟、麻家寺、石门沟、水岔沟、大洼沟、东山、红庄子。海拔2200～2600米。

生境：林缘及灌丛。

丽江棱子芹

Pleurospermum foetens Franch.

科 伞形科 Umbelliferae
属 棱子芹属 *Pleurospermum*

形态识别要点：多年生草本，高10～30厘米。茎短缩，有条棱，有粗糙毛。基生叶或茎下部叶有长柄，叶柄基部膜质鞘状；叶片轮廓长圆形，长3～6厘米，二至三回羽状分裂，末回裂片线形或披针形；茎上部叶简化，有较短的柄。顶生复伞形花序直径10～15厘米；总苞片6～8枚，基部有宽的膜质边缘，顶端明显的叶状分裂，长4～6厘米；伞辐15～25个；小总苞片与总苞片同形，较小，比花长；花多数，花瓣白色或粉红色，花药紫红色。果实卵圆形，暗褐色，表面密生水泡状微突起，果棱有翅，呈明显啮蚀状。

本区分布：响水沟、八盘梁、马啣山。海拔3400～3700米。

生境：山坡草地。

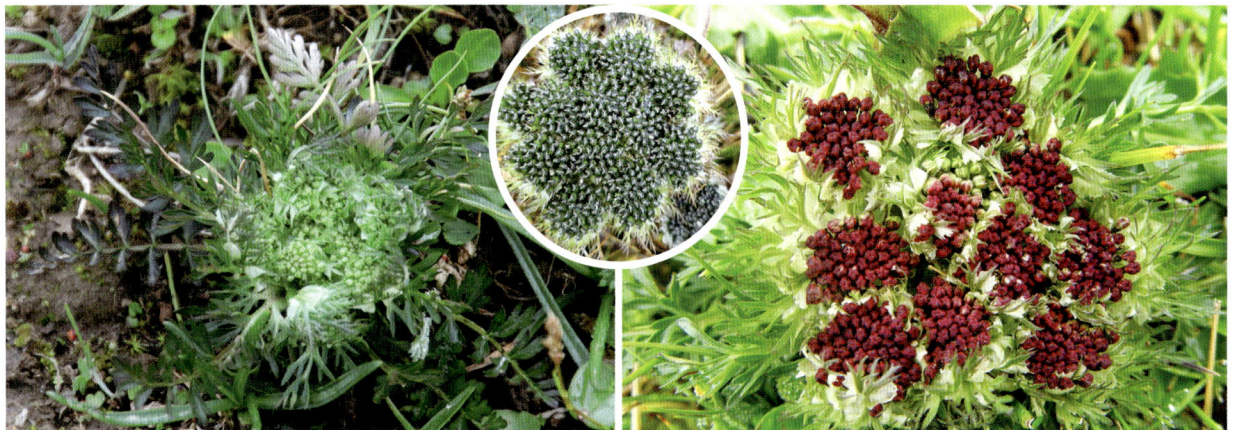

松潘棱子芹

Pleurospermum franchetianum Hemsl.

科 伞形科 Umbelliferae
属 棱子芹属 *Pleurospermum*

形态识别要点： 二或多年生草本，高40～70厘米。基生叶和茎下部叶有长柄，叶柄基部膜质鞘状，叶片卵形，近三出式三回羽状分裂，末回裂片披针状长圆形，边缘有不整齐缺刻；茎上部的叶简化，无柄，仅托以叶鞘。顶生复伞形花序有短的花序梗，花均能育；侧生复伞形花序有长花序梗，花不育；总苞片8～12枚，狭长圆形，顶端3～5裂，边缘白色；伞辐多数；小总苞片匙形，全缘或顶端3浅裂；花瓣白色；花药暗紫色。

本区分布： 麻家寺、黄崖沟、西番沟、红庄子、八盘梁、马啣山。海拔2500～3000米。

生境： 山坡或草地。

鸡冠棱子芹

Pleurospermum cristatum H. de Boiss.

科 伞形科 Umbelliferae
属 棱子芹属 *Pleurospermum*

形态识别要点： 二年生无毛草本，高70～120厘米。基生叶或茎下部叶有长柄，叶柄基部鞘状，叶片轮廓三角状卵形，通常二回三出羽状分裂，末回裂片菱状卵形，边缘有不整齐缺刻；茎上部的叶简化，有短柄或近于无柄。复伞形花序顶生的较大，侧生的较小；总苞片3～7枚，匙形，全缘，有狭长的白色边缘；小伞形花序有花15～25朵；花瓣白色，顶端有明显内折的小舌片。果卵状长圆形，表面密生水泡状微突起，果棱突起，呈明显鸡冠状。

本区分布： 麻家寺、唐家峡、水岔沟、大洼沟、晏家洼、徐家峡。海拔2200～2500米。

生境： 山坡林缘或山沟草地。

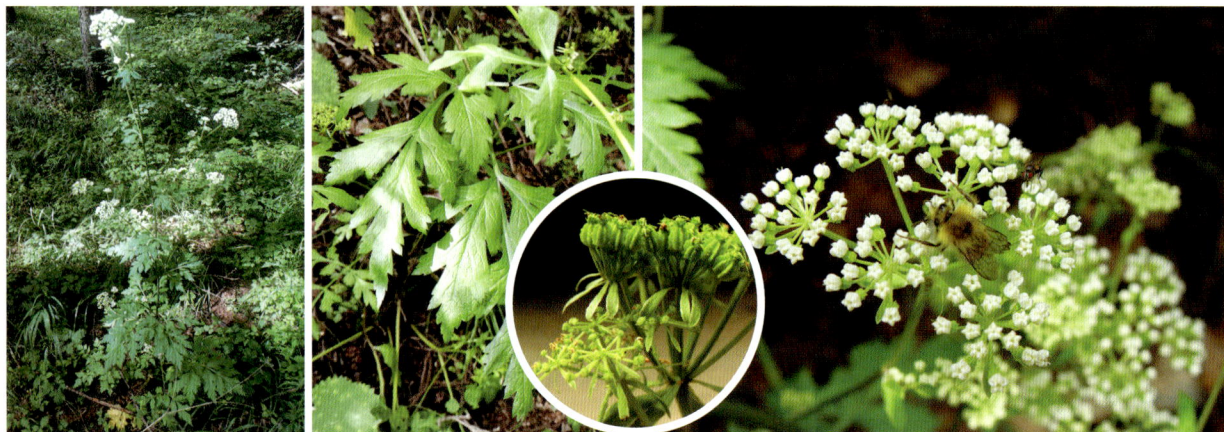

黑柴胡

Bupleurum smithii H. Wolff

形态识别要点：多年生草本，高25～60厘米。基部叶丛生，狭长圆形至倒披针形，长10～20厘米，宽1～2厘米，叶基扩大抱茎；中部的茎生叶同形。总苞片1～2枚或无；伞辐4～9个，不等长；小总苞片6～9枚，黄绿色，长于小伞形花序；花瓣黄色。果卵形，长3.5～4毫米。

本区分布：徐家峡、黄崖沟、三岔路口、八盘梁、马啣山。海拔2200～2800米。

生境：山坡草地或山谷。

红柴胡

Bupleurum scorzonerifolium Willd.

形态识别要点：多年生草本，高30～60厘米。茎上部有多回分枝。叶细线形，长6～16厘米，宽2～7毫米，基生叶下部略收缩成叶柄，其他均无柄，茎生叶基部稍变窄抱茎，常对折或内卷，茎上部叶小。伞形花序出自叶腋；花序多，形成较疏松的圆锥花序；伞辐4～6个；小伞形花序有花9～11枚；花瓣黄色，小舌片顶端2浅裂。果椭圆形，长约2.5毫米。

本区分布：祁家坡。海拔2000～2200米。

生境：草坡、灌木林缘。

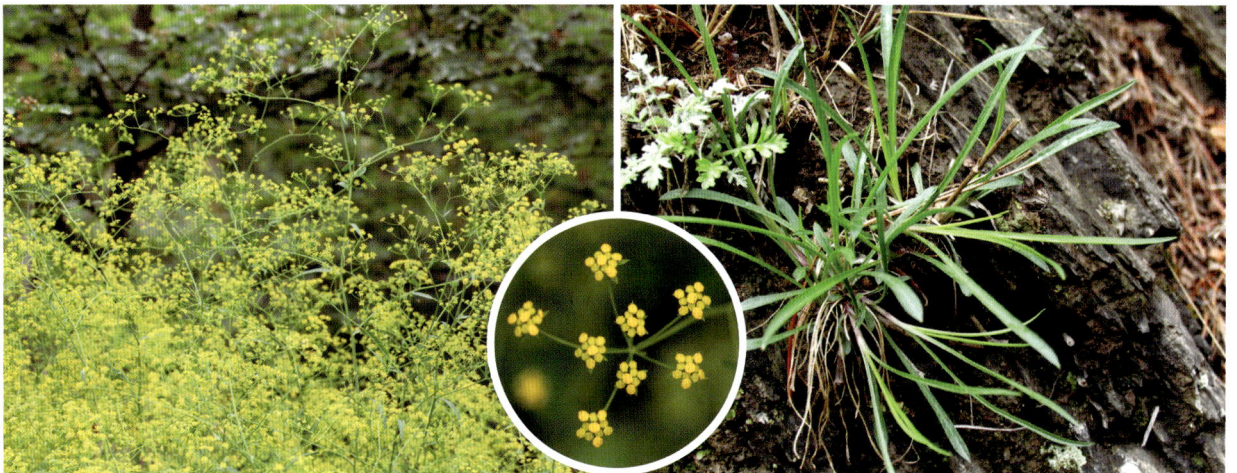

竹叶柴胡

Bupleurum marginatum Wall. ex DC.

科 伞形科 Umbelliferae
属 柴胡属 *Bupleurum*

形态识别要点：多年生草本，高50～120厘米。叶革质或近革质；下部叶与中部叶同形，长披针形或线形，长10～16厘米，宽6～14毫米，顶端有硬尖头，基部微收缩抱茎；茎上部叶同形，但逐渐缩小。复伞形花序很多，直径1.5～4厘米；伞辐3～7个，不等长；总苞片2～5枚，很小；小伞形花序直径4～9毫米；小总苞片5枚，披针形，短于花柄；小伞形花序有花6～12朵；花瓣浅黄色，小舌片方形。果长圆形，棱狭翼状。

本区分布：杜家庄。海拔2100～2200米。

生境：山坡草地或林下。

葛缕子

Carum carvi Linn.

科 伞形科 Umbelliferae
属 葛缕子属 *Carum*

形态识别要点：多年生草本，高30～70厘米。基生叶及茎下部叶的叶柄与叶片近等长，叶片长圆状披针形，二至三回羽状分裂，末回裂片线形或线状披针形；茎中上部叶较小，无柄或有短柄。伞辐5～10个，极不等长；小伞形花序有花5～15朵；花瓣白色，或带淡红色。果长卵形，长4～5毫米，果棱明显。

本区分布：官滩沟、谢家岔、水家沟、红庄子、水岔沟、响水沟、陈沟峡、峡口、八盘梁、尖山、马啣山。海拔2100～3000米。

生境：河滩、林下或草地。

田葛缕子

Carum buriaticum Turcz.

科 伞形科 Umbelliferae
属 葛缕子属 *Carum*

形态识别要点： 多年生草本，高50～80厘米。基生叶及茎下部叶有柄，长6～10厘米，叶片轮廓长圆状卵形或披针形，三至四回羽状分裂，末回裂片线形；茎上部叶二回羽状分裂，末回裂片细线形。伞辐10～15个；小伞形花序有花10～30朵；花瓣白色。果长卵形，长3～4毫米。

本区分布： 峡口、徐家峡。海拔2100～2300米。

生境： 路旁、河岸或林下。

直立茴芹

Pimpinella smithii H. Wolff

科 伞形科 Umbelliferae
属 茴芹属 *Pimpinella*

形态识别要点： 多年生草本，高可达1.5米。基生叶和茎下部叶有柄，基部有叶鞘，叶片二回羽状分裂或二回三出分裂，末回裂片卵形、卵状披针形；茎中上部叶有短柄或无柄，叶片二回三出分裂或一回羽状分裂，或仅2～3裂，裂片卵状披针形或披针形。伞辐5～25个，极不等长；小伞形花序有花10～25朵；花瓣白色，顶端有内折小舌片。果实卵球形，直径约2毫米，果棱线形。

本区分布： 马场沟、分豁岔、东山。海拔2200～2400米。

生境： 沟边、林下或灌丛。

锐齿西风芹
Seseli incisodentatum K. T. Fu

科 伞形科 Umbelliferae
属 西风芹属 *Seseli*

形态识别要点：多年生草本，高30～50厘米。基生叶叶柄长5～7厘米，基部有叶鞘，叶片轮廓卵形，三回羽状分裂，第一回羽片4～6对，第二回羽片3～4对，末回裂片卵形，有1～3枚锐齿或呈羽状分裂；茎上部叶逐渐退化，一回羽状分裂或3裂，具短柄或无柄，仅有稍宽阔的叶鞘。复伞形花序多分枝；无总苞片；伞幅5～7个，不等长；小伞形花序有花8～12朵；花瓣长圆形，小舌片细长内曲，黄色。分生果长圆形，长约2毫米，果棱微突起。

本区分布：峡口、马啣山。海拔2100～2600米。

生境：山坡草地或路旁。

水芹
Oenanthe javanica (Blume) DC.

科 伞形科 Umbelliferae
属 水芹属 *Oenanthe*

形态识别要点：多年生草本，高15～80厘米。基生叶叶柄长达10厘米，基部有叶鞘，叶片轮廓三角形，一至二回羽状分裂，末回裂片卵形至菱状披针形，边缘有牙齿或圆齿状锯齿；茎上部叶无柄，较小。复伞形花序顶生；花序梗长2～16厘米；无总苞；伞幅6～16个，不等长；小总苞片2～8枚，线形；小伞形花序有花20余朵；花瓣白色，倒卵形，有一长而内折的小舌片。果实近于四角状椭圆形或筒状长圆形。

本区分布：马场沟、阳道沟。海拔2100～2400米。

生境：浅水低洼地或水沟旁。

藁本
Ligusticum sinense Oliv.

科 伞形科 Umbelliferae
属 藁本属 *Ligusticum*

形态识别要点： 多年生草本，高达1米。基生叶叶柄长达20厘米，叶片轮廓宽三角形，长10～15厘米，宽15～18厘米，二回三出式羽状全裂，第一回羽片轮廓长圆状卵形，小羽片卵形，边缘齿状浅裂；茎中部叶较大，上部叶简化。复伞形花序顶生或侧生；总苞片6～10枚，线形；伞辐14～30个；小总苞片10枚，线形，长3～4毫米；花白色；花瓣先端具内折小尖头。分生果长圆状卵形，背腹扁压，侧棱略扩大呈翅状。

本区分布： 大洼沟、阳道沟、唐家峡。海拔2100～2500米。

生境： 林下或沟边草丛。

青海当归
Angelica nitida H. Wolff

科 伞形科 Umbelliferae
属 当归属 *Angelica*

形态识别要点： 多年生草本，高30～90厘米。基生叶为一至二回羽状全裂，裂片2～4对，叶柄长3～5厘米；茎上部叶为一至二回羽状全裂，叶片阔卵形，末回裂片长圆形至椭圆形，边缘锯齿钝圆。复伞形花序，直径6～10厘米；伞辐9～19个；无总苞片；小伞形花序密集，有多数花；小总苞片6～10枚，披针形；花瓣白色或黄白色，少为紫红色，顶端稍反曲；花柱基扁平，紫黑色。果长圆形至卵圆形，长5～6.5厘米，侧棱翅状。

本区分布： 响水沟、窑沟、八盘梁、马啣山。海拔2800～3200米。

生境： 高山灌丛或山坡草地。

沙梾

Cornus bretschneideri L. Henry

科 山茱萸科 Cornaceae
属 梾木属 *Cornus*

形态识别要点：落叶灌木或小乔木。单叶对生；叶片卵形或长圆形，长5～8.5厘米，宽2.5～6厘米，上面有短柔毛，下面灰白色，密被不明显的乳头状突起及贴生的短柔毛，侧脉5～7对，弓形内弯；叶柄长7～15毫米。伞房状聚伞花序顶生；总花梗长2～4.4厘米；花小，白色；花萼裂片4枚；花瓣4枚，舌状长卵形。核果蓝黑色至黑色，近于球形，直径4～5毫米，密被贴生短柔毛。

本区分布：官塘沟、凡柴沟、徐家峡、麻家寺、矿湾村、祁家坡、谢家岔、水家沟、分豁岔、张家窑、唐家峡、峡口、小水尾子。海拔2100～2700米。

生境：杂木林或灌丛。

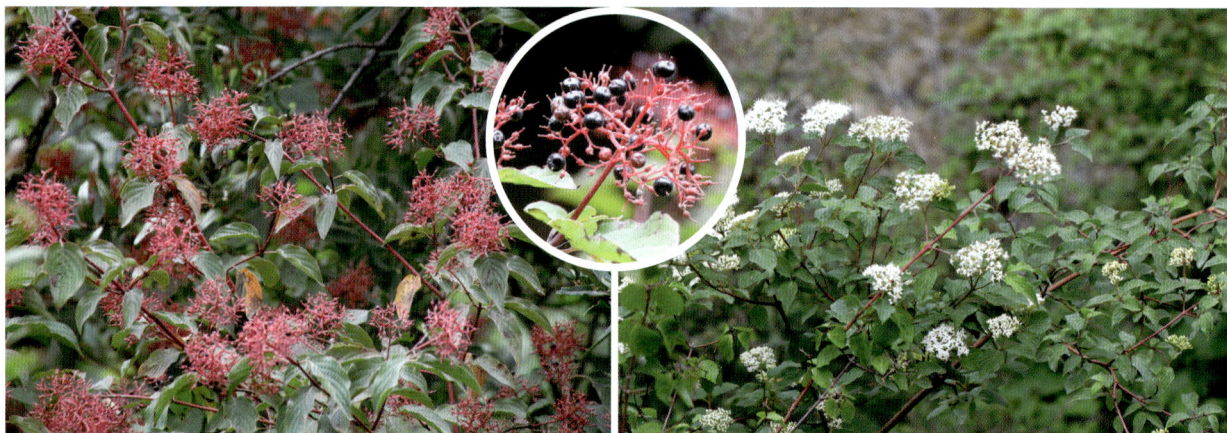

红椋子

Cornus hemsleyi C. K. Schneid. & Wanger.

科 山茱萸科 Cornaceae
属 梾木属 *Cornus*

形态识别要点：落叶灌木或小乔木。幼枝红色，被贴生短柔毛。单叶对生；叶片卵状椭圆形，长4.5～9.3厘米，宽1.8～4.8厘米，边缘微波状，上面有贴生短柔毛，下面灰绿色，密被白色贴生短柔毛及乳头状突起，侧脉6～7对，弓形内弯；叶柄长0.7～1.8厘米，淡红色。伞房状聚伞花序顶生，宽5～8厘米；花小，白色，直径6毫米；花萼裂片4枚，卵状至长圆状舌形。核果近于球形，直径4毫米，黑色，疏被贴生短柔毛。

本区分布：唐家峡、麻家寺、水岔沟。海拔2400～2600米。

生境：杂木林。

鹿蹄草

Pyrola calliantha H. Andr.

科 杜鹃花科 Ericaceae
属 鹿蹄草属 *Pyrola*

形态识别要点：常绿草本状小半灌木，高 10～30 厘米。叶 4～7 枚，基生，革质，椭圆形或圆卵形，稀近圆形，长 2.5～5.2 厘米，宽 1.7～3.5 厘米，边缘近全缘或有疏齿，上面绿色，下面常有白霜，有时带紫色；叶柄长 2～5.5 厘米。花莛有 1～2 枚鳞片状叶；总状花序长 12～16 厘米，有 9～13 朵花，密生；花倾斜，稍下垂；花冠直径 1.5～2 厘米，白色，有时稍带淡红色；花梗长 5～8 毫米。蒴果扁球形，直径 7.5～9 毫米。

本区分布：八盘梁、马啣山。海拔 2700～2900 米。

生境：林下。

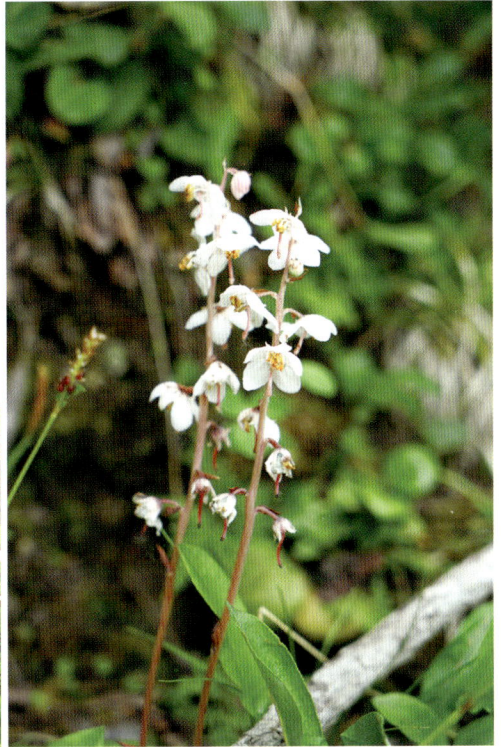

松下兰

Monotropa hypopitys Linn.

科 杜鹃花科 Ericaceae
属 水晶兰属 *Monotropa*

形态识别要点：多年生腐生草本，高 8～27 厘米，全株白色或淡黄色，肉质。叶鳞片状，直立，互生，卵状长圆形或卵状披针形，长 1～1.5 厘米，宽 0.5～0.7 厘米，边缘近全缘，上部的常有不整齐锯齿。总状花序有 3～8 朵花；花初下垂，后渐直立；花冠筒状钟形，长 1～1.5 厘米；萼片长圆状卵形，早落；花瓣 4～5 枚，长圆形，上部有不整齐锯齿，早落。蒴果椭圆状球形。

本区分布：徐家峡。海拔 2200～2300 米。

生境：山地林下。

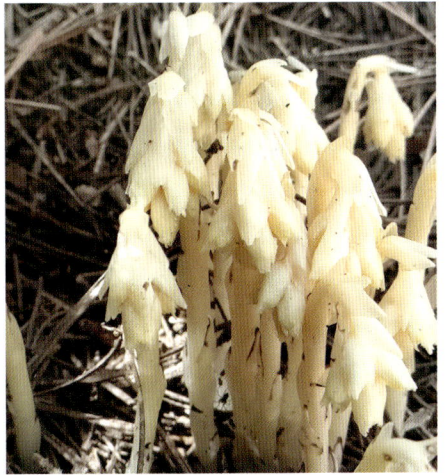

红北极果

Arctous ruber (Rehder & E. H. Wilson) Nakai

科 杜鹃花科 Ericaceae
属 北极果属 *Arctous*

形态识别要点：落叶矮小灌木，匍匐状，高6～12厘米。单叶互生，簇生枝顶；叶片倒卵状披针形或倒卵形，长2～3厘米，宽8～12毫米，基部渐狭，下延于叶柄，边缘具细钝锯齿，上面亮绿色，微具皱纹；叶柄长约1厘米。花两性，常1～3朵组成总状花序，出自叶丛中；苞片2～3枚，叶状；花冠卵状坛形，淡黄绿色，长4～5毫米，口部5浅裂。浆果球形，直径6～10毫米，成熟时鲜红色。

本区分布：麻家寺、大洼沟、西番沟、八盘梁。海拔2900～3100米。

生境：山坡及灌丛下。

头花杜鹃

Rhododendron capitatum Maxim.

科 杜鹃花科 Ericaceae
属 杜鹃属 *Rhododendron*

形态识别要点：常绿小灌木，高0.5～1.5米。叶近革质，长椭圆形，长7～10毫米，宽3～7毫米，上面暗绿色，被淡黄色鳞片，下面淡褐色，具无色或禾秆色鳞片；叶柄长2～3毫米，被鳞片。花两性；伞形花序顶生，有花2～5朵；花梗长1～3毫米；花冠宽漏斗状，长13～15毫米，淡紫色、深紫色或紫蓝色，内面喉部密被绵毛。蒴果卵形，长约5毫米，被鳞片。

本区分布：八盘梁、马啣山、尖山。海拔2700～3600米。

生境：高山草地或冷杉林缘。

烈香杜鹃

Rhododendron anthopogonoides Maxim.

科 杜鹃花科 Ericaceae
属 杜鹃属 *Rhododendron*

形态识别要点：常绿直立灌木，高1～1.5米。叶革质，卵状椭圆形至卵形，长2～4厘米，宽1～2厘米，上面疏被鳞片或无，下面被暗褐色和带红棕色的鳞片；叶柄长2～5毫米。花两性；头状花序顶生，有花10～20朵，密集；花梗长1～2毫米；花萼发达，长3～5毫米；花冠狭筒状漏斗形，长1～1.5厘米，淡黄绿色或绿白色，有浓烈的芳香，内面喉部密被髯毛，裂片开展。蒴果卵形，具鳞片，包于宿萼内。

本区分布：官滩沟、窑沟、西番沟、红庄子、上庄、哈班岔、八盘梁、马啣山。海拔2700～3600米。

生境：山地、林缘及灌丛。

陇蜀杜鹃

Rhododendron przewalskii Maxim.

科 杜鹃花科 Ericaceae
属 杜鹃属 *Rhododendron*

形态识别要点：常绿灌木，高1～3米。叶革质，常集生于枝端，椭圆形至长圆形，长7～12厘米，宽3～5厘米，全缘，微反卷，上面深绿色，无毛，下面初被毛，后渐脱落为无毛；叶柄长1～2厘米。花两性；顶生伞房状伞形花序，有花10～15朵；花梗长1～2厘米；花冠钟形，长2～4厘米，白色至粉红色，筒部上方具紫红色斑点，裂片5枚，近圆形。蒴果圆柱形，长1～2厘米，光滑。

本区分布：黄崖沟、西番沟、尖山、马啣山。海拔2700～3600米。

生境：高山灌丛及林缘。

黄毛杜鹃
Rhododendron rufum Batalin

科 杜鹃花科 Ericaceae
属 杜鹃属 *Rhododendron*

形态识别要点：常绿灌木或小乔木，高1～7米。叶革质，椭圆形至长圆状卵形，长7～12厘米，宽3～5厘米，边缘稍反卷，上面暗绿色，无毛，下面锈黄色毛被；叶柄粗壮。花两性；顶生总状伞形花序，有花6～10朵；花梗长1～1.5厘米；花冠漏斗状钟形，长2～3厘米，白色至淡粉红色，上方具深红色斑点，裂片5枚，近于圆形。蒴果圆柱形，微弯，长约2厘米；果梗长1.5～2厘米。

本区分布：官滩沟、麻家寺、窑沟、黄崖沟、西番沟、红庄子、尖山、八盘梁、马啣山。海拔2700～3600米。

生境：高山灌丛及冷杉林缘。

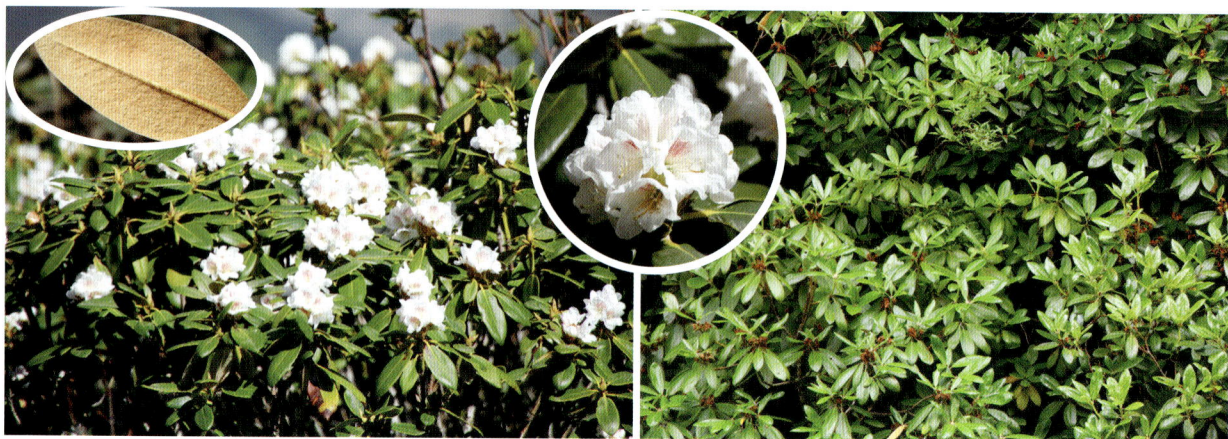

虎尾草
Lysimachia barystachys Bunge

科 报春花科 Primulaceae
属 珍珠菜属 *Lysimachia*

形态识别要点：多年生草本，高30～100厘米，全株密被卷曲柔毛。单叶互生或近对生；叶片长圆状披针形至线形，长4～10厘米，宽6～22毫米；近无柄。总状花序顶生，花密集，常转向一侧；花梗长4～6毫米；花两性，花冠白色，长7～10毫米，裂片舌状狭长圆形，常有暗紫色短腺条；花萼长3～4毫米，分裂近达基部。蒴果球形。

本区分布：东岳台。海拔2200～2600米。

生境：草地。

海乳草

Glaux maritima Linn.

科 报春花科 Primulaceae
属 海乳草属 *Glaux*

形态识别要点：多年生草本。茎高3～25厘米，有分枝。叶近于无柄，交互对生或有时互生，间距极短或有时稍疏离；近茎基部的3～4对叶鳞片状，膜质，上部叶肉质，线形或近匙形，长4～15毫米，宽1.5～5毫米，全缘。花单生于茎中上部叶腋；花萼钟形，白色或粉红色，花冠状，长约4毫米，分裂达中部。蒴果卵状球形，长2.5～3毫米。

本区分布：尖山、清水沟。海拔2200～2500米。

生境：河漫滩和沼泽草地。

短莛小点地梅

Androsace gmelinii (Gaertn.) Roem. & Schult. var. *geophila* Hand.-Mazz.

科 报春花科 Primulaceae
属 点地梅属 *Androsace*

形态识别要点：一年生小草本。叶基生，近圆形或圆肾形，直径4～7毫米，基部心形或深心形，边缘具7～9个圆齿，两面疏被贴伏的柔毛；叶柄长2～3厘米。花莛高约1厘米或近无；伞形花序具2～3朵花；花梗长7～25毫米；花萼钟状，密被柔毛和腺毛；花冠白色，裂片长圆形。蒴果近球形。

本区分布：官滩沟、分豁岔、尖山。海拔2300～2700米。

生境：草地。

西藏点地梅

Androsace mariae Kanitz

科 报春花科 Primulaceae
属 点地梅属 *Androsace*

形态识别要点：多年生草本。莲座状叶丛直径1～3厘米；叶二型，外层叶舌形或匙形，长3～5毫米；内层叶匙形至倒卵状椭圆形，长7～15毫米。花莛单一，高2～8厘米；伞形花序2～7朵花；苞片披针形，长3～4毫米；花梗在花期长5～7毫米，花后可达18毫米；花两性，粉红色，直径5～7毫米。蒴果稍长于宿存花萼。

本区分布：黄崖沟、白庄子、尖山、马唧山。海拔2400～3000米。

生境：草地或岩石缝隙。

直立点地梅

Androsace erecta Maxim.

科 报春花科 Primulaceae
属 点地梅属 *Androsace*

形态识别要点：一或二年生草本，高10～20厘米。茎基部叶多少簇生，通常早枯；茎生叶互生，椭圆形至卵状椭圆形，长4～15毫米，宽1.2～6毫米；叶柄极短或近于无。多花组成伞形花序生于无叶的枝端，偶有单生于茎上部叶腋的；苞片长约3.5毫米，叶状；花梗长1～3厘米；花两性，白色或粉红色，直径2.5～4毫米。蒴果长圆形，稍长于花萼。

本区分布：上庄。海拔2200～2700米。

生境：草地。

紫罗兰报春
Primula purdomii Craib

科 报春花科 Primulaceae
属 报春花属 *Primula*

形态识别要点：多年生草本。叶片披针形、矩圆状披针形或倒披针形，长3～12厘米，宽1～2.5厘米，边缘近全缘或具不明显小钝齿，通常极窄外卷，中肋宽扁；叶柄具阔翅，通常稍短于叶片。花葶高8～20厘米，近顶端被白粉；伞形花序1轮，具8～18朵花；苞片线状披针形至钻形；花梗长5～15毫米，被白粉，果时长2～5厘米；花萼狭钟状，分裂达中部；花冠蓝紫色，裂片矩圆形，全缘。蒴果筒状。

本区分布：马啣山。海拔3000～3600米。

生境：湿草地和灌丛下。

甘青报春
Primula tangutica Duthie

科 报春花科 Primulaceae
属 报春花属 *Primula*

形态识别要点：多年生草本，全株无粉。叶基生；叶片椭圆形至倒披针形，连柄长4～15厘米，边缘具小牙齿，稀近全缘。花葶粗壮，高20～60厘米；伞形花序1～3轮，每轮5～9朵花；苞片线状披针形，长6～10毫米；花梗长1～4厘米；花两性，朱红色，裂片线形，长7～10毫米。蒴果筒状，长于宿存花萼。

本区分布：西山。海拔2400～2800米。

生境：草地。

黄甘青报春

Primula tangutica Duthie var. *flavescens* F. H. Chen & C. M. Hu

科 报春花科 Primulaceae
属 报春花属 *Primula*

与甘青报春的区别：花冠黄绿色或淡红色。

本区分布：麻家寺、阳道沟、窑沟、小银木沟、上庄、哈班岔、红庄子、尖山。海拔2400～2900米。

生境：草地。

狭萼报春

Primula stenocalyx Maxim.

科 报春花科 Primulaceae
属 报春花属 *Primula*

形态识别要点：多年生草本。叶片倒卵形至匙形，连柄长1～5厘米，宽0.5～1.5厘米，基部楔状下延，边缘全缘或具小圆齿或钝齿；叶柄具翅。花葶直立，高1～15厘米；伞形花序具4～16朵花；苞片狭披针形，长5～15毫米；花梗长3～15毫米；花两性，紫红色或蓝紫色，裂片先端深2裂；花萼筒状，裂片矩圆形或披针形。蒴果长圆形，与花萼近等长。

本区分布：尖山。海拔2400～3000米。

生境：林缘、草地。

散布报春

Primula conspersa Balf. f. & Purdom

科 报春花科 Primulaceae
属 报春花属 *Primula*

形态识别要点：多年生草本。叶椭圆形、狭矩圆形或披针形，长1～7厘米，宽0.5～3厘米，边缘具整齐的牙齿；叶柄具狭翅。花莛直立，高10～45厘米，近顶端被粉质腺体；伞形花序1～2轮，每轮5～15朵花；苞片线状披针形，长4～7毫米；花梗长1～5厘米；花冠蓝紫色或淡蓝色，冠筒口周围橙黄色，裂片先端具深凹缺；花萼钟状，分裂约达中部。蒴果长圆形，略长于宿存花萼。

本区分布：官滩沟、麻家寺、阳道沟、窑沟、上庄、八盘梁、马啣山。海拔2200～2700米。

生境：草地、低湿地。

苞芽粉报春

Primula gemmifera Batalin

科 报春花科 Primulaceae
属 报春花属 *Primula*

形态识别要点：多年生草本。叶矩圆形、卵形或阔匙形，连柄长1～7厘米，宽0.5～2厘米，边缘具不整齐的稀疏小牙齿；叶柄具狭翅。花莛稍粗壮，高8～30厘米；伞形花序具3～10朵花；苞片长3～10毫米；花梗长6～35毫米，被粉质腺体；花两性，淡红色至紫红色，裂片先端具深凹缺；花萼狭钟状，分裂达中部。蒴果长圆形，略长于宿存花萼。

本区分布：马场沟、分豁岔、哈班岔、徐家峡、马啣山。海拔2400～3200米。

生境：草地。

天山报春

Primula nutans Georgi

科 报春花科 Primulaceae
属 报春花属 *Primula*

形态识别要点：多年生草本，全株无粉。叶片卵形、矩圆形或近圆形，长0.5～3厘米，宽0.4～1.5厘米，全缘或微具浅齿；叶柄与叶片近等长或长于叶片1～3倍。花葶高10～25厘米；伞形花序具2～10朵花；苞片矩圆形，基部下延成垂耳状；花梗长0.5～4.5厘米；花萼狭钟状，具5棱，基部稍收缩，下延成囊状，分裂深达全长的1/3；花冠淡紫红色，冠筒口周围黄色，裂片倒卵形，先端2深裂。蒴果筒状，长7～8毫米，顶端5浅裂。

本区分布：阳洼村。海拔2600～2800米。

生境：草地。

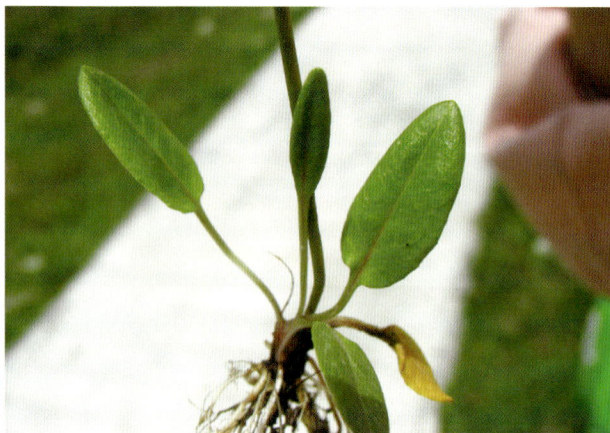

鸡娃草

Plumbagella micrantha (Ledeb.)Spach

科 白花丹科 Plumbaginaceae
属 鸡娃草属 *Plumbagella*

形态识别要点：一年生草本，被细小钙质颗粒。茎具条棱，沿棱有稀疏细小皮刺。单叶互生，基部半抱茎，两侧耳部下延；中部叶最大，下部叶匙形至倒卵状披针形，茎上部叶狭披针形。花序生于茎枝顶端，初时近头状，渐延伸成短穗状，通常含4～12个小穗；小穗含2～3朵花；花两性，5朵；萼筒部具5枚棱角，结果时萼筒的棱脊上生出鸡冠状突起，萼同时略增大而变硬；花冠淡蓝紫色。

本区分布：尖山。海拔2300～2600米。

生境：路边及河边向阳处。

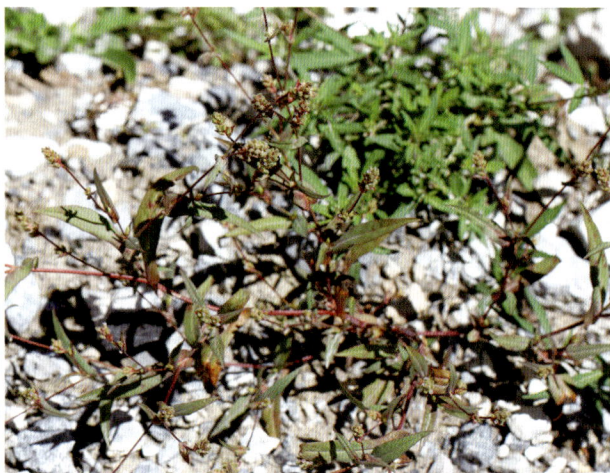

二色补血草

Limonium bicolor (Bunge) Kuntze

科 白花丹科 Plumbaginaceae
属 补血草属 *Limonium*

形态识别要点：多年生草本，高20～50厘米。叶基生，偶可见花序轴下部1～3节上有叶；叶片匙形至长圆状匙形，长3～15厘米，宽0.5～3厘米，先端圆钝，基部渐狭成扁平的柄。花序圆锥状；穗状花序排列在花序分枝的上部至顶端，由3～9个小穗组成；小穗含2～5朵花；萼长6～7毫米，漏斗状，萼檐初时淡紫红或粉红色，后来变白；花冠黄色。蒴果倒卵圆形。

本区分布：水家沟。海拔2100～2400米。

生境：河谷阳坡。

紫丁香

Syringa oblata Lindl.

科 木樨科 Oleaceae
属 丁香属 *Syringa*

形态识别要点：落叶灌木或小乔木。单叶对生；叶片革质或厚纸质，卵圆形至肾形，长2～14厘米，宽2～15厘米；叶柄长1～3厘米。圆锥花序直立；花梗短；花冠紫色，高脚碟形，花冠管圆柱形，长0.8～1.7厘米，裂片呈直角开展，卵圆形至倒卵圆形，长3～6毫米。蒴果卵形至长椭圆形，长1～2厘米，光滑。

本区分布：官滩沟、麻家寺、唐家峡、陈沟峡、马坡、大洼沟、龙泉寺、兴隆峡。海拔2000～2400米。

生境：灌丛或林缘。

北京丁香

Syringa reticulata (Blume) H. Hara subsp. *pekinensis* (Rupr.) P. S. Green & M. C. Chang

科 木樨科 Oleaceae
属 丁香属 *Syringa*

形态识别要点： 落叶大灌木或小乔木。叶纸质，卵形至近圆形，长2.5～10厘米，宽2～6厘米，先端长渐尖至锐尖，基部圆形至近心形；叶柄长1.5～3厘米，细弱。圆锥花序；花梗短；花冠白色，呈辐状，裂片卵形或长椭圆形，长1.5～2.5毫米，先端锐尖或钝，或略呈兜状。蒴果长椭圆形至披针形，长1.5～2.5厘米，先端锐尖至长渐尖。

本区分布： 干沟、水家沟。海拔2000～2200米。

生境： 林中或林缘。

互叶醉鱼草

Buddleja alternifolia Maxim.

科 马钱科 Loganiaceae
属 醉鱼草属 *Buddleja*

形态识别要点： 落叶灌木。单叶，在长枝上互生，在短枝上簇生；长枝上的叶片披针形或线状披针形，长3～10厘米，宽2～10毫米，全缘或有波状齿，下面密被灰白色星状短茸毛，叶柄长1～2毫米；在花枝上或短枝上的叶很小，椭圆形或倒卵形。花两性，辐射对称，单生或孪生；花多朵组成簇生状或圆锥状聚伞花序，花序较短而密集；花序梗极短；花梗长3毫米；花萼钟状，具4棱，外面密被灰白色星状茸毛和腺毛；花冠紫蓝色。蒴果椭圆状，长约5毫米。

本区分布： 水家沟、歧儿沟、深岘子、矿湾村、谢家岔、干沟、石窑沟、马啣山。海拔2000～2600米。

生境： 山坡及灌丛。

麻花艽

Gentiana straminea Maxim.

科 龙胆科 Gentianaceae
属 龙胆属 *Gentiana*

形态识别要点：多年生草本，高10～35厘米。须根多数，扭结成一个粗大、圆锥形的根。莲座丛叶宽披针形或卵状椭圆形，长6～20厘米，宽0.8～4厘米，叶柄宽，膜质，长2～4厘米；愈向茎上部叶愈小，柄愈短。聚伞花序顶生及腋生，排列疏松；花梗不等长，总花梗长达9厘米，小花梗长达4厘米；花萼筒膜质，黄绿色，一侧开裂呈佛焰苞状，萼齿2～5个，甚小；花冠黄绿色，喉部具多数绿色斑点，有时外面带紫色或蓝灰色，漏斗形，长3～4.5厘米，裂片卵形，褶偏斜，三角形。蒴果内藏，椭圆状披针形。

本区分布：八盘梁、窑沟、尖山、马啣山。海拔2400～2800米。

生境：高山草地、灌丛、林下及河滩地。

达乌里秦艽

Gentiana dahurica Fisch.

科 龙胆科 Gentianaceae
属 龙胆属 *Gentiana*

形态识别要点：多年生草本，高10～25厘米。须根扭结成一个圆锥形的根。茎丛生。莲座丛叶披针形或线状椭圆形，长5～15厘米，宽1.5厘米，叶柄长约3厘米；茎生叶少数，披针形至线形，长2～5厘米，宽约4毫米，向上渐小。花两性；聚伞花序顶生及腋生；花梗极不等长；花冠深蓝色，有时喉部具多数黄色斑点，筒形或漏斗形，长约4厘米，裂片卵形，全缘，褶三角形或卵形，全缘或边缘啮蚀形。蒴果内藏，狭椭圆形。

本区分布：马坡、陈沟峡、矿湾村、清水沟、水家沟、兴隆峡、祁家坡、谢家岔、火烧沟。海拔2100～3000米。

生境：路旁、河滩及草地。

管花秦艽
Gentiana siphonantha Maxim. ex Kusnez.

科 龙胆科 Gentianaceae
属 龙胆属 *Gentiana*

形态识别要点：多年生无毛草本，高10～25厘米。须根数条，向左扭结成一个较粗的圆柱形的根。莲座丛叶线形，长4～14厘米，宽0.7～2.5厘米，先端渐尖，边缘粗糙，叶柄长3～6厘米；茎生叶与莲座丛叶相似而略小，无叶柄至叶柄长达2厘米。花多数，无花梗，簇生枝顶及上部叶腋中呈头状；花萼小，萼筒常带紫红色，长4～6毫米，萼齿不整齐，丝状或钻形；花冠深蓝色，筒状钟形，长2.3～2.6厘米，裂片矩圆形，先端钝圆，全缘，褶整齐或偏斜，狭三角形，全缘或2裂。蒴果椭圆状披针形。

本区分布：三岔路口、八盘梁、马㘭山、西番沟。海拔2300～2800米。

生境：草地、灌丛及河滩。

秦艽
Gentiana macrophylla Pall.

科 龙胆科 Gentianaceae
属 龙胆属 *Gentiana*

形态识别要点：多年生无毛草本，高30～60厘米。须根多条扭结成一个圆柱形的根。莲座丛叶卵状椭圆形或狭椭圆形，长6～28厘米，宽2.5～6厘米，叶柄宽，长3～5厘米；茎生叶长4.5～15厘米，宽1.2～3.5厘米，无叶柄至叶柄长达4厘米。花多数，无花梗，簇生枝顶呈头状或腋生作轮状；花萼筒膜质，长3～9毫米，一侧开裂呈佛焰苞状，萼齿4～5个，甚小，锥形；花冠筒部黄绿色，冠澹蓝色或蓝紫色，长1.8～2厘米，裂片卵形，全缘，褶整齐，三角形，全缘。蒴果内藏或先端外露，卵状椭圆形。

本区分布：八盘梁、徐家峡、响水沟、红庄子。海拔2400～2800米。

生境：草地、林下及林缘。

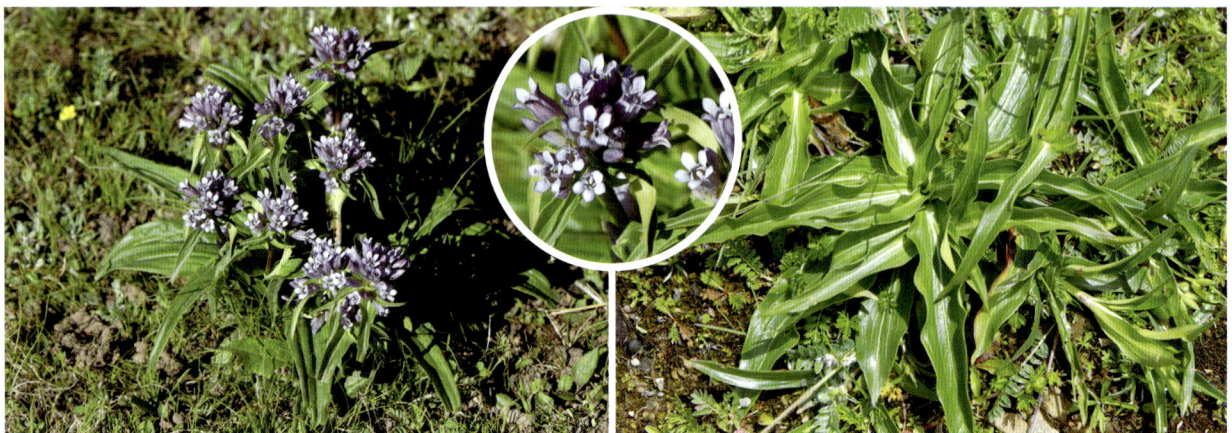

黄管秦艽

Gentiana officinalis H. Smith

科 龙胆科 Gentianaceae
属 龙胆属 *Gentiana*

形态识别要点：多年生无毛草本，高15～35厘米。须根黏结成一个细瘦圆柱形根。莲座丛叶披针形或椭圆状披针形，长7～25厘米，宽2～4厘米，叶柄长约5厘米；茎生叶长3～6厘米，宽约2厘米，向上渐小。花两性，无梗，多数簇生枝顶呈头状或轮状腋生；花冠黄绿色，具蓝色细条纹或斑点，筒形，长约2厘米，裂片全缘，褶偏斜，三角形，全缘；萼筒一侧开裂呈佛焰苞状。蒴果内藏，狭椭圆形。

本区分布：黄崖沟、马坡、八盘梁、矿湾村、清水沟、小泥窝子、尖山、除家庄、魏河、陈沟峡、红庄子、唐家峡。海拔2100～2700米。

生境：高山草地、灌丛及河滩。

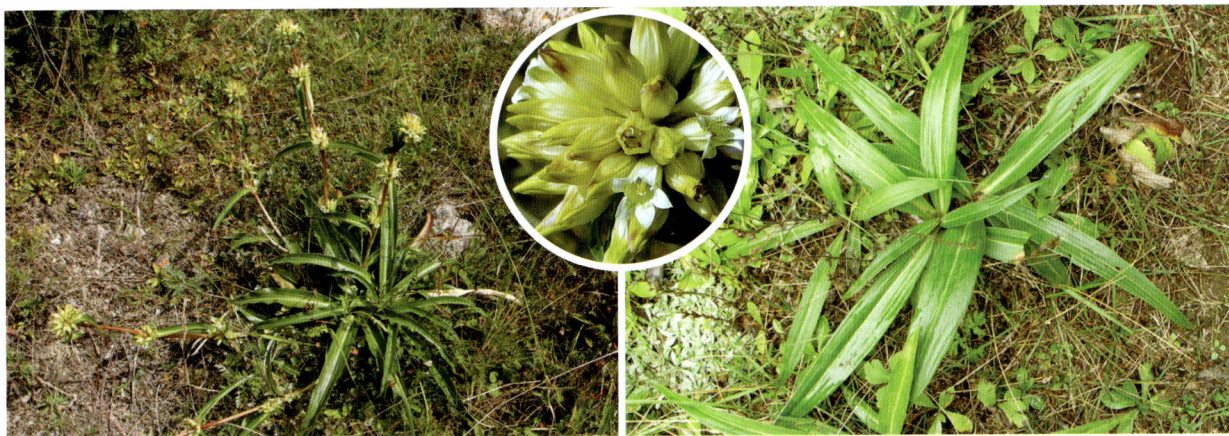

线叶龙胆

Gentiana lawrencei Burk. var. *farreri* (Balf. f.) T. N. Ho

科 龙胆科 Gentianaceae
属 龙胆属 *Gentiana*

形态识别要点：多年生草本，高5～10厘米。莲座丛叶极不发达，披针形；茎生叶多对，下部叶狭矩圆形，长3～6毫米，宽约2毫米，中、上部叶线形，长6～20毫米，宽约2毫米。花单生枝顶；花冠上部亮蓝色，下部黄绿色，具蓝色条纹，倒锥状筒形，长4～6厘米，裂片卵状三角形，先端急尖，全缘，褶宽卵形，边缘啮蚀形；花梗极短；花萼长为花冠的1/2，紫色或黄绿色，裂片与上部叶同形。蒴果内藏，椭圆形。

本区分布：马啣山。海拔3000～3200米。

生境：高山草地。

青藏龙胆

Gentiana futtereri Diels & Gilg

科 龙胆科 Gentianaceae
属 龙胆属 *Gentiana*

形态识别要点：多年生草本，高5～10厘米。莲座丛叶常不发达，线状披针形，长10～20毫米；茎生叶多对，下部叶狭矩圆形，长3～6毫米，中、上部叶线形，长6～20毫米；所有叶先端急尖，边缘粗糙，叶柄背面具乳突。花单生枝顶；无花梗；花冠上部深蓝色，下部黄绿色，具深蓝色条纹和斑点，稀淡黄色至白色，具淡蓝灰色斑点，倒锥状筒形，长5～6厘米，裂片卵状三角形，先端急尖，全缘，褶宽卵形，边缘有不整齐细齿；花萼裂片与上部叶同形。蒴果内藏，椭圆形。

本区分布：马啣山、响水沟。海拔3200～3600米。

生境：山坡草地及灌丛中。

岷县龙胆

Gentiana purdomii Marq.

科 龙胆科 Gentianaceae
属 龙胆属 *Gentiana*

形态识别要点：多年生草本，高4～25厘米。茎2～4个丛生。叶基生，对折，叶片线状椭圆形，长2～6厘米，宽2～8毫米，叶柄长2～4厘米；茎生叶1～2对，狭矩圆形，叶柄短。花两性，1～8朵，顶生和腋生；花冠淡黄色，具宽条纹和细短条纹，筒状钟形或漏斗形，长3～5厘米，裂片宽卵形，边缘有不整齐细齿，褶偏斜，截形，有不明显波状齿；花梗无至长达4厘米；花萼长至1.8厘米，裂片狭矩圆形。蒴果内藏，椭圆状披针形。

本区分布：马啣山、响水沟。海拔3200～3600米。

生境：高山草地及高山流石滩。

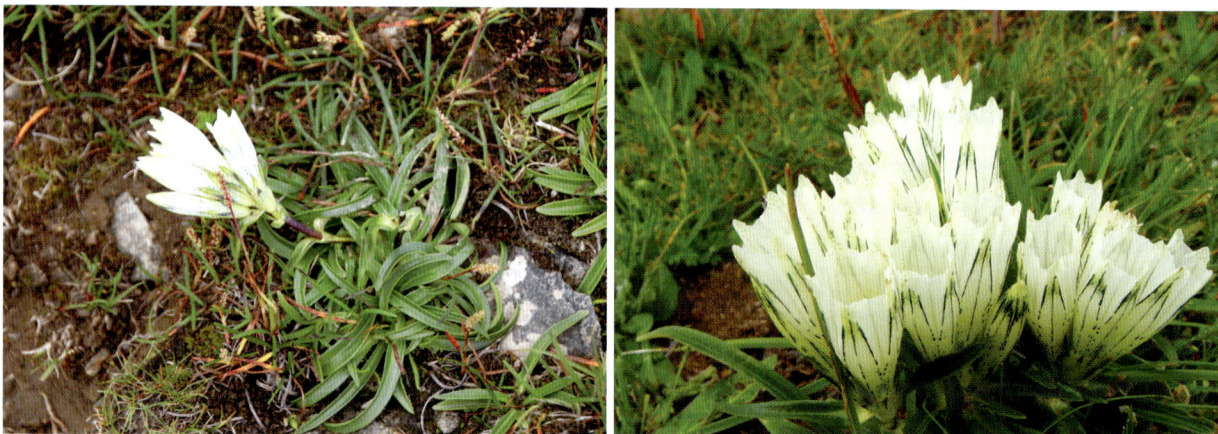

条纹龙胆

Gentiana striata Maxim.

科 龙胆科 Gentianaceae
属 龙胆属 *Gentiana*

形态识别要点： 一年生草本，高 10～30 厘米。茎生叶无柄；叶片卵状披针形，长 1～3 厘米，宽至 1.4 厘米，基部抱茎呈短鞘。花单生茎顶；花冠淡黄色，有黑色纵条纹，长 4～6 厘米，裂片卵形，先端具尾尖，褶偏斜，截形，边缘具不整齐齿裂；萼筒钟形，裂片披针形，中脉突起下延呈翅，边缘及翅粗糙，弯缺圆形。蒴果内藏或先端外露，矩圆形。

本区分布： 官滩沟、马啣山、红庄子、阳道沟、尖山。海拔 2300～3600 米。

生境： 高山草地及灌丛。

蓝灰龙胆

Gentiana caeruleogrisea T. N. Ho

科 龙胆科 Gentianaceae
属 龙胆属 *Gentiana*

形态识别要点： 一年生草本，高 6～12 厘米。茎基部多分枝，铺散。基生叶卵形至近圆形，长 4～6 毫米，宽 3.5～5 毫米，叶柄长 1～2 毫米；茎生叶小而疏离，匙形至线形，叶柄基部连合成筒。花单生；花萼狭漏斗形，萼筒具 5 条白色膜质纵纹，裂片边缘膜质，背面具龙骨状突起；花冠白色，具蓝灰色条纹，裂片卵形，褶宽卵形，先端钝圆，具不整齐细齿。蒴果内藏。

本区分布： 马坡。海拔 2300～2500 米。

生境： 高山草地。

鳞叶龙胆

Gentiana squarrosa Ledeb.

科 龙胆科 Gentianaceae
属 龙胆属 *Gentiana*

形态识别要点：一年生草本，高2～8厘米。枝铺散，斜升。基生叶卵形，长7～10毫米，宽5～9毫米，在花期枯萎，宿存；茎生叶小，外反。花单生于小枝顶端；花梗长3～8毫米；花冠蓝色，筒状漏斗形，长7～10毫米，褶卵形，先端全缘或有细齿；花萼倒锥状筒形，具白色膜质和绿色叶质相间的宽条纹，裂片外反，叶状，弯缺截形。蒴果外露，倒卵状矩圆形。

本区分布：矿湾村、上庄、黄崖沟、张家窑、水家沟、陶家窑。海拔2300～2600米。

生境：路边、山坡、灌丛下及高山草地。

匙叶龙胆

Gentiana spathulifolia Maxim. ex Kusnez

科 龙胆科 Gentianaceae
属 龙胆属 *Gentiana*

形态识别要点：一年生草本，高5～13厘米。基部多分枝，丛生状。基生叶在花期枯萎，宿存；茎生叶匙形，长4～5毫米，宽约2毫米，先端有小尖头，中脉在下面呈脊状突起。花单生于小枝顶端；花梗长3～12毫米；花冠紫红色，漏斗形，长10～14毫米，裂片卵形，褶卵形，先端2浅裂或不裂；花萼漏斗形，裂片三角状披针形，中脉在背面呈脊状突起，弯缺宽，截形。蒴果外露或内藏，矩圆状匙形。

本区分布：窑沟、黄崖沟、唐家峡、响水沟、阳洼村、八盘梁、尖山、马啣山。海拔2700～3300米。

生境：高山草地及灌丛下。

假水生龙胆

Gentiana pseudoaquatica Kusnez.

科　龙胆科 Gentianaceae
属　龙胆属 *Gentiana*

形态识别要点： 一年生草本，高3～5厘米。基部多分枝，枝铺散，斜升。基生叶在花期枯萎，宿存；茎生叶覆瓦状排列，倒卵形或匙形，长3～5毫米，宽2～3毫米，叶柄连合成长1～1.5毫米的筒。花单生于小枝顶端；花冠深蓝色，外面常具黄绿色宽条纹，漏斗形，长9～14毫米，裂片卵形，褶卵形，全缘或边缘啮蚀形；花萼筒状漏斗形，裂片三角形，狭窄，中脉在背面呈脊状突起，弯缺截形。蒴果外露，倒卵状矩圆形。

本区分布： 大洼沟、尖山。海拔2300～2600米。

生境： 水沟边及沼泽草地。

开张龙胆

Gentiana aperta Maxim.

科　龙胆科 Gentianaceae
属　龙胆属 *Gentiana*

形态识别要点： 一年生草本，高2～10厘米。基生叶在花期枯萎，宿存；茎生叶疏离，卵形至椭圆形，长5～9毫米，愈向茎上部叶愈狭窄。花数朵，单生小枝顶端；花梗长4.5～15毫米；花萼钟形，长5.5～6.5毫米，萼筒具5条膜质纵纹，裂片披针形，中脉有时在背面呈脊状突起，并下延至萼筒上部，弯缺截形；花冠开张，淡蓝色或蓝色，具深蓝色宽条纹，喉部具黄绿色斑点，钟形，长9～12毫米，裂片卵状椭圆形，褶矩圆形，上部2深裂。蒴果外露或内藏，矩圆状匙形。

本区分布： 响水沟、马啣山。海拔3000～3400米。

生境： 山坡草地、灌丛及河滩地。

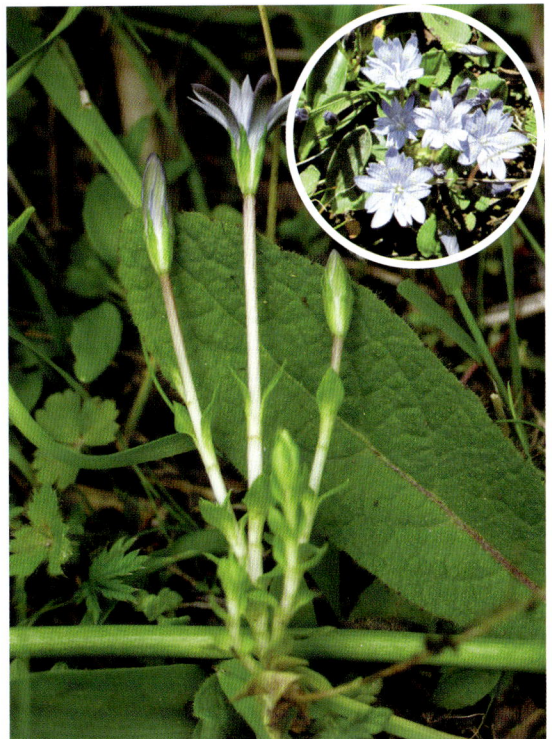

椭圆叶花锚

Halenia elliptica D. Don

科 龙胆科 Gentianaceae
属 花锚属 *Halenia*

形态识别要点：一年生草本，高13～65厘米。茎四棱形，上部分枝。基生叶椭圆形，全缘，具宽扁的柄；茎生叶卵形至卵状披针形，长2～7厘米，宽1～3厘米，全缘，无柄或具短柄，抱茎。聚伞花序腋生和顶生；花4朵，直径1～1.5厘米；花萼裂片椭圆形；花冠蓝色或紫色，裂片椭圆形，距长5～6毫米，向外水平开展。蒴果宽卵形，长约10毫米。

本区分布：马场沟、黄崖沟、窑沟、西番沟、红庄子、八盘梁。海拔2100～2500米。

生境：林下、林缘、山坡草地、灌丛及水沟边。

红直獐牙菜

Swertia erythrosticta Maxim.

科 龙胆科 Gentianaceae
属 獐牙菜属 *Swertia*

形态识别要点：多年生草本，高20～50厘米。茎直立，不分枝。基生叶在花期枯萎凋落；茎生叶对生，叶片矩圆形至卵形，长5～13厘米，宽1～6厘米，基部渐狭成柄，叶柄长2～7厘米，下部连合成筒状抱茎，愈向茎上部叶愈小，最上部叶无柄，苞叶状。圆锥状复聚伞花序具多数花；花5朵，花冠绿色或黄绿色，具红褐色斑点，裂片矩圆形，边缘具长柔毛状流苏；花梗常弯垂。蒴果无柄，卵状椭圆形。

本区分布：官滩沟、分豁岔、西番沟、徐家峡、红庄子、阳道沟、陈沟峡、八盘梁。海拔2100～2400米。

生境：干草原、高山草地及疏林下。

二叶獐牙菜

Swertia bifolia Batalin

科 龙胆科 Gentianaceae
属 獐牙菜属 *Swertia*

形态识别要点：一年生草本，高10～30厘米。茎直立，不分枝。基生叶1～2对，卵状矩圆形，长2～6厘米，宽1～3厘米，基部渐狭成柄；茎中部无叶；最上部叶2～3对，无柄，苞叶状。复聚伞花序具2～13朵花；花5朵，花冠蓝色或深蓝色，裂片椭圆状披针形，全缘或有时边缘啮蚀形，顶端具柔毛状流苏；花梗直立或斜伸，不等长。蒴果无柄，披针形，先端外露。

本区分布：响水沟、马喇山。海拔3200～3600米。

生境：高山草地、灌丛及林下。

歧伞獐牙菜

Swertia dichotoma Linn.

科 龙胆科 Gentianaceae
属 獐牙菜属 *Swertia*

形态识别要点：一年生草本，高5～12厘米。茎细弱，从基部作二歧式分枝。下部叶匙形，长至15毫米，宽约8毫米，叶柄细，长8～20毫米；中上部叶无柄或有短柄，叶片卵状披针形。聚伞花序顶生或腋生；花4朵，花冠白色带紫红色，裂片卵形；花梗细弱，弯垂；花萼长为花冠的1/2。蒴果椭圆状卵形。

本区分布：黄崖沟、张家窑、陶家窑、尖山。海拔2000～2900米。

生境：河边、山坡及林缘。

四数獐牙菜

Swertia tetraptera Maxim.

科 龙胆科 Gentianaceae
属 獐牙菜属 *Swertia*

形态识别要点： 一年生草本，高5～40厘米。基生叶花期枯萎；茎中上部叶卵状披针形，长2～4厘米，宽达1.5厘米，基部半抱茎；分枝叶较小，矩圆形或卵形。圆锥状复聚伞花序或聚伞花序多花，稀单花顶生；花4朵；花梗细长；主茎上部的花比主茎基部和分枝上的花大2～3倍；大花的花冠黄绿色，有时带蓝紫色，开展，裂片卵形，先端啮蚀状，内侧边缘具短裂片状流苏；小花的花冠黄绿色，常闭合。大花的蒴果卵状矩圆形，长10～14毫米；小花的蒴果宽卵形或近圆形，长4～5毫米。

本区分布： 徐家峡、深岘子、马坡、尖山、八盘梁。海拔2100～2500米。

生境： 山坡、河滩、灌丛及疏林。

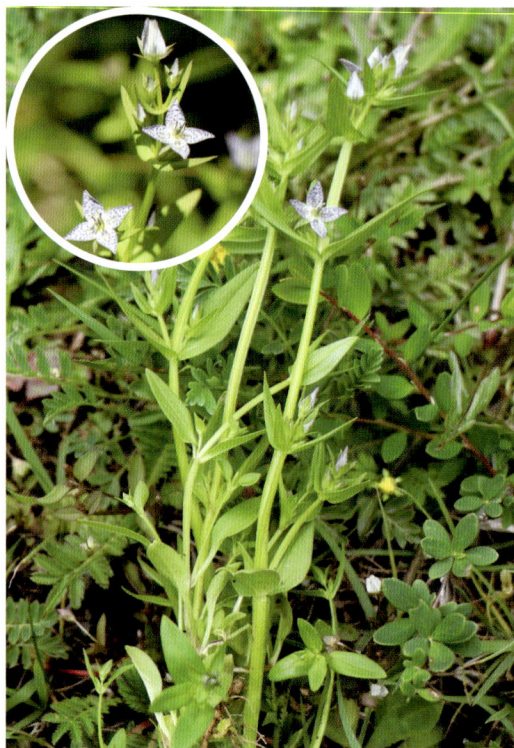

肋柱花

Lomatogonium carinthiacum (Wulf.) Reichb.

科 龙胆科 Gentianaceae
属 肋柱花属 *Lomatogonium*

形态识别要点： 一年生草本，高3～30厘米。茎自下部多分枝。基生叶早落，具短柄，莲座状；茎生叶无柄，披针形、椭圆形至卵状椭圆形，长4～20毫米，宽3～7毫米。聚伞花序或花生分枝顶端；花梗不等长，长达6厘米；花5朵，大小不相等，直径常8～20毫米；花萼长为花冠的1/2，裂片卵状披针形或椭圆形；花冠蓝色，裂片椭圆形或卵状椭圆形，长8～14毫米，基部两侧各具1个腺窝，腺窝上部具裂片状流苏。蒴果无柄，圆柱形，与花冠等长或稍长。

本区分布： 响水沟、马啣山。海拔3000～3600米。

生境： 草地。

辐状肋柱花

Lomatogonium rotatum (Linn.) Fries ex Nym.

科 龙胆科 Gentianaceae
属 肋柱花属 *Lomatogonium*

形态识别要点：一年生草本，高15～40厘米。茎不分枝或自基部有少数分枝。叶无柄，狭长披针形、披针形至线形，长至43毫米，宽1.5～4毫米；枝及上部叶较小，基部钝，半抱茎。花5朵，顶生和腋生，直径2～3厘米；花梗不等长，长至8厘米；花萼较花冠稍短或等长，裂片线形或线状披针形；花冠淡蓝色，具深色脉纹，裂片椭圆状披针形或椭圆形，基部两侧各具1个腺窝，腺窝边缘具不整齐的裂片状流苏。蒴果狭椭圆形或倒披针状椭圆形，与花冠等长或稍长。

本区分布：官滩沟、响水沟、马坡、红庄子、八盘梁、马啣山。海拔2800～3200米。

生境：水沟边及山坡草地。

湿生扁蕾

Gentianopsis paludosa (Hook. f.) Ma

科 龙胆科 Gentianaceae
属 扁蕾属 *Gentianopsis*

形态识别要点：一年生草本，高4～50厘米。茎单生，在基部分枝或不分枝。基生叶3～5对，匙形，长0.4～3厘米，宽2～10毫米，基部狭缩成柄；茎生叶1～4对，无柄，矩圆形或椭圆状披针形，长1～6厘米。花单生茎、枝顶端；花梗直立，长2～20厘米；花萼筒形，长为花冠的1/2，背面中脉向萼筒下延成翅；花冠蓝色，或下部黄白色，上部蓝色，裂片4枚，宽矩圆形，有微齿，基部边缘具流苏状毛；腺体4个，下垂。蒴果具长柄，椭圆形。

本区分布：尖山、哈班岔、八盘梁。海拔2300～2800米。

生境：河滩、山坡草地及林下。

卵叶扁蕾

Gentianopsis paludosa (Hook. f.) Ma var. *ovatodeltoidea* (Burk.) Ma ex T. N. Ho

科 龙胆科 Gentianaceae
属 扁蕾属 *Gentianopsis*

与湿生扁蕾的区别：茎生叶卵状披针形或三角状披针形；茎上部分枝。

本区分布：三岔路口、兴隆峡、红庄子、马啣山。海拔2200～2500米。

生境：河滩、山坡草地及林下。

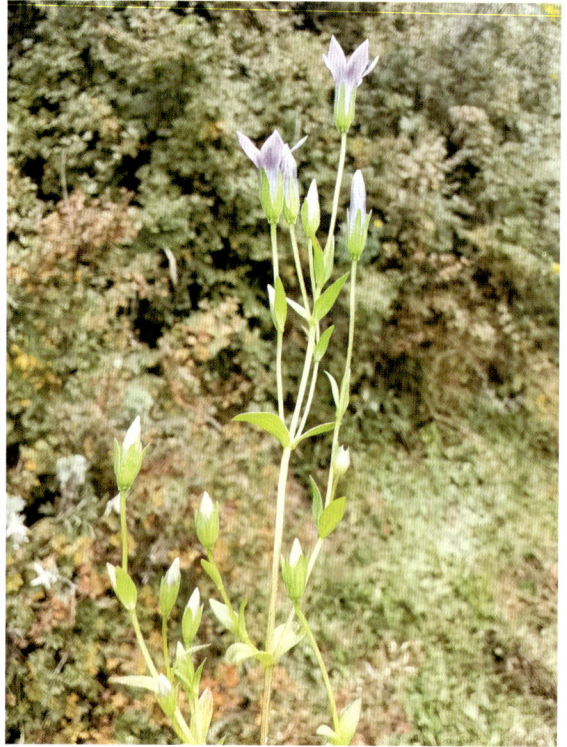

喉毛花

Comastoma pulmonarium (Turcz.) Toyok.

科 龙胆科 Gentianaceae
属 喉毛花属 *Comastoma*

形态识别要点：一年生草本，高5～30厘米。茎单生，分枝或不分枝。基生叶少数，无柄，矩圆形或矩圆状匙形；茎生叶无柄，卵状披针形，长1～3厘米，宽约1厘米，茎上部及分枝上叶变小，基部半抱茎。单花顶生或为聚伞花序；花萼开张，深裂近基部；花冠淡蓝色，具深蓝色纵脉纹，长9～25毫米，浅裂，花冠筒喉部具一圈白色副冠，5束，上部流苏状条裂。蒴果无柄，椭圆状披针形。

本区分布：黄崖沟。海拔2500～2700米。

生境：河滩、山坡草地、灌丛及林下。

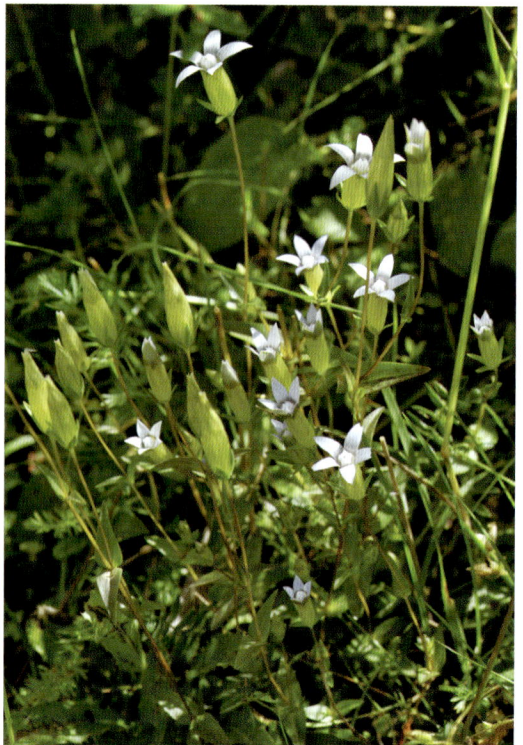

皱边喉毛花

Comastoma polycladum (Diels & Gilg) T. N. Ho

科 龙胆科 Gentianaceae
属 喉毛花属 *Comastoma*

形态识别要点：一年生草本，高8～20厘米。茎自基部起多次分枝。基生叶在花时凋谢或存在，具短柄，匙形；茎生叶无柄，椭圆形或椭圆状披针形，长至20毫米，宽至5毫米，边缘常外卷，具紫色皱波状边。聚伞花序顶生和腋生；花梗长至11厘米；花萼长6.5～9毫米，深裂，裂片披针形，边缘黑紫色，外卷，皱波状；花冠蓝色，筒状，通常裂达中部，裂片狭矩圆形，喉部具一圈白色副冠，副冠10束，流苏状条裂。蒴果狭椭圆形或椭圆形，长1.2～1.5厘米。

本区分布：官滩沟、大洼沟、八盘梁。海拔2400～2800米。

生境：山坡草地及河滩。

黑边假龙胆

Gentianella azurea (Bunge) Holub

科 龙胆科 Gentianaceae
属 假龙胆属 *Gentianella*

形态识别要点：一年生草本，高2～25厘米。茎从基部或下部起分枝，枝开展。基生叶早落；茎生叶无柄，矩圆形、椭圆形或矩圆状披针形，长3～22毫米，宽1.5～7毫米，基部稍合生。聚伞花序顶生和腋生，稀单花顶生；花梗不等长，长至4.5厘米；花5朵，直径4.5～5.5毫米；花萼绿色，长为花冠的1/2，深裂，裂片卵状矩圆形至线状披针形，边缘及背面中脉明显黑色；花冠蓝色或淡蓝色，漏斗形，长5～14毫米，近中裂，裂片矩圆形。蒴果无柄，先端稍外露。

本区分布：响水沟、马啣山。海拔3000～3600米。

生境：草地、林下及灌丛中。

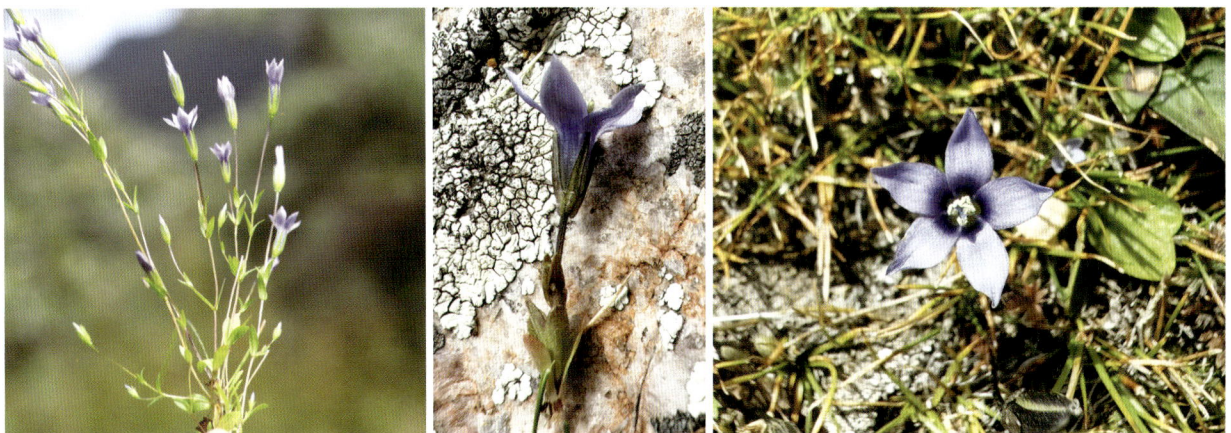

地梢瓜

Cynanchum thesioides (Freyn) K. Schum.

科 萝藦科 Asclepiadaceae
属 鹅绒藤属 *Cynanchum*

形态识别要点：直立半灌木。叶对生或近对生；叶片线形，长3～5厘米，宽2～5毫米，叶背中脉隆起。伞形聚伞花序腋生；花萼外面被柔毛；花冠绿白色；副花冠杯状，裂片三角状披针形，渐尖。蓇葖果纺锤形，先端渐尖，中部膨大，长5～6厘米，直径2厘米。

本区分布：白庄子。海拔2100～2200米。

生境：山坡、沙丘、荒地及砾石地。

鹅绒藤

Cynanchum chinense R. Brown

科 萝藦科 Asclepiadaceae
属 鹅绒藤属 *Cynanchum*

形态识别要点：缠绕草本，全株被短柔毛。叶对生；叶片宽三角状心形，长4～9厘米，宽4～7厘米。伞形聚伞花序腋生，有花约20朵；花萼外面被柔毛；花冠白色，裂片长圆状披针形；副花冠二形，杯状，上端裂成10个丝状体，分为2轮。蓇葖果双生或仅有1枚发育，细圆柱状，长约11厘米。

本区分布：祁家坡、白房子。海拔2100～2200米。

生境：山坡灌丛、路旁及河畔。

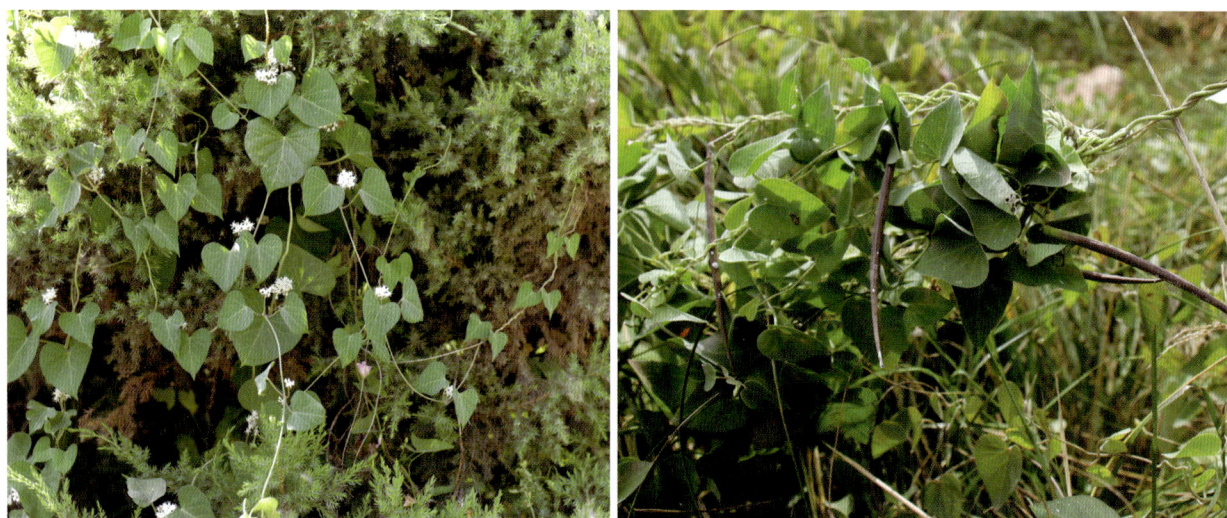

打碗花

Calystegia hederacea Wall.

科 旋花科 Convolvulaceae
属 打碗花属 *Calystegia*

形态识别要点：一年生草本。茎平卧，有细棱。基部叶片长圆形，长2～5.5厘米，宽1～2.5厘米，基部戟形，上部叶片3裂，中裂片长圆形，侧裂片近三角形，全缘或2～3裂；叶柄长1～5厘米。花腋生，1朵；花梗长于叶柄；苞片宽卵形，长0.8～1.6厘米；萼片长圆形，长0.6～1厘米，内萼片稍短；花冠淡紫色或淡红色，钟状，长2～4厘米。蒴果卵球形，与宿存萼片近等长或稍长。

本区分布：兴隆峡。海拔2000～2200米。

生境：草地。

欧旋花

Calystegia sepium (Linn.) R. Brown subsp. *spectabilis* Brummitt

科 旋花科 Convolvulaceae
属 打碗花属 *Calystegia*

形态识别要点：多年生缠绕草本，除萼片和花冠外植物体各部分均被柔毛。叶卵状长圆形，长4～6厘米，基部戟形，基裂片不明显伸展，圆钝或2裂；叶柄长1～4厘米。花腋生，1朵；花梗长达10厘米；苞片宽卵形；萼片卵形，长1.2～1.6厘米；花冠淡红色，漏斗状，长5～7厘米，冠檐微裂。蒴果卵形，长约1厘米，为增大宿存的苞片和萼片所包被。

本区分布：窑沟。海拔2000～2100米。

生境：路边、荒地、旱田或山坡路旁。

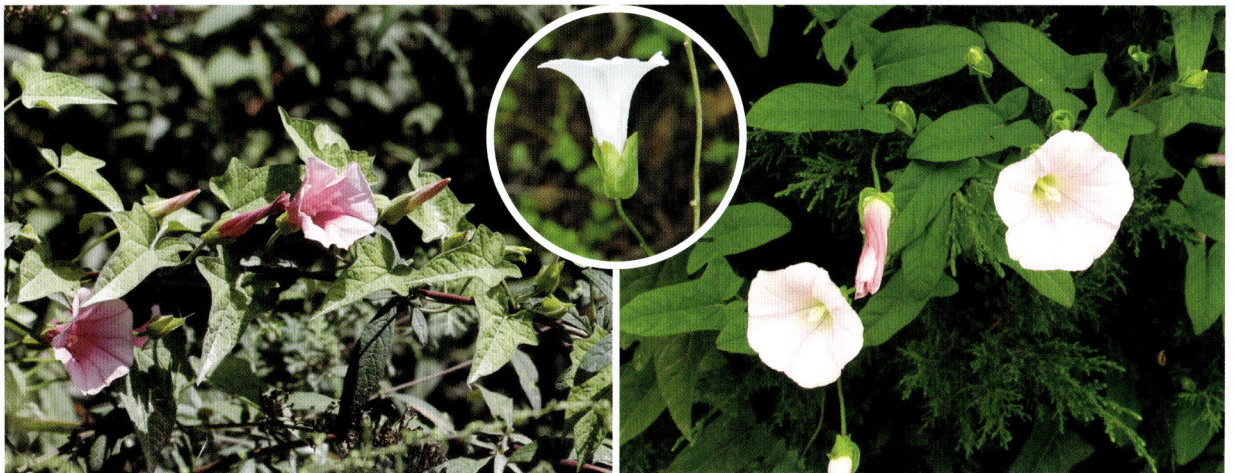

银灰旋花

Convolvulus ammannii Desr.

科 旋花科 Convolvulaceae
属 旋花属 *Convolvulus*

形态识别要点：多年生草本。茎少数或多数，高2～15厘米，平卧或上升，枝和叶密被银灰色绢毛。叶互生；叶片线形或狭披针形，长1～2厘米，宽0.5～5毫米，无柄。花单生枝端；花梗长0.5～7厘米；花冠小，漏斗状，长8～15毫米，淡玫瑰色、白色或白色带紫色条纹。蒴果球形，2裂，长4～5毫米。
本区分布：马啣山。海拔2300～2400米。
生境：干旱山坡草地或路旁。

田旋花

Convolvulus arvensis Linn.

科 旋花科 Convolvulaceae
属 旋花属 *Convolvulus*

形态识别要点：多年生草本。茎平卧或缠绕。单叶互生；叶片卵状长圆形至披针形，长1.5～5厘米，宽1～3厘米，基部戟形、箭形或心形，全缘或3裂，侧裂片展开，中裂片卵状椭圆形至披针状长圆形；叶柄长1～2厘米。花序腋生，总梗长3～8厘米，具1朵花，或有时2至多朵花；苞片2枚，线形；花冠宽漏斗形，白色或粉红色，5浅裂。蒴果卵状球形或圆锥形。
本区分布：谢家岔、水家沟、深岘子。海拔2100～2400米。
生境：荒地及草地。

菟丝子
Cuscuta chinensis Lam.

科 旋花科 Convolvulaceae
属 菟丝子属 *Cuscuta*

形态识别要点： 一年生寄生草本，无叶。茎缠绕，黄色。花序侧生，少花或多花簇生成小伞形或小团伞花序，近于无总花序梗；苞片及小苞片鳞片状；花梗长仅1毫米；花萼杯状，中部以下连合，裂片三角状；花冠白色，壶形，长约3毫米，裂片三角状卵形，顶端向外反折，宿存。蒴果球形，几乎全为宿存的花冠所包围。

本区分布： 兴隆峡、上庄。海拔2100～2400米。

生境： 田边、山坡阳处及路边灌丛。

金灯藤
Cuscuta japonica Choisy

科 旋花科 Convolvulaceae
属 菟丝子属 *Cuscuta*

形态识别要点： 一年生寄生缠绕草本，无叶。茎肉质，黄色，常带紫红色瘤状斑点，多分枝。花无柄或几无柄，形成穗状花序，长达3厘米，基部常多分枝；花萼碗状，肉质，5裂几达基部，背面常有紫红色瘤状突起；花冠钟状，淡红色或绿白色，长3～5毫米，顶端5浅裂。蒴果卵圆形，长约5毫米，近基部周裂。

本区分布： 麻家寺、矿湾村、祁家坡、响水沟、阳道沟。海拔2100～2400米。

生境： 田边、山坡阳处及路边灌丛。

中华花荵

Polemonium chinense (Brand) Brand

科 花荵科 Polemoniaceae
属 花荵属 *Polemonium*

形态识别要点：多年生草本，高0.5~1米。羽状复叶互生；茎下部叶长可达20多厘米，茎上部叶长7~14厘米；小叶互生，11~21片，长卵形至披针形，长1.5~4厘米，宽0.5~1.4厘米，全缘，无小叶柄；叶柄长1.5~8厘米。聚伞圆锥花序顶生或生上部叶腋，疏生多花；花梗长3~5毫米；花萼钟状，5裂；花冠紫蓝色，钟状，长1~1.5厘米，裂片倒卵形。蒴果卵形，长5~7毫米。

本区分布：官滩沟、歧儿沟、水岔沟、深岘子、窑沟、分豁岔、哈班岔、马啣山。海拔2400~2800米。

生境：潮湿草丛及林下。

紫草

Lithospermum erythrorhizon Sieb. & Zucc.

科 紫草科 Boraginaceae
属 紫草属 *Lithospermum*

形态识别要点：多年生草本，高40~90厘米。叶片卵状披针形至宽披针形，长3~8厘米，宽7~17毫米，两面均有短糙伏毛；叶无柄。花序生茎和枝上部，长2~6厘米，果期延长；苞片与叶同形而较小；花萼裂片线形，长约4毫米，果期增大；花冠白色，长7~9毫米，喉部附属物半球形。小坚果卵球形。

本区分布：陈沟峡。海拔2100~2300米。

生境：草地。

小花紫草
Lithospermum officinale Linn.

科 紫草科 Boraginaceae
属 紫草属 *Lithospermum*

形态识别要点：多年生草本，高可达1米。上部通常多分枝。单叶互生；叶片披针形至卵状披针形，长3~8厘米，宽5~15毫米，先端短渐尖，基部楔形或渐狭，两面均有糙伏毛；无柄。花序生茎和枝上部，果期长可达15厘米；花萼裂片线形，长约5毫米，果期伸长，背面有短糙伏毛；花冠白色或淡黄绿色，长4~6毫米，裂片长圆状卵形，边缘波状，喉部具5个短梯形附属物，密生短毛。小坚果卵球形。

本区分布：大洼沟。海拔2100~2400米。

生境：山坡草地及林缘。

狼紫草
Anchusa ovata Lehm.

科 紫草科 Boraginaceae
属 牛舌草属 *Anchusa*

形态识别要点：一年生草本，高10~40厘米。基生叶和茎下部叶有柄；叶片倒披针形至线状长圆形，长4~14厘米，宽1.2~3厘米，两面疏生硬毛，边缘有微波状小牙齿。花序花期短，花后逐渐伸长达25厘米；苞片比叶小，卵形至线状披针形；花梗长约2毫米，果期伸长；花萼长约7毫米，5裂至基部，有半贴伏的硬毛，果期增大，星状开展；花冠蓝紫色或紫红色，长约7毫米，裂片开展，附属物疣状至鳞片状，密生短毛。小坚果肾形。

本区分布：谢家岔、马场沟。海拔2100~2600米。

生境：山坡及河滩。

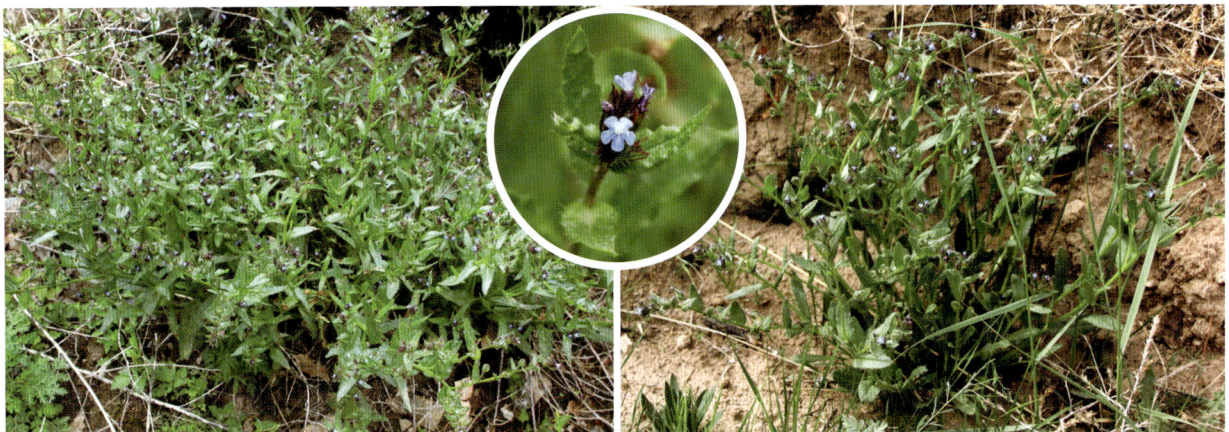

勿忘草

Myosotis alpestris F. W. Schmidt

科 紫草科 Boraginaceae
属 勿忘草属 *Myosotis*

形态识别要点：多年生草本，高20～45厘米。基生叶和茎下部叶有柄，狭倒披针形至线状披针形，长达8厘米，宽5～12毫米，基部渐狭成翅，两面被糙伏毛；茎中部以上叶无柄，较短而狭。花序在花后伸长达15厘米，无苞片；花梗较粗，长4～6毫米；花萼长1.5～2.5毫米，果期增大，裂片披针形，密被伸展或具钩的毛；花冠蓝色，直径6～8毫米，裂片5枚，近圆形，喉部附属物5个，高约0.5毫米。小坚果卵形。

本区分布：三岔路口。海拔2100～2300米。

生境：山地林缘、林下或草地。

附地菜

Trigonotis peduncularis (Trev.) Benth. ex Baker & Moore

科 紫草科 Boraginaceae
属 附地菜属 *Trigonotis*

形态识别要点：一或二年生草本，高5～30厘米。茎多条丛生，密集，铺散。基生叶呈莲座状，叶片匙形，长2～5厘米，两面被糙伏毛；茎上部叶长圆形或椭圆形，无柄或具短柄。花序生茎顶，幼时卷曲，后渐次伸长，长5～20厘米，基部具2～3枚叶状苞片；花萼裂片卵形；花冠淡蓝色或粉色，筒部甚短，裂片平展，喉部附属物5个，白色或带黄色。小坚果4枚，斜三棱锥状四面体。

本区分布：官滩沟、马莲滩、杜家庄、西番沟、分豁岔、上庄。海拔2200～2800米。

生境：草地、林缘及荒地。

短蕊车前紫草

Sinojohnstonia moupinensis (Franch.) W. T. Wang

科 紫草科 Boraginaceae
属 车前紫草属 *Sinojohnstonia*

形态识别要点：多年生草本。茎细弱，平卧或斜升。基生叶数枚，卵状心形，长4~10厘米，宽2.5~6厘米，两面有糙伏毛和短伏毛，叶柄长4~7厘米；茎生叶长1~2厘米，排列稀疏。花序长1~1.5厘米，含少数花，密生短伏毛；花萼5裂至基部，裂片披针形，背面密被短伏毛；花冠白色或带紫色，裂片倒卵形，喉部附属物半圆形；雄蕊内藏，花丝很短。小坚果长约2.5毫米。
本区分布：新庄沟、谢家岔、翻车沟、兴隆峡、大洼沟、分豁岔、东山。海拔2100~2600米。
生境：林下或阴湿岩石旁。

长梗微孔草

Microula longipes W. T. Wang

科 紫草科 Boraginaceae
属 微孔草属 *Microula*

形态识别要点：二年生草本，高9~18厘米。基生叶与茎中部以下叶具长柄；茎顶部叶近无柄，椭圆状卵形或卵形，两面疏被短伏毛。下部花具细长梗，上部花梗长2~10毫米；花萼5裂近基部，裂片狭三角形，外面无毛；花冠蓝色，檐部5裂，裂片近圆形，附属物半月形。
本区分布：大洼沟。海拔2200~2500米。
生境：山地林边。

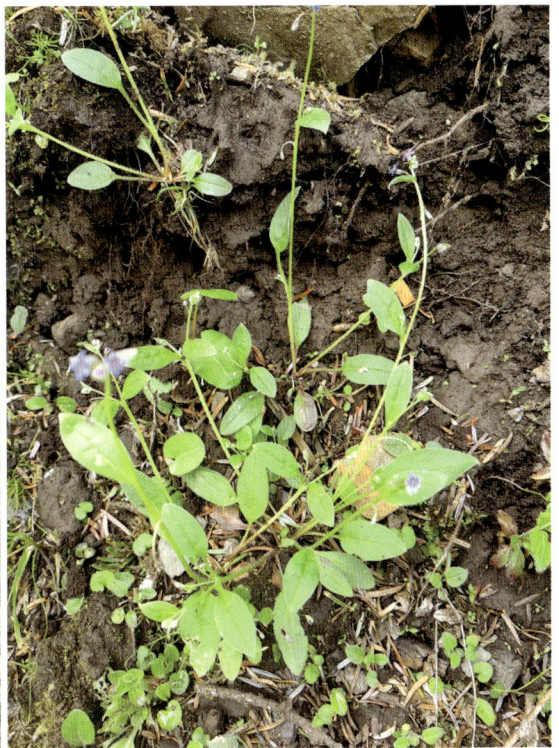

微孔草

Microroula sikkimensis (Clarke) Hemsl.

科 紫草科 Boraginaceae
属 微孔草属 *Microula*

形态识别要点：二年生草本，高6～65厘米。基生叶和茎下部叶具长柄，卵形至宽披针形，长4～12厘米，宽0.7～4.4厘米，边缘全缘，两面有短伏毛；中部以上叶渐变小，具短柄至无柄。花序密集，生茎顶端及无叶的分枝顶端，基部苞片叶状；花梗短；花萼长约2毫米，果期长达3.5毫米，5裂近基部，被短柔毛和长糙毛；花冠蓝色或蓝紫色，裂片近圆形，附属物低梯形或半月形。小坚果卵形，有小瘤状突起和短毛。

本区分布：官滩沟、麻家寺、大洼沟、阳道沟、深岘子、红桦沟、太平沟、哈班岔、红庄子、尖山、马啣山。海拔2300～3000米。

生境：山坡草地、灌丛、林缘及河边多石草地。

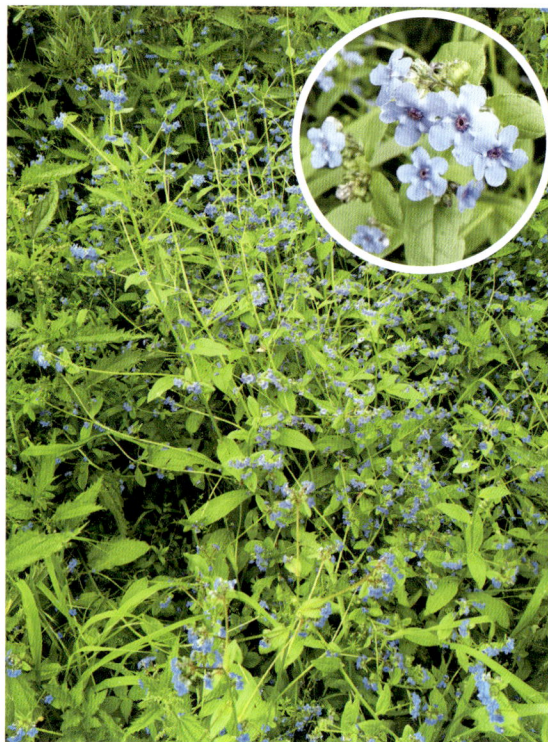

尖叶微孔草

Microroula blepharolepis (Maxim.) Johnst.

科 紫草科 Boraginaceae
属 微孔草属 *Microula*

形态识别要点：二年生草本，高9～20厘米。茎中部以下叶卵形或狭卵形，连柄长3～7厘米，宽0.9～1.4厘米，顶部急尖；茎上部叶渐变小，披针形，两面密被短伏毛。少数花在茎顶端或茎顶部叶腋组成密集的短花序；苞片披针形，长2～4毫米；花梗长0.5～2毫米；花萼长约2毫米，5裂近基部，外面密被长糙毛；花冠5裂，裂片近圆形，附属物近梯形。

本区分布：分豁岔、八盘梁、马啣山。海拔2400～2800米。

生境：草地。

柔毛微孔草

Microula rockii Johnst.

科 紫草科 Boraginaceae
属 微孔草属 *Microula*

形态识别要点： 二年生草本，高6～20厘米。茎自下部分枝，疏被短柔毛。茎下部叶有柄，匙形或倒披针形，长1.4～2.9厘米，宽4～8毫米；茎中部以上叶无柄，椭圆形至卵形，渐变小。花少数于茎顶端组成密集的花序，或单生于短分枝顶端；花萼5裂近基部；花冠淡蓝色，裂片近圆形，附属物近梯形。小坚果卵形，在下部有小瘤状突起。

本区分布： 马啣山。海拔3200～3400米。

生境： 高山草地。

长叶微孔草

Microula trichocarpa (Maxim.) Johnst.

科 紫草科 Boraginaceae
属 微孔草属 *Microula*

形态识别要点： 二年生草本，高15～46厘米。基生叶及茎下部叶有长柄，狭长圆形或狭匙形，长2～9厘米，宽0.6～2厘米，顶端急尖，基部渐狭，边缘全缘或有不明显小齿，两面被短伏毛；茎中部以上叶渐变小，具短柄或无柄。花序密集，顶生，有时稍伸长达1.5厘米；在茎中部以上有与叶对生具长梗的花；花萼5裂近基部，两面被毛；花冠蓝色，裂片近圆形，附属物三角形或半月形，有短糙毛。小坚果宽卵形，有小瘤状突起和极短的毛。

本区分布： 阳洼村、马啣山。海拔2200～2600米。

生境： 林下、草地或沟边。

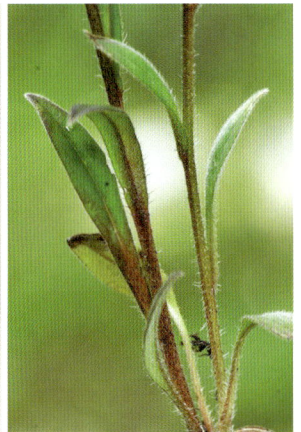

鹤虱

Lappula myosotis Moench

科 紫草科 Boraginaceae
属 鹤虱属 *Lappula*

形态识别要点： 一或二年生草本，高30～60厘米。基生叶长圆状匙形，全缘，基部渐狭成长柄，长达7厘米，宽3～9毫米，两面密被长糙毛；茎生叶较短而狭，无叶柄。花序在花期短，果期伸长达10～17厘米；苞片较果实稍长；花梗长约3毫米；花萼5深裂几达基部，裂片线形，果期增大，星状开展或反折；花冠淡蓝色，漏斗状至钟状，裂片长圆状卵形，喉部附属物梯形。小坚果卵状，长3～4毫米，通常有颗粒状疣突，边缘有2行近等长的锚状刺。

本区分布： 麻家寺。海拔2100～2600米。

生境： 草地。

糙草

Asperugo procumbens Linn.

科 紫草科 Boraginaceae
属 糙草属 *Asperugo*

形态识别要点： 一年生蔓生草本。茎攀缘，有5～6条纵棱，沿棱有短倒钩刺。下部茎生叶具叶柄，叶片匙形或狭长圆形，长5～8厘米，宽8～15毫米，全缘或有明显的小齿，两面疏生短糙毛；中部以上茎生叶无柄，渐小。花单生叶腋，具短花梗；花萼5裂至中部稍下，有短糙毛，花后增大，左右压扁，略呈蚌壳状，边缘具不整齐锯齿；花冠蓝色，长约2.5毫米，喉部附属物疣状。小坚果狭卵形，长约3毫米，表面有疣点。

本区分布： 阳道沟、八盘梁。海拔2300～2800米。

生境： 草丛。

狭苞斑种草

Bothriospermum kusnetzowii Bunge

科 紫草科 Boraginaceae
属 斑种草属 *Bothriospermum*

形态识别要点：一年生草本，高15～40厘米。茎数条丛生，直立或平卧。基生叶莲座状，倒披针形或匙形，长4～7厘米，宽0.5～1厘米，边缘有波状小齿，两面疏生硬毛及伏毛；茎生叶无柄，长圆形或线状倒披针形。花序长5～20厘米；苞片线形或线状披针形，长1.5～3厘米，宽2～5毫米，密生硬毛及伏毛；花萼果期增大，外面密生硬毛；花冠淡蓝色、蓝色或紫色，钟状，裂片圆形，附属物梯形，先端浅2裂。小坚果椭圆形，密生疣状突起。

本区分布：官滩沟、水家沟、马啣山。海拔2100～2600米。

生境：山坡、路旁、田边及林缘。

大果琉璃草

Cynoglossum divaricatum Steph. ex Lehm.

科 紫草科 Boraginaceae
属 琉璃草属 *Cynoglossum*

形态识别要点：多年生草本，高25～100厘米。基生叶和茎下部叶长圆状披针形或披针形，长7～15厘米，宽2～4厘米，基部渐狭成柄，灰绿色，两面均密生贴伏的短柔毛；茎中上部叶无柄，狭披针形。圆锥状花序顶生及腋生，长约10厘米，花稀疏；苞片狭披针形或线形；花梗长3～10毫米，果期长2～4厘米，下弯；花萼长2～3毫米，果期几不增大，向下反折；花冠蓝紫色，裂片卵圆形，先端微凹，喉部有5个梯形附属物。小坚果卵形，密生锚状刺。

本区分布：麻家寺、徐家峡、唐家峡、峡口、马啣山。海拔2100～2700米。

生境：干山坡、草地及路边。

光果莸
Caryopteris tangutica Maxim.

科 马鞭草科 Verbenaceae
属 莸属 *Caryopteris*

形态识别要点：直立灌木，高0.5～2米。单叶对生；叶片披针形至卵状披针形，长2～5.5厘米，宽0.5～2厘米，边缘常具深锯齿，表面疏被柔毛，背面密生灰白色茸毛；叶柄长0.4～1厘米。聚伞花序紧密呈头状，无苞片和小苞片；花萼果时增大至6毫米，外面密生柔毛，顶端5裂；花冠蓝紫色，二唇形，下唇中裂片较大，边缘呈流苏状；雄蕊4枚，与花柱伸出花冠管外。蒴果倒卵圆状球形，长约5毫米。

本区分布：祁家坡、陈沟峡、马啣山。海拔2100～2500米。

生境：干燥山坡。

水棘针
Amethystea caerulea Linn.

科 唇形科 Lamiaceae
属 水棘针属 *Amethystea*

形态识别要点：一年生草本，高0.3～1米。叶三角形或近卵形，3深裂，稀不裂或5裂，裂片披针形，边缘具粗锯齿或重锯齿，中间的裂片长2.5～4.7厘米，宽0.8～1.5厘米，两侧的裂片长2～3.5厘米，宽0.7～1.2厘米；叶柄长0.7～2厘米，紫色或紫绿色。松散具长梗的聚伞花序组成圆锥花序；苞叶与茎叶同形，较小；花梗长1～2.5毫米；花萼钟形，长约2毫米，外面被乳头状突起及腺毛，萼齿5个；花冠蓝色或紫蓝色，冠檐二唇形，上唇2裂，下唇略大，3裂。

本区分布：兴隆峡。海拔2100～2300米。

生境：水边、低湿地及路旁。

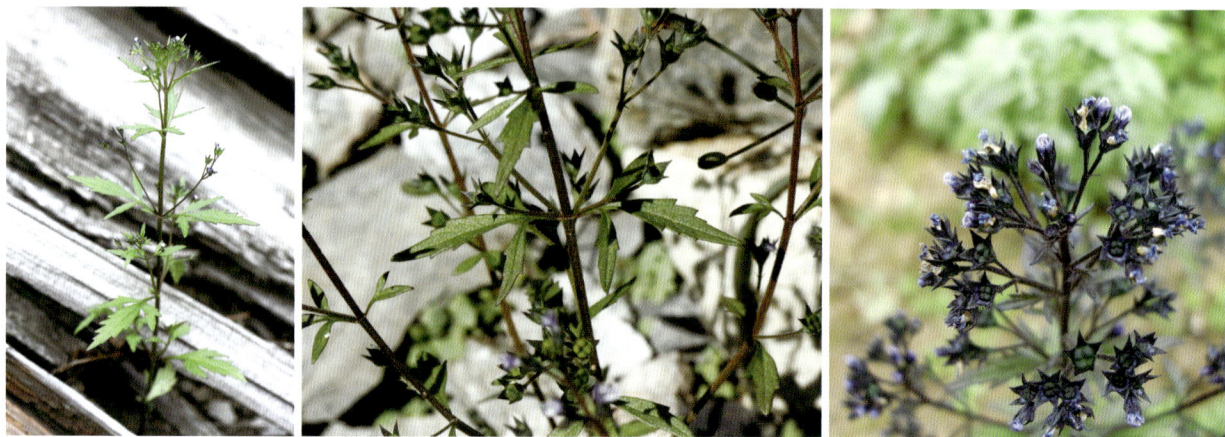

甘肃黄芩

Scutellaria rehderiana Diels

科 唇形科 Lamiaceae
属 黄芩属 *Scutellaria*

形态识别要点：多年生草本，高12～35厘米。叶卵圆状披针形至卵圆形，长1.4～4厘米，宽0.6～1.7厘米，全缘，或自下部每侧有2～5个不规则远离浅牙齿而中部以上常全缘，边缘密被短睫毛；叶柄长3～12毫米。花序总状，顶生，长3～10厘米；苞片长3～8毫米，常带紫色；花梗长约2毫米；花冠粉红、淡紫至紫蓝，长1.8～2.2厘米，外面被具腺短柔毛，冠筒近基部膝曲，向上渐增大，冠檐二唇形，上唇盔状，先端微缺，下唇宽大，先端微缺。小坚果椭圆形，具瘤状突起。

本区分布：官滩沟、麻家寺、分豁岔、杜家庄、祁家坡、唐家峡、峡口、干沟、太平沟、龙泉寺、小水尾子、水家沟、尖山、马啣山。海拔2100～2600米。

生境：山地向阳草坡。

并头黄芩

Scutellaria scordifolia Fisch. ex Schrank

科 唇形科 Lamiaceae
属 黄芩属 *Scutellaria*

形态识别要点：多年生草本，高12～36厘米。叶具短柄或近无柄；叶片三角状狭卵形至披针形，长1.5～3.8厘米，宽0.4～1.4厘米，基部浅心形或近截形，边缘大多具浅锐牙齿，极少近全缘。花单生于茎上部叶腋，偏向一侧；花梗长2～4毫米；花萼果时增大；花冠蓝紫色，长2～2.2厘米，外面被短柔毛，冠筒基部浅囊状膝曲，向上渐宽，冠檐二唇形，上唇盔状，内凹，先端微缺，下唇宽大，先端微缺。小坚果椭圆形，具瘤状突起。

本区分布：深岘子、石窑沟、矿湾村、小泥窝子、水家沟、尖山、马啣山。海拔2100～2700米。

生境：山坡。

夏至草

Lagopsis supina (Steph.) Ik.-Gal. ex Knorr.

科 唇形科 Lamiaceae
属 夏至草属 *Lagopsis*

形态识别要点： 多年生草本，披散或上升。叶轮廓圆形，径1.5～2厘米，基部心形，3深裂，裂片有圆齿或长圆形犬齿，有时叶片为卵圆形，3浅裂或深裂，裂片无齿或有稀疏圆齿；基生叶叶柄长2～3厘米，上部叶叶柄较短。轮伞花序疏花，径约1厘米；小苞片长约4毫米，弯曲，刺状；花萼管状钟形，齿5个，不等大；花冠白色，稀粉红色，稍伸出于萼筒，冠檐二唇形，上唇直伸，下唇斜展，3浅裂。小坚果微具沟纹。

本区分布： 谢家岔、水家沟、大水沟、杜家庄、马场沟、峡口。海拔2100～2300米。

生境： 草地及路旁。

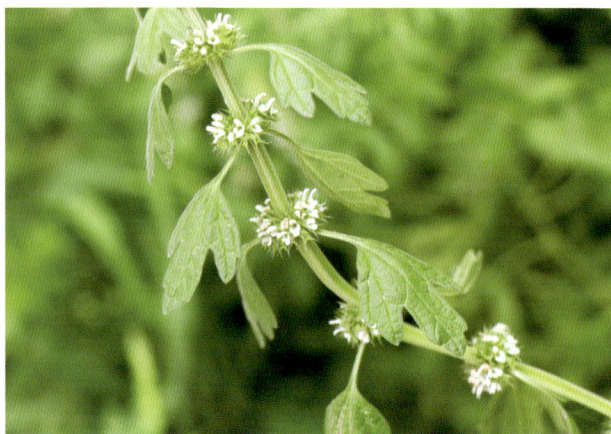

康藏荆芥

Nepeta prattii H. Lév.

科 唇形科 Lamiaceae
属 荆芥属 *Nepeta*

形态识别要点： 多年生草本，高达90厘米。叶卵状披针形或披针形，长6～8厘米，宽2～3厘米，向上渐变小，边缘密生牙齿状锯齿；下部叶柄长3～6毫米，茎中部以上叶近无柄。轮伞花序密集成穗状；苞叶与茎叶同形；花萼长11～13毫米；花冠紫色或蓝色，长2.8～3.5厘米，疏被短柔毛，冠檐二唇形，上唇2裂至中部，下唇3裂，中裂片肾形，基部内面被白色髯毛，侧裂片半圆形。

本区分布： 麻家寺、谢家岔、水家沟、大洼沟、阳道沟、清水沟、窑沟、峡口、张家窑、小水尾子、陈沟峡、马坡、八盘梁、马啣山。海拔2100～2800米。

生境： 路旁、山坡、林下及草地。

甘青青兰
Dracocephalum tanguticum Maxim.

科 唇形科 Lamiaceae
属 青兰属 *Dracocephalum*

形态识别要点： 多年生草本，高35～55厘米。叶轮廓椭圆状卵形或椭圆形，长3～7厘米，宽2～4厘米，羽状全裂，裂片2～3对，线形，下面密被灰白色短柔毛，边缘全缘，内卷；叶柄长3～8毫米。轮伞花序生于茎顶部，通常具4～6朵花，形成间断的穗状花序；花萼长1～1.4厘米，外面中部以下密被短毛及腺点，常带紫色，2裂；花冠紫蓝色至暗紫色，长2～2.7厘米，外面被短毛，下唇长为上唇之2倍。

本区分布： 杜家庄、马坡、马啣山。海拔2200～2600米。

生境： 河岸及草地。

白花枝子花
Dracocephalum heterophyllum Benth.

科 唇形科 Lamiaceae
属 青兰属 *Dracocephalum*

形态识别要点： 多年生草本，高10～30厘米。茎下部叶宽卵形至长卵形，长2～4厘米，宽1～2.3厘米，基部心形，边缘被短睫毛及浅圆齿，叶柄长2.5～6厘米；茎中部叶与基生叶同形，边缘具浅圆齿或尖锯齿；茎上部叶变小，叶柄变短。轮伞花序生于茎上部叶腋，具4～8朵花，密集；花梗短；苞片较萼稍短或为其之1/2，边缘具刺齿；花冠白色，长2～3.4厘米，外面密被短柔毛，二唇近等长。

本区分布： 谢家岔、水家沟、黄崖沟、红桦沟、窑沟、唐家峡、太平沟、马啣山。海拔2300～3300米。

生境： 山坡及草地。

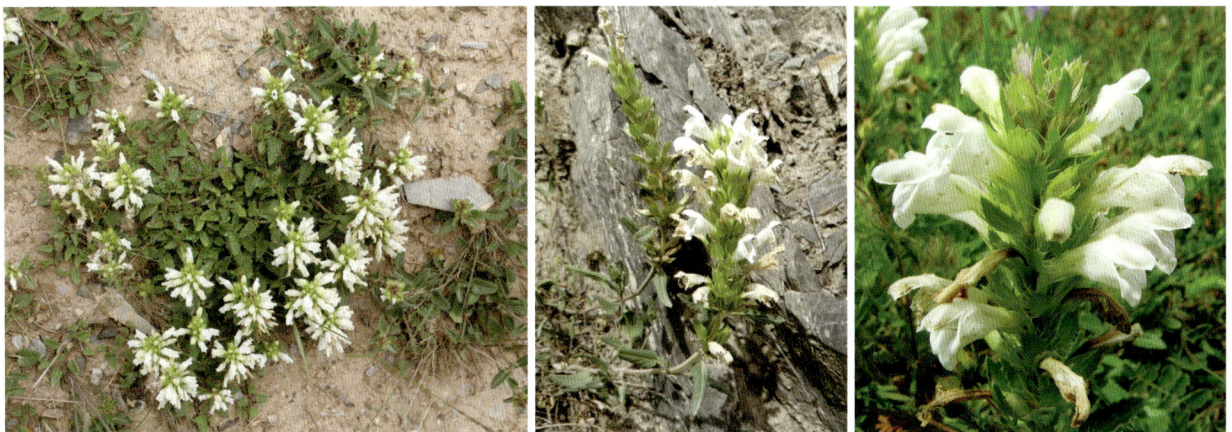

岷山毛建草

Dracocephalum purdomii W. W. Smith

科 唇形科 Lamiaceae
属 青兰属 *Dracocephalum*

形态识别要点：多年生草本，高7～15厘米。基出叶约6枚，卵状长圆形，基部截形或心形，长达3厘米，宽达1.5厘米，边缘密生钝齿，两面疏被伏毛，叶柄长3～4厘米；茎生叶2对，较小，具短柄或儿无柄。轮伞花序顶生，密集成球形；苞片长约为萼的2/3，上部具5个刺齿；花萼长1.1～1.5厘米；花冠深蓝色，长2.2～2.5厘米，外面密被白色长柔毛，冠檐二唇形，上唇2裂，下唇具斑点，3裂，中裂片伸长。
本区分布：官滩沟、黄崖沟、深岘子、小水尾子、窑沟、哈班岔、红庄子、八盘梁、马坡、马啣山。海拔2200～3600米。
生境：多石处。

串铃草

Phlomis mongolica Turcz.

科 唇形科 Lamiaceae
属 糙苏属 *Phlomis*

形态识别要点：多年生草本，高50～80厘米。基生叶三角形或长卵形，长4～14厘米，边缘为圆齿状，上面疏被星状刚毛及单毛至近无毛，下面被星状毛，或簇生刚毛，叶柄长1～6厘米；茎生叶同形，较小。轮伞花序多花密集，多数，彼此分离；苞叶三角形或卵状披针形；苞片线状钻形，长约1.3厘米，先端刺尖；花萼管形，长约1.4厘米，外面被毛，齿圆形；花冠紫色，长约2.2厘米，冠檐二唇形，上唇边缘流苏状，下唇3圆裂。
本区分布：官滩沟、石窑沟、干沟、三岔路口。海拔2100～2300米。
生境：山坡草地。

单头糙苏
Phlomis uniceps C. Y. Wu

科 唇形科 Lamiaceae
属 糙苏属 *Phlomis*

形态识别要点：多年生草本，高10～20厘米。基生叶及茎生叶卵状三角形，长3～5厘米，宽1.3～2.6厘米，先端圆形，基部心形，边缘圆齿状；叶柄长1～6厘米。轮伞花序单一，约16朵花，生于茎端；苞叶近轮生，卵圆形，长2.8～3.5厘米，边缘圆齿状，两面被毛；苞片钻形，向上围于花序外，长9～10毫米，密被毛；花萼管状钟形，长约1.3厘米，外面被毛，齿半圆形，具芒尖；花冠紫色，长约2.2厘米，冠檐二唇形，密被毛，上唇边缘具小齿，下唇3圆裂。

本区分布：白房子、尖山。海拔2200～2400米。

生境：草地及山坡。

尖齿糙苏
Phlomis dentosa Franch.

科 唇形科 Lamiaceae
属 糙苏属 *Phlomis*

形态识别要点：多年生草本，高达80厘米。基生叶三角状卵形，长5.5～10厘米，基部心形，边缘不整齐圆齿状，叶柄长2.5～10厘米；茎生叶同形，较小。轮伞花序多花，生于主茎及侧枝上部；苞叶卵状三角形至披针形，向上渐变小；苞片针刺状，略坚硬，长7～10毫米，密被毛；花萼管状钟形，长约9毫米，外面密被毛，萼齿先端为钻状刺尖；花冠粉红色，长约1.6厘米，冠檐二唇形，上唇边缘为不整齐的小齿状，下唇长3圆裂，中裂片较大。

本区分布：麻家寺、西山、马啣山。海拔2600～3000米。

生境：林下。

糙苏
Phlomis umbrosa Turcz.

科 唇形科 Lamiaceae
属 糙苏属 *Phlomis*

形态识别要点： 多年生草本，高达1.5米。叶近圆形至卵状长圆形，长5～12厘米，宽3～12厘米，先端急尖，基部浅心形或圆形，边缘为具胼胝尖的锯齿状牙齿，或为不整齐的圆齿，两面被毛；叶柄长1～12厘米。轮伞花序具常4～8朵花，生于主茎及分枝上；苞叶卵形，边缘为粗锯齿状牙齿；苞片线状钻形，较坚硬，长8～14毫米；花萼管状，长约10毫米，齿先端具小刺尖；花冠通常粉红色，外面密被毛，冠檐二唇形，下唇色较深，常具红色斑点，3圆裂。

本区分布： 分豁岔、东岳台、歧儿沟、谢家岔、水家沟、马场沟、麻家寺、唐家峡、水岔沟、峡口、大洼沟、阳道沟、新庄沟、小水尾子、晏家洼、东山。海拔2100～2600米。

生境： 疏林下。

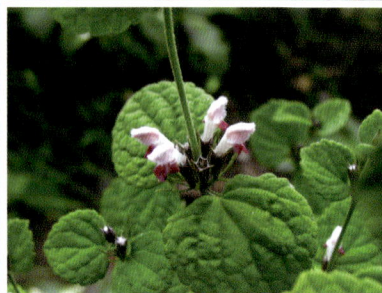

鼬瓣花
Galeopsis bifida Boenn.

科 唇形科 Lamiaceae
属 鼬瓣花属 *Galeopsis*

形态识别要点： 一年生草本，高可达1米。茎生叶卵圆状披针形或披针形，长3～8厘米，宽2～4厘米，边缘有规则的圆齿状锯齿；叶柄长1～2.5厘米。轮伞花序腋生，多花密集；小苞片线形，长3～6毫米；花萼管状钟形，两面被毛，齿5个，先端为长刺状；花冠白、黄或粉紫红色，长约1.4厘米，冠檐二唇形，上唇卵圆形，先端具不等的数齿，下唇3裂，具紫色脉纹。

本区分布： 官滩沟、麻家寺、黄崖沟、水岔沟、响水沟、马坡、马啣山。海拔2100～3000米。

生境： 林缘、路旁、灌丛及草地。

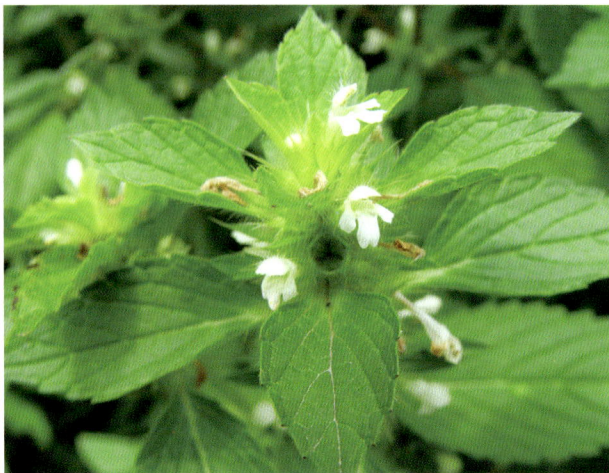

宝盖草

Lamium amplexicaule Linn.

科 唇形科 Lamiaceae
属 野芝麻属 *Lamium*

形态识别要点：一或二年生草本，高 10～30 厘米。茎下部叶具长柄，上部叶无柄；叶片均圆形或肾形，长 1～2 厘米，宽 0.7～1.5 厘米，边缘具极深的圆齿，两面均疏生小糙伏毛。轮伞花序具 6～10 朵花；花萼管状钟形，外面密被柔毛；花冠紫红色或粉红色，长约 1.7 厘米，上唇被有较密带紫红色的短柔毛，冠筒细长。小坚果倒卵圆形，具 3 棱。

本区分布：麻家寺、兴隆峡。海拔 2000～2900 米。

生境：路旁、林缘及草地。

益母草

Leonurus japonicus Houttuyn

科 唇形科 Lamiaceae
属 益母草属 *Leonurus*

形态识别要点：一或二年生草本，高 30～150 厘米。茎下部叶轮廓为卵形，掌状 3 裂，裂片长圆状菱形至卵圆形，裂片上再分裂，叶柄纤细，长 2～3 厘米；茎中部叶轮廓为菱形，较小，通常分裂成 3 枚或多枚长圆状线形的裂片，叶柄长 0.5～2 厘米。轮伞花序腋生，具 8～15 朵花，多数远离而组成长穗状花序；小苞片刺状，比萼筒短；花梗无；花冠粉红色至淡紫红色，长 1～1.2 厘米，冠檐二唇形，上唇直伸，内凹，下唇略短于上唇，3 裂。小坚果长圆状三棱形。

本区分布：水岔沟、祁家坡。海拔 2100～2300 米。

生境：野荒、路旁及河边。

甘露子
Stachys sieboldii Miq.

科 唇形科 Lamiaceae
属 水苏属 *Stachys*

形态识别要点： 多年生草本，高30～120厘米。根茎顶端具念珠状或螺蛳形的肥大块茎。茎生叶卵圆形或长椭圆状卵圆形，长3～12厘米，宽1.5～6厘米，边缘有规则的圆齿状锯齿，两面被硬毛；叶柄长1～3厘米。轮伞花序具6朵花，多数远离组成顶生穗状花序；苞叶向上渐变小，下部者比轮伞花序长，上部者比花萼短；花梗长约1毫米；花萼狭钟形，外被具腺柔毛；花冠粉红色至紫红色，冠檐二唇形，上唇直伸而略反折，下唇有紫斑，3裂，中裂片较大。小坚果卵珠形，具小瘤。

本区分布： 麻家寺、马场沟、黄崖沟、深岘子、红桦沟、杜家庄、窑沟、张家窑、太平沟、红庄子、陈沟峡、马坡、哈班岔、尖山、马啣山。海拔2200～2600米。

生境： 湿润地。

甘西鼠尾草
Salvia przewalskii Maxim.

科 唇形科 Lamiaceae
属 鼠尾草属 *Salvia*

形态识别要点： 多年生草本，高达60厘米。叶三角状或椭圆状戟形，有时具圆的侧裂片，长5～11厘米，宽3～7厘米，基部心形或戟形，边缘具圆齿状牙齿，上面微被硬毛，下面密被灰白茸毛；基生叶具长柄，茎生叶叶柄较短。轮伞花序具2～4朵花，疏离，组成顶生总状花序，有时具腋生的总状花序而形成圆锥花序；花梗长1～5毫米；花萼钟形，外面密被具腺长柔毛；花冠紫红色，长2～4厘米，外面被疏柔毛，散布红褐色腺点，冠檐二唇形，上唇长圆形，下唇3裂。

本区分布： 黄崖沟、黄坪。海拔2400～2800米。

生境： 林缘、路旁、沟边、山坡、灌丛及草地。

黄鼠狼花

Salvia tricuspis Franch.

科 唇形科 Lamiaceae
属 鼠尾草属 *Salvia*

形态识别要点：一或二年生草本，高 30～95 厘米。叶 3 裂，呈三角状戟形或箭形，长 3～12 厘米，宽 2.2～12 厘米，基部心形，侧裂片向两侧平伸，边缘自基部以上具锯齿或圆齿，两面被毛；叶柄茎下部者较长，向上变短。轮伞花序具 2～4 朵花，疏离；花梗长约 4 毫米；花萼钟形；花冠黄色，长 21～23 毫米，冠檐二唇形，下唇 3 裂。

本区分布：祁家坡、陈沟峡。海拔 2400～2700 米。

生境：草地。

黏毛鼠尾草

Salvia roborowskii Maxim.

科 唇形科 Lamiaceae
属 鼠尾草属 *Salvia*

形态识别要点：一或二年生草本，高 30～90 厘米。茎多分枝，密被有黏腺的长硬毛。叶戟形或戟状三角形，长 3～8 厘米，宽 2～5 厘米，基部浅心形或截形，边缘具圆齿，两面被粗伏毛；叶柄下部者较长，向茎顶渐变短。轮伞花序具 4～6 朵花，组成顶生或腋生的总状花序；下部苞片与叶相同，上部苞片渐小，被长柔毛及腺毛；花梗长约 3 毫米；花萼钟形，花后增大，外被长硬毛及腺短柔毛；花冠黄色，长 1～1.6 厘米，冠檐二唇形，上唇直伸，下唇比上唇大，3 裂。

本区分布：黄崖沟、杜家庄、骆驼岘、上庄、马坡、马啣山。海拔 2100～3000 米。

生境：山坡草地及沟边。

麻叶风轮菜

Clinopodium urticifolium (Hance) C. Y. Wu & Hsuan ex H. W. Li

科 唇形科 Lamiaceae
属 风轮菜属 *Clinopodium*

形态识别要点：多年生草本，高25～80厘米。叶坚纸质，卵圆形至卵状披针形，长3～5.5厘米，宽1.2～3厘米，边缘锯齿状，两面被毛；下部叶的柄较长，向上渐短。轮伞花序多花密集，彼此远隔；苞叶叶状，向上渐小；苞片线形，紫红色；花梗长1.5～2.5毫米；花萼狭管状，上部紫红色；花冠紫红色，长约1.2厘米，冠檐二唇形，上唇直伸，先端微缺，下唇3裂。

本区分布：东岳台、唐家峡、张家窑、徐家峡。海拔2200～2400米。

生境：山坡、草地、路旁及林下。

牛至

Origanum vulgare Linn.

科 唇形科 Lamiaceae
属 牛至属 *Origanum*

形态识别要点：多年生草本或半灌木，高25～60厘米，芳香。叶卵圆形或长圆状卵圆形，长1～4厘米，宽0.4～1.5厘米，全缘或有远离的小锯齿，下面被柔毛及凹陷的腺点；叶柄长2～7毫米，被柔毛。伞房状圆锥花序，由多数长圆状小穗状花序组成，多花密集；花萼钟状，连齿长约3毫米；花冠紫红、淡红至白色，管状钟形，长约7毫米，冠檐二唇形，上唇直立，下唇开张，3裂，中裂片较大。

本区分布：兴隆峡。海拔2100～2200米。

生境：路旁、山坡、林下及草地。

百里香
Thymus mongolicus Ronn.

科 唇形科 Lamiaceae
属 百里香属 *Thymus*

形态识别要点： 半灌木。叶为卵圆形，长4～10毫米，宽2～4.5毫米，全缘或稀有1～2对小锯齿，两面无毛；苞叶与叶同形。花序头状，多花或少花；花具短梗；花萼管状钟形，长4～4.5毫米；花冠紫红色、紫色、淡紫色或粉红色，长6.5～8毫米。

本区分布： 歧儿沟、谢家岔、水家沟、黄崖沟、杜家庄、窑沟、张家窑、白庄子、太平沟、三岔路口、小水尾子、唐家峡沟、尖山、八盘梁、马啣山。海拔2100～2500米。

生境： 草地、山坡及岩壁。

薄荷
Mentha canadensis Linn.

科 唇形科 Lamiaceae
属 薄荷属 *Mentha*

形态识别要点： 多年生草本，高30～60厘米。叶片长圆状披针形至卵状披针形，长3～7厘米，宽0.8～3厘米，先端锐尖，基部楔形至近圆形，边缘在基部以上疏生粗大的牙齿状锯齿；叶柄长2～10毫米。轮伞花序腋生；花梗纤细，长2.5毫米；花萼管状钟形；花冠淡紫色，长约4毫米，冠檐4裂，上裂片先端2裂，较大，其余3裂片近等大。

本区分布： 唐家峡、水岔沟、祁家坡、白房子、陈沟峡。海拔2100～2600米。

生境： 潮湿地。

小头花香薷

Elsholtzia cephalantha Hand.-Mazz.

科 唇形科 Lamiaceae
属 香薷属 *Elsholtzia*

形态识别要点： 一年生铺散草本。叶宽卵状三角形，长、宽均 0.5～4 厘米或较狭，先端急尖，基部截形或微心形，边缘具圆锯齿，两面疏被毛；叶柄长 0.3～1.3 厘米。花序球形，顶生或腋生；无梗或具有比叶柄长的梗；疏花，直径 4～7 毫米；花梗长 1～2 毫米；花萼杯状，长 3～4 毫米，果时增大；花冠筒与萼筒近等长，冠檐 5 裂，裂片整齐。

本区分布： 红桦沟、响水沟。海拔 2800～3000 米。

生境： 较湿润的疏松土坡。

密花香薷

Elsholtzia densa Benth.

科 唇形科 Lamiaceae
属 香薷属 *Elsholtzia*

形态识别要点： 多年生草本，高 20～60 厘米。叶长圆状披针形至椭圆形，长 1～4 厘米，宽 0.5～1.5 厘米，边缘在基部以上具锯齿，两面被短柔毛；叶柄长 0.3～1.3 厘米。穗状花序长圆形或近圆形，长 2～6 厘米，密被紫色串珠状长柔毛，由密集的轮伞花序组成；最下的一对苞叶与叶同形，向上呈苞片状；花萼钟状；花冠小，淡紫色。

本区分布： 官滩沟、石窑沟、驴圈沟、张家窑、响水沟、徐家庄、晏家洼、阳道沟、马啣山。海拔 2100～3200 米。

生境： 林缘、高山草地及山坡荒地。

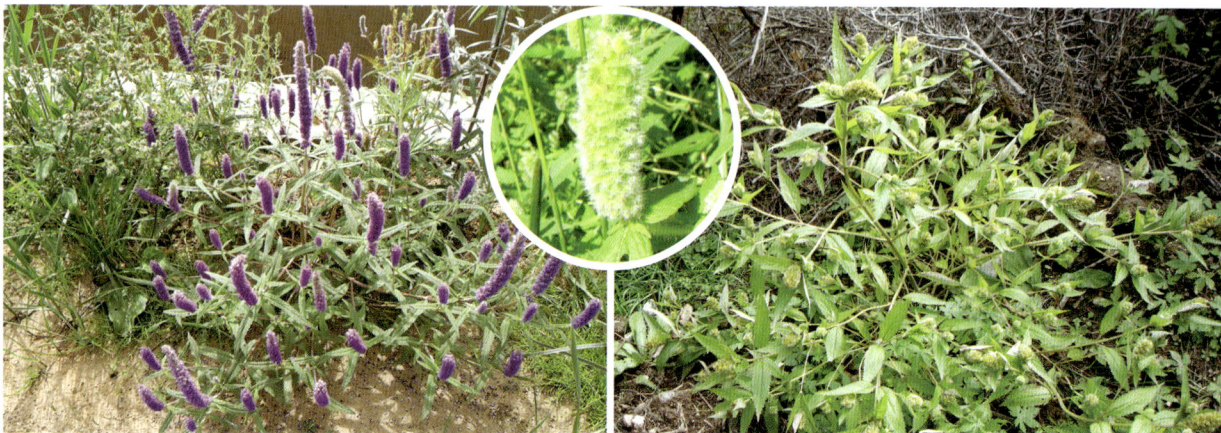

香薷

Elsholtzia ciliata (Thunb.) Hyland.

科 唇形科 Lamiaceae
属 香薷属 *Elsholtzia*

形态识别要点：直立草本。叶卵形或椭圆状披针形，长3～9厘米，宽1～4厘米，基部楔状下延成狭翅，边缘具锯齿，两面疏被小硬毛；叶柄长0.5～3.5厘米。穗状花序长2～7厘米，偏向一侧，由多花的轮伞花序组成；花梗纤细，长1.2毫米；花萼钟形，长约1.5毫米；花冠淡紫色，长为花萼的3倍，冠檐二唇形，上唇直立，下唇3裂。

本区分布：窑沟、峡口、张家窑、白房子、响水沟、翻车沟。海拔2100～2600米。

生境：草地。

鄂西香茶菜

Isodon henryi (Hemsl.) Kudô

科 唇形科 Lamiaceae
属 香茶菜属 *Isodon*

形态识别要点：多年生草本，高30～150厘米。叶对生；叶片菱状卵圆形或披针形，中部者长约6厘米，宽约4厘米，向两端渐变小，基部下延成具渐狭长翅的假柄，边缘具圆齿状锯齿。圆锥花序顶生于侧生小枝上，长6～15厘米，由具3～5朵花的聚伞花序组成；苞叶叶状；花萼宽钟形，长约3毫米，果时增大；花冠白色或淡紫色，具紫斑，长约7毫米，基部上方浅囊状，冠檐二唇形，上唇外反，先端具相等的圆裂，下唇宽卵圆形，内凹，舟形。

本区分布：水岔沟、小水尾子、阳道沟。海拔2200～2400米。

生境：谷地、山坡及林缘。

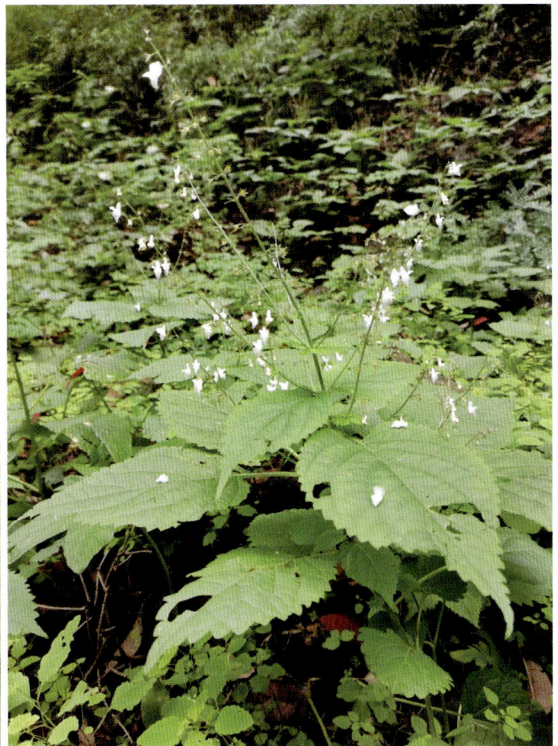

枸杞

Lycium chinense Mill.

科 茄科 Solanaceae
属 枸杞属 *Lycium*

形态识别要点：多分枝落叶灌木。枝条弓状弯曲或俯垂，小枝顶端锐尖成棘刺状。单叶互生或2～4枚簇生；叶片卵形至长椭圆形，长1.5～5厘米，宽0.5～2.5厘米。花在长枝上单生或双生于叶腋，在短枝上则同叶簇生；花梗长1～2厘米；花萼长3～4毫米，3中裂或4～5齿裂；花冠漏斗状，长9～12毫米，淡紫色，檐部5深裂，裂片平展或稍向外反曲。浆果红色，卵状。

本区分布：火烧沟、东岳台。海拔2000～2200米。

生境：灌丛、山坡及路旁。

北方枸杞

Lycium chinense Mill. var. *potaninii* (Pojark.) A. M. Lu

科 茄科 Solanaceae
属 枸杞属 *Lycium*

与枸杞的区别：叶通常为披针形、矩圆状披针形或条状披针形。花冠裂片的边缘缘毛稀疏，基部耳不显著；雄蕊稍长于花冠。

本区分布：杜家庄、马啣山。海拔2100～2300米。

生境：向阳山坡及沟旁。

宁夏枸杞
Lycium barbarum Linn.

科 茄科 Solanaceae
属 枸杞属 *Lycium*

形态识别要点：落叶灌木。分枝细密，多开展而略斜升或弓曲，有不生叶的短棘刺和生叶、花的长棘刺。单叶互生或簇生；叶片披针形或长椭圆状披针形，长2～3厘米，宽4～6毫米。花在长枝上1～2朵生于叶腋，在短枝上2～6朵同叶簇生；花梗长1～2厘米，向顶端渐增粗；花萼钟状，长4～5毫米，通常2中裂；花冠漏斗状，紫堇色，筒部长8～10毫米，檐部裂片长5～6毫米，边缘无缘毛，花开放时平展。浆果红色。

本区分布：白庄子、大洼沟。海拔2000～2300米。

生境：山坡、田埂和宅旁。

天仙子
Hyoscyamus niger Linn.

科 茄科 Solanaceae
属 天仙子属 *Hyoscyamus*

形态识别要点：二年生草本，全体被黏性腺毛。莲座状叶丛的叶卵状披针形或长矩圆形，长可达30厘米，宽达10厘米，边缘有粗牙齿或羽状浅裂，有宽而扁平的翼状叶柄，基部半抱茎；茎生叶卵形，无柄，基部半抱茎或宽楔形，边缘羽状浅裂或深裂。花在茎中部以下单生叶腋，在茎上端则单生于苞状叶腋内而聚集成蝎尾式总状花序，偏向一侧；花萼筒状钟形，5浅裂，花后增大成坛状；花冠钟状，长约为花萼的一倍，黄色而脉纹紫堇色。蒴果包藏于宿存萼内。

本区分布：官滩沟、马莲滩、骆驼岘、张家窑、马场沟、徐家峡、尖山。海拔2000～2300米。

生境：山坡及路旁。

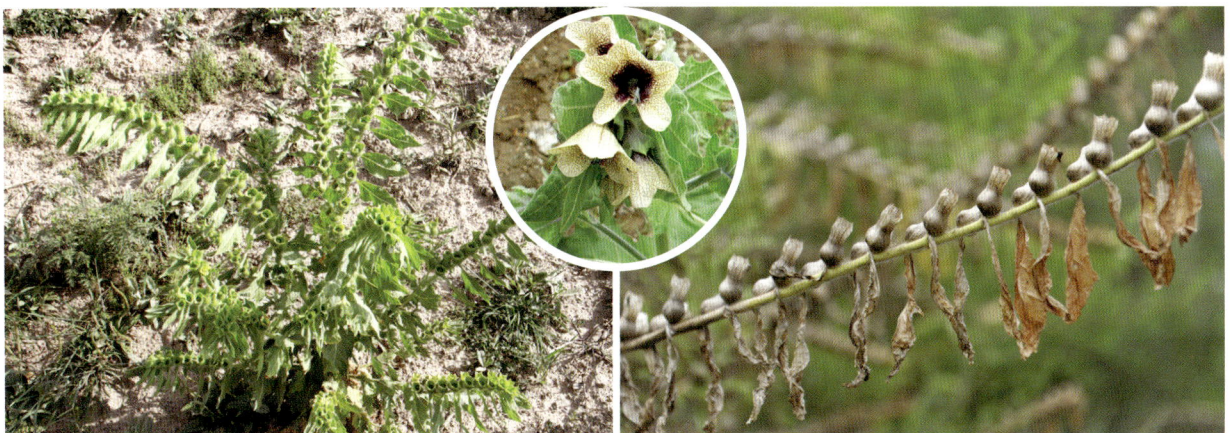

青杞

Solanum septemlobum Bunge

科 茄科 Solanaceae
属 茄属 *Solanum*

形态识别要点：直立草本或灌木状。单叶互生；叶片卵形，长3～7厘米，宽2～5厘米，通常7裂，有时5～6裂或上部的近全缘，裂片卵状长圆形至披针形，全缘或具尖齿；叶柄长1～2厘米。二歧聚伞花序，顶生或腋外生；花梗纤细，长5～8毫米；萼小，杯状，5裂；花冠青紫色，直径约1厘米，冠檐5深裂，裂片长圆形，开放时常向外反折。浆果近球状，熟时红色。

本区分布：麻家寺、谢家岔、水家沟、峡口、石窑沟。海拔2000～2600米。

生境：路旁及沟边。

曼陀罗

Datura stramonium Linn.

科 茄科 Solanaceae
属 曼陀罗属 *Datura*

形态识别要点：草本或半灌木状，高0.5～1.5米。茎粗壮，下部木质化。单叶互生；叶片广卵形，长8～17厘米，宽4～12厘米，基部不对称楔形，边缘有不规则波状浅裂；叶柄长3～5厘米。花单生枝叉间或叶腋，直立，有短梗；花萼筒状，长4～5厘米，筒部有5枚棱角，顶端5浅裂，裂片三角形；花冠漏斗状，下半部带绿色，上部白色或淡紫色，檐部5浅裂。蒴果卵状，长3～4.5厘米，表面生有坚硬针刺或有时无刺而近平滑，4瓣裂。

本区分布：兴隆峡。海拔2000～2200米。

生境：路边或草地。

甘肃玄参

Scrophularia kansuensis Batalin

科 玄参科 Scrophulariaceae
属 玄参属 *Scrophularia*

形态识别要点： 多年生草本，高5～40厘米。茎中空，有腺毛。叶对生或上部的少有互生；叶片卵形，基部圆形至近心形，长1～3厘米，全缘或有不规则粗齿，下面毛较密；叶柄长达2厘米。聚伞花序具1～2朵花，单生上部叶腋，多少聚成顶生狭花序；总梗长1～2.5厘米，花梗略短，均生腺毛；花萼长4～5毫米，有腺毛；花冠绿白色，长约10毫米，花冠筒多少球形，上唇显著长于下唇。蒴果卵圆形，长约8毫米。

本区分布： 尖山。海拔2500～2800米。

生境： 山坡草地及路旁。

肉果草

Lancea tibetica Hook. f. & Thomson

科 玄参科 Scrophulariaceae
属 肉果草属 *Lancea*

形态识别要点： 多年生矮小草。叶对生，几成莲座状；叶片近革质，倒卵形或匙形，长2～6厘米，顶端常有小凸尖，基部渐狭成短柄，全缘。花数朵簇生或伸长成总状花序；花萼钟状，萼齿5个，钻状三角形；花冠深蓝色或紫色，上唇直立，2深裂，下唇开展。果实卵状球形，红色或深紫色，包于宿存花萼内。

本区分布： 官滩沟、麻家寺、三岔路口、阳道沟、谢家岔、张家窑、石骨岔、红庄子、西番沟、百草园、马啣山。海拔2200～2900米。

生境： 草地或沟谷旁。

柳穿鱼

Linaria vulgaris Mill. subsp. *chinensis* (Bunge ex Debeaux) D. Y. Hong

科 玄参科 Scrophulariaceae
属 柳穿鱼属 *Linaria*

形态识别要点：多年生草本，高20～80厘米。叶通常互生，少有下部轮生而上部互生的，偶有全部叶都4枚轮生的；叶条形，长2～6厘米，宽2～10毫米。总状花序，果期伸长；花序轴及花梗无毛或有少数短腺毛；苞片超过花梗；花梗长2～8毫米；花萼裂片披针形；花冠黄色，上唇长于下唇，裂片卵形，下唇侧裂片卵圆形，中裂片舌状，距稍弯曲，长10～15毫米。蒴果卵球状。

本区分布：张家窑。海拔2100～2300米。

生境：山坡、路边及草地。

两裂婆婆纳

Veronica biloba Linn.

科 玄参科 Scrophulariaceae
属 婆婆纳属 *Veronica*

形态识别要点：一年生草本，高5～50厘米。茎疏被柔毛。叶对生；叶片矩圆形至卵状披针形，长5～30毫米，宽4～13毫米，边缘有疏而浅的锯齿；具短柄。总状花序；花萼4裂，裂片卵形至卵状披针形，急尖，疏被腺毛；花冠白色、紫色或蓝色，后方裂片圆形，其余3枚卵圆形。蒴果宽4～5毫米，短于花萼，侧扁，被腺毛，几乎2裂达到基部。

本区分布：官滩沟、麻家寺、尖山、马啣山。海拔2200～3400米。

生境：荒地、草地和山坡。

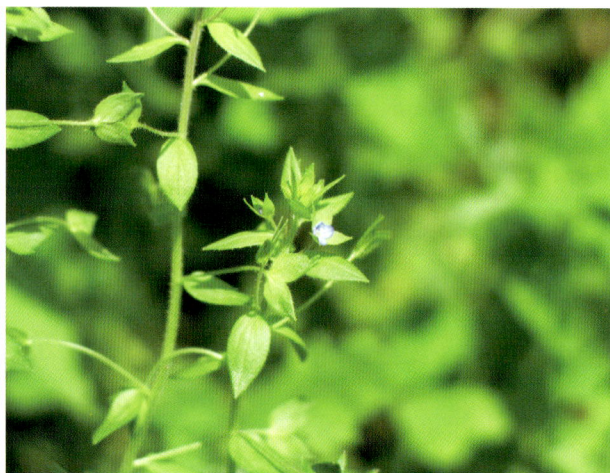

毛果婆婆纳

Veronica eriogyne H. Winkl.

科 玄参科 Scrophulariaceae
属 婆婆纳属 *Veronica*

形态识别要点：多年生草本，高20～70厘米。叶对生；叶片披针形至条状披针形，长2～5厘米，宽4～15毫米，边缘有整齐的浅刻锯齿；无柄。总状花序2～4个，侧生于茎近顶端叶腋；花密集，穗状，果期伸长达20厘米，具长3～10厘米的总梗；花序各部分被长柔毛；苞片远长于花梗；花萼裂片宽条形；花冠紫色或蓝色，长约4毫米。蒴果长卵形，被毛。

本区分布：马啣山。海拔2800～3700米。

生境：高山草地。

长果婆婆纳

Veronica ciliata Fisch.

科 玄参科 Scrophulariaceae
属 婆婆纳属 *Veronica*

形态识别要点：多年生草本，高10～30厘米。叶无柄或下部的有极短的柄；叶片卵形至卵状披针形，长1.5～3.5厘米，宽0.5～2厘米，全缘或具尖锯齿。总状花序1～4个，侧生于茎顶端叶腋；花密集，除花冠外各部分被长柔毛或长硬毛；苞片宽条形，长于花梗；花萼裂片条状披针形；花冠蓝色或蓝紫色，长3～6毫米。蒴果卵状锥形，狭长，具长硬毛。

本区分布：红桦沟、马啣山。海拔2500～3700米。

生境：高山草地。

四川婆婆纳

Veronica szechuanica Batalin

科 玄参科 Scrophulariaceae
属 婆婆纳属 *Veronica*

形态识别要点：多年生草本，高5～35厘米。叶对生；叶片卵形，通常上部的较大，长1.5～5.5厘米，边缘具尖锯齿或钝齿；下部叶柄长5～10毫米，上部叶柄较短。总状花序有花数朵，集成伞房状，侧生于茎顶端叶腋；花梗长约5毫米；花萼裂片条形；花冠白色，少淡紫色，长5～7毫米。蒴果倒心状三角形，长4～6毫米，宽6～7毫米，花柱宿存。

本区分布：官滩沟、水岔沟、马啣山。海拔2000～3400米。

生境：草地。

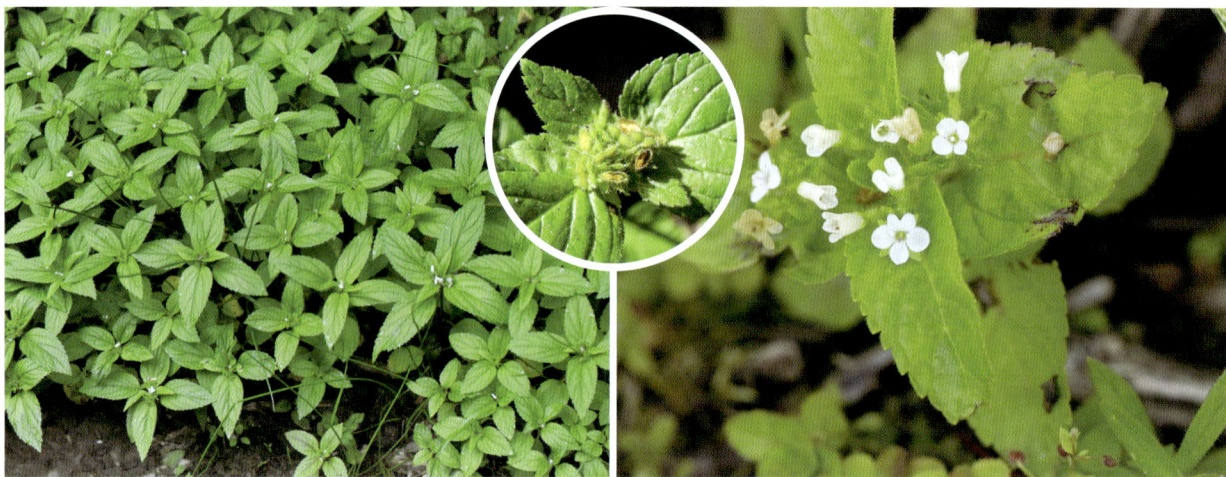

唐古拉婆婆纳

Veronica vandellioides Maxim.

科 玄参科 Scrophulariaceae
属 婆婆纳属 *Veronica*

形态识别要点：多年生草本，高5～25厘米。叶对生；叶片卵圆形，长7～20毫米，宽6～18毫米，每边具2～5个圆齿；叶柄无至长达1厘米。总状花序多个，侧生于茎上部叶腋或几乎所有叶腋，退化为只具单花或2朵花；花序梗纤细，长6～20毫米；苞片宽条形，长不及5毫米；花梗纤细，长3～10毫米；花萼裂片长椭圆形，果期略增大；花冠浅蓝色、粉红色或白色，略比萼长。蒴果近于倒心状肾形，基部平截状圆形。

本区分布：官滩沟、红桦沟、阳道沟、上庄、尖山。海拔2000～2700米。

生境：高山草地及流石滩。

北水苦荬
Veronica anagallis-aquatica Linn.

科 玄参科 Scrophulariaceae
属 婆婆纳属 *Veronica*

形态识别要点： 多年生草本，高10～100厘米，通常全体无毛。叶对生，无柄，上部的半抱茎，多为椭圆形或长卵形，长2～10厘米，宽1～3.5厘米，全缘或有疏而小的锯齿。花序比叶长，多花；花梗与苞片近等长；花萼裂片卵状披针形，果期直立或叉开；花冠浅蓝色、浅紫色或白色，直径4～5毫米。蒴果近圆形，几乎与萼等长。

本区分布： 麻家寺、白石头沟、马莲滩、马啣山。海拔2100～3400米。

生境： 水边及沼泽地。

短腺小米草
Euphrasia regelii Wettst.

科 玄参科 Scrophulariaceae
属 小米草属 *Euphrasia*

形态识别要点： 一年生直立草本，高3～35厘米。叶无柄；叶片下部的楔状卵形，中部的稍大，卵形至宽卵形，基部宽楔形，长5～10毫米，每边有数个急尖或稍钝的锯齿，两面被短腺毛。穗状花序疏花；花萼筒状，被短腺毛，裂片三角形；花冠白色或淡紫色，上唇直立，下唇开展，裂片叉状浅裂。蒴果扁。

本区分布： 官滩沟、徐家峡、东岳台、黄崖沟、小泥窝子、骆驼岘、八盘梁、红庄子、响水沟、马啣山。海拔2100～2300米。

生境： 草地及林中。

疗齿草
Odontites vulgaris Moench

科 玄参科 Scrophulariaceae
属 疗齿草属 *Odontites*

形态识别要点：一年生草本，高20～60厘米，全体被贴伏而倒生的白色细硬毛。茎常在中上部分枝，上部四棱形。叶无柄；叶片披针形至条状披针形，长1～4.5厘米，宽0.3～1厘米，边缘疏生锯齿。穗状花序顶生；苞片下部的叶状；花萼长4～7毫米，果期多少增大，裂片狭三角形；花冠紫色、紫红色或淡红色，长8～10毫米，外被白色柔毛。蒴果长4～7毫米，上部被细刚毛。种子椭圆形，长约1.5毫米。花期7～8月。

本区分布：清水沟。海拔2100～2200米。

生境：湿草地。

阴郁马先蒿
Pedicularis tristis Linn.

科 玄参科 Scrophulariaceae
属 马先蒿属 *Pedicularis*

形态识别要点：多年生草本，高15～50厘米。叶线形至线状披针形，中部者最大，长达8厘米，宽达2厘米，羽状深裂至距中脉的1/2处，裂片三角形至卵形，有具刺尖的重锯齿，上面遍布白毛；无柄。花序总状，长可达20厘米；苞片三角状卵形，有毛；萼狭钟形，被密毛或几光滑，长达15毫米；花冠黄色，管部几不超出萼齿，扭旋，外面被毛，下唇3裂，中裂较宽，盔弓曲，顶端常有喙状小凸尖，下缘有浓密的长须毛。蒴果卵圆形。

本区分布：马啣山。海拔2500～3400米。

生境：山地灌丛或草地。

粗野马先蒿

Pedicularis rudis Maxim.

科 玄参科 Scrophulariaceae
属 马先蒿属 *Pedicularis*

形态识别要点：多年生草本，高可达1米。叶无基生；茎生叶披针形或线形，羽状深裂，无柄而抱茎，逐渐向上部变成苞片。花序穗状，长达30厘米，被腺状短柔毛；苞片下部叶状，上部变为卵形而全缘，稍长于萼；萼狭钟形，密被白色腺毛，齿5个，大小相等；花冠白色，中部向前弓曲，盔上部紫红色，额部黄色，有一向上的小凸喙，下唇3裂，卵圆形，中裂较大。蒴果宽卵圆形，前端具刺尖。

本区分布：麻家寺、朱家沟、红庄子。海拔2300～2700米。

生境：山坡草地、灌丛及林下。

美观马先蒿

Pedicularis decora Franch.

科 玄参科 Scrophulariaceae
属 马先蒿属 *Pedicularis*

形态识别要点：多年生草本，高约1米。叶线状披针形至狭披针形，羽状深裂，缘有重锯齿。花序穗状，密被腺毛；苞片叶状，向上逐渐变为卵形而具长尖；萼被密腺毛；萼齿三角形，几全缘；花冠黄色，花管长约为萼的3倍，有毛，下唇裂片卵形，中裂较大于侧裂，盔舟形，与下唇等长。蒴果扁卵圆形，先端渐尖。

本区分布：官滩沟、麻家寺、唐家峡、黄崖沟。海拔2300～2600米。

生境：草坡、疏林及灌丛。

毛颏马先蒿
Pedicularis lasiophrys Maxim.

科 玄参科 Scrophulariaceae
属 马先蒿属 *Pedicularis*

形态识别要点：多年生草本。叶在基部发达，呈假莲座状；叶片长圆状线形至披针状线形，缘有羽状裂片或深齿。花序头状或为伸长的短总状；苞片披针状线形至三角状披针形，密生褐色腺毛；萼钟形，齿5个，大小略相等，三角形全缘；花冠淡黄色，下唇3裂，卵圆形，盔在直角自直立部分转折，在含有雄蕊的地方膨大，前额与颏部均被黄色茸毛，花柱不伸出或稍伸出。蒴果卵状椭圆形。
本区分布：响水沟、八盘梁、马啣山。海拔3000～3700米。
生境：高山草地、灌丛或林下。

红纹马先蒿
Pedicularis striata Pall.

科 玄参科 Scrophulariaceae
属 马先蒿属 *Pedicularis*

形态识别要点：多年生草本，高可达1米。叶互生；叶片均为披针形，羽状深裂至全裂，中肋两旁带有翅。花序穗状，伸长，稠密；苞片三角形或披针形，下部叶状且有齿，上部全缘；萼钟形，被疏毛，齿5个，不相等；花冠黄色，具绛红色脉纹，管在喉部向右扭旋，盔镰形弯曲，具2个齿，下唇3浅裂，侧裂肾脏，中裂宽过于长。蒴果卵圆形。
本区分布：官滩沟、谢家岔、黄坪、矿湾村、马啣山。海拔2100～2500米。
生境：疏林或阳坡。

埃氏马先蒿
Pedicularis artselaeri Maxim.

科 玄参科 Scrophulariaceae
属 马先蒿属 *Pedicularis*

形态识别要点：多年生草本，高3～6厘米。叶具长柄，柔软而铺散地面；叶片长圆状披针形，羽状深裂。花腋生，具长梗，被长柔毛；萼圆筒形，前方不裂，齿5个，基部三角状卵形；花冠较大，浅紫红色，下唇3裂，卵圆形，中裂两侧叠置侧裂之下，盔镰状弓曲，顶端钝，花柱伸出。蒴果卵圆形，顶端有凸尖。

本区分布：水家沟、陶家窑。海拔2200～2300米。

生境：阳坡草丛或林下。

藓生马先蒿
Pedicularis muscicola Maxim.

科 玄参科 Scrophulariaceae
属 马先蒿属 *Pedicularis*

形态识别要点：多年生草本，全株无毛。叶有柄，具疏长毛；叶片椭圆形至披针形，羽状全裂，缘有重锯齿。花均腋生；花梗较短；萼圆筒形，前方不开裂，齿5个，略相等，基部三角形，向上渐细，全缘；花冠玫瑰色，管长，盔直立，在基部向左转折，形成"S"形的长喙，下唇极大，侧裂稍指向外，中裂较狭，钝头，花柱稍伸出。蒴果扁平，被宿萼所包。

本区分布：东岳台、歧儿沟、黄坪、唐家峡、张家窑、大洼沟、翻车沟、三岔路口、尖山、马啣山。海拔2000～3000米。

生境：林下、林缘及路边。

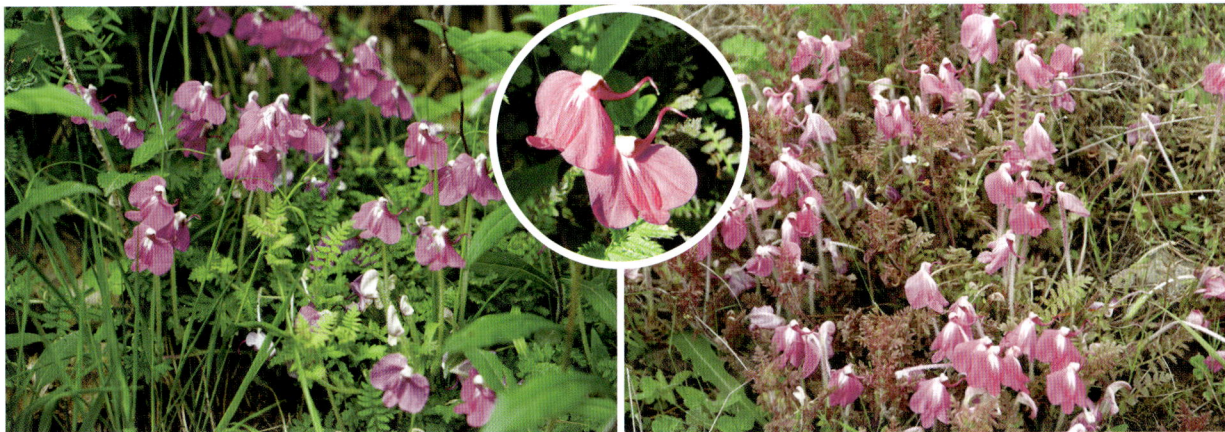

轮叶马先蒿

Pedicularis verticillata Linn.

科 玄参科 Scrophulariaceae
属 马先蒿属 *Pedicularis*

形态识别要点： 多年生草本，高可达40厘米。基出叶发达宿存，被白色长毛；叶片长圆形至线状披针形，羽状深裂至全裂。花序总状，稠密；苞片叶状，膜质；萼卵球形，红色，前方开裂，齿偏聚后方，5枚，1枚独立；花冠紫红色，管直角弯曲，使其上段由萼的裂口中伸出，盔略镰状弓曲，额无鸡冠状突起，下唇3裂，中裂圆形具柄，小于侧裂，花柱伸出。蒴果常披针形。

本区分布： 麻家寺、黄崖沟、红庄子、太平沟、哈班岔、八盘梁、马啣山。海拔2300～3400米。

生境： 湿地、疏林及草地。

甘肃马先蒿

Pedicularis kansuensis Maxim.

科 玄参科 Scrophulariaceae
属 马先蒿属 *Pedicularis*

形态识别要点： 一或二年生草本，高达50厘米。基生叶长久宿存，茎生叶4枚轮生；叶片羽状全裂，叶缘常有反卷。花序穗状；苞片下部叶状，上部3裂；萼具短梗，前方不开裂，大小不等，三角形具5个齿；花冠紫红色或白色，管在基部向前弓曲，下唇3裂，中裂较小，基部狭缩，有缺刻，盔镰状弯曲，额具鸡冠状突起，柱头略伸出。蒴果斜卵形。

本区分布： 官滩沟、石窑沟、三岔路口、张家窑、西番沟、黄崖沟、小水尾子、尖山。海拔2200～2900米。

生境： 草地、灌丛或路旁。

穗花马先蒿
Pedicularis spicata Pall.

科 玄参科 Scrophulariaceae
属 马先蒿属 *Pedicularis*

形态识别要点：一年生草本，高可达80厘米。基生叶莲座状，茎生叶较小，4枚轮生；叶片椭圆状长圆形，两面被毛，羽状深裂。花序穗状，生于茎顶；苞片叶状，基部膜质；萼短，钟形，前方微裂，齿5个，两两结合成三角形；花冠红色，管以直角膝屈，盔较短，额高凸，下唇3裂，中裂较小，柱头稍伸出。蒴果狭卵形，顶端有刺尖。

本区分布：官滩沟、麻家寺、大洼沟、马坡、矿湾村、清水沟、唐家峡、阳道沟。海拔2100～2700米。

生境：草地及林缘。

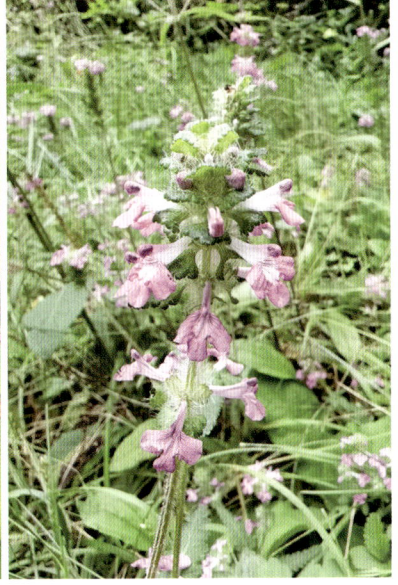

鸭首马先蒿
Pedicularis anas Maxim

科 玄参科 Scrophulariaceae
属 马先蒿属 *Pedicularis*

形态识别要点：多年生草本，高达30厘米以上。基生叶宿存，叶柄长1.5～2.5厘米；茎生叶4枚轮生，叶柄短或无，叶片长圆状卵形至线状披针形，羽状全裂。花序头状至穗状；苞片下部者叶状，向上渐狭；萼长臌胀卵圆形，常有紫斑或紫晕，齿5个，后方1个较小；花冠紫色，管在基部以上的45°角向前弯曲，下唇3裂，中裂较圆，喙细而直，花柱不伸出。蒴果三角状披针形，先端锐尖。

本区分布：马啣山、八盘梁。海拔3000～3700米。

生境：疏林下或河滩草地。

阿拉善马先蒿
Pedicularis alaschanica Maxim.

科 玄参科 Scrophulariaceae
属 马先蒿属 *Pedicularis*

形态识别要点：多年生草本，高可达35厘米。基生叶早枯，下部叶对生，上部叶3～4枚轮生；叶片披针形至卵状长圆形，羽状全裂。花序穗状；苞片叶状；萼膜质，长圆形，前方开裂，齿5个，后方1个三角形，全缘；花冠黄色，花管与萼等长，中上部稍向前膝屈，下唇3浅裂，与盔等长或稍长，侧裂斜椭圆形而略带方形，甚大于亚菱形而显著的中裂，盔直立，背线向前上方转折形成多少膨大的含有雄蕊部分，而后再转向前下方成为倾斜之额，顶端渐细成为稍稍下弯的短喙，喙长短和粗细不一。

本区分布：干沟、石窑沟、太平沟、马啣山。海拔2200～2800米。

生境：阳坡草地及多砾石滩地。

大唇拟鼻花马先蒿
Pedicularis rhinanthoides Schrenk ex Fisch. & C. A. Mey. subsp. *labellata* (Decne.) Pennell

科 玄参科 Scrophulariaceae
属 马先蒿属 *Pedicularis*

形态识别要点：多年生草本。叶基生者成丛，披针状矩圆形，羽状全裂，裂片缘有锐齿；茎生叶少。总状花序短；苞片叶状；花萼长卵状，齿5个，后方1个较小，全缘，其余的基部狭缩，上部卵形且有锯齿；花冠玫瑰色，盔上端多少膝状屈曲向前，喙常作"S"形卷曲，下唇基部宽心形，伸至筒的后方。蒴果披针状卵形。

本区分布：小泥窝子、马啣山。海拔2800～3400米。

生境：高山草地或高山灌丛中。

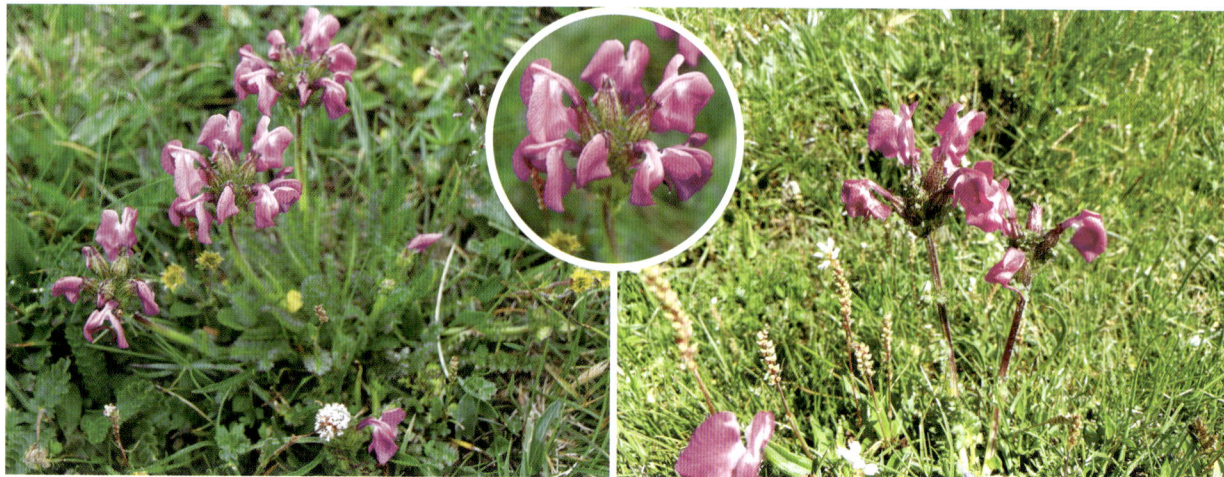

欧氏马先蒿

Pedicularis oederi Vahl

科 玄参科 Scrophulariaceae
属 马先蒿属 *Pedicularis*

形态识别要点：多年生低矮草本，可达10厘米。叶多基生，宿存成丛；叶片线状披针形至线形，羽状全裂；有长柄。花序顶生，多变化；苞片多少披针形至线状披针形，短于花或等长；萼圆筒形，多纵行而少网结，齿5个，披针形，大小几相等；花冠多二色，盔端紫黑色，其余黄白色，盔与管的上段同其指向，几伸直，额圆形，前缘之端稍稍作三角形突出，下唇3裂，多变化，侧裂肾形，中裂近菱形，基部狭缩，花柱不伸出。

本区分布：红庄子、西番沟、马啣山。海拔3000～3700米。

生境：高山灌丛及草地。

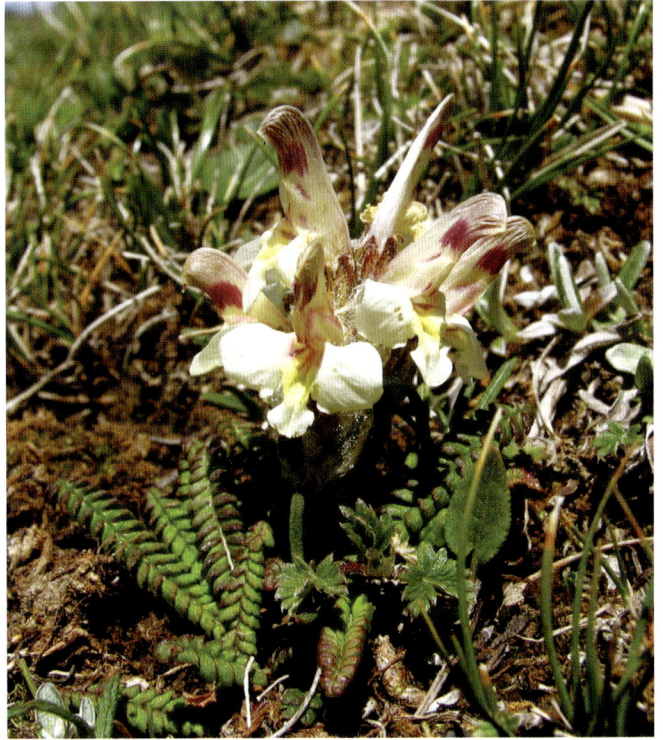

中国马先蒿

Pedicularis chinensis Maxim.

科 玄参科 Scrophulariaceae
属 马先蒿属 *Pedicularis*

形态识别要点：一年生草本，高可达30厘米。叶基出与茎生，均有柄；叶片披针状长圆形至线状长圆形，羽状浅裂至半裂。花序长总状；苞片叶状，浓密具缘毛。萼管状，被白毛，前方稍开裂；齿2个，缘有缺刻状重锯齿；花冠黄色，管被毛，盔直立部分稍向后仰，前端又渐细为端指向喉部的半环状长喙，下唇宽过于长，被缘毛，侧裂强烈指向前外方，中裂宽过于长。蒴果长圆状披针形。

本区分布：官滩沟、马场沟、谢家岔、黄崖沟、大洼沟、黄坪、响水沟、红庄子、上庄、八盘梁、马啣山。海拔2400～3400米。

生境：草地、溪流旁及林缘。

管状长花马先蒿

Pedicularis longiflora Rudolph var. *tubiformis* (Klotzsch) P. C. Tsoong

科 玄参科 Scrophulariaceae
属 马先蒿属 *Pedicularis*

形态识别要点：一年生草本，最高者可达15厘米。叶基出与茎出，常成密丛；叶片羽状浅裂至深裂，有时最下方的叶几为全缘，有长柄。花均腋生，有短梗；萼管状，齿2个；花冠黄色，长5～8厘米，管外有毛，盔直立部分稍后仰，盔前端很快狭细为一半环状卷曲的细喙，指向花喉，下唇3裂，近喉处有2个棕红色斑点，裂较小，花柱明显伸出。

本区分布：深岘子、马莲滩。海拔2600～3700米。

生境：高山草地及溪流旁。

三斑刺齿马先蒿

Pedicularis armata Maxim. var. *trimaculata* X. F. Lu

科 玄参科 Scrophulariaceae
属 马先蒿属 *Pedicularis*

形态识别要点：多年生草本，高可达20厘米。叶基出与茎生，均有长柄；叶片多少线状长圆形，羽状深裂。花均腋生，在主茎上常直达基部而稠密，在侧茎上则仅上半部有花；花梗短，被短密毛；萼圆筒形，齿2个，有短柄，亚掌状3～5裂；花冠黄色，外面有毛，盔直立部分完全正直或稍向前俯，基部很细，额狭三角形而渐细为卷成一大半环的长喙，端常反指后上方，2浅裂，下唇很大，3裂，近喉处具3个深红色或栗色的线形或椭圆形斑点，柱头稍伸出。

本区分布：响水沟、马啣山。海拔2700～3700米。

生境：高山草地。

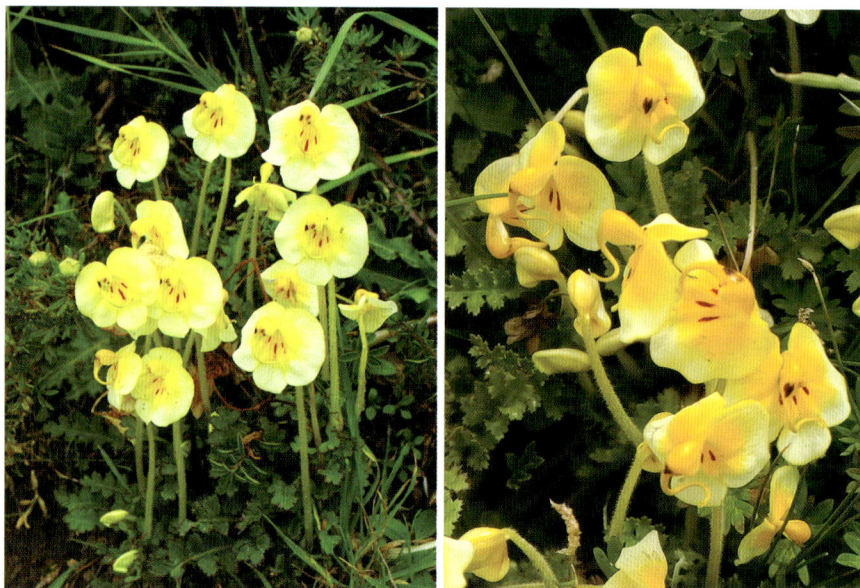

蒙古芯芭
Cymbaria mongolica Maxim.

科 玄参科 Scrophulariaceae
属 芯芭属 *Cymbaria*

形态识别要点：多年生草本，高5～20厘米。叶无柄，对生，或在茎上部近于互生，被短柔毛；茎基部叶长圆状披针形，长约12毫米，宽3～4毫米，向上逐渐增长，成线状披针形。花少数，生于叶腋；小苞片2枚，长8～15毫米；萼长15～30毫米，被柔毛，萼齿5或6个，渐细成线形；花冠黄色，长25～35毫米，外面被短细毛，二唇形，上唇略作盔状，外侧反卷，下唇3裂，裂片近相等。蒴果长卵圆形，长10～11毫米。

本区分布：麻家寺、谢家岔、水家沟、峡口、马啣山。海拔2100～2300米。

生境：干山坡。

黄花角蒿

科 紫葳科 Bignoniaceae
属 角蒿属 *Incarvillea*

Incarvillea sinensis Lam. var. *przewalskii* (Batalin) C. Y. Wu & W. C. Yin

形态识别要点：一至多年生草本，高达80厘米。单叶互生，二至三回羽状细裂，形态多变异；小叶不规则细裂，末回裂片线状披针形，具细齿或全缘。顶生总状花序，疏散，长达20厘米；花梗长1～5毫米；花萼钟状，萼齿钻状；花冠淡黄色，钟状漏斗形，长约4厘米，裂片圆形。蒴果细圆柱形，长3.5～5.5厘米，粗约5毫米。

本区分布：祁家坡。海拔2100～2400米。

生境：山坡、路旁及草地。

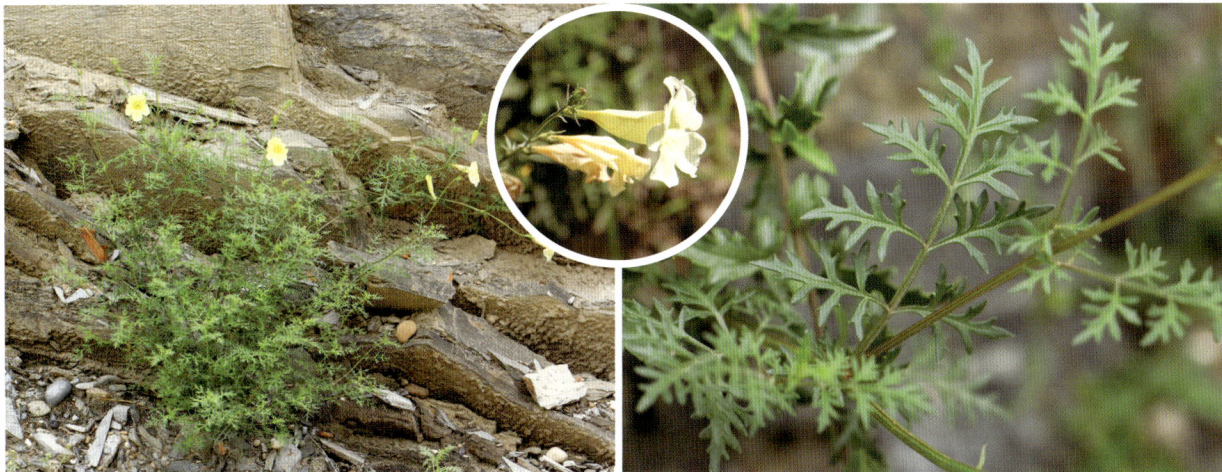

密生波罗花

Incarvillea compacta Maxim.

科 紫葳科 Bignoniaceae
属 角蒿属 *Incarvillea*

形态识别要点：多年生草本。羽状复叶聚生于茎基部，长8～15厘米；小叶2～6对，卵形，长2～3.5厘米，宽1～2厘米。总状花序密集，聚生于茎顶端；苞片长1.8～3厘米；花梗长1～4厘米，线形；花萼钟状，绿色或紫红色，具深紫色斑点，长12～18毫米，萼齿三角形；花冠红色或紫红色，长3.5～4厘米，直径约2厘米，花冠筒外面紫色，具黑色斑点，内面具少数紫色条纹，裂片圆形。蒴果长披针形，具明显的4棱，长约11厘米。

本区分布：尖山、小水尾子。海拔2200～2400米。

生境：干旱山坡。

黄花列当

Orobanche pycnostachya Hance

科 列当科 Orobanchaceae
属 列当属 *Orobanche*

形态识别要点：肉质寄生草本，高10～50厘米，全株密被腺毛。茎不分枝。叶卵状披针形或披针形，长1～2.5厘米，宽4～8毫米。花序穗状，圆柱形，长8～20厘米，具多数花；苞片卵状披针形，长1.6～4.8厘米；花萼长1.2～1.5厘米，2深裂至基部，每裂片又再2裂，小裂片狭披针形；花冠黄色，长2～3厘米，筒中部稍弯曲，上唇2浅裂，下唇长于上唇，3裂，中裂片常较大，全部裂片边缘波状或具不规则牙齿。蒴果长圆形。

本区分布：朱家沟。海拔2000～2100米。

生境：山坡及草地。

赤瓟
Thladiantha dubia Bunge

形态识别要点： 攀缘草质藤本，全株被黄白色的长柔毛状硬毛。单叶互生；叶片宽卵状心形，长5～8厘米，宽4～9厘米，边缘浅波状，有大小不等的细齿，基部心形，弯缺深，近圆形或半圆形，两面粗糙；叶柄稍粗，长2～6厘米。花单性，雌雄异株；花冠黄色，裂片长圆形，上部向外反折。果实卵状长圆形，长4～5厘米，径2.8厘米，表面橙黄色或红棕色，被柔毛，具10条明显的纵纹。

本区分布： 峡口、马啣山。海拔2100～2800米。

生境： 山坡及林缘湿处。

北方拉拉藤
Galium boreale Linn.

形态识别要点： 多年生直立草本，高20～65厘米。叶4枚轮生，狭披针形或线状披针形，长1～3厘米，宽1～4毫米，边缘常稍反卷；无柄或具极短的柄。花两性；聚伞花序顶生和生于上部叶腋，常在枝顶结成圆锥花序状，密花；花梗长0.5～1.5毫米；花萼被毛；花小，白色或淡黄色，直径3～4毫米。果爿单生或双生，密被白色稍弯的糙硬毛；果柄长1.5～3.5毫米。

本区分布： 官滩沟、黄崖沟、唐家峡、张家窑、翻车沟、红庄子、马啣山。海拔2400～2900米。

生境： 山坡、草丛、灌丛或林下。

四叶葎

Galium bungei Steud.

科 茜草科 Rubiaceae
属 拉拉藤属 *Galium*

形态识别要点：多年生丛生直立草本，高5～50厘米。茎有4棱。叶4枚轮生；叶形变化较大，卵状长圆形、卵状披针形或线状披针形，长0.6～3.4厘米，宽2～6毫米，中脉和边缘常有刺状硬毛；近无柄或有短柄。花两性；聚伞花序顶生和腋生，常三歧分枝，再形成圆锥状花序；花梗长1～7毫米；花小，黄绿色或白色，辐状，直径1.4～2毫米。小坚果，果爿近球状，通常双生，有小疣点、小鳞片或短钩毛；果柄长可达9毫米。

本区分布：三岔路口、八盘梁。海拔2100～2400米。

生境：山坡、林中及灌丛。

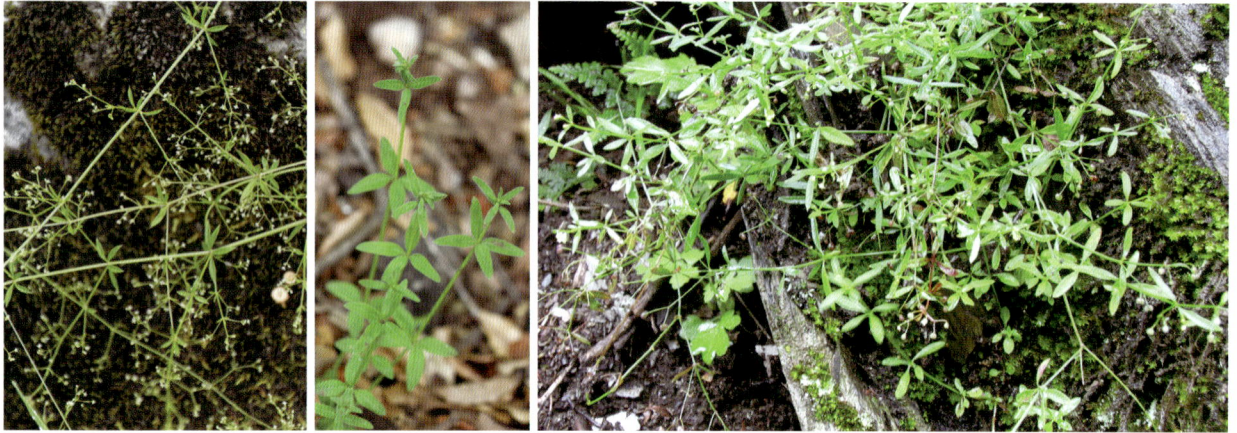

六叶葎

Galium hoffmeisteri (Klotzsch) Ehrend. & Schonb.-Tem. ex R. R. Mill

科 茜草科 Rubiaceae
属 拉拉藤属 *Galium*

形态识别要点：一年生草本。叶片薄，纸质或膜质，生于茎中部以上的常6枚轮生，生于茎下部的常4～5枚轮生，长圆状倒卵形、卵形或椭圆形，顶端钝圆而具突尖，基部渐狭或楔形，两面散生糙伏毛；近无柄或具短柄。聚伞花序顶生和生于上部叶腋，少花，2～3次分枝；花小；花冠白色或黄绿色，裂片卵形。果爿近球形，单生或双生，密被钩毛。

本区分布：官滩沟、平滩、新庄沟、麻家寺、徐家峡。海拔2100～2500米。

生境：林下。

喀喇套拉拉藤

Galium karataviense (Pavlov) Pobed.

科 茜草科 Rubiaceae
属 拉拉藤属 *Galium*

形态识别要点：多年生草本。茎直立或攀缘，具4枚角棱，棱上有倒向的疏小刺或小刺毛。叶每轮6～10枚，披针形至狭椭圆形，长0.6～5厘米，宽2～8毫米，沿边缘具倒向的小刺毛；近无柄。花两性；圆锥花序式的聚伞花序腋生或顶生，长达12厘米，多花；总花梗比叶长数倍；花梗与花等长或较短；花冠白色，直径约2.5毫米。果爿单生或双生，常具小瘤状突起。

本区分布：水岔沟。海拔2200～2400米。

生境：山谷林下及草地。

车轴草

Galium odoratum (Linn.) Scop.

科 茜草科 Rubiaceae
属 拉拉藤属 *Galium*

形态识别要点：多年生草本。叶纸质，6～10枚轮生，倒披针形、长圆状披针形或狭椭圆形，长1.5～6.5厘米，宽4.5～17毫米，顶端短尖或渐尖，基部渐狭，两面被稀疏刚毛；无柄或具极短的柄。伞房状聚伞花序顶生；花小；花冠白色或蓝白色，短漏斗状，裂片4枚，长圆形。果爿双生或单生，球形，密被钩毛。

本区分布：官滩沟、马场沟、水岔沟、分豁岔、西山。海拔2200～2500米。

生境：山地林中或灌丛。

林猪殃殃

Galium paradoxum Maxim.

科 茜草科 Rubiaceae
属 拉拉藤属 *Galium*

形态识别要点： 多年生矮小草本，高4～25厘米。叶膜质，4枚轮生，其中2枚较大，其余小得常缩小而成托叶状，在茎下部有时2枚，卵形或近圆形至卵状披针形，顶端钝圆而有小凸尖，基部钝圆而急剧下延成柄，两面有倒伏的刺状硬毛。聚伞花序顶生和生于上部叶腋，常三歧分枝，每一分枝具1～2朵花；花小，白色。果爿单生或双生，近球形，密被黄棕色钩毛。

本区分布： 麻家寺、分豁岔、阳道沟。海拔2200～2500米。

生境： 林下及草地。

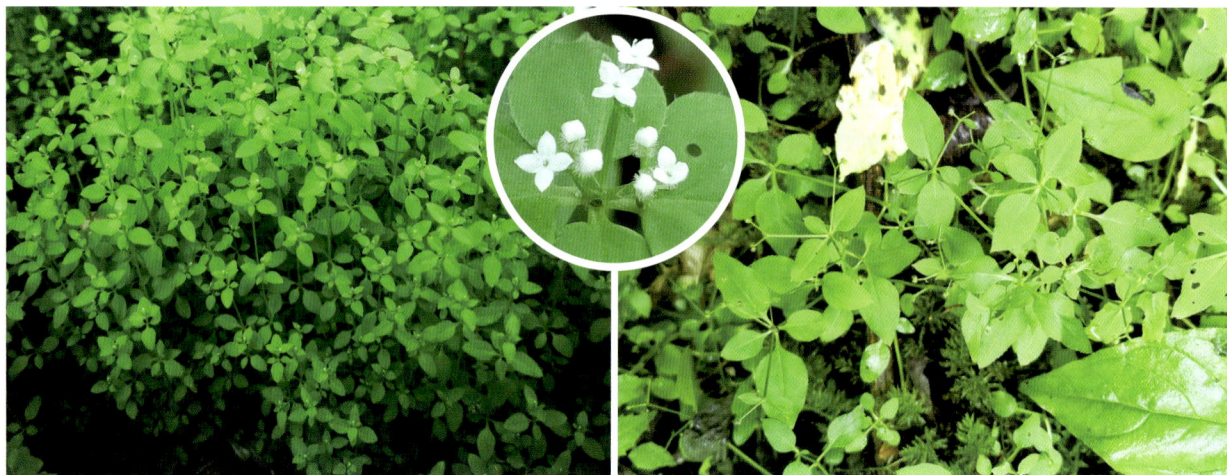

猪殃殃

Galium spurium Linn.

科 茜草科 Rubiaceae
属 拉拉藤属 *Galium*

形态识别要点： 多枝、蔓生或攀缘状草本。叶6～8枚轮生，稀为4～5枚；叶片纸质或近膜质，带状倒披针形或长圆状倒披针形，顶端有针状凸尖头，基部渐狭；近无柄。聚伞花序腋生或顶生，单花至多花，花小，4朵，有纤细的花梗；花冠黄绿色或白色，辐状，裂片长圆形。果干燥，有1或2个近球状的分果爿，肿胀，密被钩毛或无毛。

本区分布： 麻家寺、分豁岔、平滩。海拔2200～2500米。

生境： 山坡、林缘、草地及田边。

蓬子菜
Galium verum Linn.

科 茜草科 Rubiaceae
属 拉拉藤属 *Galium*

形态识别要点：多年生近直立草本，高25～45厘米。叶6～10枚轮生；叶片线形，长1.5～3厘米，宽1～1.5毫米，边缘极反卷，常卷成管状；无柄。花两性；聚伞花序顶生和腋生，多花，通常在枝顶结成带叶的圆锥花序状；总花梗密被短柔毛；花小，稠密，黄色。果爿双生，近球状，直径约2毫米，无毛。

本区分布：官滩沟、谢家岔、水岔沟、麻家寺、石窑沟、清水沟、张家窑、太平沟、阳道沟、三岔路口、马啣山。海拔2000～3000米。

生境：草地、灌丛或林下。

茜草
Rubia cordifolia Linn.

科 茜草科 Rubiaceae
属 茜草属 *Rubia*

形态识别要点：草质攀缘藤本。叶4枚轮生；叶片纸质，披针形至长圆状披针形，长0.7～3.5厘米，顶端渐尖，基部心形，边缘有齿状皮刺，两面粗糙，脉上和叶柄常有倒生小刺，基出脉3条。聚伞花序腋生和顶生，多回分枝；花小，黄白色。浆果近球形，熟时橘黄色。

本区分布：官滩沟、徐家峡、黄崖沟、驴圈沟、水家沟、马坡、峡口、张家窑、阳道沟、龙泉寺、八盘梁、马啣山。海拔2100～2800米。

生境：疏林、灌丛、林缘及草丛。

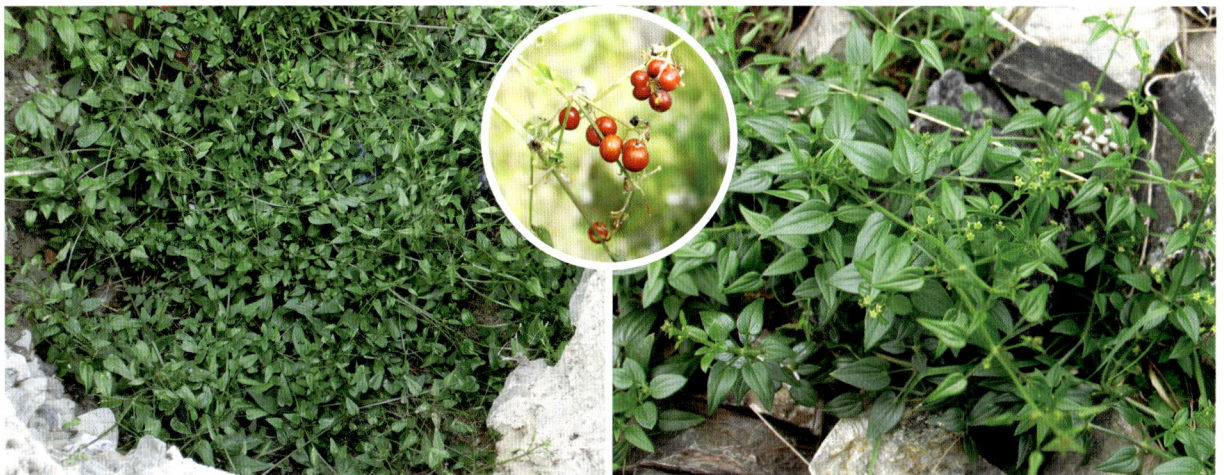

林生茜草
Rubia sylvatica (Maxim.) Nakai

科 茜草科 Rubiaceae
属 茜草属 *Rubia*

形态识别要点：多年生草质攀缘藤本。茎有4棱，棱上有微小的皮刺。叶4～10枚，很少11～12枚轮生；叶片卵圆形至近圆，长3～11厘米或更长，宽通常2～9厘米，顶端长渐尖或尾尖，基部深心形，边缘有微小皮刺，基出脉5～7条；叶柄长2～11厘米或更长，有微小皮刺。花两性；聚伞花序腋生和顶生，有花10余朵；花冠裂片5枚，淡黄色，有时带紫红色。浆果球形，直径约5毫米，成熟时黑色，单生或双生。

本区分布：官滩沟、水岔沟、兴隆峡、麻家寺。海拔2100～2600米。

生境：较潮湿林中或林缘。

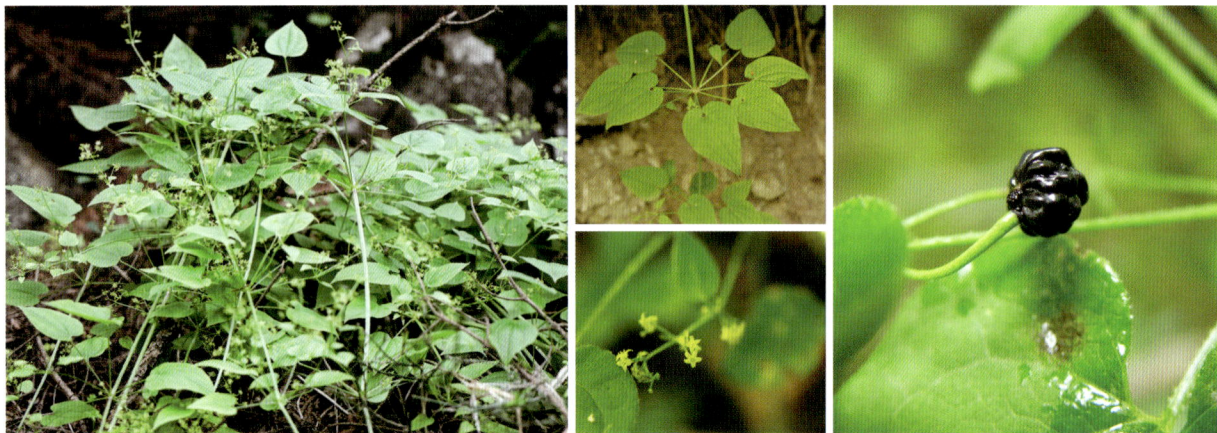

大车前
Plantago major Linn.

科 车前科 Plantaginaceae
属 车前属 *Plantago*

形态识别要点：二或多年生草本。叶基生呈莲座状，平卧、斜展或直立；叶片宽卵形至宽椭圆形，长3～18厘米，宽2～11厘米，边缘波状，疏生不规则牙齿或近全缘；叶柄长3～10厘米，基部鞘状。花序1至数个；花序梗长5～18厘米；穗状花序细圆柱状，基部常间断；花无梗；花冠白色；雄蕊与花柱明显外伸。蒴果近球形。

本区分布：白房子、马场沟、朱家沟。海拔2100～2800米。

生境：草地、河滩、山坡及路旁。

车前

Plantago asiatica Linn.

科 车前科 Plantaginaceae
属 车前属 *Plantago*

形态识别要点：二或多年生草本。须根多数。叶基生呈莲座状，平卧、斜展或直立；叶片宽卵形至宽椭圆形，长4～12厘米，宽2.5～6.5厘米，边缘波状，全缘或中部以下有锯齿，两面疏生短柔毛；叶柄长2～15厘米，基部扩大成鞘。花序3～10个；花序梗长5～30厘米；穗状花序细圆柱状，紧密或稀疏，下部常间断；花具短梗；花冠白色；雄蕊与花柱明显外伸。蒴果纺锤状卵形。

本区分布：上庄、马坡、马场沟、窑沟。海拔2200～2500米。

生境：山坡、草地、路旁。

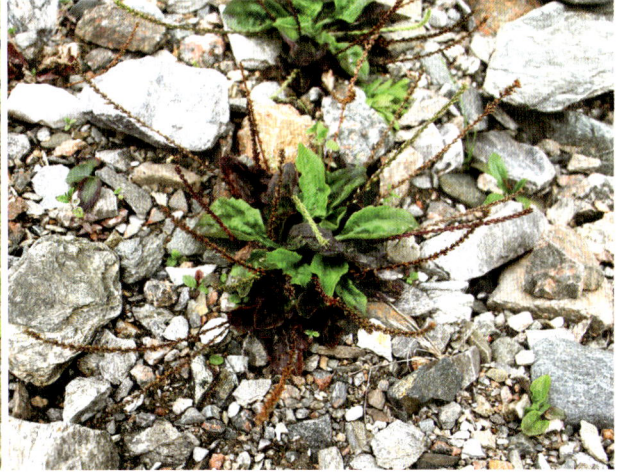

平车前

Plantago depressa Willd.

科 车前科 Plantaginaceae
属 车前属 *Plantago*

形态识别要点：一或二年生草本。直根长。叶基生呈莲座状，平卧、斜展或直立；叶片椭圆形至卵状披针形，长3～12厘米，宽1～3.5厘米，边缘具浅波状钝齿、不规则锯齿或牙齿，基部下延至叶柄，两面疏生白色短柔毛；叶柄长2～6厘米，基部扩大成鞘状。花序3～10余个；花序梗长5～18厘米；穗状花序细圆柱状，上部密集，基部常间断；花冠白色；雄蕊同花柱明显外伸。蒴果卵状椭圆形至圆锥状卵形。

本区分布：马场沟、麻家寺、分豁岔。海拔2200～2400米。

生境：草地、路旁。

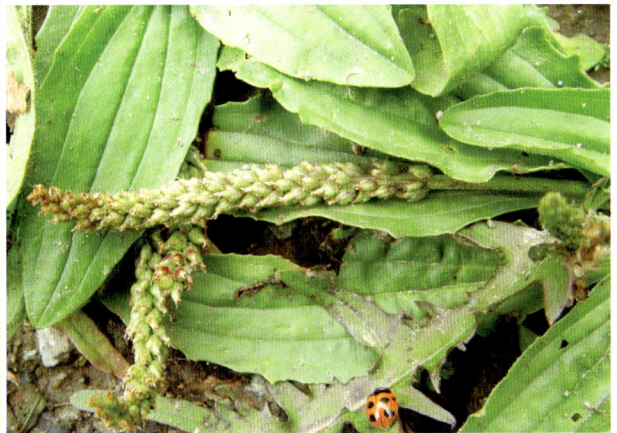

聚花荚蒾
Viburnum glomeratum Maxim.

科 五福花科 Adoxaceae
属 荚蒾属 *Viburnum*

形态识别特征：落叶灌木或小乔木。单叶对生；叶片卵状椭圆形或宽卵形，长4～15厘米，宽2～6厘米，边缘有牙齿，上面疏被星状毛；叶柄长1～3厘米。聚伞花序，直径3～6厘米；总花梗长1～7厘米；萼筒被白色簇状毛；花两性，白色，辐状，直径约5毫米。核果红色，后变黑色；核椭圆形，扁。
本区分布：唐家峡、分豁岔、上庄。海拔2200～2500米。
生境：林中或灌丛。

蒙古荚蒾
Viburnum mongolicum (Pall.) Rehder

科 五福花科 Adoxaceae
属 荚蒾属 *Viburnum*

形态识别特征：落叶灌木。单叶对生；叶片宽卵形至椭圆形，长2～6厘米，边缘有波状浅齿，齿顶具小突尖，上面被簇状或星状毛，下面灰绿色；叶柄长4～10毫米。聚伞花序，直径1.5～3厘米；花两性，少数；总花梗长5～15毫米；萼筒矩圆筒形，无毛；花冠筒状钟形，淡黄白色。核果红色，后变黑色，椭圆形，长约10毫米；核扁。
本区分布：官滩沟、麻家寺、马场沟、大洼沟、水岔沟、张家窑、阳道沟、西山、东山。海拔2300～2800米。
生境：山坡疏林。

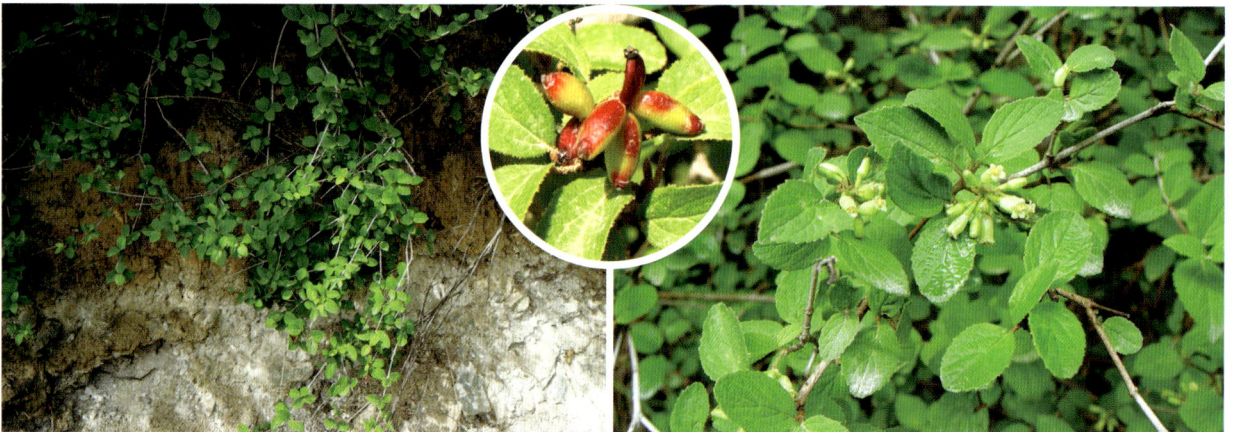

桦叶荚蒾

Viburnum betulifolium Batalin

科 五福花科 Adoxaceae
属 荚蒾属 *Viburnum*

形态识别特征：落叶灌木或小乔木。单叶对生；叶片厚纸质或略带革质，宽卵形至菱状卵形或宽倒卵形，长3～12厘米，边缘除基部外具开展的不规则浅波状牙齿；叶柄长1～3厘米。复伞形聚伞花序顶生，被疏或密的黄褐色簇状短毛；总花梗1～4厘米；萼筒有黄褐色腺点，疏被簇状短毛，萼齿小；花两性，白色，辐状，裂片圆卵形。核果红色，近圆形，长约6毫米；核扁。

本区分布：马啣山。海拔2200～2600米。

生境：灌丛。

血满草

Sambucus adnata Wall. ex DC.

科 五福花科 Adoxaceae
属 接骨木属 *Sambucus*

形态识别特征：多年生高大草本或半灌木。根和根茎折断后流出红色汁液。奇数羽状复叶对生；小叶3～5对，长椭圆形或披针形，长4～15厘米，宽1.5～2.5厘米，边缘有锯齿。伞形聚伞花序顶生，长约15厘米；花小，两性，白色，有恶臭。浆果状核果红色，圆形。

本区分布：官滩沟、麻家寺、分豁岔、唐家峡、阳道沟、窑沟、上庄、马坡。海拔2100～2700米。

生境：林下、灌丛及草地。

五福花

Adoxa moschatellina Linn.

科 五福花科 Adoxaceae
属 五福花属 *Adoxa*

形态识别特征：多年生矮小草本。茎单一，纤细。基生叶1～3枚，为一至二回三出复叶，叶柄长4～9厘米；小叶片宽卵形或圆形，长1～2厘米，3裂，小叶柄长0.6～1.2厘米。茎生叶2枚，对生，3深裂，裂片再3裂。花5～7朵组成顶生聚伞头状花序；花两性，黄绿色，直径4～6毫米，无花梗；花冠辐状，管极短，顶生花的花冠裂片4枚，侧生花的花冠裂片5枚。

本区分布：官滩沟、分豁岔、东山。海拔2400～2600米。

生境：林下、林缘或草地。

莛子藨

Triosteum pinnatifidum Maxim.

科 忍冬科 Caprifoliaceae
属 莛子藨属 *Triosteum*

形态识别要点：多年生草本。单叶对生；叶片倒卵形至倒卵状椭圆形，长8～20厘米，宽6～18厘米，羽状深裂，裂片1～3对；近无柄。聚伞花序对生，各具3朵花；无总花梗；有时花序下具全缘的苞片，在茎或分枝顶端集合成短穗状花序；萼筒被刚毛和腺毛；花两性，黄绿色，狭钟状，长1厘米，筒基部弯曲，一侧膨大成浅囊，被腺毛。浆果状核果卵圆形，肉质，白色。

本区分布：三岔路口、哈班岔、阳道沟、谢家岔、水岔沟、黄坪、马坡、唐家峡、窑沟、大洼沟、小水尾子、分豁岔。海拔2200～2500米。

生境：林下、灌丛或草地。

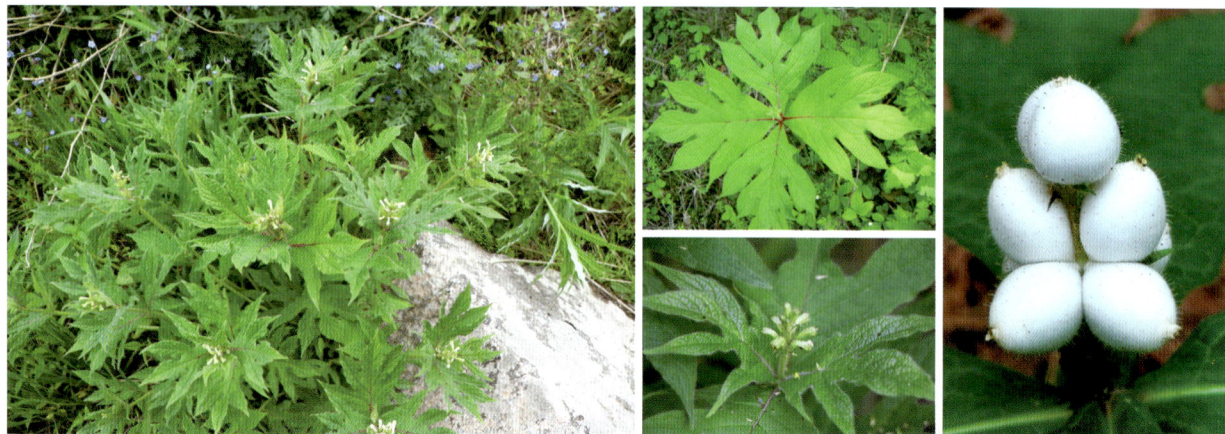

红花岩生忍冬

Lonicera rupicola Hook. f. & Thomson var. *syringantha* (Maxim.) Zabel

科 忍冬科 Caprifoliaceae
属 忍冬属 *Lonicera*

形态识别要点：落叶灌木。叶脱落后小枝顶常呈针刺状。单叶，3～4枚轮生，很少对生；叶片条状披针形至矩圆形，长0.5～3.5厘米，全缘，边缘背卷，下面无毛或疏生短柔毛；叶柄长约3毫米。花两性，芳香；总花梗极短；苞片条状披针形，略超出萼筒；相邻两萼筒分离；花冠淡紫色或紫红色，筒状钟形，长1～1.5厘米。浆果红色，椭圆形，长约8毫米。

本区分布：官滩沟、麻家寺、凡柴沟、哈班岔、谢家岔、水家沟、三岔路口、红庄子、马坡、杜家庄、窑沟、唐家峡、尖山、深岘子、西番沟、大洼沟、陈沟峡。海拔2300～3000米。

生境：山坡灌丛或高山草地。

唐古特忍冬

Lonicera tangutica Maxim.

科 忍冬科 Caprifoliaceae
属 忍冬属 *Lonicera*

形态识别要点：落叶灌木。单叶对生；叶片倒披针形至矩圆形或倒卵形至椭圆形，长1～6厘米，两面常被短糙毛；叶柄长2～3毫米。2朵花并生成聚伞花序；总花梗纤细，长2～3厘米；苞片狭细，略短于至略超出萼筒；花冠白色、黄白色或有淡红晕，筒状漏斗形，长8～13毫米，筒基部稍一侧肿大或具浅囊。浆果红色，圆形，直径5～6毫米。

本区分布：官滩沟、麻家寺、凡柴沟、分豁岔、谢家岔、水家沟、三岔路口、哈班岔、阳道沟、黄崖沟、唐家峡、新庄沟、红庄子、陈沟峡、马啣山。海拔2200～2800米。

生境：林下、山坡草地及灌丛。

袋花忍冬

Lonicera saccata Rehder

科 忍冬科 Caprifoliaceae
属 忍冬属 *Lonicera*

形态识别要点：落叶灌木。单叶对生；叶片倒卵形至矩圆形，长1～5厘米，全缘，两面被糙伏毛；叶柄长1～4毫米。花序聚伞状；总花梗纤细，长1～4厘米；苞片叶状，与萼筒近等长或长达2～3倍；相邻两萼筒完全或2/3连合；花冠黄色、白色或淡黄白色，筒状漏斗形，长5～15毫米，筒基部一侧明显具囊或有时仅稍肿大；花柱伸出。浆果红色，圆形，直径5～8毫米。

本区分布：麻家寺、陈沟峡、分豁岔。海拔2200～2500米。

生境：草地、灌丛、林下或林缘。

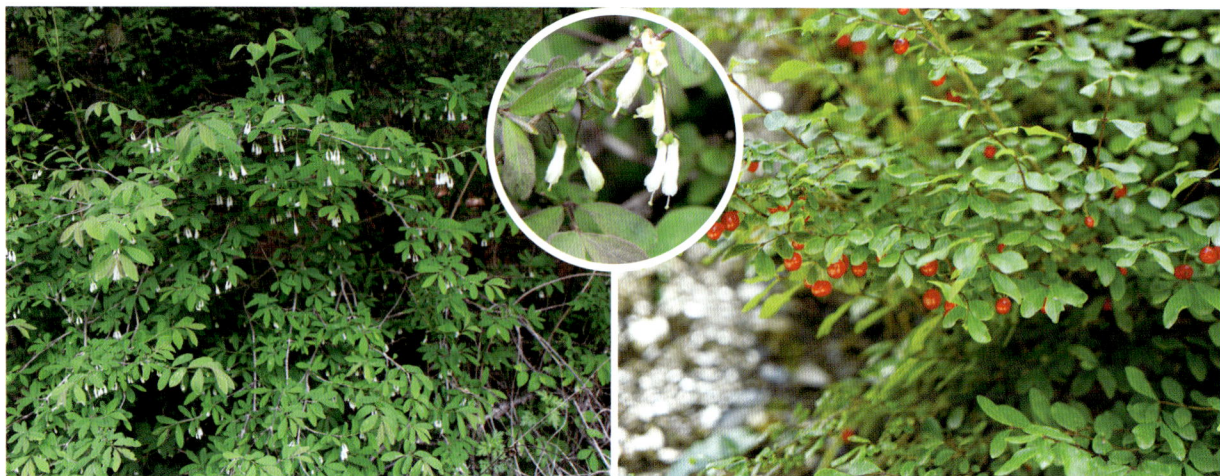

小叶忍冬

Lonicera microphylla Willd. ex Schult.

科 忍冬科 Caprifoliaceae
属 忍冬属 *Lonicera*

形态识别要点：落叶灌木。单叶对生；叶片倒卵形至矩圆形，长5～22毫米，两面被密或疏的微柔伏毛或近无毛，下面常带灰白色；叶柄很短。总花梗成对生于幼枝下部叶腋，长5～12毫米；苞片钻形，长略超过萼檐或达萼筒的2倍；相邻两萼筒几乎全部合生；花冠黄色或白色，长7～14毫米，上唇裂片直立，下唇反曲；雄蕊与花柱均稍伸出。浆果红色或橙黄色，圆形，直径5～6毫米。

本区分布：石窑沟、白房子、唐家峡、干沟、宼沟峡。海拔2100～2300米。

生境：干旱多石山坡。

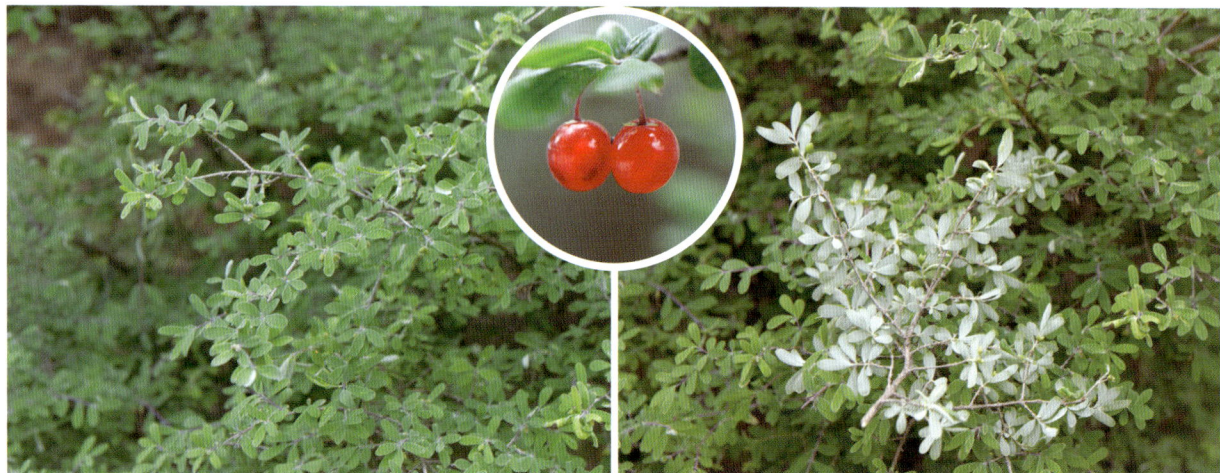

华西忍冬

Lonicera webbiana Wall. ex DC.

科 忍冬科 Caprifoliaceae
属 忍冬属 *Lonicera*

形态识别要点：落叶灌木。单叶对生；叶片卵状椭圆形至卵状披针形，长4~16厘米，顶端渐尖或长渐尖，边缘常不规则波状起伏或浅圆裂，两面有糙毛及疏腺。2朵花并生成聚伞状花序；总花梗长2.5~6厘米；苞片条形至矩圆形；相邻两萼筒离生；花冠唇形，紫红色或绛红色，基部具浅囊，上唇直立，具圆裂，下唇反曲。浆果先红色后转黑色，圆形，直径约1厘米。

本区分布：官滩沟、窑沟、三岔路口、哈班岔、谢家岔、麻家寺、峡口、骆驼岘、唐家峡、红庄子、西番沟、火烧沟、小银木沟、新庄沟、马坡、尖山、马啣山。海拔2300~2900米。

生境：林下、林缘、灌丛或草坡。

红脉忍冬

Lonicera nervosa Maxim.

科 忍冬科 Caprifoliaceae
属 忍冬属 *Lonicera*

形态识别要点：落叶灌木。单叶对生；叶片椭圆形至卵状矩圆形，全缘，长2~5厘米，叶脉带紫红色，两面无毛；叶柄长4毫米。2朵花并生成聚伞状花序；总花梗长约1厘米；苞片钻形；相邻两萼筒分离；花冠淡紫红色或黄色，基部具囊。浆果黑色，球形，直径5~6毫米。

本区分布：官滩沟、哈班岔、谢家岔、张家窑、马场沟、新庄沟、红庄子、大洼沟、小银木沟。海拔2300~2800米。

生境：林下及灌丛。

蓝果忍冬

Lonicera caerulea Linn.

科 忍冬科 Caprifoliaceae
属 忍冬属 *Lonicera*

形态识别要点：落叶灌木。单叶对生；叶片宽椭圆形，长1.5～5厘米，全缘。花序聚伞状；总花梗长2～10毫米；苞片条形，长为萼筒的2～3倍；小苞片合生成一坛状壳斗，完全包被相邻两萼筒，果熟时变肉质；花冠黄白色，筒状漏斗形，长9～13毫米，外面有柔毛；花柱伸出。浆果蓝黑色，稍被白粉，椭圆形，长约1.5厘米。

本区分布：麻家寺、水岔沟、大洼沟、分豁岔、尖山、马啣山。海拔2400～2900米。

生境：林下及林缘。

葱皮忍冬

Lonicera ferdinandi Franch.

科 忍冬科 Caprifoliaceae
属 忍冬属 *Lonicera*

形态识别要点：落叶灌木，茎皮条状剥落。单叶对生；叶片卵形至矩圆状披针形，长3～10厘米，全缘，顶端尖或短渐尖，下面密被刚伏毛和红褐色腺；叶柄极短。花序聚伞状；总花梗极短；苞片大，叶状，长约1.5厘米，被刚伏毛；小苞片合生成坛状壳斗，完全包被相邻两萼筒；花冠唇形，白色后变淡黄色，长1.5～2厘米，外面密被刚伏毛或腺毛，内被长柔毛，基部一侧肿大，上唇浅4裂，下唇细长反曲。浆果红色，卵圆形，长达1厘米，外包以撕裂的壳斗。

本区分布：官滩沟、东岳台、谢家岔、矿湾村、祁家坡、张家窑、干沟、唐家峡、分豁岔、马啣山。海拔2200～2600米。

生境：阳坡林中或林缘灌丛中。

刚毛忍冬
Lonicera hispida Pall. ex Roem. & Schult.

科 忍冬科 Caprifoliaceae
属 忍冬属 *Lonicera*

形态识别要点：落叶灌木。单叶对生；叶片椭圆形至矩圆形，长2～8厘米，顶端急尖或钝尖，全缘，两面有疏或密的刚伏毛和短糙毛。花序聚伞状；总花梗长1～2厘米；苞片宽卵形，长1～3厘米；相邻两萼筒分离，常具刚毛和腺毛；花冠白色或淡黄色，漏斗状，长2～3厘米，筒基部具囊；花柱细长伸出。浆果红色，卵圆形至长圆筒形，长1～1.5厘米。

本区分布：凡柴沟、歧儿沟、哈班岔、阳道沟、红庄子、黄坪、黄崖沟、太平沟、窑沟、徐家峡、陈沟峡、深岘子、尖山、八盘梁、马啣山。海拔2400～2800米。

生境：山坡林中、林缘灌丛或高山草地。

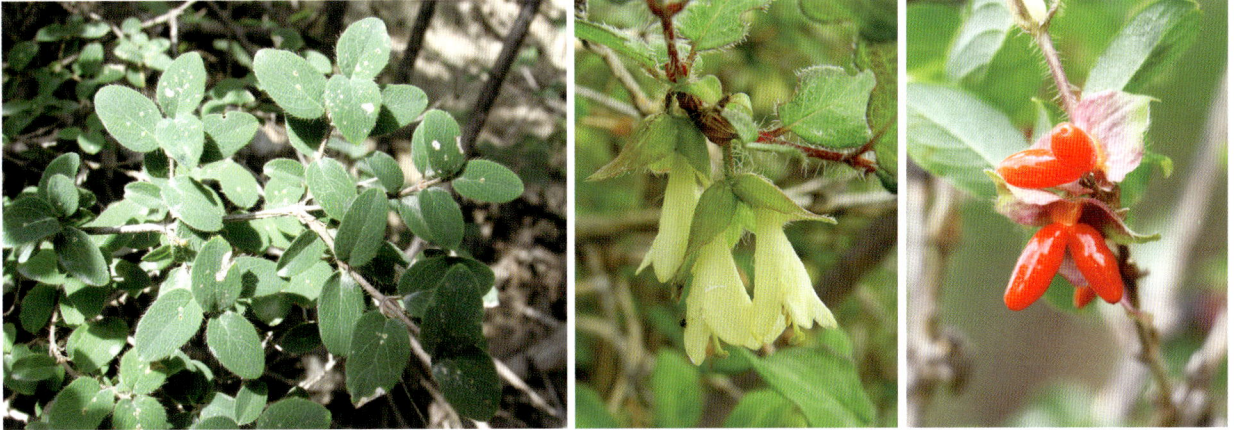

金花忍冬
Lonicera chrysantha Turcz. ex Ledeb.

科 忍冬科 Caprifoliaceae
属 忍冬属 *Lonicera*

形态识别要点：落叶灌木。单叶对生；叶片菱状卵形或卵状披针形，长4～10厘米，顶端渐尖或急尾尖，全缘；叶柄长4～7毫米。2朵组成聚伞状花序；总花梗长1.5～4厘米；苞片条形，长于萼筒；相邻两萼筒分离；花冠唇形，先白色后变黄色，长0.8～2厘米，外面疏生短糙毛，唇瓣长2～3倍于筒，筒基部有1枚深囊或有时囊不明显。浆果红色，圆形，直径约5毫米。

本区分布：官滩沟、麻家寺、马场沟、谢家岔、水家沟、唐家峡、矿湾村、窑沟、分豁岔、大洼沟、张家窑、三岔路口、阳道沟、新庄沟、晏家洼。海拔2100～2800米。

生境：林下及林缘灌丛中。

盘叶忍冬

Lonicera tragophylla Hemsl.

科 忍冬科 Caprifoliaceae
属 忍冬属 *Lonicera*

形态识别要点：落叶木质藤本。单叶对生；叶片矩圆形或卵状矩圆形，长4～12厘米，全缘；花序下方1～2对叶连合成近圆形或圆卵形的盘；叶柄很短或无。花两性，由3朵花组成的聚伞花序密集成头状生小枝顶端，共有6～18朵花；萼筒壶形，长约3毫米，萼齿小；花冠黄色至橙黄色，长5～9厘米，唇形，筒长，稍弓弯；花柱伸出。浆果熟时深红色，球形，直径约1厘米。

本区分布：东岳台、矿湾村、东山、张家窑、分豁岔、兴隆峡、翻车沟。海拔2100～2700米。

生境：林下及灌丛。

日本续断

Dipsacus japonicus Miq.

科 川续断科 Dipsacaceae
属 川续断属 *Dipsacus*

形态识别要点：多年生草本，高1米以上。茎具棱，棱上具钩刺。基生叶具长柄，叶片长椭圆形，分裂或不裂；茎生叶对生，椭圆状卵形至长椭圆形，长8～20厘米，宽3～8厘米，常为3～5裂，顶端裂片最大，两侧裂片较小，边缘具粗齿或近全缘。头状花序顶生，圆球形，直径1.5～3.2厘米；总苞片线形，具白色刺毛；小苞片花期长达9～11毫米，顶端喙尖长5～7毫米，两侧具长刺毛；花萼盘状，4裂；花冠管长5～8毫米，4裂。

本区分布：马场沟、黄崖沟、红桦沟、杜家庄、上庄、晏家洼、马莲滩。海拔2000～2800米。

生境：山坡及路旁。

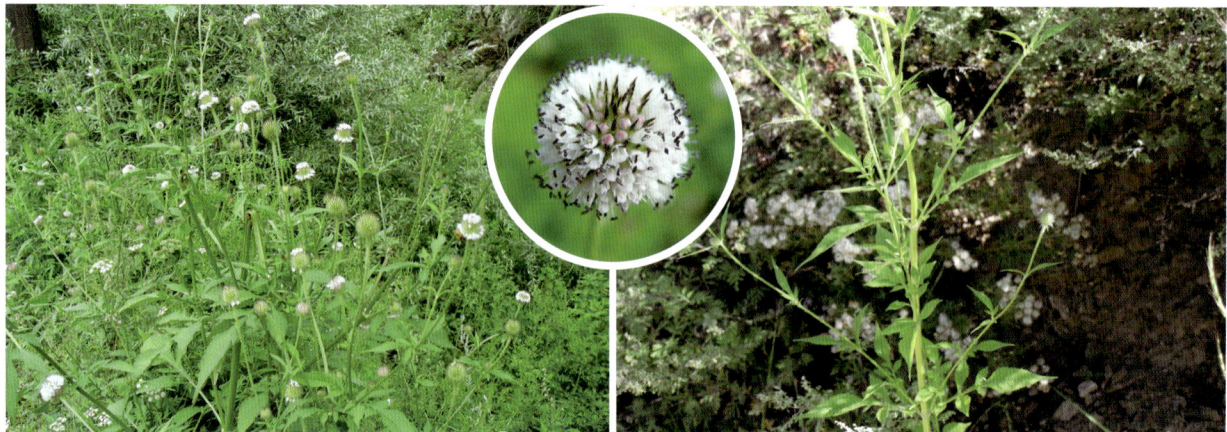

墓头回
Patrinia heterophylla Bunge

科 败酱科 Valerianaceae
属 败酱属 *Patrinia*

形态识别要点： 多年生草本，高可达 1 米。基生叶丛生，长 3～8 厘米，具长柄，叶片边缘圆齿状或具糙齿状缺刻，不分裂或羽状分裂至全裂；茎生叶对生，茎下部叶常 2～6 对羽状全裂，中部叶常具 1～2 对侧裂片，上部叶较窄，近无柄。花黄色，组成顶生伞房状聚伞花序；苞叶与花序近等长或稍长；萼齿 5 个；花冠钟形，裂片 5 枚。瘦果长圆形或倒卵形；翅状果苞干膜质，倒卵形至倒卵状椭圆形。

本区分布： 麻家寺、西山。海拔 2100～2600 米。

生境： 草地。

岩败酱
Patrinia rupestris (Pall.) Juss.

科 败酱科 Valerianaceae
属 败酱属 *Patrinia*

形态识别要点： 多年生草本，高 20～100 厘米。基生叶开花时常枯萎脱落；茎生叶长圆形或椭圆形，长 3～7 厘米，羽状深裂至全裂，通常具 3～6 对侧生裂片，裂片条状披针形，常疏具缺刻状钝齿或全缘。顶生伞房状聚伞花序具 3～7 级对生分枝，最下分枝处总苞叶羽状全裂；萼齿 5 个；花冠黄色，漏斗状钟形，长 3～4 毫米。瘦果倒卵圆柱状。

本区分布： 西山。海拔 2200～2700 米。

生境： 山坡灌丛、草地及林缘。

糙叶败酱

Patrinia scabra Bunge

科 败酱科 Valerianaceae
属 败酱属 *Patrinia*

形态识别要点：多年生草本，高30～60厘米。基生叶倒披针形，羽状半裂，具2～4对裂片，在花期枯萎；茎生叶叶柄长1～2厘米，叶片卵形披针形，长4～10厘米，宽1～2厘米，革质，粗糙，羽状半裂至全裂。花序伞房状；总苞片线形；花冠黄色，漏斗状，径6.5～9毫米。瘦果圆柱状，果苞较宽大，长达8毫米。

本区分布：矿湾村、杜家庄、祁家坡、谢家岔、三岔路口、晏家洼、大洼沟、唐家峡、马啣山。海拔2100～2400米。

生境：阳坡草丛。

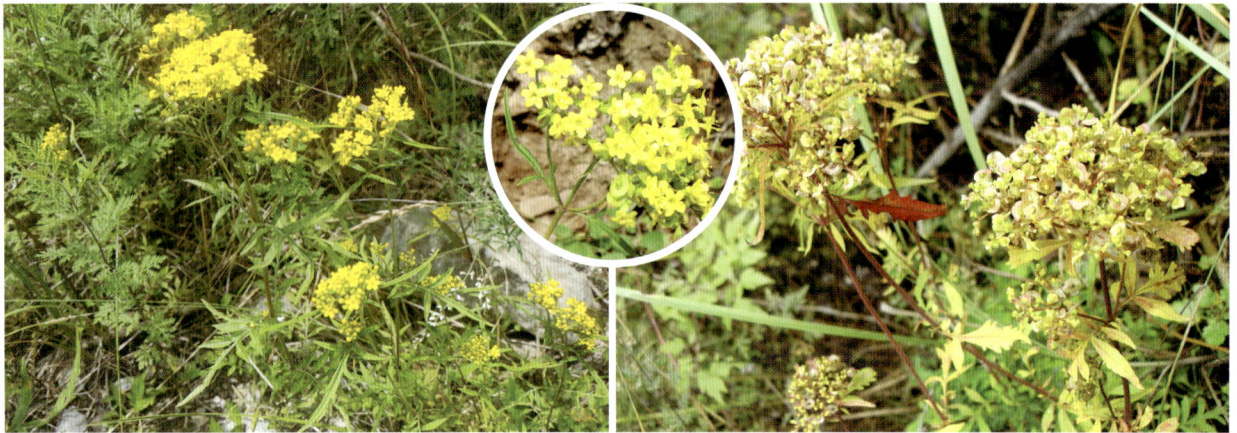

缬草

Valeriana officinalis Linn.

科 败酱科 Valerianaceae
属 缬草属 *Valeriana*

形态识别要点：多年生高大草本。匍枝叶、基出叶和基部叶在花期常凋萎；茎生叶对生，卵形至宽卵形，羽状深裂，裂片7～11枚，披针形或条形，全缘或有疏锯齿。圆锥花序顶生；花两性；花冠淡紫红色或白色，长4～5毫米。瘦果长卵形。

本区分布：水岔沟、黄崖沟、马坡、张家窑、红庄子、哈班岔、马啣山。海拔2400～2700米。

生境：山坡草地、林下及沟边。

小缬草
Valeriana tangutica Batalin

科 败酱科 Valerianaceae
属 缬草属 *Valeriana*

形态识别要点：细弱小草本，高 10～20 厘米，全株无毛。基生叶心状宽卵形或长方状卵形，长 1～4 厘米，宽约 1 厘米，全缘或大头羽裂，叶柄长达 5 厘米；茎上部叶羽状 3～7 深裂，裂片线状披针形，全缘。半球形的聚伞花序顶生，直径 1～2 厘米；花两性，白色或有时粉红色；花冠筒状漏斗形，长 5～6 毫米。瘦果椭圆形。

本区分布：唐家峡。海拔 2200～2400 米。

生境：山沟或潮湿草地。

党参
Codonopsis pilosula (Franch.) Nannf.

科 桔梗科 Campanulaceae
属 党参属 *Codonopsis*

形态识别要点：多年生草本，有乳汁。茎缠绕。叶在主茎及侧枝上的互生，在小枝上的近对生；叶片卵形或狭卵形，长 1～6.5 厘米，宽 0.8～5 厘米，边缘具波状钝锯齿，两面疏或密地被贴伏毛；叶柄长 0.5～2.5 厘米。花单生于枝端，有梗；花萼贴生至子房中部，筒部半球状；花冠阔钟状，长 1.8～2.3 厘米，黄绿色，内面有明显紫斑，浅裂，裂片正三角形。

本区分布：麻家寺、阳道沟、哈班岔、大洼沟、马坡、分豁岔、周家湾、红庄子。海拔 2300～2600 米。

生境：灌丛及山坡。

钻裂风铃草
Campanula aristata Wall.

形态识别要点: 多年生草本,高10~50厘米。基生叶卵圆形至卵状椭圆形,具长柄;茎中下部的叶披针形至宽条形,具长柄;茎中上部的叶条形,无柄,长2~7厘米,全缘或有疏齿。花萼筒部狭长,长0.5~1.5厘米,直径约1.5毫米,裂片丝状,通常比花冠长;花冠蓝色或蓝紫色,长7~15毫米。蒴果圆柱状,长2~4厘米。

本区分布: 八盘梁。海拔2600~3000米。

生境: 高山草丛及灌丛。

喜马拉雅沙参
Adenophora himalayana Feer

形态识别要点: 多年生草本,有白色乳汁。基生叶心形或近于三角形卵形;茎生叶卵状披针形、狭椭圆形至条形,无柄或茎下部的叶具短柄,全缘至疏生不规则尖锯齿。单花顶生或数朵花排成假总状花序;花萼无毛,筒部倒圆锥状,裂片钻形;花冠蓝色或蓝紫色,钟状,长17~22毫米,裂片卵状三角形;花柱与花冠近等长或略长于花冠。蒴果卵状矩圆形。

本区分布: 窑沟、尖山、马啣山。海拔3000~3600米。

生境: 林缘、灌丛及岩石缝隙。

泡沙参

Adenophora potaninii Korsh.

科 桔梗科 Campanulaceae
属 沙参属 *Adenophora*

形态识别要点：多年生草本，高30～100厘米，有白色乳汁。茎生叶无柄，卵状椭圆形或矩圆形，长2～7厘米，宽0.5～3厘米，每边具2至数个粗大齿，两面有短毛。花序通常在基部分枝，组成圆锥花序，或仅数朵花集成假总状花序；花梗短；花萼无毛，裂片狭三角状钻形；花冠钟状，紫色、蓝色或蓝紫色，长1.5～2.5厘米，裂片卵状三角形。花柱与花冠近等长。蒴果球状椭圆形，长约8毫米。

本区分布：大洼沟、阳道沟、石窑沟、黄崖沟、水岔沟、清水沟、兴隆峡、水家沟、窑沟、谢家岔、红庄子、马坡、马啣山。海拔2200～2400米。

生境：草地、灌丛、林下及石缝中。

长柱沙参

Adenophora stenanthina (Ledeb.) Kitag.

科 桔梗科 Campanulaceae
属 沙参属 *Adenophora*

形态识别要点：多年生草本，高40～120厘米。基生叶心形，边缘有深刻而不规则的锯齿；茎生叶丝条状至卵形，长2～10厘米，全缘或边缘有疏离的刺状尖齿，通常两面被糙毛。花序无分枝而呈假总状花序，或有分枝而集成圆锥花序；花萼无毛，裂片钻状三角形；花冠近于筒状，5浅裂，长10～17毫米，浅蓝色至紫色；花柱长20～22毫米。蒴果椭圆状，长7～9毫米。

本区分布：水家沟、陈沟峡、马啣山。海拔2200～3600米。

生境：林缘、路旁及石缝中。

大丁草

Leibnitzia anandria (Linn.) Turcz.

科 菊科 Asteraceae
属 大丁草属 *Leibnitzia*

形态识别要点：多年生草本，植株具春秋二型之别，秋型者植株较高。叶基生，莲座状；形状多变异，长2～6厘米，宽1～3厘米，秋型者叶片大，边缘具齿，深波状或琴状羽裂，顶裂片大，叶下面密被蛛丝状绵毛；叶柄长2～4厘米或更长。花莛单生或数个丛生，直立或弯垂，纤细，秋型者花莛长达30厘米；头状花序单生；总苞片约3层，顶端带紫红色；雌花花冠舌状，舌片长圆形，带紫红色，秋型者雌花管状二唇形，无舌片；两性花花冠管状二唇形。

本区分布：翻车沟、兴隆峡、大洼沟、东山。海拔2100～2600米。

生境：灌丛或岩石上。

单花帚菊

Pertya uniflora (Maxim.) Mattf.

科 菊科 Asteraceae
属 帚菊属 *Pertya*

形态识别要点：落叶灌木。长枝上的叶互生，叶片长圆形或线状长圆形，长11～25毫米，宽2～3.5毫米，边全缘，下面厚被紧贴绢质长柔毛，叶柄长约1毫米；短枝上的叶3～5枚簇生，狭长圆形至线状披针形，长18～40毫米，宽2～5毫米。头状花序单生于簇生叶丛中，狭圆柱形，花期长约13毫米，仅有1朵花；总花梗长2～4毫米，基部具1枚叶；总苞狭圆筒形，长9～10毫米；总苞片近3层，背面密被紧贴的白色长柔毛；花两性，花冠上部紫红色，5深裂，裂片线形，外卷。

本区分布：白房子。海拔2000～2200米。

生境：山坡灌丛。

两色帚菊
Pertya discolor Rehder

科 菊科 Asteraceae
属 帚菊属 *Pertya*

形态识别要点：落叶灌木。枝纤细，极多，呈帚状。长枝上的叶互生，线状披针形，长7～30毫米，宽2～4毫米，全缘，上面亮绿色，下面银白色，厚被绢毛，叶柄长约1毫米或稍长；短枝上的叶3～4枚簇生。头状花序单生于簇生的叶丛中，雄者长7～8毫米，具3～5朵花，雌者长10～11毫米，通常仅有2朵花；总花梗纤细，长2～5毫米；总苞圆筒形；总苞片3层，背面密被白色绵毛；花紫红色。

本区分布：白房子、唐家峡、干沟。海拔2300～2800米。

生境：灌丛。

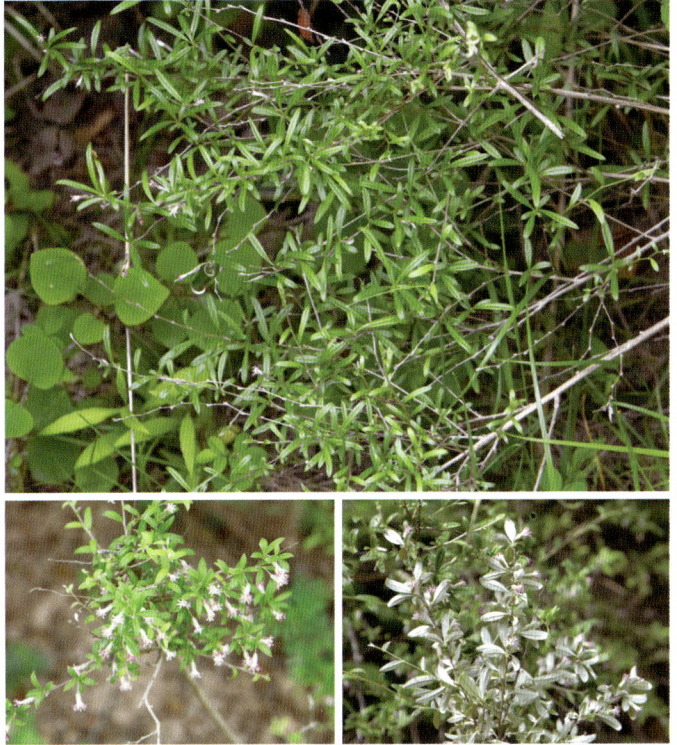

星状雪兔子
Saussurea stella Maxim.

科 菊科 Asteraceae
属 风毛菊属 *Saussurea*

形态识别要点：无茎莲座状草本，全株光滑无毛。叶莲座状，星状排列；叶片线状披针形，长3～19厘米，宽3～10毫米，全缘，紫红色或近基部紫红色；无柄。头状花序无小花梗，多数，在莲座状叶丛中密集成半球形总花序；总苞圆柱形；总苞片5层；小花紫色。

本区分布：响水沟、马啣山。海拔3000～3700米。

生境：高山草地。

球花雪莲

Saussurea globosa F. H. Chen

科 菊科 Asteraceae
属 风毛菊属 *Saussurea*

形态识别要点：多年生草本，高10～60厘米。基生叶长椭圆形或披针形，长13～20厘米，宽1.5～3厘米，边缘有小尖齿，叶柄长达14厘米；茎生叶渐小，线状披针形或线形，无柄；上部苞叶卵状舟形，紫色，膜质。头状花序数个或多数在茎顶排成伞房状总花序，有长的小花梗；总苞钟状或球形；总苞片3～4层，全部或边缘紫红色，外面被白色长柔毛和腺毛；小花紫色。

本区分布：响水沟、八盘梁、马啣山。海拔3300～3500米。

生境：高山草地。

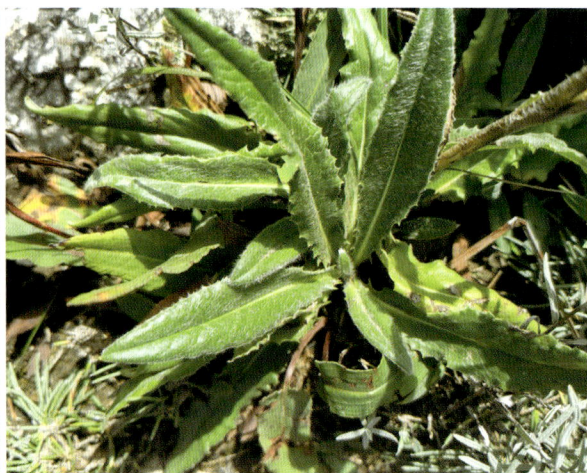

钝苞雪莲

Saussurea nigrescens Maxim.

科 菊科 Asteraceae
属 风毛菊属 *Saussurea*

形态识别要点：多年生草本，高15～45厘米。基生叶线状披针形或线状长圆形，长8～15厘米，宽约1厘米，顶端急尖或渐尖，基部楔形渐狭，边缘有倒生细尖齿；中部和上部茎叶渐小，无柄，基部半抱茎；最上部茎叶小，紫色，不包围总花序。头状花序1～6个在茎顶成伞房状排列；总苞狭钟状；总苞片4～5层，干后黑褐色或深褐色，外面被白色长柔毛；小花紫色。

本区分布：唐家峡、黄崖沟、尖山。海拔2600～2900米。

生境：高山草地。

华中雪莲

Saussurea veitchiana J. R. Dnunm. & Hutch.

科 菊科 Asteraceae
属 风毛菊属 *Saussurea*

形态识别要点：多年生草本，高20～70厘米。基生叶与下部的茎生叶线状披针形，长17～30厘米，宽1～1.5厘米，顶部长渐尖，基部渐狭成长4.5～8.5厘米的柄，边缘有稀疏的小锯齿，两面被稀疏的长柔毛；中部茎叶渐小，披针形，基部半抱茎；最上部茎叶膜质，紫色，长圆状椭圆形或舟状，包围总花序。头状花序在茎顶密集成伞房状花序；总苞狭钟状，径约1厘米；总苞片约6层，全部或边缘紫红色，外面被稀疏的白色长柔毛；小花紫红色。

本区分布：官滩沟、黄崖沟、尖山。海拔2400～2600米。

生境：山坡草地。

抱茎风毛菊

Saussurea chingiana Hand.-Mazz.

科 菊科 Asteraceae
属 风毛菊属 *Saussurea*

形态识别要点：多年生草本，高55～100厘米。茎具翼，翼全缘或有稀疏的三角形锯齿。基生叶花期枯萎脱落；中下部茎叶无柄，叶片长椭圆形或卵状披针形，长5～9厘米，宽1～3厘米，羽状浅裂、深裂或全裂，极少不分裂；上部茎叶羽状分裂或不裂；全部叶基部下延成茎翼。头状花序多数或少数排成顶生伞房花序；总苞钟状或圆柱状；总苞片4～6层；小花红紫色。

本区分布：石窑沟、水家沟、白庄子、窑沟。海拔2200～2500米。

生境：草地。

风毛菊

Saussurea japonica (Thunb.) DC.

科 菊科 Asteraceae
属 风毛菊属 *Saussurea*

形态识别要点：二年生草本，高50～200厘米。基生叶与下部茎叶椭圆形至披针形，长7～22厘米，宽3.5～9厘米，羽状深裂；中部茎叶渐小，有短柄；上部茎叶与花序分枝上的叶更小，羽状浅裂或不裂，无柄；全部叶两面有稠密的凹陷性的淡黄色小腺点。头状花序多数，在茎枝顶端排成伞房状或伞房圆锥花序；总苞圆柱状；总苞片6层，外层长卵形，紫红色；小花紫色。

本区分布：水家沟、马啣山。海拔2300～2600米。

生境：草地及林缘。

翼茎风毛菊

Saussurea alata DC.

科 菊科 Asteraceae
属 风毛菊属 *Saussurea*

形态识别要点：多年生草本，高20～50厘米。茎有宽翼，翼边缘有锯齿或全缘。基生叶有长柄，柄基褐色鞘状扩大，叶片长椭圆形，长10～11厘米，宽1.5～4厘米，大头羽状或羽状浅裂至全裂，极少不裂；中部和下部茎叶渐小；上部茎叶长椭圆形或线状披针形，边缘全缘，无柄。头状花序多数，在茎枝顶端排列成伞房花序或伞房圆锥花序；总苞长圆状；总苞片5层，紫色；小花紫红色。

本区分布：唐家峡、朱家沟。海拔2300～2500米。

生境：山坡草地。

小风毛菊
Saussurea minuta C. Winkl.

科 菊科 Asteraceae
属 风毛菊属 *Saussurea*

形态识别要点：多年生矮小草本。基生叶线形或线状披针形，几革质，长3～7厘米，宽2～4毫米，下面白色，密被白色短柔毛，边缘全缘，反卷，基部有细柄，鞘状扩大；茎生叶少数。头状花序单生茎端；总苞狭钟状；总苞片3～4层，紫色；小花紫蓝色。

本区分布：马啕山。海拔3400～3700米。

生境：山坡砾石地。

全缘叶风毛菊
Saussurea integrifolia Hand.-Mazz.

科 菊科 Asteraceae
属 风毛菊属 *Saussurea*

形态识别要点：多年生草本，高60～100厘米。基部叶及下部茎叶花期枯萎；中部茎叶线形或线状披针形，长5～12厘米，宽6～7毫米，无柄或几无柄，边缘全缘，反卷；上部茎叶渐小；全部叶两面异色，上面绿色，下面白色，被稠密的白色茸毛。头状花序多数，在茎顶或枝顶排成开展的伞房花序或伞房状圆锥花序；总苞狭圆柱状；总苞片5～6层，暗紫色；小花紫色。

本区分布：马啕山。海拔3300～3500米。

生境：草地。

异色风毛菊

Saussurea brunneopilosa Hand.-Mazz.

科 菊科 Asteraceae
属 风毛菊属 *Saussurea*

形态识别要点：多年生草本，高7～45厘米。基生叶狭线形，长3～15厘米，边缘全缘，内卷，下面密被白色绢毛；茎生叶与基生叶类似；花序基部有多数星状排列的叶。头状花序单生茎端；总苞近球形，直径约2厘米；总苞片4层，紫褐色，外弯，外面被褐色和白色的长柔毛；小花紫色。

本区分布：马啣山。海拔2900～3200米。

生境：山坡草地。

沙生风毛菊

Saussurea arenaria Maxim.

科 菊科 Asteraceae
属 风毛菊属 *Saussurea*

形态识别要点：多年生草本，高3～7厘米。茎极短或无。叶莲座状，长圆形或披针形，长4～11厘米，宽1.0～3.5厘米，基部渐狭成长1.5～4厘米的叶柄，边缘全缘或微波状或具尖锯齿，叶上面绿色，下面灰白色，密被茸毛。头状花序单生于莲座状叶丛中；总苞宽钟状；总苞片5层，外层卵状披针形；小花紫红色。

本区分布：西番沟、马啣山。海拔2800～3200米。

生境：草地及岩石缝隙中。

弯齿风毛菊

Saussurea przewalskii Maxim.

科 菊科 Asteraceae
属 风毛菊属 *Saussurea*

形态识别要点：多年生草本，高6～25厘米。茎粗壮，黑紫色，被白色蛛丝状绵毛。基生叶长椭圆形，长8～15厘米，宽1～2厘米，羽状浅裂或半裂，侧裂片三角形，叶基部渐狭成翼柄，柄基鞘状扩大；茎生叶3～4枚，渐小；接花序下部的叶线状披针形，无柄，羽状浅裂或半裂；全部叶下面灰白色，被稠密的白色蛛丝状茸毛。头状花序小，6～8个集聚于茎端，排成球形的总花序；总苞卵形；总苞片5层，黑紫色；小花紫色。

本区分布：西番沟、朱家沟、八盘梁、马啣山。海拔3000～3700米。

生境：灌丛草地及林缘。

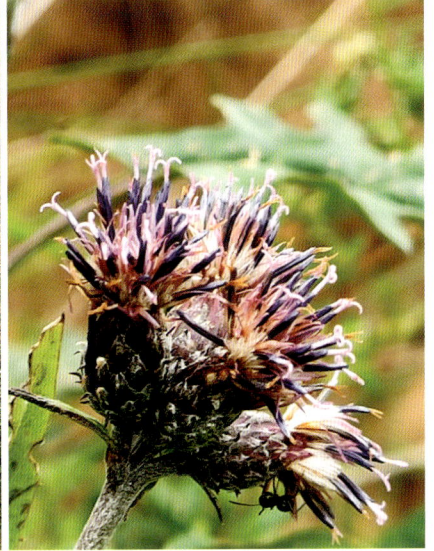

蒙古风毛菊

Saussurea mongolica (Franch.) Franch.

科 菊科 Asteraceae
属 风毛菊属 *Saussurea*

形态识别要点：多年生草本，高30～90厘米。下部茎叶有长柄，柄长达16厘米，叶片卵状三角形或卵形，长5～20厘米，宽3～6厘米，羽状深裂，或下半部羽状深裂或浅裂，而上半部边缘有粗齿；中上部茎叶同形；全部叶两面绿色，下面色淡。头状花序多数，在茎枝顶端排成伞房花序或伞房圆锥花序；总苞长圆状；总苞片5层，顶端有马刀形的附属物，附属物长渐尖，反折；小花紫红色。

本区分布：大洼沟、马坡、清水沟、窑沟、谢家岔、唐家峡、上庄、东山。海拔2200～2600米。

生境：山坡、林下、灌丛、路旁及草地。

洮河风毛菊
Saussurea pseudobullockii Lipsch.

科 菊科 Asteraceae
属 风毛菊属 *Saussurea*

形态识别要点：多年生草本，高25～30厘米。下部茎叶有柄，叶片三角状披针形，长9.5厘米，宽2厘米，基部不明显心形或近戟形或截形，边缘有锯齿；中部茎叶有短柄；上部茎叶渐小；最上部茎叶苞片状；全部叶几革质，两面绿色，几无毛。头状花序多数，在茎枝顶端排成伞房状圆锥花序；总苞倒圆锥形；总苞片4～5层，被蛛丝毛；小花紫色。

本区分布：石窑沟、唐家峡。海拔2500～2800米。

生境：草地。

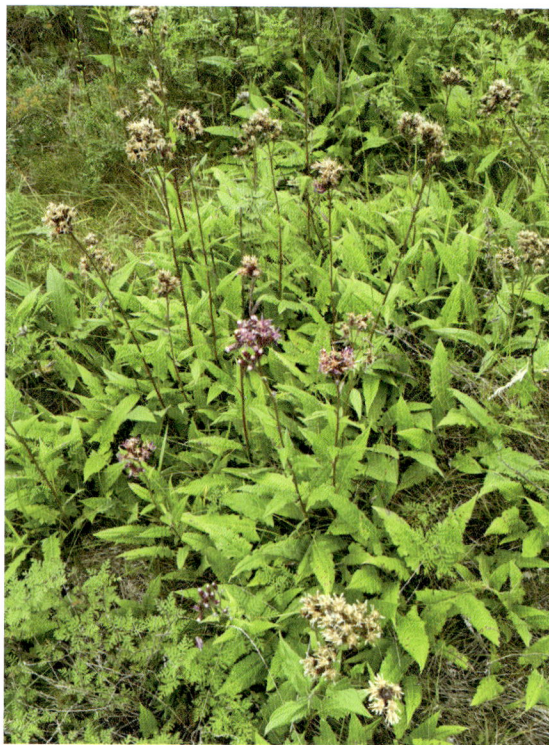

柳叶菜风毛菊
Saussurea epilobioides Maxim.

科 菊科 Asteraceae
属 风毛菊属 *Saussurea*

形态识别要点：多年生草本，高25～60厘米。基生叶花期脱落；下部及中部茎叶无柄，线状长圆形，长8～10厘米，宽1～2厘米，顶端长渐尖，基部渐狭成深心形而半抱茎的小耳，边缘有具长尖头的齿；上部茎叶渐小。头状花序多数，在茎端排成密集的伞房花序；总苞钟状；总苞片4～5层，外层和中层顶端有黑绿色钻状附属物；小花紫色。

本区分布：黄崖沟、响水沟、尖山、马啣山。海拔2500～3500米。

生境：山坡、荒滩、灌丛及草地。

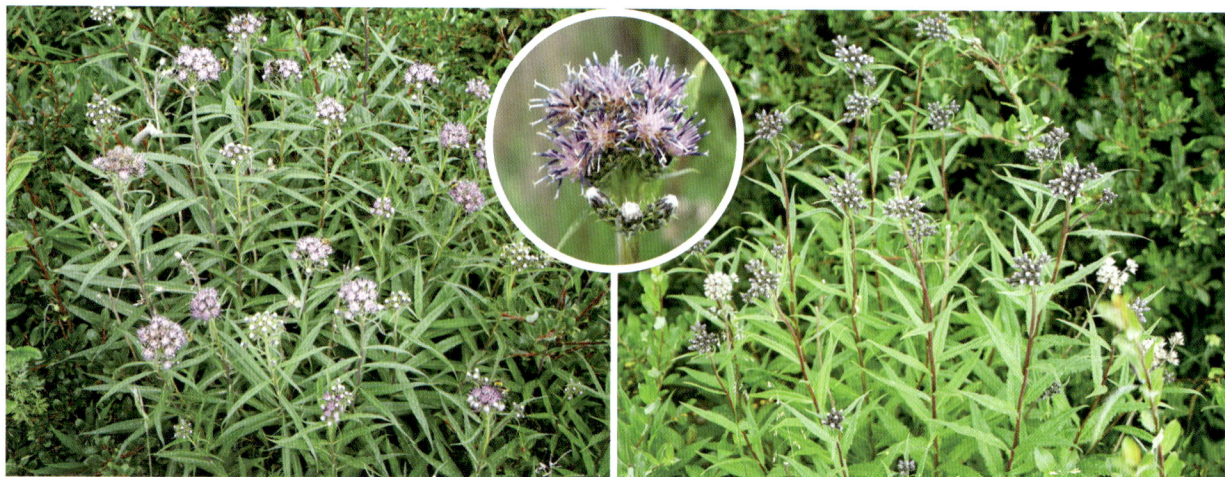

小花风毛菊

Saussurea parviflora (Poir.) DC.

科 菊科 Asteraceae
属 风毛菊属 *Saussurea*

形态识别要点： 多年生草本，高30～100厘米。茎有狭翼。基生叶花期凋落；下部茎叶椭圆形，长8～30厘米，宽1.5～4厘米，顶端渐尖，基部沿茎下延成狭翼，有翼柄，边缘有锯齿；中部茎叶披针形或椭圆状披针形；上部茎叶渐小，披针形或线状披针形，无柄。头状花序多数在茎枝顶端排列成伞房状花序；总苞钟状；总苞片5层，顶端或全部暗黑色；小花紫色。

本区分布： 官滩沟、麻家寺、黄坪、分豁岔、响水沟、上庄、尖山、马㘭山。海拔2400～3000米。

生境： 草地、灌丛、林下或石缝中。

牛蒡

Arctium lappa Linn.

科 菊科 Asteraceae
属 牛蒡属 *Arctium*

形态识别要点： 二年生草本，高达2米。基生叶宽卵形，边缘具稀疏的浅波状齿或齿尖，基部心形，上面有稀疏短糙毛，下面灰白色或淡绿色，叶柄长；茎生叶与基生叶同形，较小。头状花序在茎枝顶端排成疏松的伞房花序或圆锥状伞房花序；总苞卵球形，直径1.5～2厘米；总苞片多层，多数，顶端有软骨质钩刺；小花紫红色。

本区分布： 麻家寺、兴隆峡、黄崖沟、马场沟、分豁岔、水家沟。海拔2000～2300米。

生境： 山坡、林缘、灌丛及路旁。

刺疙瘩

Olgaea tangutica Iljin

科 菊科 Asteraceae
属 蝟菊属 *Olgaea*

形态识别要点：多年生草本，高20～100厘米。基生叶线形或线状长椭圆形，长达33厘米，宽达3厘米，羽状浅裂或深裂，裂片边缘具刺齿；茎生叶与基生叶同形，向上渐小；全部茎叶基部两侧沿茎下延成茎翼，翼缘有三角形刺齿；全部叶及茎翼质地坚硬，革质，下面灰白色，被密厚的茸毛。头状花序单生枝端，或4～5个集生于茎端；总苞钟状，直径3～4厘米；总苞片多层，多数，顶端针刺状渐尖；小花紫色或蓝紫色。

本区分布：谢家岔、水家沟、干沟、徐家峡。海拔2200～2400米。

生境：山坡、灌丛、河滩地及荒地。

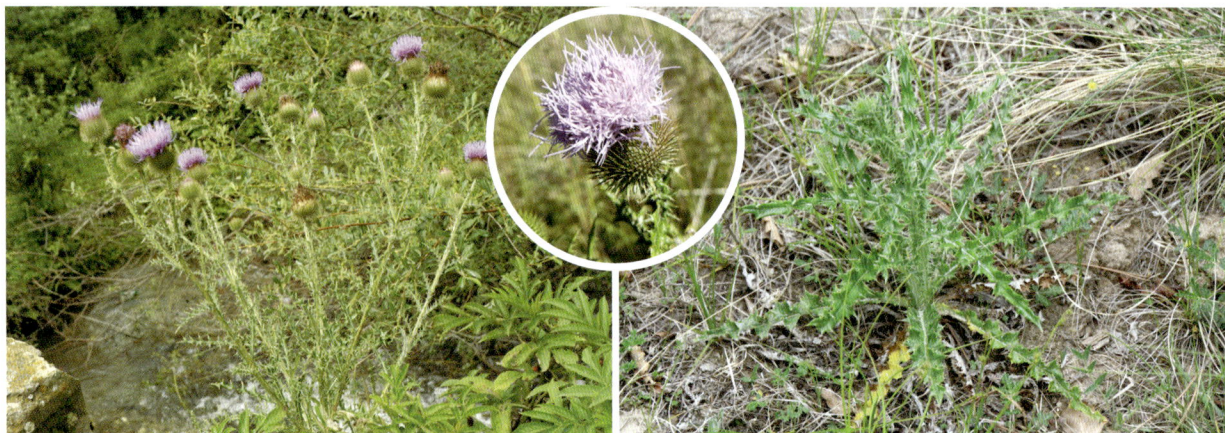

黄缨菊

Xanthopappus subacaulis C. Winkl

科 菊科 Asteraceae
属 黄缨菊属 *Xanthopappus*

形态识别要点：多年生无茎草本。叶莲座状，坚硬，革质，长椭圆形或线状长椭圆形，长20～30厘米，宽5～8厘米，羽状深裂，裂片边缘具长或短针刺，叶上面绿色，无毛，下面灰白色，被密厚的蛛丝状茸毛；叶柄长达10厘米，基部扩大成鞘。头状花序多达20个，密集成团球状；总苞宽钟状，宽达6厘米；总苞片8～9层，披针形，坚硬，革质，顶端渐尖成芒刺；小花黄色。

本区分布：石窑沟、祁家坡、驴圈沟、太平沟、马场沟、陈沟峡、白石头沟、响水沟、马坡、马啣山。海拔2200～2500米。

生境：草地及干燥山坡。

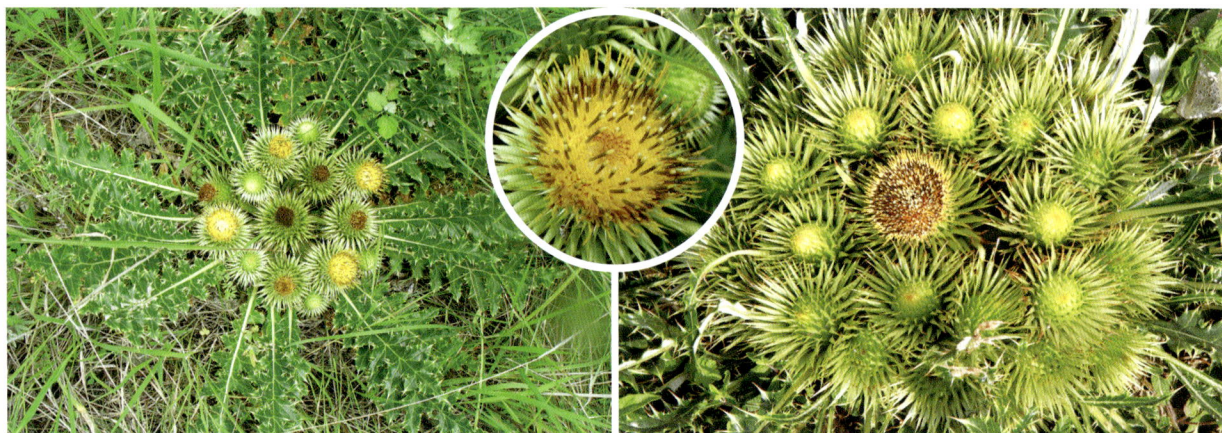

魁蓟

Cirsium leo Nakai & Kitag.

科 菊科 Asteraceae
属 蓟属 *Cirsium*

形态识别要点：多年生草本，高40~100厘米。基部和下部茎叶长椭圆形，长10~25厘米，宽4~7厘米，羽状深裂，侧裂片边缘具不等大三角形刺齿，叶柄长达5厘米或无柄；向上的叶渐小，无柄或基部扩大半抱茎；全部叶两面被多细胞长节毛。头状花序在茎枝顶端排成伞房花序，极少单生；总苞钟状，直径达4厘米；总苞片8层，边缘有平展或向下反折的针刺；小花紫色或红色。

本区分布：官滩沟。海拔2000~2200米。

生境：草地、林缘、河滩或路旁。

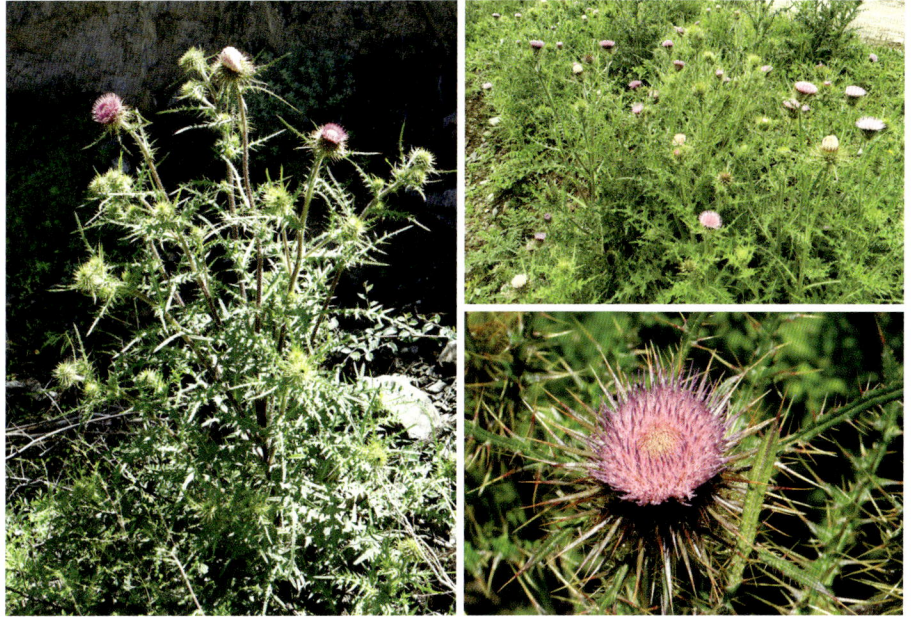

葵花大蓟

Cirsium souliei (Franch.) Mattf.

科 菊科 Asteraceae
属 蓟属 *Cirsium*

形态识别要点：多年生铺散草本。全部叶基生，莲座状，叶片长椭圆形至倒披针形，羽状浅裂、半裂、深裂至几全裂，长8~21厘米，宽2~6厘米，侧裂片7~11对，边缘有针刺或不等大的三角形刺齿，叶柄长1.5~4厘米；花序梗上的叶小，苞叶状。头状花序多数或少数集生于莲座状叶丛中；花序梗极短或无；总苞宽钟状；总苞片3~5层，边缘有针刺；小花紫红色。

本区分布：黄崖沟、红桦沟、窑沟、八盘梁、马啣山。海拔2500~3000米。

生境：路旁、林缘、荒地及河滩地。

牛口刺
Cirsium shansiense Petrak

科 菊科 Asteraceae
属 蓟属 *Cirsium*

形态识别要点：多年草本，高0.3～1.5米。中部茎叶卵形至线状长椭圆形，长5～14厘米，宽1～6厘米，羽状浅裂、半裂或深裂，侧裂片3～6对，顶端及边缘有针刺，有柄，或无柄而基部扩大抱茎；向上的叶渐小，有柄或无柄；全部茎叶上面绿色，被多细胞节毛，下面灰白色，被密厚的茸毛。头状花序多数在茎枝顶端排成伞房花序，少有单生；总苞卵球形，直径2～2.5厘米；总苞片7层，顶端有针刺，外面有黑色黏腺；小花粉红色或紫色。

本区分布：小泥窝子、张家窑。海拔2000～2200米。

生境：山坡及草地。

刺儿菜
Cirsium arvense (Linn.) Scop. var. *integrifolium* Wimm. & Grab.

科 菊科 Asteraceae
属 蓟属 *Cirsium*

形态识别要点：多年生草本，高30～120厘米。基生叶和中部茎生叶椭圆形至椭圆状倒披针形，长7～15厘米，通常无柄；上部叶渐小；茎生叶均不裂，叶缘有细密针刺，或大部分茎叶羽状浅裂或半裂或有粗大圆齿，裂片先端有较长针刺。头状花序单生茎端，或在茎枝顶端排成伞房花序；总苞卵形，直径1.5～2厘米；总苞片约6层，顶端针刺状；小花紫红色或白色。

本区分布：麻家寺、水岔沟、祁家坡、张家窑、唐家峡、马坡、马啣山。海拔2100～2600米。

生境：山坡或荒地。

飞廉
Carduus nutans Linn.

科 菊科 Asteraceae
属 飞廉属 *Carduus*

形态识别要点：二或多年生草本，高30～100厘米。茎枝有条棱，被蛛丝毛和多细胞长节毛。中下部茎叶长卵圆形或披针形，长5～40厘米，宽1.5～10厘米，羽状半裂或深裂，侧裂片斜三角形，顶端及边缘有针刺；向上茎叶渐小，羽状浅裂或不裂；全部茎叶基部两侧沿茎下延成茎翼，茎翼边缘有大小不等的三角形刺齿裂。头状花序通常下垂或下倾，单生茎顶或长分枝的顶端；总苞钟状，直径4～7厘米；总苞片多层，不等长，顶端针刺状；小花紫色。

本区分布：马坡。海拔2100～2600米。

生境：草地及路旁。

丝毛飞廉
Carduus crispus Linn.

科 菊科 Asteraceae
属 飞廉属 *Carduus*

形态识别要点：二或多年生草本，高40～150厘米。茎有条棱，上部有蛛丝状毛。下部茎叶椭圆形或倒披针形，长5～18厘米，宽1～7厘米，羽状深裂或半裂，侧裂片边缘有大小不等的三角形刺齿，或下部茎叶不分裂，边缘具大锯齿或重锯齿；中部茎叶渐小；全部茎叶下面被蛛丝状薄绵毛，两侧沿茎下延成茎翼，茎翼边缘齿裂。头状花序通常3～5个集生于分枝顶端或茎端；总苞卵圆形，直径1.5～2.5厘米；总苞片多层，顶端针刺状；小花红色或紫色。

本区分布：官滩沟、黄坪、麻家寺、谢家岔、小水尾子、窑沟、马坡、尖山。海拔2000～2600米。

生境：草地、荒地及林下。

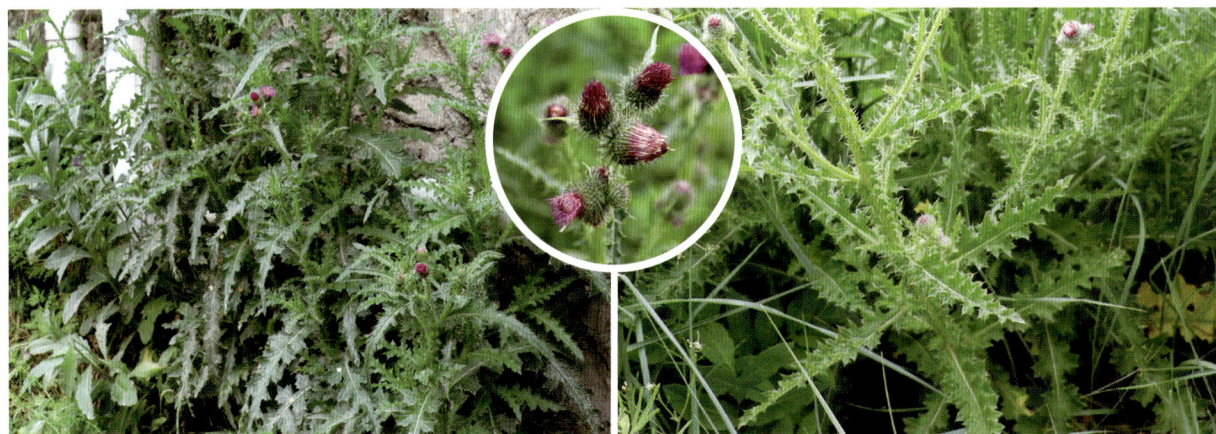

顶羽菊
Rhaponticum repens (Linn.) Hidalgo

科 菊科 Asteraceae
属 漏芦属 *Rhaponticum*

形态识别要点：多年生草本，高25～70厘米。全部茎叶质地稍坚硬，长椭圆形、匙形或线形，长2.5～5厘米，宽0.6～1.2厘米，边缘全缘或有少数不明显的细尖齿，或叶羽状半裂，叶两面灰绿色，被稀疏蛛丝毛或无毛。头状花序多数在茎枝顶端排成伞房花序或伞房圆锥花序；总苞卵形或椭圆状卵形，直径0.5～1.5厘米；总苞片约8层，上部有圆钝附属物；小花粉红色或淡紫色。

本区分布：麻家寺、水家沟。海拔2000～2200米。

生境：干旱山坡及荒地。

缢苞麻花头
Klasea centauroides (Linn.) Cass. ex Kitag. subsp. *strangulata* (Iljin) L. Martins

科 菊科 Asteraceae
属 麻花头属 *Klasea*

形态识别要点：多年生草本，高40～100厘米。基生叶与下部茎叶长椭圆形至倒披针形，长10～20厘米，宽3～7厘米，羽状深裂，极少不裂而边缘有锯齿，叶柄长4～7厘米；中部茎叶无柄；茎中上部无叶或有1～2枚线形不裂的小叶。头状花序单生茎顶；花序梗极长或较长；总苞半圆球形，直径2～3.5厘米；总苞片约10层，顶端有刺尖；全部小花两性，紫红色。

本区分布：官滩沟、徐家峡、红庄子、东岳台、清水沟、水家沟、驴圈沟、白庄子、三岔路口、窑沟、晏家洼、翻车沟、尖山。海拔2000～2700米。

生境：山坡、草地及路旁。

丝叶鸦葱

Scorzonera curvata (Popl.) Lipsch.

科 菊科 Asteraceae
属 鸦葱属 *Scorzonera*

形态识别要点：多年生草本，高4～7厘米。茎极短或几无茎。基生叶莲座状，丝状或丝状线形，灰绿色，长3～10厘米，宽1～1.5毫米，平或扭转，基部鞘状扩大；茎生叶少数或几无，鳞片状，钻状披针形。头状花序单生茎顶；总苞钟状或窄钟状，直径约1厘米；总苞片约4层，外面光滑无毛；舌状小花黄色。

本区分布：水家沟。海拔2100～2200米。

生境：干燥山坡。

长喙婆罗门参

Tragopogon dubius Scop.

科 菊科 Asteraceae
属 婆罗门参属 *Tragopogon*

形态识别要点：二年生草本，全株具乳汁。基生叶丛生；叶片线形或线状披针形，基部扩展半抱茎。头状花序单生，大；总苞2层，线状披针形，明显超出花；舌状花黄色。瘦果具长喙，冠毛污白色或带黄色。

本区分布：唐家峡。海拔2100～2200米。

生境：路旁。

抱茎岩参

Cicerbita auriculiformis (C. Shih) N. Kilian

科 菊科 Asteraceae
属 岩参属 *Cicerbita*

形态识别要点：多年生草本，高20～90厘米。基生叶大头羽裂或羽状深裂或几全裂，长4.5～10厘米，宽1.5～3厘米；中下部茎叶与基生叶同形，有翼柄，基部耳状扩大；最上部茎叶小，不裂，无柄，基部箭头状或小耳状；全部叶两面无毛。头状花序多数，在茎枝顶端排成圆锥状花序；总苞圆柱状；总苞3～4层，紫红色；舌状小花10～12枚，紫红色。

本区分布：大洼沟。海拔2100～2200米。

生境：灌丛及林缘。

乳苣

Lactuca tatarica (Linn.) C. A. Mey.

科 菊科 Asteraceae
属 莴苣属 *Lactuca*

形态识别要点：多年生草本，高15～60厘米。中下部茎叶长椭圆形、线状长椭圆形或线形，长6～19厘米，宽2～6厘米，羽状浅裂、半裂或边缘有大锯齿，叶柄长1～1.5厘米或无；向上的叶与中部茎叶同形或宽线形，但渐小；全部叶质地稍厚，两面无毛。头状花序约含20枚小花，多数于茎枝顶端排成狭或宽圆锥花序；总苞圆柱状或楔形，长2厘米；总苞片4层，外面无毛，带紫红色；舌状小花紫色或紫蓝色。瘦果长圆状披针形，有高起的纵肋。

本区分布：麻家寺、白石头沟、祁家坡。海拔2000～2400米。

生境：河滩及沙砾地。

花叶滇苦菜

Sonchus asper (Linn.) Hill

科 菊科 Asteraceae
属 苦苣菜属 *Sonchus*

形态识别要点： 一年生草本，高20～50厘米。基生叶与茎生叶同型，但较小；中下部茎叶长椭圆形、倒卵形、匙状或匙状椭圆形，包括翼柄长7～13厘米，宽2～5厘米，柄基耳状抱茎；上部茎叶披针形，不裂，基部耳状抱茎；下部叶或全部茎叶羽状浅裂、半裂或深裂；全部叶边缘有尖齿刺，两面无毛。头状花序5～10个在茎枝顶端排成稠密的伞房花序；总苞宽钟状，长约1.5厘米；总苞片3～4层，顶端急尖，外面无毛；舌状小花黄色。瘦果倒披针状，有细纵肋。

本区分布： 清水沟、银山。海拔2200～2300米。

生境： 山坡、林缘及水边。

苦苣菜

Sonchus oleraceus Linn.

科 菊科 Asteraceae
属 苦苣菜属 *Sonchus*

形态识别要点： 一或二年生草本，高40～150厘米。基生叶叶形变异大，羽状深裂、大头羽状深裂或不裂，基部渐狭成翼柄；中下部茎叶羽状深裂，椭圆形或倒披针形，基部急狭成翼柄，柄基耳状抱茎；全部叶或裂片边缘有大小不等的锯齿。头状花序少数在茎枝顶端排成紧密的伞房花序、总状花序或单生；总苞宽钟状，长1.5厘米；总苞片3～4层；舌状小花多数，黄色。

本区分布： 分豁岔、峡口、张家窑、三岔路口、西山。海拔2000～2300米。

生境： 山坡、草地及荒地。

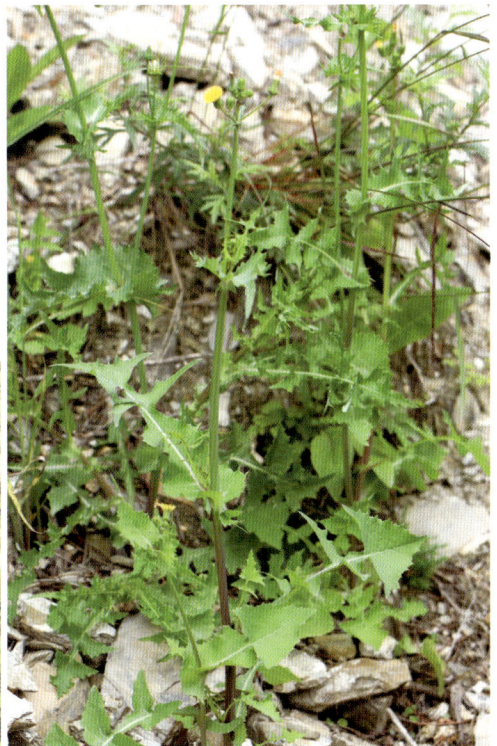

北方还阳参

Crepis crocea (Lam.) Babcock

科 菊科 Asteraceae
属 还阳参属 *Crepis*

形态识别要点：多年生草本，高8～30厘米。茎单生或2～4条簇生。基生叶多数，倒披针形或倒披针状长椭圆形，包括叶柄长2.5～10厘米，宽1～2.5厘米，羽状浅裂或半裂；无茎生叶或茎生叶1～3枚，与基生叶同形或线状披针形或钻形，同等分裂或不裂，无柄；全部叶两面被薄蛛丝状毛或无毛。头状花序直立，单生茎端或茎生2～4个头状花序；总苞钟状，长10～15毫米；总苞片4层，外面被薄蛛丝状柔毛；舌状小花黄色。瘦果纺锤状，长5～6毫米，有纵肋，沿肋有小刺毛。

本区分布：石窑沟、水家沟、唐家峡、尖山。海拔2200～2300米。

生境：山坡、荒地及黄土丘陵。

尖裂假还阳参

Crepidiastrum sonchifolium (Maxim.) Pak & Kawano

科 菊科 Asteraceae
属 假还阳参属 *Crepidiastrum*

形态识别要点：多年生草本，高15～60厘米。基生叶莲座状，匙形、长倒披针形或长椭圆形，边缘有锯齿或大头羽状深裂，裂片边缘有小锯齿；中下部茎叶长椭圆形、倒披针形或披针形，羽状浅裂或半裂，基部心形或耳状抱茎；上部茎叶心状披针形，全缘，基部心形或耳状抱茎；全部叶两面无毛。头状花序多数或少数在茎枝顶端排成伞房花序或伞房圆锥花序；总苞圆柱形，长5～6毫米；总苞片3层；舌状小花黄色。瘦果纺锤形，有高起的钝肋。

本区分布：麻家寺。海拔2100～2200米。

生境：山坡灌丛及路旁。

垂头蒲公英

Taraxacum nutans Dahlst.

科 菊科 Asteraceae
属 蒲公英属 *Taraxacum*

形态识别要点：二年生草本。叶披针形、狭披针形或倒卵状披针形，长 10～15 厘米，宽 1.5～2 厘米，具疏或密的尖齿，稀具浅裂片。花莛 1 至数个，高 10～30 厘米，上部密被白色蛛丝状毛，下部毛较疏；头状花序直径 50～55 毫米；总苞钟状，长 18～20 毫米，花后常下垂；总苞片约 4 层，近等长，线形，基部弧状或多少弯曲，先端具带紫色的短角状突起；舌状花橙黄褐色，舌片长约 25 毫米，初时平展，后反卷，边缘舌状花背面有紫色条纹；花柱和柱头暗绿色。

本区分布：红桦沟、哈班岔、八盘梁、马啣山。海拔 2800～3200 米。

生境：山坡草地或林下。

深裂蒲公英

Taraxacum scariosum (Tausch) Kirschner & Stepanek

科 菊科 Asteraceae
属 蒲公英属 *Taraxacum*

形态识别要点：多年生草本。叶长圆形或长圆状线形，长 6～17 厘米，宽 8～30 毫米，羽状深裂至几乎全裂，裂片线形或三角状线形，全缘或具齿，倒向，裂片间有齿或小裂片。花莛 1～6 个，长于叶；总苞宽钟状，长 9～15 毫米；总苞片无角或具不明显的角；舌状花黄色。瘦果上部具大量小刺。

本区分布：兴隆峡、窑沟、西番沟、马啣山。海拔 2200～3000 米。

生境：草地及河滩。

丽花蒲公英

Taraxacum calanthodium Dahlst.

科 菊科 Asteraceae
属 蒲公英属 *Taraxacum*

形态识别要点：多年生草本。叶宽披针形或倒卵状披针形，长7～20厘米，宽1.2～3厘米，羽状深裂，侧裂片三角形，平展或倒向，顶端裂片较大。花葶数个，高达25厘米；头状花序大，直径5～6厘米；总苞大，长15～20毫米；舌状花黄色。

本区分布：窑沟、马啣山。海拔2600～3700米。

生境：高山草地及山坡。

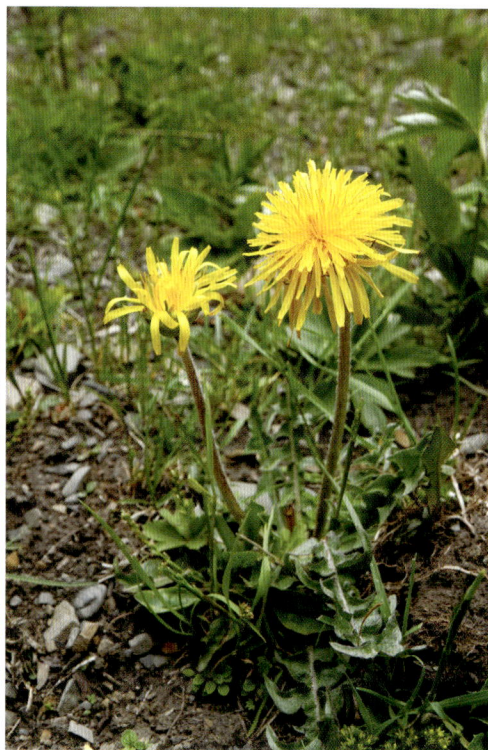

蒲公英

Taraxacum mongolicum Hand.-Mazz.

科 菊科 Asteraceae
属 蒲公英属 *Taraxacum*

形态识别要点：多年生草本。叶倒卵状披针形或长圆状披针形，长4～20厘米，宽1～5厘米，边缘有时具波状齿或羽状深裂，有时倒向羽状深裂或大头羽状深裂，裂片三角形。花葶1至数个，上部紫红色，密被蛛丝状白色长柔毛；头状花序直径3～4厘米；总苞钟状；总苞片2～3层；舌状花黄色。瘦果倒卵状披针形，上部具小刺，下部具成行排列的小瘤。

本区分布：本区广布。海拔2100～2400米。

生境：草地、路边及河滩。

弯茎假苦菜

Askellia flexuosa (Ledeb.) W. A. Weber

科 菊科 Asteraceae
属 假苦菜属 *Askellia*

形态识别要点：多年生草本，高3～30厘米。茎自基部分枝，分枝铺散或斜升。基生叶及下部茎叶倒披针形至线形，包括叶柄长1～8厘米，宽0.2～2厘米，边缘羽状深裂、半裂或浅裂，基部渐狭成柄；中部与上部茎叶渐小，无柄或有短柄。头状花序多数或少数在茎枝顶端排成伞房状花序；总苞狭圆柱状；总苞片4层，外面没毛；舌状小花黄色。瘦果纺锤状，有纵肋，沿肋有稀疏的微刺毛。
本区分布：麻家寺、杜家庄、白庄子、阳洼村、龙泉寺、朱家沟、唐家峡。海拔2000～2400米。
生境：多石地。

苦荬菜

Ixeris polycephala Cass.

科 菊科 Asteraceae
属 苦荬菜属 *Ixeris*

形态识别要点：一年生草本，高10～80厘米。基生叶花期生存，线形或线状披针形，包括叶柄长7～12厘米，宽5～8毫米，基部渐狭成柄；中下部茎叶披针形或线形，基部箭头状半抱茎；向上或最上部的叶渐小，基部箭头状半抱茎或收窄；全部叶两面无毛，边缘全缘。头状花序多数，在茎枝顶端排成伞房状花序；总苞圆柱状，长5～7毫米；总苞片3层；舌状小花黄色，极少白色，10～25枚。
本区分布：上庄、陈沟峡、唐家峡、朱家沟。海拔2100～2600米。
生境：林缘、灌丛、草地及路旁。

中华苦荬菜

Ixeris chinensis (Thunb.) Nakai

科 菊科 Asteraceae
属 苦荬菜属 *Ixeris*

形态识别要点： 多年生草本，高可达0.5米。基生叶长椭圆形、倒披针形、线形或舌形，包括叶柄长2.5～15厘米，宽2～5.5厘米，全缘或边缘有尖齿或凹齿，或羽状浅裂、半裂或深裂，侧裂片长三角形、线状三角形或线形，基部渐狭成有翼的柄；茎生叶通常2～4枚，长披针形或长椭圆状披针形，边缘全缘，基部扩大，耳状抱茎；全部叶两面无毛。头状花序通常在茎枝顶端排成伞房花序；总苞圆柱状，长8～9毫米；总苞片3～4层；舌状小花21～25枚，黄色，干时带红色。

本区分布： 东岳台、杜家庄、张家窑。海拔2100～2300米。

生境： 山坡路旁、田野及灌丛中。

盘果菊

Nabalus tatarinowii (Maxim.) Nakai

科 菊科 Asteraceae
属 耳菊属 *Nabalus*

形态识别要点： 多年生高大草本，高0.5～1.5米。中下部茎叶心形或卵状心形，不裂，有长柄，或大头羽状全裂；向上的茎叶渐小，有短柄；全部叶两面被稀疏的膜片短刚毛。头状花序含5枚舌状小花，多数沿茎枝排成疏松的圆锥状花序或少数沿茎排列成总状花序；总苞狭圆柱状；总苞片3层；舌状小花紫色或粉红色，极少白色或黄色。

本区分布： 官滩沟、徐家峡、麻家寺、分豁岔、张家窑、马场沟、东山。海拔2200～2500米。

生境： 林缘、林下及草地。

空桶参

Soroseris erysimoides (Hand.-Mazz.) Shih

科 菊科 Asteraceae
属 绢毛苣属 *Soroseris*

形态识别要点：多年生草本，高5～30厘米。茎单生，圆柱状，粗0.5～1.5厘米。叶多数，沿茎螺旋状排列；中下部茎叶线形或线状长椭圆形，边缘全缘；上部茎叶渐小。头状花序多数，在茎端集成团伞状花序；总苞狭圆柱状；总苞片2层；舌状小花黄色，4枚。

本区分布：马啣山。海拔3200～3600米。

生境：高山灌丛、草地或流石滩。

毛连菜

Picris hieracioides Linn.

科 菊科 Asteraceae
属 毛连菜属 *Picris*

形态识别要点：二年生草本，高16～120厘米。茎被稠密或稀疏的亮色分叉的钩状硬毛。基生叶花期枯萎脱落；下部茎叶长椭圆形或宽披针形，长8～34厘米，宽0.5～6厘米，边缘全缘或有尖或大而钝的锯齿，基部渐狭成长或短翼柄；中部和上部茎叶披针形或线形，无柄，基部半抱茎；最上部茎小，全缘；全部茎叶两面特别是沿脉被亮色钩状分叉的硬毛。头状花序较多数，在茎枝顶端排成伞房花序或伞房圆锥花序；总苞圆柱状钟形，长达1.2厘米；总苞片3层，外面被硬毛和短柔毛；舌状小花黄色。

本区分布：大洼沟、兴隆峡。海拔2000～2500米。

生境：山坡草地、林下、沟边及荒地。

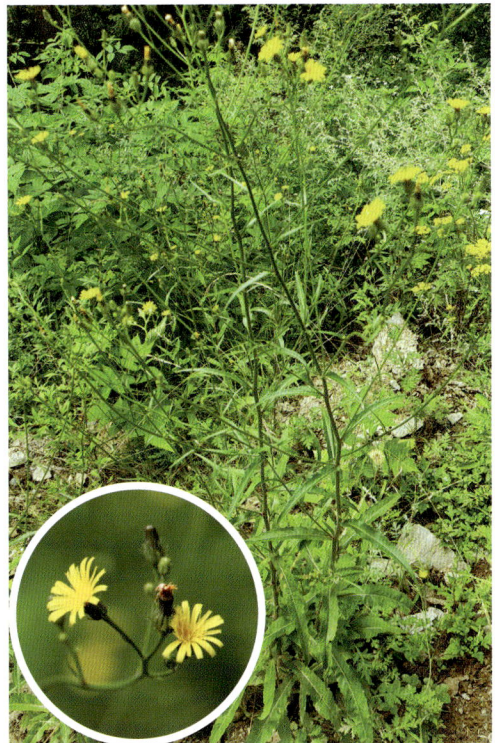

黄帚橐吾

Ligularia virgaurea (Maxim.) Mattf.

科 菊科 Asteraceae
属 橐吾属 *Ligularia*

形态识别要点：多年生灰绿色草本，高15～80厘米。丛生叶和茎基部叶卵形至长圆状披针形，长3～15厘米，宽1.3～11厘米，全缘至有齿，基部突然狭缩，下延成翅柄，两面光滑；茎生叶小，无柄。总状花序密集，或上部密集而下部疏离；头状花序辐射状；总苞陀螺形或杯状；总苞片10～14枚,2层；舌状花5～14朵，黄色，舌片狭椭圆形；管状花多数。

本区分布：八盘梁、马啣山。海拔2600～3500米。

生境：河滩、草地及灌丛。

总状橐吾

Ligularia botryodes (C. Winkl.) Hand.-Mazz.

科 菊科 Asteraceae
属 橐吾属 *Ligularia*

形态识别要点：多年生草本，高50～70厘米。丛生叶与茎下部叶卵状心形或近圆心形，长2.5～16厘米，宽4～15厘米，边缘具整齐的小齿，基部心形，叶柄长达25厘米，基部鞘状；茎中部叶心形，具短柄，有膨大的鞘；最上部叶披针形，无柄。总状花序长12～26厘米，疏散；头状花序多数，辐射状；总苞钟形；总苞片7～9枚，2层；舌状花5～6朵，黄色；管状花多数。

本区分布：官滩沟。海拔2300～2500米。

生境：草地及林下。

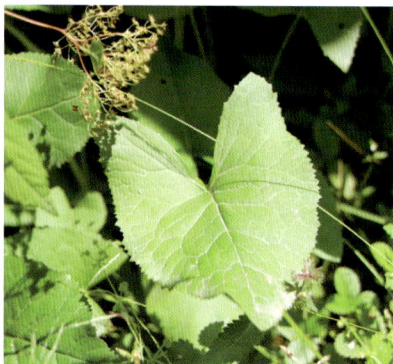

箭叶橐吾

Ligularia sagitta (Maxim.) Maettf.

科 菊科 Asteraceae
属 橐吾属 *Ligularia*

形态识别要点：多年生草本，高25～80厘米。丛生叶与茎下部叶箭形、戟形或长圆状箭形，边缘具齿，叶柄长4～18厘米，具狭翅，基部鞘状；茎中部叶箭形或卵形，较小，具短柄，鞘状抱茎；最上部叶披针形至狭披针形，苞叶状。总状花序长达40厘米；头状花序多数，辐射状；总苞钟形，长7～10毫米；舌状花5～9朵，黄色，舌片长圆形；管状花多数。

本区分布：官滩沟、红庄子、窑沟、平滩、大洼沟、八盘梁。海拔2200～2700米。

生境：草地、林缘、林下及灌丛。

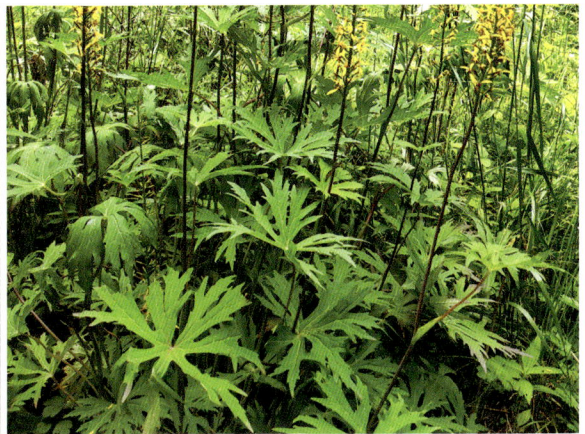

掌叶橐吾

Ligularia przewalskii (Maxim.) Diels

科 菊科 Asteraceae
属 橐吾属 *Ligularia*

形态识别要点：多年生草本，高30～130厘米。叶有基部扩大抱茎的长柄，叶片宽过于长，宽16～30厘米，掌状4～7深裂，中裂片3裂，侧裂片2～3裂，边缘有疏齿或小裂片；上部叶少数，有时3裂或不裂。花序总状，长达50厘米；头状花序多数；总苞狭圆柱形；小花5～7个，黄色，其中两个舌状，其余筒状。

本区分布：官滩沟、麻家寺、水岔沟、石门沟、上庄、马场沟、分豁岔、大洼沟、小岔湾、徐家峡。海拔2100～2800米。

生境：林缘、林下及灌丛。

盘花垂头菊

Cremanthodium discoideum Maxim.

科 菊科 Asteraceae
属 垂头菊属 *Cremanthodium*

形态识别要点：多年生草本，高15～30厘米。丛生叶和茎基部叶卵状长圆形或卵状披针形，长1.5～4厘米，宽0.7～1.5厘米，全缘，稀有小齿，两面光滑，叶柄长1～6厘米，基部鞘状；茎生叶少，下部叶披针形，半抱茎，上部叶线形。头状花序单生，下垂，盘状；总苞半球形，被密的黑褐色长柔毛；总苞片8～10枚，2层；小花多数，紫黑色，全部管状。

本区分布：马啣山。海拔3200～3700米。

生境：草坡及高山流石滩。

华蟹甲

Sinacalia tangutica (Maxim.) B. Nord.

科 菊科 Asteraceae
属 华蟹甲属 *Sinacalia*

形态识别要点：多年生草本，高50～100厘米。叶片厚纸质，卵形或卵状心形，顶端具小尖，羽状深裂，每边各有3～4枚侧裂片，狭至宽长圆形，顶端具小尖，边缘常具数个小尖齿；叶柄较粗壮，基部扩大且半抱茎。头状花序小，多数常排成多分枝宽塔状复圆锥状；总苞圆柱状；舌状花2～3个，黄色，舌片长圆状披针形，顶端具2个小齿；管状花4朵，花冠黄色。

本区分布：官滩沟、大洼沟、小水尾子、唐家峡、分豁岔。海拔2100～2500米。

生境：草地、沟边及林缘。

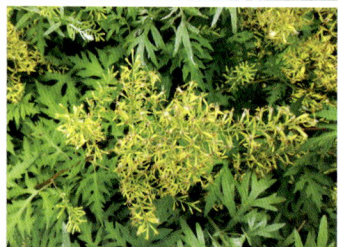

三角叶蟹甲草

Parasenecio deltophyllus (Maxim.) Y. L. Chen

科 菊科 Asteraceae
属 蟹甲草属 *Parasenecio*

形态识别要点：多年生草本，高50～80厘米。下部叶在花期枯萎凋落；中部叶三角形，长4～10厘米，宽5～7厘米，边缘具不规则浅波状齿，叶柄长3～6厘米；上部叶渐小，最上部叶披针形，具短柄。头状花序数个至10个，下垂，在茎端或上部叶腋排列成伞房状花序；总苞钟状；总苞片8～10枚；小花多数；花冠黄色或黄褐色。

本区分布：官滩沟、唐家峡、马啣山。海拔2100～2800米。

生境：山坡及灌丛。

蛛毛蟹甲草

Parasenecio roborowskii (Maxim.) Y. L. Chen

科 菊科 Asteraceae
属 蟹甲草属 *Parasenecio*

形态识别要点：多年生草本，高60～100厘米。叶卵状三角形，基部截形或微心形，边缘有不规则的锯齿，齿端具小尖，下面被白色或灰白色蛛丝状毛，基出5脉；叶柄无翅，长6～10厘米，被疏蛛丝状毛；上部叶渐小。头状花序多数，通常在茎端或上部叶腋排列成塔状疏圆锥状花序偏向一侧着生，开展或下垂。总苞圆柱形；小花3～4朵；花冠白色。

本区分布：官滩沟、麻家寺、谢家岔、水岔沟、大洼沟、周家湾、徐家峡、唐家峡。海拔2000～2300米。

生境：林下、林缘及灌丛。

款冬
Tussilago farfara Linn.

科 菊科 Asteraceae
属 款冬属 *Tussilago*

形态识别要点：多年生草本。早春抽出数个花葶，高5～10厘米，有鳞片状互生的淡紫色苞叶；后生出基生叶，阔心形，长3～12厘米，宽4～14厘米，边缘有波状且顶端增厚的疏齿，叶下面被密白色茸毛，叶柄长5～15厘米，被白色绵毛。头状花序单生，直径2.5～3厘米；总苞钟状；总苞片1～2层，线形；边缘有多层雌花，花冠舌状，黄色；中央的两性花少数。

本区分布：陈沟峡、马莲滩、峡口河。海拔2200～2400米。

生境：林下。

毛裂蜂斗菜
Petasites tricholobus Franch.

科 菊科 Asteraceae
属 蜂斗菜属 *Petasites*

形态识别要点：多年生草本，雌雄异株，全株被薄蛛丝状白色绵毛。早春从根状茎先长出花茎，近雌雄异株；雌株花茎高约60厘米；雌头状花序直径约8毫米，排成密集的聚伞圆锥花序生于花茎顶端；雄头状花序聚伞圆锥状，排列疏散。后生出基生叶，宽肾形，边缘齿状，上面被疏绵毛，下面被较厚的蛛丝状白绵毛，具掌状脉，有长叶柄。

本区分布：官滩沟、麻家寺、马莲滩。海拔2200～2600米。

生境：路旁。

额河千里光

Senecio argunensis Turcz.

科 菊科 Asteraceae
属 千里光属 *Senecio*

形态识别要点：多年生草本，高30～80厘米。中部叶密集，叶片椭圆形，无柄，长6～10厘米，宽3～6厘米，羽状深裂，裂片约6对，条形，全缘或有1～2枚小裂片或齿，下面色浅而被疏蛛丝状毛；上部叶小，有少数裂片或全缘。头状花序多数，复伞房状排列；总苞近钟状；舌状花10余个，黄色，舌片条形；管状花多数，黄色。

本区分布：官滩沟、马莲滩、上庄、陈沟峡、马场沟、马啣山。海拔2100～2700米。

生境：灌丛及草地。

北千里光

Senecio dubitabilis C. Jeffrey & Y. L. Chen

科 菊科 Asteraceae
属 千里光属 *Senecio*

形态识别要点：一年生草本，高5～30厘米。叶无柄，匙形，长圆状披针形、长圆形至线形，长3～7厘米，宽0.3～2厘米，羽状短细裂至具疏齿或全缘；下部叶基部狭成柄状；中部叶基通常稍扩大成具不规则齿半抱茎的耳；上部叶较小，披针形至线形，有细齿或全缘；全部叶两面无毛。头状花序无舌状花，少数至多数排列成顶生疏散伞房花序；花序梗细，长1.5～4厘米；总苞几狭钟状，长6～7毫米；总苞片约15枚，线形，尖；管状花多数，花冠黄色。

本区分布：西山、马啣山。海拔2300～3000米。

生境：沙石地。

三脉紫菀

Aster trinervius Roxb. ex D. Don subsp. *ageratoides* (Turcz.) Grierson

科 菊科 Asteraceae
属 紫菀属 *Aster*

形态识别要点：多年生草本，高40～100厘米。下部叶宽卵形，急狭成长柄，在花期枯落；中部叶椭圆形或矩圆状披针形，长5～15厘米，顶端渐尖，基部楔形，边缘有浅或深锯齿；上部叶渐小，有浅齿或全缘；离基三出脉。头状花序排列成伞房状或圆锥伞房状；总苞倒锥状或半球形；舌状花紫色、浅红色或白色；筒状花黄色。

本区分布：分豁岔、谢家岔、上庄、麻家寺、张家窑、唐家峡、兴隆峡、平滩、东山。海拔2100～2400米。

生境：林下、林缘及灌丛。

阿尔泰狗娃花

Aster altaicus Willd.

科 菊科 Asteraceae
属 紫菀属 *Aster*

形态识别要点：多年生草本，高20～60厘米。茎被上曲的短贴毛，从基部分枝，上部有少数分枝。叶条状披针形或匙形，长3～10厘米，宽0.2～0.7厘米，开展。头状花序单生于枝端；总苞径0.5～1.5厘米；总苞片2～3层；舌状花约20个，舌片浅蓝紫色，矩圆状条形，长10～15毫米。

本区分布：马坡、骆驼岘、张家窑、响水沟、尖山、马啣山。海拔2200～2700米。

生境：草原、山地及河岸。

狗娃花
Aster hispidus Thunb.

科 菊科 Asteraceae
属 紫菀属 *Aster*

形态识别要点： 一或二年生草本。基部及下部叶在花期枯萎；中部叶矩圆状披针形或条形，长3～7厘米，宽0.3～1.5厘米，常全缘；上部叶小，条形。头状花序径3～5厘米，单生于枝端而排列成伞房状；总苞半球形，长7～10毫米，径10～20毫米；总苞片2层；舌状花约30余个，舌片淡紫色，条状矩圆形。

本区分布： 谢家岔、水家沟、麻家寺、峡口、驴圈沟、白房子、唐家峡、张家窑、响水沟、石窑沟。海拔2100～2300米。

生境： 路旁、林缘及草地。

灰枝紫菀
Aster poliothamnus Diels

科 菊科 Asteraceae
属 紫菀属 *Aster*

形态识别要点： 丛生亚灌木，高15～100厘米。茎多分枝，帚状。下部叶枯落；中部叶长圆形或线状长圆形，长1～3厘米，宽0.2～0.8厘米，全缘；上部叶小，椭圆形；全部叶上面被短糙毛，下面被柔毛，两面有腺点。头状花序在枝端密集成伞房状或单生；总苞宽钟状，长5～7毫米；总苞片4～5层；舌状花10～20个，淡紫色，舌片长圆形；管状花黄色。

本区分布： 官滩沟、大水沟、杜家庄、祁家坡、干沟、尖山。海拔2000～2500米。

生境： 山坡。

甘川紫菀
Aster smithianus Hand.-Mazz.

科 菊科 Asteraceae
属 紫菀属 *Aster*

形态识别要点：木质草本或亚灌木，高60～150厘米。下部叶在花期枯落；中部叶狭卵圆形或披针形，长5～10厘米，宽1～2厘米，全缘稀中部以上有浅锯齿；上部叶渐小，卵圆状或线状披针形；全部叶两面被极密而稍贴伏的微柔毛，下面有腺点。头状花序多数排列成伞房状，径1.5～2.5厘米；花序梗长达4厘米；总苞半球形，长4～6毫米；总苞片2～3层，密被微柔毛；舌状花约30个，舌片白色或浅紫红色，长6～10毫米。

本区分布：官滩沟。海拔2300～2400米。

生境：山坡草地。

高山紫菀
Aster alpinus Linn.

科 菊科 Asteraceae
属 紫菀属 *Aster*

形态识别要点：多年生草本，高10～35厘米。有莲座状叶丛；下部叶密集，匙状或线状长圆形，长1～10厘米，宽0.4～1.5厘米，基部渐狭成具翅的柄，全缘；中部叶长圆状披针形或近线形，无柄；上部叶狭小；全部叶被柔毛或稍有腺点。头状花序在茎端单生，径3～5厘米；总苞半球形，径15～20毫米；总苞片2～3层；舌状花35～40个，舌片紫色、蓝色或浅红色；管状花黄色。

本区分布：马啣山。海拔2800～3200米。

生境：草地、林缘及砾石坡地。

东俄洛紫菀

Aster tongolensis Franch.

科 菊科 Asteraceae
属 紫菀属 *Aster*

形态识别要点：多年生草本，高 10～50 厘米。基部叶与莲座状叶长圆状匙形或匙形，长 4～12 厘米，宽 0.5～1.8 厘米，下部渐狭成具翅而基部半抱茎的柄，全缘或上半部有浅齿；下部叶长圆状或线状披针形，无柄，基部半抱茎；中部及上部叶小；全部叶两面被长粗毛。头状花序在茎枝端单生，径 3～6.5 厘米；总苞半球形，径 0.8～1.2 厘米；总苞片 2～3 层，长圆状线形，密被毛；舌状花 30～60 个，舌片蓝色或浅红色，长 15～30 毫米；管状花黄色。

本区分布：马喘山。海拔 2800～3000 米。

生境：林下、水边及草地。

萎软紫菀

Aster flaccidus Bunge

科 菊科 Asteraceae
属 紫菀属 *Aster*

形态识别要点：多年生草本，高 5～40 厘米。基部叶及莲座状叶匙形，长 2～7 厘米，宽 0.5～2 厘米，下部渐狭成柄，全缘或有少数浅齿；中部叶长圆形，长 3～7 厘米，宽 0.3～2 厘米，基部半抱茎；上部叶小，线形；全部叶两面被密长毛或近无毛。头状花序在茎端单生，径 3.5～5 厘米；总苞半球形，径 1.5～2 厘米，被长毛或有腺毛；总苞片 2 层；舌状花 40～60 个，舌片紫色，稀浅红色；管状花黄色。

本区分布：响水沟、八盘梁、尖山、马喘山。海拔 2800～3200 米。

生境：高山草地。

重冠紫菀

Aster diplostephioides (DC.) Benth. ex C. B. Clarke

科 菊科 Asteraceae
属 紫菀属 *Aster*

形态识别要点：多年生草本，高15～60厘米。有莲座状叶丛；下部叶与莲座状叶长圆状匙形，渐狭成细长或具狭翅而基部宽鞘状的柄，连同柄长6～16厘米，全缘或有小尖头状齿；中部叶长圆状或线状披针形；上部叶渐小。头状花序单生，径6～9厘米；总苞半球形，径2～2.5厘米；总苞片约2层；舌状花常2层，舌片蓝色或蓝紫色，线形；管状花上部紫褐色或紫色，后黄色。

本区分布：黄崖沟、西番沟、红庄子、马坡、八盘梁、马啣山。海拔2700～3000米。

生境：高山草地及灌丛。

狭苞紫菀

Aster farreri W. W. Smith & C. Jeffrey

科 菊科 Asteraceae
属 紫菀属 *Aster*

形态识别要点：多年生草本，高30～60厘米。茎下部叶及莲座状叶狭匙形，下部渐狭成长柄，全缘或有小尖头状疏齿；中部叶线状披针形，基部稍狭或圆形而半抱茎；上部叶小，线形，细尖；全部叶上面被疏长伏毛，下面沿脉和边缘被长毛。头状花序在茎端单生，径5～8厘米；总苞半球形，径2～2.4厘米；总苞片约2层，近等长，线形；舌片紫蓝色；管状花上部黄色。

本区分布：马啣山。海拔2500～3000米。

生境：草地。

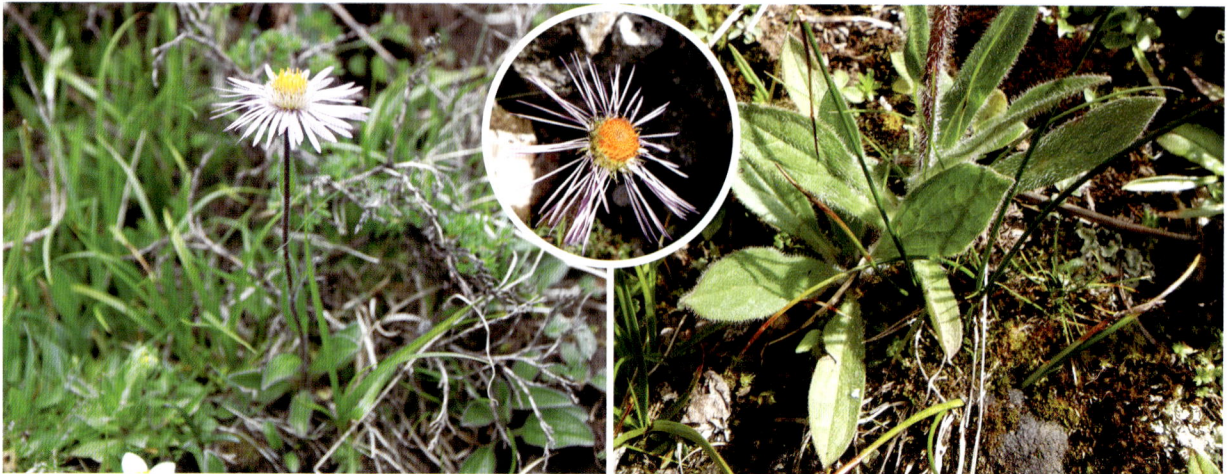

飞蓬

Erigeron acris Linn.

科 菊科 Asteraceae
属 飞蓬属 *Erigeron*

形态识别要点：二年生草本，高5～60厘米。基部叶较密集，倒披针形，长1.5～10厘米，宽0.3～1.2厘米，基部渐狭成长柄，全缘或极少具尖齿；中上部叶披针形，无柄；最上部叶极小，线形；全部叶两面被开展硬长毛。头状花序多数，在茎枝端排列成密而窄的圆锥花序；总苞半球形，径10～20毫米；总苞片3层；雌花外层的舌状，舌片淡红紫色，少有白色；中央的两性花管状，黄色。

本区分布：唐家峡、分豁岔、张家窑、谢家岔、水家沟、八盘梁。海拔2000～2800米。

生境：草地及林缘。

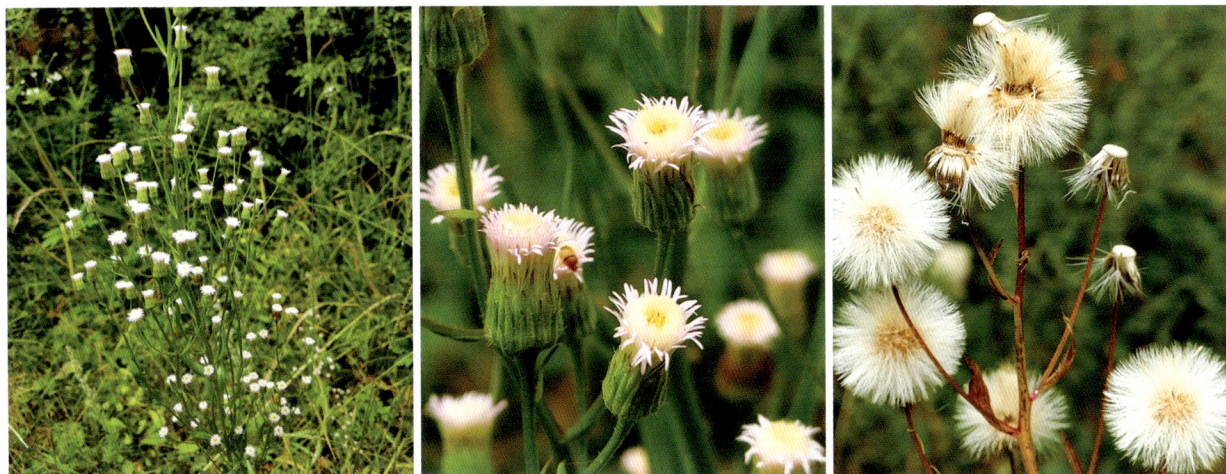

小蓬草

Erigeron canadensis Linn.

科 菊科 Asteraceae
属 飞蓬属 *Erigeron*

形态识别要点：一年生草本。叶密集；基部叶花期常枯萎；下部叶倒披针形，长6～10厘米，宽1～1.5厘米，基部渐狭成柄，边缘具疏锯齿或全缘；中部和上部叶较小，线状披针形或线形，近无柄或无柄，全缘或具1～2个齿。头状花序直径3～4毫米，多数排成顶生多分枝的大圆锥花序；花序梗细，长5～10毫米；总苞近圆柱状；总苞片2～3层，线状披针形或线形；雌花多数，舌状，白色；两性花淡黄色。

本区分布：峡口、陈沟峡。海拔2100～2300米。

生境：草地。

柳叶亚菊

Ajania salicifolia (Mattf.) Poljakov

科 菊科 Asteraceae
属 亚菊属 *Ajania*

形态识别要点：小半灌木，高30～60厘米。有长20～30厘米的当年花枝和顶端有密集的莲座状叶丛的不育短枝；花枝紫红色，被绢毛。叶线形、狭线形，或披针形，长5～10厘米；全部叶两面异色，下面白色，被密厚的绢毛。头状花序多数在枝端排成密集的伞房花序；总苞钟状；花冠细管状，顶端3尖齿裂。

本区分布：红庄子、阳道沟、马坡、尖山、八盘梁、马啣山。海拔2200～3300米。

生境：山坡灌丛及草地。

细裂亚菊

Ajania przewalskii Poljakov

科 菊科 Asteraceae
属 亚菊属 *Ajania*

形态识别要点：多年生草本，高35～80厘米。叶宽卵形或卵形，长2～5厘米，宽1.5～4厘米，二回羽状分裂，裂片又全裂，末回裂片线状披针形或长椭圆形，叶下面灰白色，被稠密短柔毛。头状花序小，多数在茎枝顶端排成大型复伞房花序或伞房花序；总苞钟状，直径2.5～3毫米；总苞片4层；边缘雌花4～7个，花冠细管状，顶端3裂；中央两性花细管状。

本区分布：西山、马啣山。海拔2500～3000米。

生境：草地、林缘或岩石上。

多花亚菊

Ajania myriantha (Franch.) Y. Ling ex C. Shih

科 菊科 Asteraceae
属 亚菊属 *Ajania*

形态识别要点：多年生草本或小半灌木，高25~100厘米。中部叶卵形或长圆形，长1.5~3厘米，宽1~2.5厘米，二回羽状分裂，末回裂片椭圆形或斜三角形，全缘或偶有单齿；向上叶渐小，花序下部的叶常羽裂；全部叶有短柄，叶下面灰白色，被密厚柔毛。头状花序多数在茎枝顶端排成复伞房花序；总苞钟状，直径2.5~3毫米；总苞片4层；边缘雌花3~6个，细管状；中央两性花管状。
本区分布：石窑沟、窑沟、马坡、尖山、马嘟山。海拔2300~2700米。
生境：草地、路旁及山坡。

小红菊

Chrysanthemum chanetii H. Lév.

科 菊科 Asteraceae
属 菊属 *Chrysanthemum*

形态识别要点：多年生草本，高15~60厘米。中部茎叶肾形、半圆形、近圆形或宽卵形，径2~5厘米，通常3~5掌状或掌式羽状浅裂或半裂，顶裂片较大，全部裂片边缘具钝齿、尖齿或芒状尖齿；上部茎叶椭圆形或长椭圆形；接花序下部的叶长椭圆形或宽线形，羽裂、齿裂或不裂。头状花序直径2.5~5厘米，少数至多数在茎枝顶端排成疏松伞房花序；总苞碟形，直径8~15毫米；总苞片4~5层，边缘白色或褐色膜质；舌状花白色、粉红色或紫色，舌片顶端2~3齿裂。
本区分布：祁家坡、翻车沟、朱家沟。海拔2200~2400米。
生境：草地、林缘、灌丛及沟边。

甘菊

Chrysanthemum lavandulifolium (Fisch. ex Trautv.) Makino

科 菊科 Asteraceae

属 菊属 *Chrysanthemum*

形态识别要点：多年生草本，高0.3～1.5米。基部和下部叶花期脱落；中部茎叶卵形或椭圆状卵形，长2～5厘米，宽1.5～4.5厘米，二回羽状分裂，一回裂片全裂，二回裂片半裂或浅裂。头状花序直径10～20毫米，多数在茎枝顶端排成复伞房花序；总苞碟形，直径5～7毫米；总苞片约5层；舌状花黄色，舌片椭圆形，先端全缘或具2～3个不明显的齿裂。

本区分布：官滩沟、祁家坡、窑沟、谢家岔、麻家寺、分豁岔、张家窑、周家湾、唐家峡。海拔2000～2400米。

生境：山坡及荒地。

大籽蒿

Artemisia sieversiana Ehrhart ex Willd.

科 菊科 Asteraceae

属 蒿属 *Artemisia*

形态识别要点：一或二年生草本，高50～150厘米。叶卵形或宽卵圆形，二至三回羽状全裂，裂片常不规则羽状全裂或深裂，小裂片线形；叶柄长1～4厘米。头状花序多数，半球形或近球形，直径3～6毫米，基部常有线形小苞叶，在分枝上排成总状花序或复总状花序，在茎上组成圆锥花序；总苞片3～4层；雌花2层，花冠狭圆锥状；两性花多层，花冠管状。

本区分布：西山。海拔2300～2400米。

生境：路旁、河漫滩及干旱山坡。

冷蒿

Artemisia frigida Willd.

科 菊科 Asteraceae
属 蒿属 *Artemisia*

形态识别要点：多年生草本，高20～70厘米。茎下部叶与营养枝叶长圆形或倒卵状长圆形，二至三回羽状全裂，小裂片线状披针形；中部叶长圆形或倒卵状长圆形，一至二回羽状全裂，小裂片披针形；上部叶与苞片叶羽状全裂或3～5全裂。头状花序半球形或球形，在茎上排成总状花序或狭窄的圆锥花序；总苞片3～4层；雌花8～13朵，花冠狭管状；两性花20～30朵，花冠管状。

本区分布：马坡、白房子。海拔2200～2700米。

生境：山坡、路旁及草地。

细裂叶莲蒿

Artemisia gmelinii Weber ex Stechm.

科 菊科 Asteraceae
属 蒿属 *Artemisia*

形态识别要点：半灌木状草本，高10～100厘米。叶背面密被蛛丝状柔毛；茎下部、中部与营养枝叶卵形或三角状卵形，二至三回栉齿状的羽状分裂，小裂片边缘具小栉齿；上部叶一至二回栉齿状的羽状分裂。头状花序近球形，直径3～6毫米，有短梗或近无梗，密集着生在茎端或在分枝端排成穗状花序，并在茎上组成狭窄的圆锥花序；总苞片3～4层；雌花10～12朵，花冠狭圆锥状；两性花多朵，花冠管状。

本区分布：平滩、骆驼岘、白庄子、马啣山。海拔2200～2500米。

生境：山坡、路旁、灌丛及草地。

毛莲蒿
Artemisia vestita Wall. ex Bess.

科 菊科 Asteraceae
属 蒿属 *Artemisia*

形态识别要点：半灌木状草本，高50～120厘米。叶两面被灰白色密茸毛或上面毛略少；茎下部与中部叶卵形至近圆形，二至三回栉齿状的羽状分裂，小裂片边缘常具数枚栉齿状深裂齿；上部叶小。头状花序多数，球形或半球形，直径2.5～4毫米；有短梗或近无梗，下垂；基部有线形小苞叶，在茎的分枝上排成总状、复总状花序，又在茎上复合为圆锥花序；总苞片3～4层；雌花6～10朵，花冠狭管状；两性花13～20朵，花冠管状。

本区分布：清水沟、唐家峡、马坡、分豁岔、水家沟、尖山。海拔2100～2400米。

生境：山坡、路旁及灌丛。

黄花蒿
Artemisia annua Linn.

科 菊科 Asteraceae
属 蒿属 *Artemisia*

形态识别要点：一年生草本，高达2米。茎下部叶宽卵形或三角状卵形，三至四回栉齿状羽状深裂，裂片再次分裂，小裂片边缘具多枚栉齿状深裂齿；中部叶二至三回栉齿状羽状深裂。头状花序球形，多数，直径1.5～2.5毫米；有短梗，下垂或倾斜；基部有线形的小苞叶，在分枝上排成总状或复总状花序，并在茎上组成圆锥花序；总苞片3～4层；花深黄色；雌花10～18朵；两性花10～30朵。

本区分布：马场沟。海拔2000～2300米。

生境：路旁、荒地、山坡及林缘。

臭蒿
Artemisia hedinii Ostenf.

科 菊科 Asteraceae
属 蒿属 *Artemisia*

形态识别要点：一年生草本，高可达1米。基生叶多数，密集成莲座状，长椭圆形，二回栉齿状羽状分裂，裂片再次羽状深裂或全裂，小裂片具多枚细小栉齿，叶柄短或近无；茎下部与中部叶二回栉齿状羽状分裂；上部叶与苞片叶渐小，一回栉齿状羽状分裂。头状花序半球形或近球形，直径3～5毫米，在茎端及短的花序分枝上排成密穗状花序，并在茎上组成狭窄的圆锥花序；总苞片3层；雌花3～8朵；两性花15～30朵。

本区分布：马场沟、马啣山。海拔2100～3000米。

生境：草地、河滩地及路旁。

北艾
Artemisia vulgaris Linn.

科 菊科 Asteraceae
属 蒿属 *Artemisia*

形态识别要点：多年生草本，高40～160厘米。叶背密被灰白色毛；茎下部叶椭圆形或长圆形，二回羽状深裂或全裂，花期凋谢；中部叶椭圆形或长卵形，一至二回羽状深裂或全裂；上部叶小，羽状深裂；苞叶小，3深裂或不裂。头状花序长圆形，直径2.5～3.5毫米；无梗或有极短梗；基部有小苞叶，在小枝上排成密穗状花序，而在茎上组成圆锥花序；总苞片3～4层；雌花7～10朵，紫色；两性花8～20朵，檐部紫红色。

本区分布：阳道沟。海拔2000～2200米。

生境：草地、林缘、荒坡及路旁。

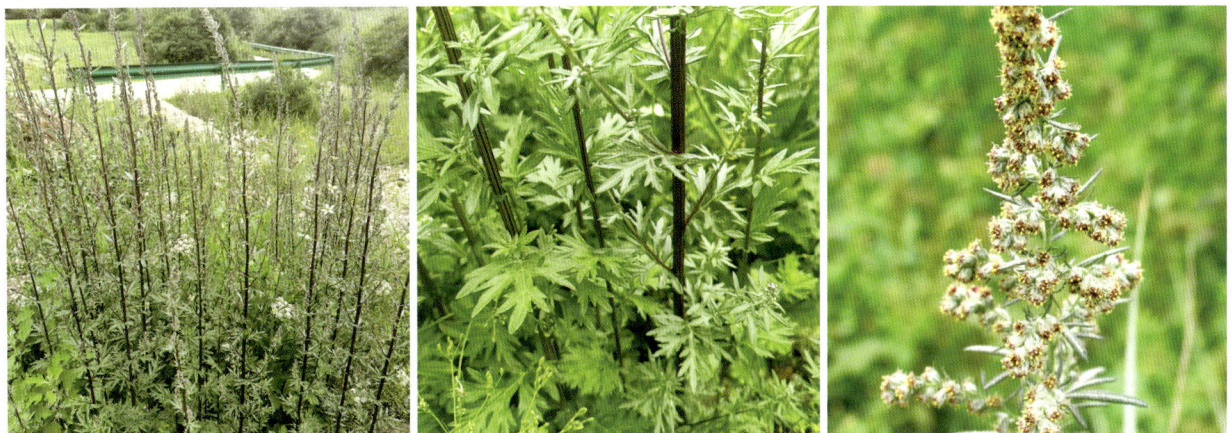

牛尾蒿
Artemisia dubia Wall. ex Besser

科 菊科 Asteraceae
属 蒿属 *Artemisia*

形态识别要点：半灌木状草本，高80～120厘米。基生叶与茎下部叶大，卵形或长圆形，羽状5深裂，无柄，花期凋谢；中部叶卵形，长5～12厘米，宽3～7厘米，羽状5深裂，裂片椭圆状披针形或披针形；上部叶与苞片叶指状3深裂或不分裂。头状花序多数，宽卵球形或球形，在分枝的小枝上排成穗状花序或穗状花序状的总状花序，而茎上排成圆锥花序；总苞片3～4层；雌花6～8朵；两性花2～10朵。
本区分布：谢家岔、水家沟、分豁岔。海拔2100～2400米。
生境：山坡、草地、疏林下及林缘。

栉叶蒿
Neopallasia pectinata (Pall.) Poljakov

科 菊科 Asteraceae
属 栉叶蒿属 *Neopallasia*

形态识别要点：一年生草本，高12～40厘米。叶长圆状椭圆形，栉齿状羽状全裂，裂片线状钻形，单一或有1～2个同形的小齿，无柄，羽轴向基部逐渐膨大；下部和中部茎生叶长1.5～3厘米，宽0.5～1厘米，上部和花序下的叶短小。头状花序无梗或几无梗，卵形或狭卵形，长3～5毫米，单生或数个集生于叶腋，多数排成穗状或狭圆锥状花序；总苞片宽卵形，无毛；边缘的雌性花3～4朵，花冠狭管状，全缘；中心花两性，9～16朵，花冠5裂，有时带粉红色。
本区分布：白庄子。海拔2100～2300米。
生境：荒漠、河谷砾石地及山坡荒地。

齿叶蓍

Achillea acuminata (Ledeb.) Sch. Bip.

形态识别要点：多年生草本，高30～100厘米。基部和下部叶花期凋落；中部叶披针形或条状披针形，长3～8厘米，宽4～7毫米，无柄，边缘具整齐上弯的重锯齿。头状花序较多数，排成疏伞房状；总苞半球形；总苞片3层；边缘舌状花14枚，舌片白色，顶端具3圆齿；两性管状花长约3毫米，白色。

本区分布：西山。海拔2200～2500米。

生境：草地及林缘。

同花母菊

Matricaria matricarioides (Less.) Porter ex Britton

形态识别要点：一年生草本，高5～30厘米。叶矩圆形或倒披针形，长2～3厘米，宽0.8～1厘米，二回羽状全裂，裂片条形，叶两面无毛，基部稍抱茎；无叶柄。头状花序同型，直径0.5～1厘米，生于茎枝顶端；总苞片3层；全部小花管状，淡绿色。

本区分布：官滩沟、谢家岔。海拔2200～2400米。

生境：旷野及路边。

香芸火绒草

Leontopodium haplophylloides Hand.-Mazz.

科 菊科 Asteraceae
属 火绒草属 *Leontopodium*

形态识别要点：多年生草本，高15～30厘米。叶狭披针形或条状披针形，长1～4厘米，宽1～3毫米，灰绿色，两面被灰色短茸毛，下面杂有腺毛。头状花序苞叶常多数，披针形，较叶短，上面被白色厚绵毛，苞叶群直径2～5厘米；头状花序直径约5毫米，5～9个在茎端密集成伞房状。瘦果极小。

本区分布：清水沟、三岔路口、八盘梁、尖山、马啣山。海拔2200～3500米。

生境：高山草地、石砾地及灌丛。

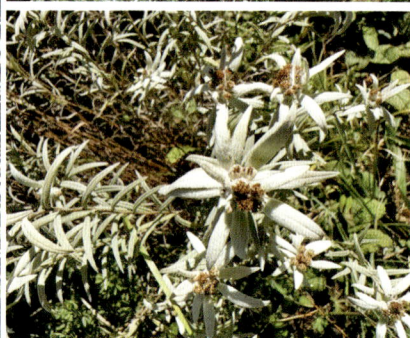

薄雪火绒草

Leontopodium japonicum Miq.

科 菊科 Asteraceae
属 火绒草属 *Leontopodium*

形态识别要点：多年生草本，高10～80厘米。叶狭披针形，长2.5～5.5厘米，宽0.5～1.3厘米，下面被银白色或灰白色薄层密茸毛；下部叶较小，在花期枯萎或凋落；苞叶多数，较茎上部叶短小，两面被灰白色密茸毛，排列成直径达4厘米的苞叶群，或有长花序梗而开展成径达10厘米的复苞叶群。头状花序径3.5～4.5毫米，多数；总苞钟形或半球形，被密茸毛；总苞片3层；小花异形或雌雄异株。

本区分布：马莲滩、黄崖沟、窑沟、马坡。海拔2200～2700米。

生境：灌丛、草地及林下。

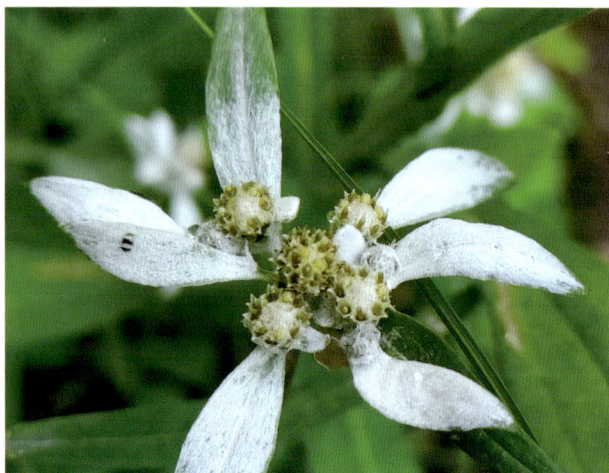

矮火绒草

Leontopodium nanum (Hook. f. & Thomson ex C. B. Clarke) Hand.-Mazz.

科 菊科 Asteraceae
属 火绒草属 *Leontopodium*

形态识别要点： 多年生草本，垫状丛生。基部叶在花期生存；茎部叶较莲座状叶稍大，匙形或线状匙形，长7～25毫米，宽2～6毫米，下部渐狭成短窄的鞘部，两面密被茸毛；苞叶少数，与花序同长。头状花序径6～13毫米，单生或3～7个密集；总苞长4～5.5毫米，被灰白色绵毛；总苞片4～5层；小花异形，通常雌雄异株。

本区分布： 麻家寺、张家窑、石骨岔、尖山、马嘶山。海拔2200～3400米。

生境： 高山草地及石砾坡地。

黄白火绒草

Leontopodium ochroleucum Beauverd

科 菊科 Asteraceae
属 火绒草属 *Leontopodium*

形态识别要点： 多年生草本，高达20厘米。莲座状叶与茎部叶同形，长达6厘米，常脱毛，有宽长的鞘部；中部叶舌形、长圆形、匙形或线状披针形，长1～5厘米，宽0.2～0.4厘米，无柄；下部叶有长鞘；全部叶两面被毛；苞叶较少数，开展成径15～25毫米的密集苞叶群。头状花序径5～7毫米，通常少数至15个密集；总苞长4～5毫米，被长柔毛；总苞片约3层，披针形，无毛，褐色或深褐色。

本区分布： 马嘶山。海拔2800～3000米。

生境： 高山草地及石砾地。

绢茸火绒草

Leontopodium smithianum Hand. -Mazz.

科 菊科 Asteraceae
属 火绒草属 *Leontopodium*

形态识别要点：多年生草本，高10～45厘米。下部叶在花期枯萎宿存；叶线状披针形，长2～5.5厘米，宽0.4～0.8厘米，基部渐狭，无柄，上面被柔毛，下面被绢状毛；苞叶少数或较多数，长椭圆形或线状披针形，两面被茸毛，较花序稍长或长2～3倍，排列成稀疏的、不整齐的苞叶群。头状花序径6～9毫米，常3～25个密集，或有花序梗而成伞房状；总苞长4～6毫米；总苞片3～4层；小花异型，有少数雄花，或雌雄异株。

本区分布：谢家岔、响水沟、马坡、马啣山。海拔2400～2700米。

生境：草地。

线叶珠光香青

Anaphalis margaritacea (Linn.) Benth. & Hook. f. var. *angustifolia* (Franch. & Sav.) Hayata

科 菊科 Asteraceae
属 香青属 *Anaphalis*

形态识别要点：多年生草本，高可达1米。下部叶在花期常枯萎；中部叶开展，线形，长3～10厘米，宽0.3～0.6厘米，下面被黄褐色密绵毛，基部多少抱茎，不下延；全部叶稍革质。头状花序多数，在茎和枝端排列成复伞房状；总苞宽钟状或半球状；总苞片5～7层，基部多少褐色，上部白色。

本区分布：响水沟、窑沟、陈沟峡、朱家沟。海拔2100～2700米。

生境：山坡、草地及路旁。

宽翅香青
Anaphalis latialata Y. Ling & Y. L. Chen

科 菊科 Asteraceae
属 香青属 *Anaphalis*

形态识别要点： 多年生草本，高30～50厘米。茎被白色蛛丝状毛和腺毛，不分枝或上部有花序枝。下部叶常短小，在花期常枯萎；中部叶开展，线状披针形或线状长圆形，长3～5厘米，宽0.3～0.8厘米，沿茎下延成狭窄或楔形的翅；上部叶渐小，多少直立，渐细尖；全部叶两面被绵毛或腺毛。头状花序极多数，密集于茎枝端成复伞房状；总苞钟状，长6～7毫米；总苞片6～7层，白色或浅黄色。

本区分布： 马坡、尖山、马啣山。海拔2600～2800米。

生境： 山坡。

黄腺香青
Anaphalis aureopunctata Lingelsh. & Borza

科 菊科 Asteraceae
属 香青属 *Anaphalis*

形态识别要点： 多年生草本，高20～50厘米。莲座状叶宽匙状椭圆形，基部渐狭成长柄，密被绵毛；下部叶在花期枯萎，匙形或披针状椭圆形，有具翅的柄，长5～16厘米；中部叶稍小，基部沿茎下延成宽或狭翅；上部叶小；全部叶被腺毛及蛛丝状毛。头状花序多数或极多数密集成复伞房状；总苞钟状，长5～6毫米；总苞片约5层，外层浅或深褐色，内层白色或黄白色。

本区分布： 官滩沟、石窑沟、红庄子、平滩、阳道沟、唐家峡、上庄、马坡、尖山。海拔2500～2700米。

生境： 灌丛、草地及山坡。

乳白香青
Anaphalis lactea Maxim.

科 菊科 Asteraceae
属 香青属 *Anaphalis*

形态识别要点：多年生草本，高10～40厘米。莲座状叶披针状或匙状长圆形，长6～13厘米，宽0.5～2厘米，下部渐狭成具翅而基部鞘状的长柄；茎下部叶较莲座状常稍小；中上部叶直立或依附于茎上，长椭圆形或线形，长2～10厘米，宽0.8～1.3厘米，基部沿茎下延成狭翅，顶端有枯焦状长尖头；全部叶被密绵毛。头状花序多数，在茎枝端密集成复伞房状；总苞钟状，长6毫米；总苞片4～5层，外层浅或深褐色，内层乳白色。
本区分布：麻家寺、八盘梁、马啣山。海拔2400～3500米。
生境：草地及林下。

铃铃香青
Anaphalis hancockii Maxim.

科 菊科 Asteraceae
属 香青属 *Anaphalis*

形态识别要点：多年生草本，高5～35厘米。莲座状叶与茎下部叶匙状或线状长圆形，长2～10厘米，宽0.5～1.5厘米，基部渐狭成具翅的柄或无柄；中部及上部叶直立，常贴附于茎上，线形，稀线状长圆形而多少开展；全部叶薄质，两面被蛛丝状毛及头状具柄腺毛。头状花序9～15个，在茎端密集呈复伞房状；总苞宽钟状；总苞片4～5层，稍开展。
本区分布：上庄、八盘梁、马啣山。海拔2300～2800米。
生境：草地。

尼泊尔香青

Anaphalis nepalensis (Spreng.) Hand.-Mazz.

科 菊科 Asteraceae
属 香青属 *Anaphalis*

形态识别要点：多年生草本，高5～45厘米。下部叶在花期生存，与莲座状叶同形，匙形或长圆状披针形，长2～7厘米，宽0.8～2.5厘米；中部叶长圆形或倒披针形，基部渐狭成长柄；上部叶渐狭小；全部叶两面或下面被绵毛和腺毛。头状花序1～6个排列成疏散伞房状；总苞多少球状，径15～20毫米；总苞片8～9层，在花期放射状开展，外层卵圆状披针形，除顶端外深褐色，内层披针形，白色，基部深褐色。

本区分布：尖山。海拔2400～2700米。

生境：草地及灌丛。

高原天名精

Carpesium lipskyi C. Winkl.

科 菊科 Asteraceae
属 天名精属 *Carpesium*

形态识别要点：多年生草本，高35～80厘米。基生叶于开花前凋萎；下部叶椭圆形，长7～15厘米，宽3～7厘米，边缘近全缘，仅有腺状体突出的胼胝或具小齿，基部下延至叶柄；上部叶椭圆形至椭圆状披针形，无柄。头状花序单生茎端及枝端，或腋生而具较长的花序梗，开花时下垂；苞叶5～7枚，披针形，大小近相等，反折；总苞盘状；总苞片4层；雌花狭漏斗状，冠檐5齿裂；两性花漏斗状，冠檐5齿裂。

本区分布：阳道沟、上庄、马喞山。海拔2000～3000米。

生境：路旁、草地及灌丛。

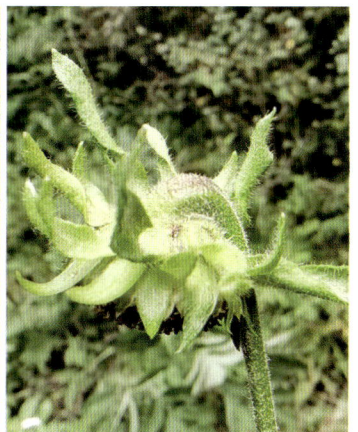

旋覆花
Inula japonica Thunb.

科 菊科 Asteraceae
属 旋覆花属 *Inula*

形态识别要点：多年生草本，高30～70厘米。基部叶常较小，在花期枯萎；中部叶长圆形至披针形，长4～13厘米，宽1.5～4厘米，基部常有圆形半抱茎的小耳，无柄，边缘有小尖头状疏齿或全缘；上部叶渐狭小，线状披针形。头状花序径3～4厘米，排成疏散的伞房花序；花序梗细长；总苞半球形；总苞片约6层，线状披针形；舌状花黄色，舌片线形；冠毛1层，白色。

本区分布：小泥窝子、上庄、白房子、唐家峡。海拔2000～2500米。

生境：草地及路旁。

婆婆针
Bidens bipinnata Linn.

科 菊科 Asteraceae
属 鬼针草属 *Bidens*

形态识别要点：一年生草本，高30～120厘米。叶对生；叶柄长2～6厘米；叶片长5～14厘米，二回羽状分裂，小裂片三角状或菱状披针形，具1～2对缺刻或深裂。头状花序直径6～10毫米；花序梗长1～5厘米，果时伸长；总苞杯形；外层苞片5～7枚，条形，内层苞片椭圆形，花后伸长；舌状花1～3朵，舌片黄色，椭圆形或倒卵状披针形，长4～5毫米，先端全缘或具2～3齿；盘花筒状，黄色。瘦果条形，具3～4棱，长12～18毫米，具瘤状突起及小刚毛，顶端芒刺3～4枚。

本区分布：兴隆峡、西山。海拔2100～2200米。

生境：路边荒地及山坡。

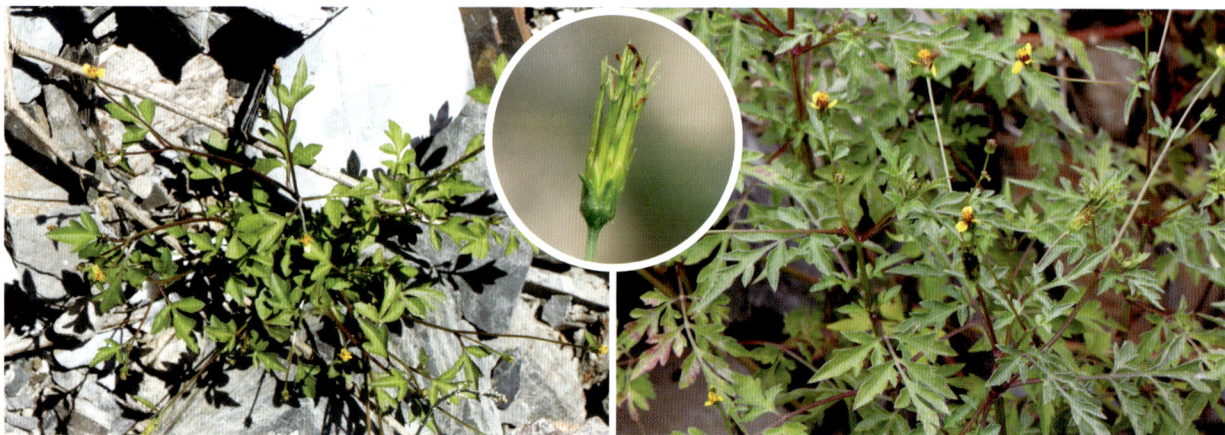

牛膝菊

Galinsoga parviflora Cav.

科 菊科 Asteraceae
属 牛膝菊属 *Galinsoga*

形态识别要点：一年生草本，高10～80厘米。叶对生，叶片卵形或长椭圆状卵形，长1.5～5.5厘米，宽0.6～3.5厘米，叶柄长1～2厘米；向上及花序下部的叶渐小，通常披针形；全部茎叶两面粗涩，被白色稀疏贴伏的短柔毛，边缘具浅或钝锯齿或波状浅锯齿；花序下部的叶有时全缘或近全缘。头状花序半球形，有长花梗，多数在茎枝顶端排成疏松的伞房花序；总苞半球形或宽钟状，宽3～6毫米；总苞片1～2层，约5枚；舌状花4～5个，舌片白色，顶端3齿裂；管状花黄色。

本区分布：分豁岔。海拔2200～2300米。

生境：路边及草丛。

腺梗豨莶

Sigesbeckia pubescens (Makino) Makino

科 菊科 Asteraceae
属 豨莶属 *Sigesbeckia*

形态识别要点：一年生草本，高30～110厘米。基部叶卵状披针形，花期枯萎；中部叶卵圆形或卵形，长3.5～12厘米，宽1.8～6厘米，基部下延成具翼的柄，边缘有尖头状粗齿；上部叶渐小，披针形或卵状披针形。头状花序径18～22毫米，多数生于枝端，排成松散的圆锥花序；花梗较长，密生紫褐色头状具柄腺毛和长柔毛；总苞宽钟状；总苞片2层，背面密生紫褐色头状具柄腺毛。

本区分布：兴隆峡。海拔2000～2100米。

生境：山坡、灌丛及旷野。

华西箭竹

Fargesia nitida (Mitford) Keng f. ex T. P. Yi

科 禾本科 Poaceae
属 箭竹属 *Fargesia*

形态识别要点：秆高2～5米；节间长11～25厘米，幼时被白粉；笋紫色。小枝具2～3叶；叶鞘长2.2～4厘米，常为紫色；叶耳无；叶舌高约1毫米；叶柄长1～1.5毫米；叶片线状披针形，长3.8～9.5厘米，宽6～10毫米，基部楔形，下表面灰绿色。

本区分布：马场沟、大洼沟、阳道沟、小水尾子。海拔2200～2700米。

生境：针叶林下。

长芒草

Stipa bungeana Trin.

科 禾本科 Poaceae
属 针茅属 *Stipa*

形态识别要点：多年生密丛型草本，高20～60厘米。秆有2～5节。叶片纵卷似针状，秆生者长3～15厘米，基生者长可达17厘米。圆锥花序长约20厘米，每节有2～4细弱分枝；小穗灰绿色或紫色；2颖近等长，先端延伸成细芒；芒两回膝曲扭转，第一芒柱长1～1.5厘米，第二芒柱长0.5～1厘米，芒针长3～5厘米，稍弯曲。

本区分布：谢家岔、水家沟、红庄子、唐家峡、干沟。海拔2000～2300米。

生境：石质山坡或路旁。

芨芨草

Achnatherum splendens (Trin.) Nevski

科 禾本科 Poaceae
属 芨芨草属 *Achnatherum*

形态识别要点： 多年生密丛型草本，高50～250厘米。秆无毛。叶鞘无毛；叶舌长5～15毫米；叶片纵卷，长30～60厘米，宽5～6毫米。圆锥花序长30～60厘米，开展，分枝细弱，分枝2～6枚簇生，长8～17厘米；小穗灰绿色，基部带紫褐色；颖膜质，披针形；外稃背部密生柔毛；芒长5～12毫米，易断落。

本区分布： 官滩沟、石窑沟。海拔2000～2300米。

生境： 干山坡。

短芒芨芨草

Achnatherum breviaristatum Keng & P. C. Kuo

科 禾本科 Poaceae
属 芨芨草属 *Achnatherum*

形态识别要点： 多年生草本，高约150厘米。秆具2～3节。叶鞘长于节间；叶舌长达13毫米；叶片长达50厘米，纵卷。圆锥花序直立，紧缩，长约30厘米，宽约5厘米，主轴每节具数枚分枝；小穗长6～6.5毫米；芒长3～4毫米。

本区分布： 红庄子、黄崖沟。海拔2400～2600米。

生境： 山坡草地和干燥河谷。

醉马草

Achnatherum inebrians (Hance) Keng

科 禾本科 Poaceae
属 芨芨草属 *Achnatherum*

形态识别要点：多年生草本，高60～100厘米。秆具3～4节。叶片质地较硬，直立，边缘常卷折，茎生者长8～15厘米，基生者长达30厘米，宽2～10毫米。圆锥花序紧密呈穗状，长10～25厘米，宽1～2.5厘米；小穗长5～6毫米，灰绿色或基部带紫色；外稃长约4毫米，背部密被柔毛；芒长10～13毫米，一回膝曲。

本区分布：唐家峡、尖山、马啣山。海拔2200～3600米。

生境：山坡草地、路旁及河滩。

臭草

Melica scabrosa Trin.

科 禾本科 Poaceae
属 臭草属 *Melica*

形态识别要点：多年生草本，高20～90厘米。叶鞘闭合近鞘口，常撕裂；叶舌透明膜质，长1～3毫米；叶片扁平，干时常卷折，长6～15厘米，宽2～7毫米。圆锥花序狭窄，长8～22厘米，宽1～2厘米；小穗柄短，被微毛；小穗淡绿色或乳白色，长5～8毫米，含孕性小花2～6朵。

本区分布：官滩沟、大水沟、东岳台。海拔2000～2300米。

生境：山坡草地、荒地及路旁。

草地早熟禾

Poa pratensis Linn.

科 禾本科 Poaceae
属 早熟禾属 *Poa*

形态识别要点： 多年生草本，高50～90厘米。秆具2～4节。叶鞘长于其节间；叶片线形，扁平或内卷，长约30厘米，宽3～5毫米；蘖生叶片较狭长。圆锥花序金字塔形或卵圆形，长10～20厘米，宽3～5厘米；分枝每节3～5枚，二次分枝，小枝上着生3～6个小穗；小穗卵圆形，含3～4朵小花，长4～6毫米；颖卵圆状披针形，平滑；外稃膜质；内稃较短于外稃。

本区分布： 麻家寺、大洼沟。海拔2300～2600米。

生境： 湿润草地。

硬质早熟禾

Poa sphondylodes Trin.

科 禾本科 Poaceae
属 早熟禾属 *Poa*

形态识别要点： 多年生草本，高30～60厘米。秆具3～4节。叶片长3～7厘米，宽1毫米。圆锥花序紧缩而稠密，长3～10厘米，宽约1厘米；分枝长1～2厘米，4～5枚着生于主轴各节；小穗绿色，熟后草黄色，长5～7毫米，含4～6朵小花。

本区分布： 马坡、西山。海拔2200～2500米。

生境： 山坡草地。

灰早熟禾
Poa glauca Vahl.

科 禾本科 Poaceae
属 早熟禾属 *Poa*

形态识别要点：多年生草本，高25～35厘米。秆灰绿色。叶舌长约1毫米；叶片窄线形，宽1～2毫米，边缘粗糙。圆锥花序长4～7厘米，紧缩，后开展；分枝长2～3厘米，着生数个小穗；小穗长圆状卵形，含2～4朵小花，带紫色；颖狭披针形，不相等。

本区分布：红庄子。海拔2500～2700米。

生境：干燥砾石山坡及河滩草地。

野燕麦
Avena fatua Linn.

科 禾本科 Poaceae
属 燕麦属 *Avena*

形态识别要点：一年生草本，高60～120厘米。秆具2～4节。叶鞘松弛；叶片扁平，长10～30厘米，宽4～12毫米。圆锥花序开展，金字塔形，长10～25厘米；小穗长18～25毫米，含2～3朵小花，其柄弯曲下垂；颖草质，几相等；外稃质地坚硬，第一外稃背面中部以下具硬毛；芒长2～4厘米，膝曲，芒柱扭转。

本区分布：朱家沟、马啣山。海拔2000～3000米。

生境：荒野。

光稃香草
Anthoxanthum glabrum (Trin.) Veldkamp

科 禾本科 Poaceae
属 黄花茅属 *Anthoxanthum*

形态识别要点：多年生草本，高15～22厘米。秆具2～3节，上部裸露。叶鞘密生微毛，长于节间；叶片披针形，质较厚，上面被微毛，秆生者长2～5厘米，宽约2毫米，基生者较长而狭窄。圆锥花序长3～6厘米；小穗黄褐色，长2.5～3毫米；颖膜质。

本区分布：红庄子。海拔2300～2500米。

生境：山坡或湿润草地。

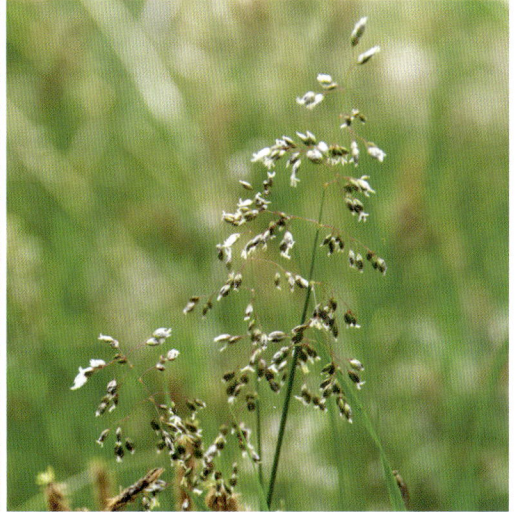

巨序剪股颖
Agrostis gigantea Roth

科 禾本科 Poaceae
属 剪股颖属 *Agrostis*

形态识别要点：多年生草本，高30～130厘米。秆具2～6节。叶片扁平，长5～30厘米，宽0.3～1厘米。花序长圆形或尖塔形，疏松或紧缩，长10～25厘米，宽3～10厘米，每节具5个至多个分枝；小穗草绿色或带紫色，长2～2.5毫米；颖片舟形；无芒。

本区分布：麻家寺、杜家庄。海拔2100～2500米。

生境：山坡和山谷草地上。

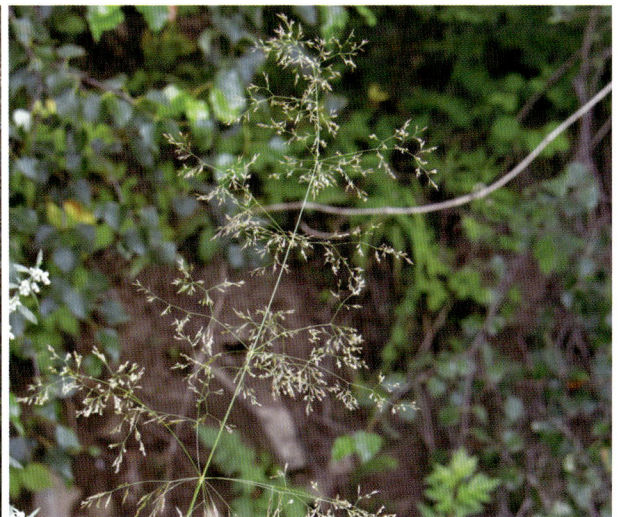

广序剪股颖

Agrostis hookeriana C. B. Clarke ex Hook. f.

科 禾本科 Poaceae
属 剪股颖属 *Agrostis*

形态识别要点：多年生草本，高达50厘米。秆具3节。叶片扁平，长6～10厘米，宽1.5～2毫米。圆锥花序细瘦，披针形或宽线形，花后开展，长10～20厘米，宽1～4厘米，每节具2～3个分枝，分枝纤细，下部裸露；小穗黄绿色；芒膝曲，长2～8毫米。

本区分布：官滩沟、尖山。海拔2200～2400米。

生境：湿润处。

拂子茅

Calamagrostis epigeios (Linn.) Roth

科 禾本科 Poaceae
属 拂子茅属 *Calamagrostis*

形态识别要点：多年生草本，高45～100厘米。叶鞘短于或基部者长于节间；叶舌膜质，长5～9毫米；叶片长15～27厘米，宽4～13毫米，扁平或边缘内卷。圆锥花序紧密，圆筒形，具间断，长10～30厘米，中部径1.5～4厘米，分枝直立或斜上升；小穗长5～7毫米；两颖近等长或第二颖微短；外稃顶端具2个齿；芒细直，长2～3毫米。

本区分布：矿湾村、陈沟峡、翻车沟。海拔2100～2300米。

生境：潮湿地及沟渠旁。

假苇拂子茅

Calamagrostis pseudophragmites (Hall. f.) Koel.

科 禾本科 Poaceae
属 拂子茅属 *Calamagrostis*

形态识别要点：多年生草本，高40～100厘米。叶舌膜质，长4～9毫米；叶片长10～30厘米，宽1.5～7毫米，扁平或内卷。圆锥花序长圆状披针形，疏松开展，长10～35厘米，宽2～5厘米；分枝簇生，直立，细弱；小穗长5～7毫米，草黄色或紫色；颖线状披针形，成熟后张开；外稃透明膜质；芒细直，长1～3毫米。

本区分布：张家窑。海拔2100～2300米。

生境：山坡草地或河岸阴湿处。

菵草

Beckmannia syzigachne (Steud.) Fern.

科 禾本科 Poaceae
属 菵草属 *Beckmannia*

形态识别要点：一年生直立草本，高15～90厘米。秆具2～4节。叶鞘无毛，长于节间；叶舌膜质，长3～8毫米；叶片扁平，长5～20厘米，宽3～10毫米。圆锥花序长10～30厘米，分枝稀疏；小穗扁平，圆形，常含1朵小花，长约3毫米；颖边缘白色，背部灰绿色。

本区分布：兴隆峡。海拔2000～2400米。

生境：湿地、水沟边及浅水中。

看麦娘
Alopecurus aequalis Sobol.

科 禾本科 Poaceae
属 看麦娘属 *Alopecurus*

形态识别要点：一年生草本，高15～40厘米。叶片扁平，长3～10厘米，宽2～6毫米。圆锥花序圆柱状，灰绿色，长2～7厘米，宽3～6毫米；小穗椭圆形或卵状长圆形，长2～3毫米；颖膜质，基部互相连合，脊上有细纤毛，侧脉下部有短毛；芒长1.5～3.5毫米；花药橙黄色。
本区分布：麻家寺、马场沟、西番沟。海拔2000～2300米。
生境：田边及潮湿处。

短柄草
Brachypodium sylvaticum (Huds.) P. Beauv.

科 禾本科 Poaceae
属 短柄草属 *Brachypodium*

形态识别要点：多年生草本，高50～90厘米。秆具6～7节，节密生细毛。叶鞘大多短于节间，被倒向柔毛；叶舌长1～2毫米；叶片长10～30厘米，宽6～12毫米。穗形总状花序长10～18厘米，着生10余个小穗；穗轴节间长1～2厘米；小穗圆筒形，长20～30毫米，含6～16朵小花；颖披针形，上部与边缘被短毛；芒细直，长8～12毫米。
本区分布：唐家峡。海拔2000～2300米。
生境：林下、林缘及灌丛。

窄颖赖草
Leymus angustus (Trin.) Pilger

科 禾本科 Poaceae
属 赖草属 *Leymus*

形态识别要点：多年生草本，高60～100厘米。秆具3～4节。叶鞘常短于节间；叶片长15～25厘米，宽5～7毫米，粉绿色，大部分内卷。穗状花序直立，长15～20厘米，宽7～10毫米；小穗2个生于1节，长10～14毫米，含2～3朵小花；颖线状披针形，长10～13毫米；外稃披针形，密被柔毛，顶端延伸成长约1毫米的芒。

本区分布：窑沟、朱家沟。海拔2100～2300米。

生境：盐渍化草地。

赖草
Leymus secalinus (Georgi) Tzvel.

科 禾本科 Poaceae
属 赖草属 *Leymus*

形态识别要点：多年生草本，高40～100厘米。秆具3～5节。叶鞘无毛；叶舌长1～1.5毫米；叶片长8～30厘米，宽4～7毫米，扁平或内卷。穗状花序直立，长10～24厘米，宽10～17毫米，灰绿色；小穗长10～20毫米，含4～10朵小花；颖短于小穗，线状披针形，先端狭窄如芒；外稃披针形，先端渐尖或具长1～3毫米的芒。

本区分布：水家沟。海拔2200～2400米。

生境：草地。

羊草

Leymus chinensis (Trin.) Tzvel.

科 禾本科 Poaceae
属 赖草属 *Leymus*

形态识别要点：多年生草本，高40～90厘米。秆具4～5节。叶片长7～18厘米，宽3～6毫米，扁平或内卷。穗状花序直立，长7～15厘米，宽10～15毫米；穗轴边缘具细小睫毛，节间长6～10毫米；小穗长10～22毫米，含5～10朵小花，通常2枚生于1节，或在上端及基部者常单生，粉绿色；颖锥状，长6～8毫米；外稃披针形。

本区分布：尖山。海拔2000～2300米。

生境：盐碱地。

披碱草

Elymus dahuricus Turcz. ex Griseb

科 禾本科 Poaceae
属 披碱草属 *Elymus*

形态识别要点：多年生丛生草本，高70～140厘米。秆基部膝曲。叶鞘无毛；叶片扁平，长15～25厘米，宽5～12毫米。穗状花序直立，较紧密，长14～18厘米，宽5～10毫米；中部各节具2个小穗而接近，顶端和基部各节只具1个小穗；小穗长10～15毫米，含3～5朵小花；颖披针形，长8～10毫米，先端具长达5毫米的短芒；第一外稃长9毫米，先端延伸成长10～20毫米的芒。

本区分布：平滩。海拔2400～2600米。

生境：山坡草地或路边。

圆柱披碱草

Elymus dahuricus Turcz. ex Griseb var. *cylindricus* Franch.

科 禾本科 Poaceae
属 披碱草属 *Elymus*

与披碱草的区别：高40～80厘米。秆纤细。小穗含2～3朵花；颖披针形，长7～8毫米，脉明显而粗糙，先端渐尖或具长达4毫米的短芒；第一外稃长7～8毫米；芒长6～13毫米。

本区分布：水家沟、驴圈沟。海拔2500～2600米。

生境：山坡或路旁草地。

老芒麦

Elymus sibiricus Linn.

科 禾本科 Poaceae
属 披碱草属 *Elymus*

形态识别要点：多年生草本，高60～90厘米。叶鞘无毛；叶片扁平，长10～20厘米，宽5～10毫米。穗状花序较疏松而下垂，长15～20厘米，每节具2个小穗，有时基部和上部的各节仅具1个小穗；小穗灰绿色或稍带紫色，含4～5朵小花；颖狭披针形，先端渐尖或具长达4毫米的短芒；外稃披针形，第一外稃顶端芒长15～20毫米。

本区分布：窑沟。海拔2200～2300米。

生境：路旁及山坡。

垂穗披碱草

Elymus nutans Griseb.

科　禾本科 Poaceae
属　披碱草属 *Elymus*

形态识别要点：多年生草本，高50～70厘米。叶片扁平，长6～8厘米，宽3～5毫米。穗状花序较紧密，通常曲折而先端下垂，长5～12厘米，基部的1～2节均不具发育小穗；小穗绿色，成熟后带紫色，长12～15毫米，含3～4朵小花；颖长圆形，先端渐尖或具长1～4毫米的短芒；第一外稃顶端延伸成粗糙的芒；芒向外反曲或稍展开，长12～20毫米。

本区分布：马坡、马啣山。海拔2400～3600米。

生境：草地、路旁及林缘。

黑紫披碱草

Elymus atratus (Nevski) Hand.-Mazz.

科　禾本科 Poaceae
属　披碱草属 *Elymus*

形态识别要点：多年生草本，高40～60厘米。叶片多少内卷，长3～19厘米，宽仅2毫米。穗状花序较紧密，曲折而下垂，长5～8厘米；小穗多少偏于1侧，成熟后变成黑紫色，长8～10毫米，含2～3朵小花，仅1～2朵小花发育；颖甚小，几等长，长2～4毫米；外稃披针形，全部密生微小短毛；芒反曲或展开，长10～17毫米。

本区分布：马啣山。海拔2300～2600米。

生境：草地。

冰草

Agropyron cristatum (Linn.) Gaertn.

科 禾本科 Poaceae
属 冰草属 *Agropyron*

形态识别要点：多年生草本，高20～75厘米。叶片长5～20厘米，宽2～5毫米，常内卷，脉上密被微小短硬毛。穗状花序较粗壮，矩圆形或两端微窄，长2～6厘米，宽8～15毫米；小穗紧密排列成两行，含3～7朵小花，长6～12毫米；颖舟形，脊上连同背部脉间被长柔毛；外稃被柔毛；芒长2～4毫米；内稃脊上具短小刺毛。

本区分布：西山。海拔2000～2300米。

生境：干燥草地及山坡。

小画眉草

Eragrostis minor Host

科 禾本科 Poaceae
属 画眉草属 *Eragrostis*

形态识别要点：一年生草本，高15～50毫米。秆膝曲上升，具3～4节，节下具有一圈腺体。叶鞘较节间短，叶鞘脉上有腺体，鞘口有长毛；叶舌为一圈长柔毛；叶片线形，平展或卷缩，长3～15厘米，宽2～4毫米，主脉及边缘都有腺体。圆锥花序开展而疏松，长6～15厘米，宽4～6厘米，每节具1个分枝；小穗长圆形，长3～8毫米，含3～16朵小花；小穗柄长3～6毫米。

本区分布：大洼沟。海拔2100～2400米。

生境：草地和路旁。

九顶草

Enneapogon desvauxii P. Beauv.

科 禾本科 Poaceae
属 九顶草属 *Enneapogon*

形态识别要点：多年生密丛型草本，高 5～25 厘米。叶鞘短于节间，密被短柔毛，鞘内常有分枝；叶片长 2～12 厘米，宽 1～3 毫米，多内卷，密生短柔毛，基生叶呈刺毛状。圆锥花序短穗状，紧缩呈圆柱形，长 1～3.5 厘米，宽 6～11 毫米，成熟后呈草黄色；小穗通常含 2～3 朵小花；颖披针形；第一外稃顶端具 9 条直立羽毛状芒，长 2～4 毫米。

本区分布：兴隆峡。海拔 2000～2100 米。

生境：干燥山坡及草地。

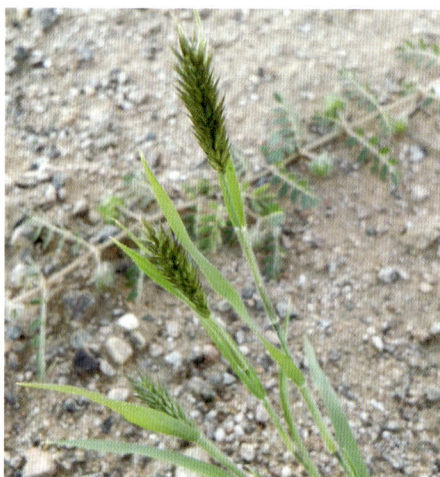

虎尾草

Chloris virgata Swartz

科 禾本科 Poaceae
属 虎尾草属 *Chloris*

形态识别要点：一年生草本，高 12～75 厘米。叶鞘松弛；叶片线形，长 3～25 厘米，宽 3～6 毫米。穗状花序 5～10 余个，长 1.5～5 厘米，指状着生于秆顶，常直立而并拢成毛刷状，成熟时常带紫色；小穗无柄，长约 3 毫米；第一小花两性，外稃两侧压扁，芒长 5～15 毫米；第二小花不孕，芒长 4～8 毫米。

本区分布：兴隆峡。海拔 2100～2400 米。

生境：路旁、山坡及荒地。

锋芒草

Tragus mongolorum Ohwi

科 禾本科 Poaceae

属 锋芒草属 *Tragus*

形态识别要点：一年生草本，高15～25厘米。茎丛生，基部常膝曲而伏卧地面。叶鞘短于节间；叶舌纤毛状；叶片长3～8厘米，宽2～4毫米，疏生小刺毛。花序紧密呈穗状，长3～6厘米，宽约8毫米；小穗长4～4.5毫米，通常3个簇生，其中1个退化；第一颖退化或极微小；第二颖背部有5～7肋，肋上具钩刺。

本区分布：兴隆峡。海拔2100～2300米。

生境：河滩地。

狗尾草

Setaria viridis (Linn.) P. Beauv.

科 禾本科 Poaceae

属 狗尾草属 *Setaria*

形态识别要点：一年生草本，高10～100厘米。叶鞘松弛，边缘具较长的密绵毛状纤毛；叶片扁平，长三角状狭披针形或线状披针形，长4～30厘米，宽2～18毫米，边缘粗糙。圆锥花序紧密呈圆柱状或基部稍疏离，长2～15厘米；刚毛长4～12毫米，通常绿色、褐黄色至紫色；小穗椭圆形，长2～2.5毫米。

本区分布：谢家岔、水家沟、张家窑。海拔2100～2400米。

生境：荒野及路旁。

白草

Pennisetum flaccidum Griseb.

科 禾本科 Poaceae
属 狼尾草属 *Pennisetum*

形态识别要点： 多年生草本，高20～90厘米。秆单生或丛生。叶鞘疏松；叶片狭线形，长10～25厘米，宽5～10毫米，两面无毛。圆锥花序紧密，直立或稍弯曲，长5～15厘米，宽约10毫米；刚毛长8～15毫米，灰绿色或紫色；小穗通常单生，卵状披针形，长3～8毫米；第一小花雄性；第二小花两性。

本区分布： 白房子。海拔2100～2200米。

生境： 山坡和干燥处。

白羊草

Bothriochloa ischaemum (Linn.) Keng

科 禾本科 Poaceae
属 孔颖草属 *Bothriochloa*

形态识别要点： 多年生草本，高25～70厘米。秆丛具3至多节。叶鞘多密集于基部而相互跨覆；叶舌长约1毫米，具纤毛；叶片线形，长5～16厘米，宽2～3毫米，顶生者常缩短。总状花序4个至多个着生于秆顶呈指状，长3～7厘米，纤细，灰绿色或带紫褐色；小穗无柄，长圆状披针形，长4～5毫米；芒长10～15毫米。

本区分布： 水家沟。海拔2100～2200米。

生境： 山坡草地和荒地。

水麦冬

Triglochin palustris Linn.

形态识别要点：多年生湿生草本，植株弱小。叶全部基生，条形，长达20厘米，宽约1毫米，基部具鞘。花莛细长，直立；总状花序，花排列较疏散；无苞片；花梗长约2毫米；花被片6枚，绿紫色，椭圆形或舟形，长2～2.5毫米。蒴果棒状条形，长约6毫米。

本区分布：麻家寺、骆驼岘、徐家峡、哈班岔。海拔2300～2500米。

生境：湿地或浅水处。

海韭菜

Triglochin maritima Linn.

形态识别要点：多年生草本，植株稍粗壮。叶全部基生，条形，长7～30厘米，宽1～2毫米，基部具鞘。花莛直立，较粗壮，中上部着生多数排列较紧密的花，呈顶生总状花序；无苞片；花梗长约1毫米，开花后长可达2～4毫米；花被片6枚，绿色，2轮排列，外轮呈宽卵形，内轮较狭。蒴果六棱状椭圆形或卵形，长3～5毫米，径约2毫米。

本区分布：上庄、阳洼村、响水沟、马嘟山。海拔2200～2500米。

生境：高山草地或湿润处。

小眼子菜
Potamogeton pusillus Linn.

科 眼子菜科 Potamogetonaceae
属 眼子菜属 *Potamogeton*

形态识别要点：沉水草本。茎纤细，具分枝，并于节处生出白色须根，节间长1.5～6厘米。叶线形，长2～6厘米，宽约1毫米，全缘；无柄；托叶为无色透明的膜质，长0.5～1.2厘米，合生成套管状而抱茎，常早落。穗状花序顶生，具花2～3轮，间断排列；花小，被片4枚，绿色；雌蕊4枚。果实斜倒卵形，顶端具短喙。

本区分布：官滩沟。海拔2100～2300米。

生境：静水中。

水烛
Typha angustifolia Linn.

科 香蒲科 Typhaceae
属 香蒲属 *Typha*

形态识别要点：多年生水生或沼生草本，高达3米。叶鞘抱茎；叶片长54～120厘米，宽0.4～0.9厘米，上部扁平，中部以下背面向下逐渐隆起呈凸形。雌雄花序相距2.5～6.9厘米；雌花序长15～30厘米，基部具1枚叶状苞片，花后脱落。

本区分布：小泥窝子、上庄。海拔2200～2300米。

生境：池塘浅水处及沼泽。

长苞香蒲
Typha domingensis Pers.

科 香蒲科 Typhaceae
属 香蒲属 *Typha*

形态识别要点：多年生水生或沼生草本，高达2.5米。叶片长40～150厘米，宽0.3～0.8厘米，上部扁平，中部以下背面逐渐隆起；叶鞘很长，抱茎。雌雄花序远离；雄花序长7～30厘米，叶状苞片1～2枚，长约32厘米，与雄花先后脱落；雌花序位于下部，长4.7～23厘米，叶状苞片比叶宽，花后脱落。

本区分布：哈班岔。海拔2300～2400米。

生境：池塘及沼泽。

少花荸荠
Eleocharis quinqueflora (Hartmann) O. Schwarz

科 莎草科 Cyperaceae
属 荸荠属 *Eleocharis*

形态识别要点：多年生草本。秆钝五棱柱状，灰绿色，高3～30厘米。叶缺如，只在秆基部有1～2枚叶鞘。小穗卵形或球形，长4～7毫米，淡褐色，有2～7朵花，小穗基部的一片鳞片不育，其余鳞片全有花，卵状披针形；柱头3个。

本区分布：马喇山。海拔2500～2700米。

生境：沼泽及湿地。

具刚毛荸荠

Eleocharis valleculosa Ohwi var. *setosa* Ohwi

科 莎草科 Cyperaceae
属 荸荠属 *Eleocharis*

形态识别要点：多年生草本。秆圆柱状，高6～50厘米。叶缺如，在秆的基部有1～2枚长叶鞘。小穗长圆状卵形或线状披针形，长7～20毫米，有多数密生的两性花；小穗基部有2片鳞片无花，其余鳞片全有花，卵形或长圆状卵形；下位刚毛4条，其长明显超过小坚果，具密的倒刺；柱头2个。

本区分布：小泥窝子。海拔2600～2800米。

生境：浅水中。

细莞

Isolepis setacea (Linn.) R. Brown

科 莎草科 Cyperaceae
属 细莞属 *Isolepis*

形态识别要点：矮小丛生草本，高3～12厘米。秆直径约0.5毫米，圆柱状。叶片线状，短于秆，有时很短，呈三角形，或有时只有叶鞘。小穗单生或2～3个簇生于秆的顶端，卵形，长2.5～4毫米，具多数花；苞片1～2枚，卵状披针形，长3～10毫米；鳞片卵形，长1.5毫米；花柱短，柱头2～3个，细长。

本区分布：官滩沟。海拔2100～2300米。

生境：水边及潮湿地。

大花嵩草
Kobresia macrantha Bocklr.

科 莎草科 Cyperaceae
属 嵩草属 *Kobresia*

形态识别要点：多年生草本，高6～20厘米。秆钝三棱形。叶平张，宽1.5～3毫米。圆锥花序紧缩成穗状，卵形或卵状长圆形，长1～2厘米；苞片鳞片状，顶端具长芒；小穗3～9个，密生或基部的1个稍疏远，椭圆形，长4～7毫米，雄雌顺序；支小穗10余个，单性。小坚果平凸状，长约2毫米，顶端无喙。

本区分布：峡口、响水沟、红庄子、尖山、马嘌山。海拔3000～3700米。

生境：高山草地。

膨囊薹草
Carex lehmannii Drejer

科 莎草科 Cyperaceae
属 薹草属 *Carex*

形态识别要点：多年生草本。秆三棱形，高15～70厘米。叶与秆近等长，宽2～5毫米；苞片叶状，长于花序。小穗3～5个，顶生，雌雄顺序，长圆形，长5～8毫米；侧生小穗雌性，卵形或长圆形，长5～9毫米；雌花鳞片宽卵形，暗紫色或中间淡绿色。果囊倒卵形，长2～2.2毫米，顶端具暗紫红色的短喙。

本区分布：官滩沟、哈班岔、水岔沟、黄崖沟。海拔2300～2600米。

生境：山坡草地、林中和溪边。

团穗薹草

Carex agglomerata C. B. Clarke

科 莎草科 Cyperaceae
属 薹草属 *Carex*

形态识别要点：多年生草本。秆锐三棱形，高 20～60 厘米。叶短于或近等长于秆，宽 2～6 毫米；苞片最下面的一枚叶状，长于小穗，上面的短于小穗。小穗 3～4 个，聚集于秆的上端，顶生小穗通常雌雄顺序；侧生小穗 2～3 个为雌小穗；雌花鳞片卵形，顶端渐尖成短芒。果囊较鳞片长，顶端渐狭成稍长的喙。

本区分布：谢家岔、新庄沟。海拔 2200～2500 米。

生境：林下及山谷阴湿处。

云雾薹草

Carex nubigena D. Don

科 莎草科 Cyperaceae
属 薹草属 *Carex*

形态识别要点：多年生草本。秆三棱形，高 10～70 厘米。叶短于秆，线形，平张或对折；苞片下部的 1～2 枚叶状，显著长于花序，上部的刚毛状。小穗多数，卵形，长 5～9 毫米，雄雌顺序；穗状花序圆柱形，长 2.5～5 厘米，先端密集，下部离生；鳞片绿白色；果囊长于鳞片，长 2.5～3.5 毫米，先端渐狭成长喙。

本区分布：官滩沟、水岔沟、祁家坡。海拔 2200～2400 米。

生境：水边、林缘或山坡路旁。

一把伞南星

Arisaema erubescens (Wall.) Schott.

科　天南星科 Araceae
属　天南星属 *Arisaema*

形态识别要点：多年生草本。叶1枚，极稀2枚，叶柄长40～80厘米，中部以下具鞘；叶片放射状分裂，裂片无定数，披针形、长圆形至椭圆形，长6～24厘米，宽6～35毫米，长渐尖，具线形长尾或无。花序柄比叶柄短；佛焰苞管部圆筒形，长4～8毫米，粗9～20毫米，檐部长4～7厘米，有长5～15厘米的线形尾尖或无；肉穗花序单性；雄花序长2～2.5厘米，花密；雌花序长约2厘米，粗6～7毫米。果序柄下弯或直立，浆果红色。

本区分布：官滩沟、徐家峡、黄崖沟、阳道沟。海拔2200～2700米。

生境：山坡或沟谷林下。

小灯心草

Juncus bufonius Linn.

科　灯心草科 Juncaceae
属　灯心草属 *Juncus*

形态识别要点：一年生草本，高4～30厘米。叶基生和茎生；茎生叶常1枚，线形，扁平，长1～13厘米。花序二歧聚伞状，或排列成圆锥状，生于茎顶，花序分枝细弱而微弯；叶状总苞片长1～9厘米；花被片披针形；花柱短。蒴果三棱状椭圆形。

本区分布：麻家寺、响水沟、红庄子。海拔2300～2500米。

生境：湿草地、河边及沼泽地。

葱状灯心草

Juncus allioides Franch.

科 灯心草科 Juncaceae
属 灯心草属 *Juncus*

形态识别要点：多年生草本，高10～55厘米。低出叶鳞片状，褐色；基生叶常1枚，长可达21厘米；茎生叶常1枚，长1～5厘米；叶片圆柱形，稍压扁。头状花序单一顶生，有7～25朵花，直径10～25毫米；苞片3～5枚，披针形，最下方1～2枚较大，长1.5～2.3厘米；花被片披针形，长5～8毫米，膜质；花柱较长。蒴果长卵形，长5～7毫米。

本区分布：西番沟、麻家寺、马啣山。海拔2200～3000米。

生境：山坡、草地和林下潮湿处。

展苞灯心草

Juncus thomsonii Buchen.

科 灯心草科 Juncaceae
属 灯心草属 *Juncus*

形态识别要点：多年生草本，高5～30厘米。叶全部基生，常2枚；叶片细线形，长1～10厘米。头状花序单一顶生，有4～8朵花，直径5～10毫米；苞片3～4枚，开展，卵状披针形，长3～8毫米，红褐色；花被片长圆状披针形，长约5毫米；花柱短。蒴果三棱状椭圆形，长5.5～6毫米。

本区分布：马啣山。海拔3000～3600米。

生境：高山草地、沼泽地及林下潮湿处。

单枝灯心草

Juncus potaninii Buchen.

科 灯心草科 Juncaceae
属 灯心草属 *Juncus*

形态识别要点：多年生草本，高6～15厘米。低出叶鞘状或鳞片状；茎生叶常2枚，下方1枚丝状，长5～11厘米，上方的长约2厘米。头状花序单生于茎顶，常具2朵花；苞片2～3枚，宽卵形，膜质；花被片披针形，长约4毫米。蒴果卵状长圆形，稍长于花被。

本区分布：麻家寺。海拔2200～2400米。

生境：山坡林下阴湿地或岩石裂缝中。

喜马灯心草

Juncus himalensis Klotzsch

科 灯心草科 Juncaceae
属 灯心草属 *Juncus*

形态识别要点：多年生草本，高30～70厘米。低出叶较少，鞘状抱茎；基生叶3～4枚，长14～24厘米，叶鞘长6～15厘米；茎生叶1～2枚，线形，长18～31厘米。由3～7个头状花序组成顶生聚伞花序；头状花序直径6～10毫米，有3～8朵花；叶状总苞片1～2枚，线状披针形，长4～20厘米；花被片狭披针形，长5～6毫米。蒴果三棱状长圆形，长6.5～7.5毫米。

本区分布：官滩沟、八盘梁、马啣山。海拔2400～2800米。

生境：山坡、草地及河谷水湿处。

北重楼

Paris verticillata M. Bieb.

科 百合科 Liliaceae
属 重楼属 *Paris*

形态识别要点：多年生草本，高25～60厘米。根状茎细长。叶5～8枚轮生；叶片披针形、狭矩圆形至倒卵状披针形，长7～15厘米，宽1.5～3.5厘米，具短柄或近无柄。花梗长4.5～12厘米；外轮花被片绿色，叶状，通常4枚，倒卵状披针形或倒披针形，长2～3.5厘米，宽0.6～3厘米，先端渐尖；内轮花被片黄绿色，条形，长1～2厘米；花药长约1厘米，花丝长5～7毫米，药隔突出部分长6～10毫米；子房近球形，紫褐色，花柱具4～5个分枝。蒴果不开裂，直径约1厘米。

本区分布：水岔沟。海拔2200～2400米。

生境：山坡林下、草丛、阴湿地或沟边。

七叶一枝花

Paris polyphylla Smith

科 百合科 Liliaceae
属 重楼属 *Paris*

形态识别要点：多年生草本，高35～100厘米。根状茎直径1～2.5厘米，密生多数环节和须根。叶5～10枚，矩圆形至倒卵状披针形，长7～15厘米，宽2.5～5厘米；叶柄长2～6厘米。花梗长5～30厘米；外轮花被片绿色，3～6枚，狭卵状披针形，长3～7厘米；内轮花被片狭条形，比外轮长；雄蕊8～12枚，花药长5～8毫米，药隔突出部分长0.5～2毫米；子房近球形，具棱，顶端具一盘状花柱基，花柱粗短，具5个分枝。蒴果紫色，直径1.5～2.5厘米，3～6瓣裂开。

本区分布：麻家寺。海拔2300～2400米。

生境：林下。

鞘柄菝葜

Smilax stans Maxim.

科 百合科 Liliaceae
属 菝葜属 *Smilax*

形态识别要点：落叶灌木或半灌木，直立或披散。茎无刺。单叶，纸质，卵形、卵状披针形或近圆形，长 1.5～4 厘米，宽 1.2～4 厘米，下面稍苍白色或有时有粉尘状物；叶柄长 5～12 毫米，向基部渐宽成鞘状，无卷须。花序具 1～3 朵或更多的花；总花梗纤细，比叶柄长 3～5 倍；花绿黄。浆果直径 6～10 毫米，熟时黑色，具粉霜。

本区分布：陈沟峡、大洼沟、平滩、兴隆峡、麻家寺、阳道沟、晏家洼、东山。海拔 2200～2600 米。

生境：林下、灌丛或山坡阴处。

糙柄菝葜

Smilax trachypoda J. B. Norton

科 百合科 Liliaceae
属 菝葜属 *Smilax*

形态识别要点：落叶小灌木，直立或攀缘。茎多分枝，无刺。单叶，卵形，长 7～10 厘米，基部心形，全缘或具不规则细圆齿，下面灰绿色；叶柄长 1～2 厘米。花序梗长 3～5 厘米；花序有花 8～10 朵；花绿色或黄绿色。浆果球形，径 6～8 毫米，熟时蓝黑色，被白粉。

本区分布：分豁岔、大洼沟。海拔 2200～2400 米。

生境：林下、灌丛或山坡阴处。

小顶冰花

Gagea terraccianoana Pasch.

科 百合科 Liliaceae
属 顶冰花属 *Gagea*

形态识别要点：多年生草本，高8～15厘米。鳞茎卵形。基生叶1枚，长12～18厘米，宽1～3毫米，扁平。总苞片狭披针形，约与花序等长，宽2～2.5毫米；花通常3～5朵，排成伞形花序；花被片6枚，条形或条状披针形，长6～9毫米，宽1～2毫米，内面淡黄色，外面黄绿色。蒴果倒卵形，长为宿存花被的1/2。
本区分布：分豁岔。海拔2300～2600米。
生境：林缘、灌丛和山地草坡。

榆中贝母

Fritillaria yuzhongensis G. D. Yu & Y. S. Zhou

科 百合科 Liliaceae
属 贝母属 *Fritillaria*

形态识别要点：多年生草本，高20～50厘米。鳞茎卵球形，鳞片2～3片。叶6～9枚，基部2枚对生，其余的互生或有时近对生；叶片线形至狭披针形，长3～8厘米，宽2～6毫米，先端丝状并强烈卷曲。花序具1朵花，极罕2朵花；苞片叶状，2～3枚，比叶小；花钟状，俯垂，较小，长2.2～2.7厘米，黄绿色，稍具紫色方格斑；花梗7～10毫米；内花被较狭，宽10～12毫米。
本区分布：窑沟、黄崖沟、西番沟、哈班岔、八盘梁。海拔2800～3400米。
生境：灌丛。

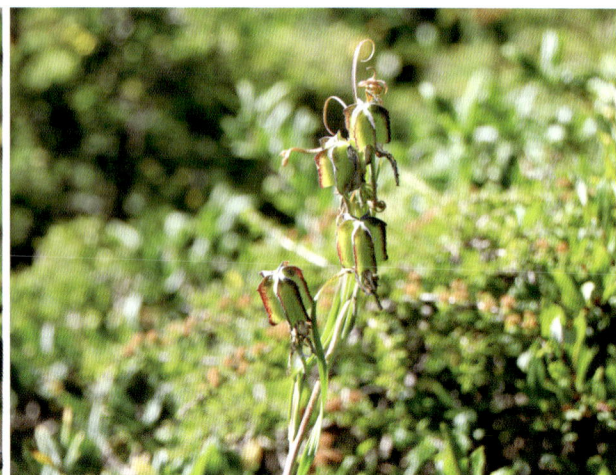

山丹

Lilium pumilum DC.

科 百合科 Liliaceae
属 百合属 *Lilium*

形态识别要点：多年生草本。鳞茎卵形或圆锥形；茎高15～60厘米。叶散生于茎中部，条形，长3.5～9厘米，宽1.5～3毫米。花单生或数朵排成总状花序，鲜红色，下垂；花被片反卷，长4～4.5厘米，宽0.8～1.1厘米。蒴果矩圆形，长2厘米，宽1.2～1.8厘米。

本区分布：官滩沟、麻家寺、红庄子、黄坪、水岔沟、三岔路口、晏家洼。海拔2000～2700米。

生境：山坡草地或林缘。

扭柄花

Streptopus obtusatus Fassett

科 百合科 Liliaceae
属 扭柄花属 *Streptopus*

形态识别要点：多年生草本，高15～35厘米。茎直立，不分枝或中部以上分枝。叶卵状披针形或矩圆状卵形，长5～8厘米，宽2.5～4厘米，基部心形，抱茎。花单生于上部叶腋，淡黄色，内面有时带紫色斑点，下垂；花梗长2～2.5厘米；花被片长8～9毫米，宽1～2毫米；花药长箭形，长3～4毫米；柱头3裂至中部以下。浆果红色，直径6～8毫米。

本区分布：新庄沟。海拔2200～2400米。

生境：山坡针叶林下。

卵叶山葱

Allium ovalifolium Hand.-Mazz.

科 百合科 Liliaceae

属 葱属 *Allium*

形态识别要点：多年生草本。鳞茎单一或2～3枚聚生，近圆柱状。叶2枚，披针状矩圆形至卵状矩圆形，长6～15厘米，宽2～7厘米；叶柄明显，长1厘米以上。花葶高30～60厘米；总苞2裂，常宿存；伞形花序球状，具多而密集的花；小花梗近等长；花白色，稀淡红色；花被片狭矩圆形或卵形，先端钝或凹陷；花丝比花被片长。

本区分布：官滩沟、麻家寺、平滩、新庄沟、谢家岔、水岔沟、峡口、张家窑、小水尾子、西山、大洼沟、阳道沟、八盘梁。海拔2000～2800米。

生境：林下、阴湿山坡、沟边或林缘。

天蓝韭

Allium cyaneum Regel

科 百合科 Liliaceae

属 葱属 *Allium*

形态识别要点：多年生草本。鳞茎数枚聚生，圆柱状。叶半圆柱状，比花葶短或长。花葶高10～45厘米；总苞单侧开裂或2裂；伞形花序近扫帚状，有时半球状，疏散；花天蓝色；花被片卵形或矩圆状卵形，内轮的稍长；花丝等长，比花被片长。

本区分布：官滩沟、红桦沟、峡口、窑沟、响水沟、西番沟、红庄子、马啣山。海拔2100～3600米。

生境：山坡、草地、林下或林缘。

野韭

Allium ramosum Linn.

科 百合科 Liliaceae
属 葱属 *Allium*

形态识别要点：多年生草本。鳞茎近圆柱状。叶三棱状条形，比花序短，宽 1.5～8 毫米。花葶高 25～60 厘米；总苞单侧开裂至 2 裂，宿存；伞形花序半球状或近球状，多花；小花梗近等长；花白色，稀淡红色；花被片具红色中脉，内轮的矩圆状倒卵形，外轮的常较窄；花丝短于花被片。

本区分布：石窑沟、水家沟、祁家坡、白房子、翻车沟。海拔 2100～2300 米。

生境：向阳山坡或草地。

青甘韭

Allium przewalskianum Regel

科 百合科 Liliaceae
属 葱属 *Allium*

形态识别要点：多年生草本。鳞茎外皮红色。叶半圆柱状至圆柱状，短于或略长于花葶。花葶高 10～40 厘米；总苞单侧开裂，宿存；伞形花序球状或半球状，具多而稍密集的花；小花梗近等长，基部无小苞片；花淡红色至深紫红色；花被片内轮的矩圆形，外轮的卵形；花丝长于花被片。

本区分布：麻家寺、马坡、唐家峡、杜家庄、峡口、三岔路口、窑沟、陈沟峡、马啣山。海拔 2200～3300 米。

生境：干旱山坡、石缝、灌丛或草坡。

野黄韭

Allium rude J. M. Xu

科 百合科 Liliaceae
属 葱属 *Allium*

形态识别要点：多年生草本。鳞茎单生，圆柱状。叶条形，扁平，比花葶短或近等长。花葶高20～50厘米；总苞2～3裂，宿存；伞形花序球状，具多而密集的花；小花梗近等长，基部无小苞片；花淡黄色至绿黄色；花被片矩圆状椭圆形至矩圆状卵形，先端钝圆；花丝长于花被片。

本区分布：马啣山。海拔3000～3300米。

生境：草地或潮湿山坡。

羊齿天门冬

Asparagus filicinus Ham. ex D. Don

科 百合科 Liliaceae
属 天门冬属 *Asparagus*

形态识别要点：多年生直立草本，高50～70厘米。根成簇，纺锤状膨大。分枝通常有棱，有时稍具软骨质齿；叶状枝每5～8个成簇，扁平，镰刀状，长3～15毫米，宽0.8～2毫米。花1～2朵腋生，淡绿色，有时稍带紫色；花梗纤细，长12～20毫米。浆果直径5～6毫米。

本区分布：西山、大洼沟。海拔2100～2700米。

生境：林下或山谷阴湿处。

攀缘天门冬

Asparagus brachyphyllus Turcz.

科 百合科 Liliaceae
属 天门冬属 *Asparagus*

形态识别要点：攀缘植物。茎长20～100厘米，通常有软骨质齿；叶状枝每4～10个成簇，近扁的圆柱形，伸直或弧曲，长4～20毫米，粗约0.5毫米，有软骨质齿。鳞片状叶基部有刺状短距。花2～4朵腋生，淡紫褐色；花梗长3～6毫米；雄花花被长7毫米；雌花花被长约3毫米。浆果直径6～7毫米，熟时红色。

本区分布：官滩沟、白石头沟、马坡、白房子、翻车沟。海拔2000～2700米。

生境：山坡或灌丛中。

长花天门冬

Asparagus longiflorus Franch.

科 百合科 Liliaceae
属 天门冬属 *Asparagus*

形态识别要点：近直立草本，高20～170厘米。茎稍有软骨质齿；叶状枝每4～12个成簇，近扁的圆柱形，长6～15毫米，通常有软骨质齿。鳞片状叶基部有刺状距。花通常2朵腋生，淡紫色；花梗长6～15毫米；雄花花被长6～7毫米；雌花花被长约3毫米。浆果直径7～10毫米，熟时红色。

本区分布：西山。海拔2400～2700米。

生境：山坡、林下或灌丛中。

舞鹤草
Maianthemum bifolium (Linn.) F. W. Schmidt

科 百合科 Liliaceae
属 舞鹤草属 *Maianthemum*

形态识别要点： 多年生草本。茎高8～25厘米。茎生叶通常2枚，互生于茎上部，三角状卵形，长3～10厘米，宽2～9厘米，先端急尖至渐尖，基部心形，弯缺张开；叶柄长1～2厘米。总状花序直立，长3～5厘米，有10～25朵花；花白色，直径3～4毫米，单生或成对；花梗细，长约5毫米；花被片矩圆形，长2～2.5毫米。浆果直径3～6毫米，绿色，密被红色斑点。

本区分布： 谢家岔、大洼沟、阳道沟、新庄沟、小银木沟。海拔2000～2600米。

生境： 高山阴坡林下。

合瓣鹿药
Maianthemum tubiferum (Batalin) La Frankie

科 百合科 Liliaceae
属 舞鹤草属 *Maianthemum*

形态识别要点： 多年生草本，高10～30厘米。叶2～5枚，卵形或矩圆状卵形，长3～9厘米，宽2～4.5厘米，近无柄或具短柄。总状花序具2～3朵花，有时多达10朵花，长1～7厘米；花梗长1～4毫米；花白色，有时带紫色，直径5～6毫米，偶达10毫米；筒高1～2毫米；裂片矩圆形，长2.5～5毫米。浆果球形，直径6～7毫米。

本区分布： 官滩沟、麻家寺、分豁岔、大洼沟。海拔2200～2700米。

生境： 林下阴湿处。

大苞黄精
Polygonatum megaphyllum P. Y. Li

科 百合科 Liliaceae
属 黄精属 *Polygonatum*

形态识别要点：多年生草本。根状茎通常具瘤状结节而呈不规则的连珠状或为圆柱形；茎高15～30厘米。叶互生，狭卵形、卵形或卵状椭圆形，长3.5～8厘米。花序通常具2朵花；花梗长1～2毫米；苞片卵形或狭卵形，长1～3厘米；花被淡绿色，全长11～19毫米，裂片长约3毫米。

本区分布：谢家岔、大洼沟、干沟、分豁岔、东山、马啣山。海拔2000～2500米。

生境：山坡或林下。

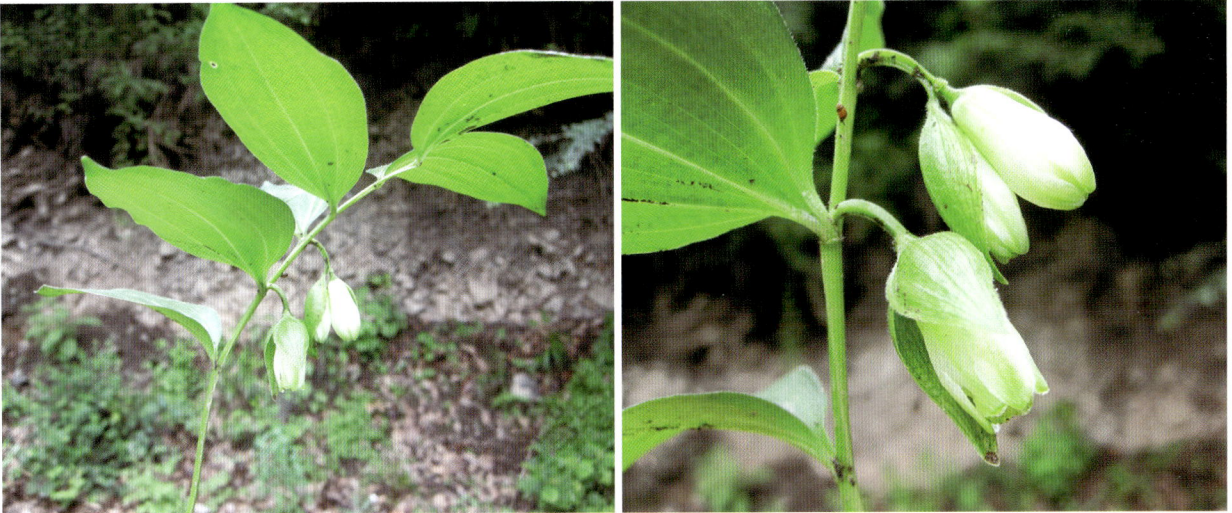

玉竹
Polygonatum odoratum (Mill.) Druce

科 百合科 Liliaceae
属 黄精属 *Polygonatum*

形态识别要点：多年生草本。根状茎圆柱形。茎高20～50厘米。叶互生，7～12枚；叶片椭圆形至卵状矩圆形，长5～12厘米，宽3～16厘米。花序具1～4朵花，无苞片或有条状披针形苞片；花被黄绿色至白色，全长13～20毫米，花被筒较直，裂片长3～4毫米。浆果蓝黑色，直径7～10毫米。

本区分布：马场沟、东岳台、水岔沟、骆驼岘、大洼沟、兴隆峡、阳道沟、徐家峡、峡口河、东山、马啣山。海拔2000～3000米。

生境：林下或阴坡。

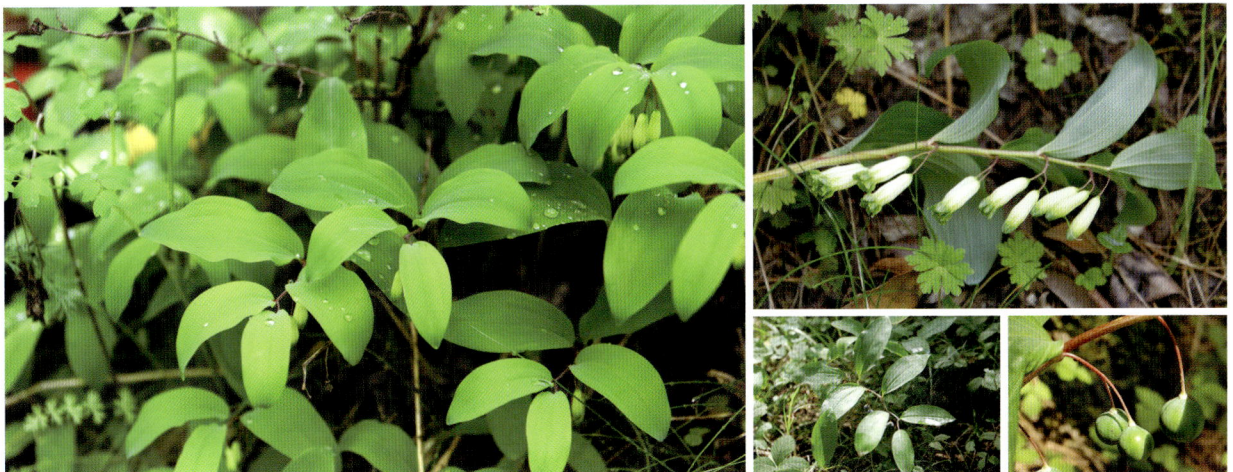

轮叶黄精

Polygonatum verticillatum (Linn.) All.

科 百合科 Liliaceae

属 黄精属 *Polygonatum*

形态识别要点：多年生草本。根状茎，一头粗，一头较细。茎高20～80厘米。3枚叶轮生，或间有少数对生或互生；叶片矩圆状披针形至条形。花单朵或2～4朵组成花序；花梗长3～10毫米，俯垂；花被淡黄色或淡紫色，全长8～12毫米，裂片长2～3毫米。浆果红色，直径6～9毫米。

本区分布：官滩沟、谢家岔、骆驼岘、马坡、八盘梁、马啣山。海拔2100～2800米。

生境：林下或山坡草地。

黄精

Polygonatum sibiricum Delar. ex Redoute

科 百合科 Liliaceae

属 黄精属 *Polygonatum*

形态识别要点：多年生草本。根状茎圆柱状，结节膨大。茎高可达1米以上，有时呈攀缘状。叶轮生，每轮4～6枚；叶片条状披针形，长8～15厘米，宽4～16毫米，先端拳卷或弯曲成钩。花序具2～4朵花；总花梗长1～2厘米，花梗长2.5～10毫米，俯垂；花被乳白色至淡黄色，长9～12毫米，裂片长约4毫米。浆果直径7～10毫米，黑色。

本区分布：麻家寺、翻车沟、阳道沟、陶家窑、歧儿沟、水岔沟。海拔2400～2700米。

生境：林下、灌丛或山坡阴处。

卷叶黄精

Polygonatum cirrhifolium (Wall.) Royle

科 百合科 Liliaceae
属 黄精属 *Polygonatum*

形态识别要点：多年生草本。根状茎肥厚，圆柱状或根状连珠状。茎高30～90厘米。叶3～6枚轮生；叶片细条形至条状披针形，长4～12厘米，宽2～15毫米，先端拳卷或弯曲成钩状，边缘常外卷。花序轮生，通常具2朵花；总花梗长3～10毫米，花梗长3～8毫米，俯垂；花被淡紫色，长8～11毫米，裂片长约2毫米。浆果红色或紫红色，直径8～9毫米。

本区分布：水岔沟、大洼沟、上庄、东山、马啣山。海拔2200～3300米。

生境：林下、山坡或草地。

细根茎黄精

Polygonatum gracile P. Y. Li

科 百合科 Liliaceae
属 黄精属 *Polygonatum*

形态识别要点：多年生草本。根状茎细圆柱形，直径2～3毫米。茎细弱，高10～30厘米。叶1～3轮；叶片矩圆形至矩圆状披针形，长3～6厘米。花序通常具2朵花；总花梗细长，长1～2厘米，花梗短，长1～2毫米；花被淡黄色，全长6～8毫米，裂片长约1.5毫米。浆果直径5～7毫米。

本区分布：矿湾村、峡口、新庄沟、分豁岔。海拔2100～2400米。

生境：林下或山坡。

穿龙薯蓣
Dioscorea nipponica Makino

科 薯蓣科 Dioscoreaceae
属 薯蓣属 *Dioscorea*

形态识别要点：缠绕草质藤本。根状茎横生，圆柱形。多分枝，栓皮层显著剥离。单叶互生；叶片掌状心形，变化较大，茎基部叶长10～15厘米，宽9～13厘米，边缘不等大的三角状浅裂、中裂或深裂，顶端叶片小，近于全缘；叶柄长10～20厘米。雌雄异株；雄花序为腋生的穗状花序，花被碟形，6裂，雄蕊6枚；雌花序穗状，单生，雌蕊柱头3裂，裂片再2裂。蒴果成熟后枯黄色，三棱形，每棱翅状，大小不一，一般长约2厘米，宽约1.5厘米。

本区分布：麻家寺、兴隆峡。海拔2400～2700米。

生境：山坡灌木林。

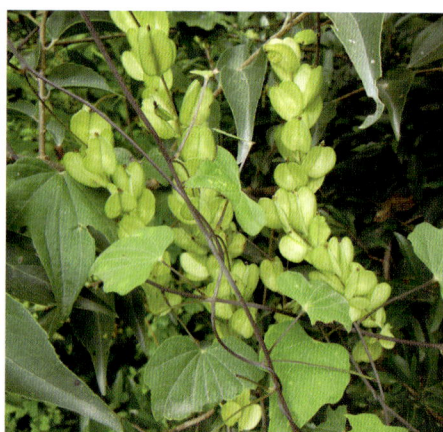

白花马蔺
Iris lactea Pall.

科 鸢尾科 Iridaceae
属 鸢尾属 *Iris*

形态识别要点：多年生密丛草本。叶坚韧，灰绿色，条形或狭剑形，长约50厘米，宽6～10毫米。花茎高3～10厘米；苞片3～5枚，内包含有2～4朵花；花白色、蓝色或蓝紫色；花梗长4～7厘米；外花被裂片倒披针形，内花被裂片狭倒披针形。蒴果长椭圆状柱形，长4～6厘米，直径1～1.4厘米，有6条明显的肋，顶端有短喙。

本区分布：分豁岔、黄坪、马莲滩、小泥窝子、阳洼村、窑沟、红庄子、上庄、陶家窑、尖山。海拔2200～2800米。

生境：荒地、路旁及山坡草地。

细叶鸢尾

Iris tenuifolia Pall.

科 鸢尾科 Iridaceae
属 鸢尾属 *Iris*

形态识别要点：多年生草本。根状茎细而坚硬。基生叶狭条形或丝状，坚韧。花茎长度随埋沙深度而变化，通常甚短，不伸出地面；苞片4枚，披针形，内包含有2～3朵花；花蓝紫色，直径约7厘米；外花被裂片匙形，内花被裂片倒披针形。蒴果倒卵形，长3.2～4.5厘米，直径1.2～1.8厘米，顶端有短喙。

本区分布：水家沟。海拔2200～2400米。

生境：固定沙丘或沙质地上。

锐果鸢尾

Iris goniocarpa Baker

科 鸢尾科 Iridaceae
属 鸢尾属 *Iris*

形态识别要点：多年生草本。叶条形，长10～25厘米，宽2～3毫米。花茎高10～25厘米；苞片2枚，顶端向外反折，内包含1朵花；花蓝紫色；花梗甚短或无；外花被裂片倒卵形或椭圆形，有深紫色的斑点，内花被裂片狭椭圆形或倒披针形。蒴果三棱状圆柱形或椭圆形，长3～4厘米，直径1.2～2厘米，顶端有短喙。

本区分布：窑沟、谢家岔、石骨岔、哈班岔、八盘梁、尖山。海拔2400～2700米。

生境：草地或山坡阳处。

射干

Belamcanda chinensis (Linn.) Redouté

科 鸢尾科 Iridaceae
属 射干属 *Belamcandac*

形态识别要点：多年生草本，高1～1.5米。根状茎为不规则的块状；须根多数。叶互生，嵌叠状排列；叶片剑形，长20～60厘米，宽2～4厘米，基部鞘状抱茎，顶端渐尖。花序顶生，叉状分枝，每分枝的顶端聚生有数朵花；花梗长约1.5厘米；花梗及花序的分枝处均包有膜质的苞片；花橙红色，散生紫褐色的斑点，直径4～5厘米；花被裂片6枚，2轮排列。蒴果倒卵形或长椭圆形，长2.5～3厘米，直径1.5～2.5厘米。

本区分布：景家沟、谢家岔、大湾。海拔2200～2600米。

生境：山坡草地及林缘。

绿花杓兰

Cypripedium henryi Rolfe

科 兰科 Orchidaceae
属 杓兰属 *Cypripedium*

形态识别要点：地生草本，高30～60厘米。叶椭圆状至卵状披针形，长10～18厘米，宽6～8厘米。花序顶生，通常具2～3朵花；花苞片叶状，长4～10厘米，宽1～3厘米；花梗和子房长2.5～4厘米；花绿色至绿黄色；中萼片卵状披针形，长3.5～4.5厘米，宽1～1.5厘米；合萼片与中萼片相似，先端2浅裂；花瓣线状披针形，长4～5厘米；唇瓣深囊状，椭圆形，长2厘米，宽1.5厘米，囊底有毛。

本区分布：兴隆山。海拔2400～2800米。

生境：林下。

毛杓兰

Cypripedium franchetii E. H. Wilson

科 兰科 Orchidaceae
属 杓兰属 *Cypripedium*

形态识别要点：地生草本，高20～35厘米。叶椭圆形或卵状椭圆形，长10～16厘米，宽4～7厘米。花序顶生，具1朵花；花苞片叶状，长6～8厘米，宽2～3.5厘米；花淡紫红色至粉红色，有深色脉纹；中萼片椭圆状卵形或卵形，长4～5.5厘米，宽2.5～3厘米，合萼片椭圆状披针形，长3.5～4厘米，宽1.5～2.5厘米，先端2浅裂；花瓣披针形，长5～6厘米，宽1～1.5厘米；唇瓣深囊状，椭圆形或近球形，长4～5.5厘米，宽3～4厘米。

本区分布：马啣山。海拔2500～3000米。

生境：林缘灌丛下。

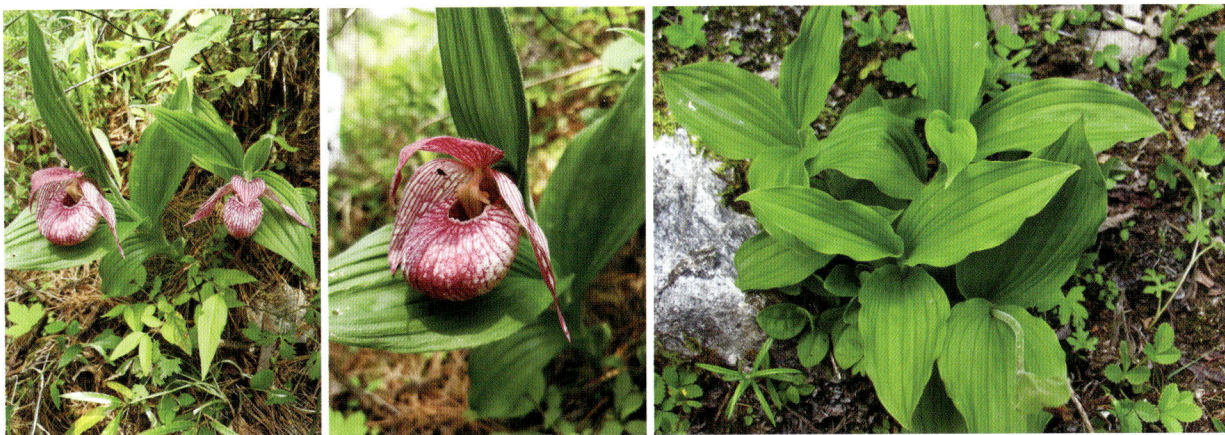

小斑叶兰

Goodyera repens (Linn.) R. Brown

科 兰科 Orchidaceae
属 斑叶兰属 *Goodyera*

形态识别要点：地生草本，高10～20厘米。叶卵形或卵状椭圆形，长1～2厘米，宽5～15毫米，上面深绿色具黄绿色斑纹；叶柄长5～10毫米，基部扩大成抱茎的鞘。花茎被白色腺状柔毛；总状花序具几朵至10余朵密生、多少偏向一侧的花；花小，白色带绿色或带粉红色，半张开；萼片背面多少被腺状柔毛；唇瓣卵形，基部凹陷呈囊状，前部短舌状，略外弯。

本区分布：大洼沟、阳道沟。海拔2300～2400米。

生境：沟谷林下。

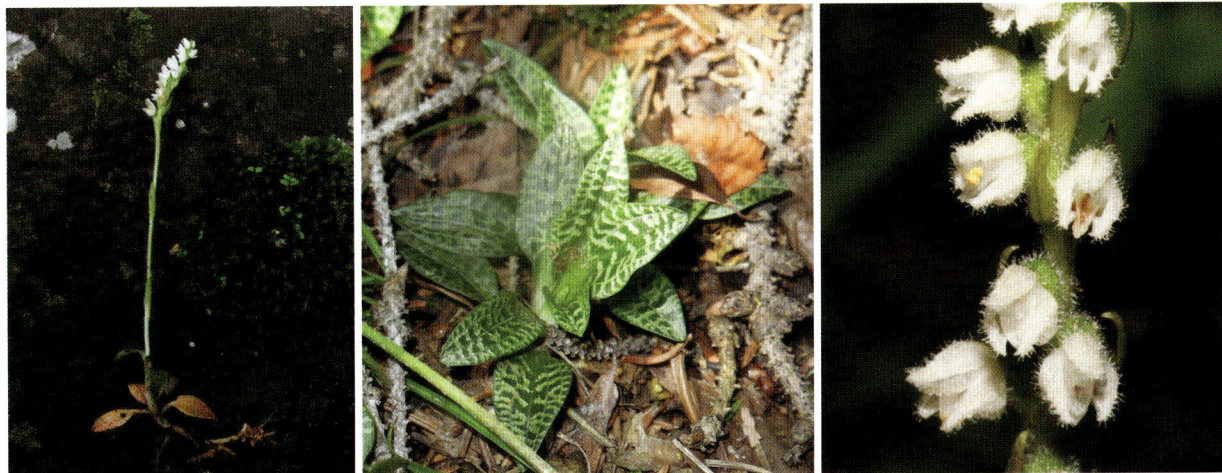

绶草

Spiranthes sinensis (Pers.) Ames

科 兰科 Orchidaceae
属 绶草属 *Spiranthes*

形态识别要点：地生草本，高10～30厘米。叶椭圆形或狭长圆形，长3～10厘米，宽5～10毫米，基部收狭为柄状抱茎的鞘。总状花序顶生，具多数密生的小花，似穗状，呈螺旋状扭转；花小，紫红色、粉红色或白色；中萼片舟状，与花瓣靠合呈兜状，侧萼片披针形；花瓣斜菱状长圆形；唇瓣宽长圆形，凹陷，边缘具皱波状啮齿。

本区分布：马滩、小泥窝子、徐家庄、上庄、骆驼岘、阳洼村、红庄子。海拔2100～2800米。

生境：沼泽湿地及草地。

河北盔花兰

Galearis tschiliensis (Schltr.) S. C. Chen, P. J. Cribb & S. W. Gale

科 兰科 Orchidaceae
属 盔花兰属 *Galearis*

形态识别要点：地生草本，高6～15厘米。叶1枚，基生，长圆状匙形至宽卵形，长3～5厘米，宽1.2～2.6厘米。花序具1～6朵花，多偏向一侧；花苞片卵状披针形；子房连花梗长10～13毫米；花紫红色、淡紫色或白色；中萼片凹陷呈舟状，与花瓣靠合呈兜状，侧萼片直立伸展；花瓣直立，偏斜，长圆状披针形；唇瓣卵状披针形或卵状长圆形，与花瓣近等长；无距。

本区分布：兴隆山。海拔3000～3100米。

生境：山坡林下及草地。

北方盔花兰

Galearis roborowskyi (Maxim.) S. C. Chen, P. J. Cribb & S. W. Gale

科 兰科 Orchidaceae
属 盔花兰属 *Galearis*

形态识别要点：地生草本，高5～15厘米。叶1枚，罕2枚，卵圆形或狭长圆形，长3～9厘米，宽1～3厘米，基部收狭成抱茎的柄。花序具1～5朵花，常偏向一侧；花苞片卵状披针；花紫红色；中萼片凹陷呈舟状，与花瓣靠合呈兜状，侧萼片卵状长圆形；花瓣较萼片稍短小；唇瓣平展，宽卵形，前部3裂；距圆筒状，下垂。

本区分布：八盘梁、西番沟梁。海拔3100～3400米。

生境：高山灌丛。

广布小红门兰

Ponerorchis chusua (D. Don) Soó

科 兰科 Orchidaceae
属 小红门兰属 *Ponerorchis*

形态识别要点：地生草本，高5～45厘米。块茎长圆形。叶1～5枚，多为2～3枚，长圆状披针形，长3～15厘米，宽1～3厘米，基部收狭成抱茎的鞘。花序具1～20余朵花，多偏向一侧；花紫红色或粉红色；中萼片长圆形，直立，凹陷呈舟状，与花瓣靠合呈兜状，侧萼片向后反折，卵状披针形；花瓣直立，斜狭卵形；唇瓣向前伸展，3裂；距圆筒状，常向后斜展或近平展。

本区分布：西番沟梁。海拔3100～3300米。

生境：高山灌丛。

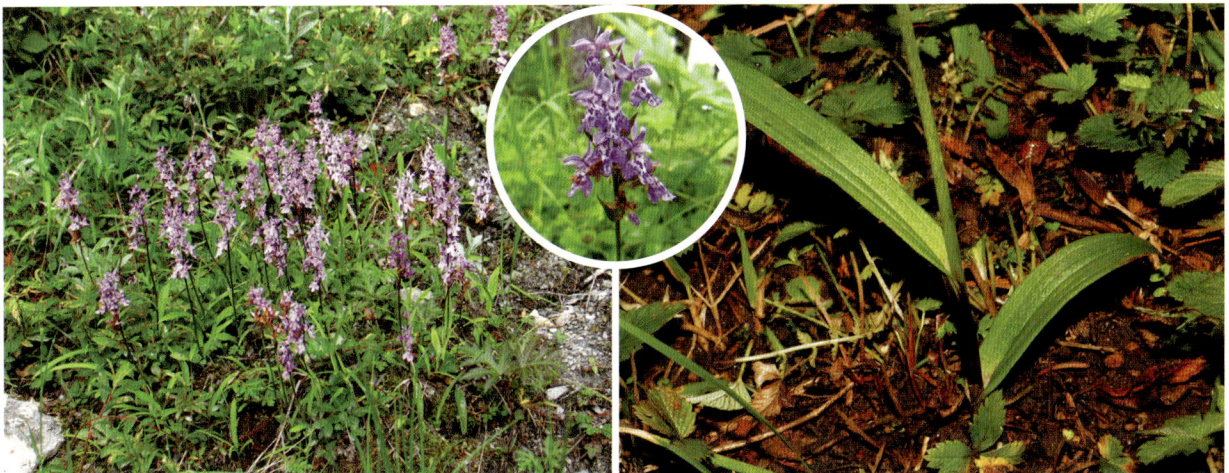

二叶舌唇兰
Platanthera chlorantha (Custer) Rchb.

科 兰科 Orchidaceae
属 舌唇兰属 *Platanthera*

形态识别要点：地生草本，高30～50厘米。肉质块茎卵状纺锤形。叶2枚，椭圆形或倒披针状椭圆形，长10～20厘米，宽4～8厘米，基部收狭成抱茎的鞘状柄。总状花序具12～32朵花，长13～23厘米；花苞片披针形；子房连花梗长1.6～1.8厘米；花较大，绿白色或白色；中萼片舟状，侧萼片张开，斜卵形；花瓣狭披针形，与中萼片相靠合呈兜状；唇瓣舌状，肉质；距棒状圆筒形，长25～36毫米，微钩曲。

本区分布：峡口、大洼沟、蒲家坟、徐家峡、唐家峡。海拔2300～2800米。

生境：山坡林下。

蜻蜓舌唇兰
Platanthera souliei Kraenzl.

科 兰科 Orchidaceae
属 舌唇兰属 *Platanthera*

形态识别要点：地生草本，高20～60厘米。叶片倒卵形或椭圆形，长6～15厘米，宽3～7厘米，基部收狭成抱茎的鞘。总状花序狭长，具多数密生的花；花苞片狭披针形；子房连花梗长约1厘米；花小，黄绿色；中萼片凹陷呈舟状，侧萼片较中萼片稍长而狭，多少向后反折；花瓣与中萼片相靠合，宽不及2毫米；唇瓣舌状披针形，肉质，基部两侧各具1枚小的侧裂片；距细圆筒状，下垂，稍弧曲。

本区分布：峡口、麻家寺、蒲家坟。海拔2400～2600米。

生境：山坡沟谷。

对耳舌唇兰
Platanthera finetiana Schltr.

科 兰科 Orchidaceae
属 舌唇兰属 *Platanthera*

形态识别要点：地生草本，高30～60厘米。叶3～4枚，疏生，长圆形至椭圆状披针形，长10～16厘米，宽2.3～5厘米，基部成抱茎的鞘。总状花序长10～18厘米，具8～26朵花，稍密集；花苞片披针形，下部的长于花；子房连花梗长1.2～1.3厘米；花较大，淡黄绿色或白绿色；中萼片舟状，侧萼片反折；花瓣斜舌状，与中萼片靠合呈兜状；唇瓣线形，边缘反折，基部两侧具1对四方形的耳；距细圆筒形，稍钩状弯曲。

本区分布：分豁岔、峡口、阳道沟。海拔2500～2600米。

生境：山坡林下。

凹舌掌裂兰
Dactylorhiza viridis (Linn.) R. M. Bateman

科 兰科 Orchidaceae
属 掌裂兰属 *Dactylorhiza*

形态识别要点：地生草本，高14～25厘米。块茎肉质，前部呈掌状分裂。叶3～5枚，狭倒卵状长圆形或椭圆状披针形，长5～12厘米，宽1.5～5厘米，基部收狭成抱茎的鞘。总状花序具多数花，长3～15厘米；花绿黄色或绿棕色；中萼片凹陷呈舟状，侧萼片卵状椭圆形；花瓣线状披针形；唇瓣肉质，倒披针形，较萼片长，前部3裂；距卵球形，长2～4毫米。

本区分布：八盘梁、西番沟梁。海拔3000～3200米。

生境：亚高山阴坡灌丛。

角盘兰

Herminium monorchis (Linn.) R. Brown

科 兰科 Orchidaceae
属 角盘兰属 *Herminium*

形态识别要点：地生草本，高6～35厘米。块茎球形，肉质。叶片狭椭圆状披针形或狭椭圆形，长3～10厘米，宽8～25毫米，基部渐狭并略抱茎。总状花序具多数花，长达15厘米；花小，黄绿色，垂头；中萼片椭圆形或长圆状披针形，侧萼片长圆状披针形；花瓣近菱形，较萼片稍长，在中部多少3裂；唇瓣与花瓣等长，基部凹陷呈浅囊状，近中部3裂，中裂片线形，侧裂片三角形，较中裂片短很多。

本区分布：马滩、小泥窝子、八盘梁、阳洼村、上庄、黄坪、深岘子、三岔口、徐家庄。海拔2600～2800米。

生境：沼泽湿地。

裂瓣角盘兰

Herminium alaschanicum Maxim.

科 兰科 Orchidaceae
属 角盘兰属 *Herminium*

形态识别要点：地生草本，高15～35厘米。块茎圆球形，肉质。叶片狭椭圆状披针形，长4～15厘米，宽5～18毫米，基部渐狭并抱茎。总状花序具多数花，长4～27厘米；花小，绿色，垂头钩曲；中萼片卵形，侧萼片卵状披针形至披针形；花瓣直立，中部骤狭呈尾状且肉质增厚，3裂；唇瓣近长圆形，基部凹陷具距，近中部3裂；距长圆状，向前弯曲。

本区分布：马滩、小泥窝子、清水沟、白堡、上庄、骆驼岘、阳洼村。海拔2200～2800米。

生境：干旱山坡。

二叶兜被兰

Neottianthe cucullata (Linn.) Schltr.

科 兰科 Orchidaceae
属 兜被兰属 *Neottianthe*

形态识别要点： 地生草本，高4～24厘米。块茎球形。叶1～2枚，卵形至椭圆形，长4～9厘米，宽1～3.5厘米，基部骤狭成抱茎的短鞘，叶上面有时具紫红色斑点。总状花序具几朵至10余朵花，常偏向一侧；花紫红色或粉红色；萼片彼此紧密靠合呈兜状；花瓣披针状线形，与萼片贴生；唇瓣向前伸展，长5～9毫米，中部3裂；距圆筒状圆锥形，长4～6毫米。

本区分布： 阳道沟。海拔2300～2600米。

生境： 山坡林下、草地。

冷兰

Frigidorchis humidicola (K. Y. Lang & D. S. Deng) Z. J. Liu & S. C. Chen

科 兰科 Orchidaceae
属 冷兰属 *Frigidorchis*

形态识别要点： 地生草本，高4～4.5厘米。块茎圆球形。叶2～4枚，卵状椭圆形或卵状披针形，长2.5～3厘米，宽1.2～2厘米。花莛极短；总状花序具4～5朵花；花小，绿黄色；中萼片舟状；侧萼片张开，斜椭圆状披针形；花瓣直立，倒卵状圆形；唇瓣向前伸展，基部具距，近基部3裂，侧裂片很小；距长圆形。

本区分布： 马喇山。海拔3300～3600米。

生境： 较湿润冻胀草丘。

剑唇兜蕊兰

Androcorys pugioniformis (Lindl. ex Hook. f.) K. Y. Lang

科 兰科 Orchidaceae
属 兜蕊兰属 *Androcorys*

形态识别要点：地生草本，高5.5～18厘米。块茎圆球形，肉质。叶1枚，长圆状倒披针形至椭圆形，长2～4厘米，宽4～12毫米，基部渐狭并抱茎。总状花序具3～10余朵花；子房连花梗长4～5毫米；花小，绿色；中萼片卵形，凹陷，与花瓣靠合呈兜状，侧萼片反折，斜卵状椭圆形；花瓣直立，凹陷呈舟状；唇瓣反折，基部明显扩大，呈剑状或匕首状，无距。

本区分布：马啣山。海拔3400～3600米。

生境：高山草甸。

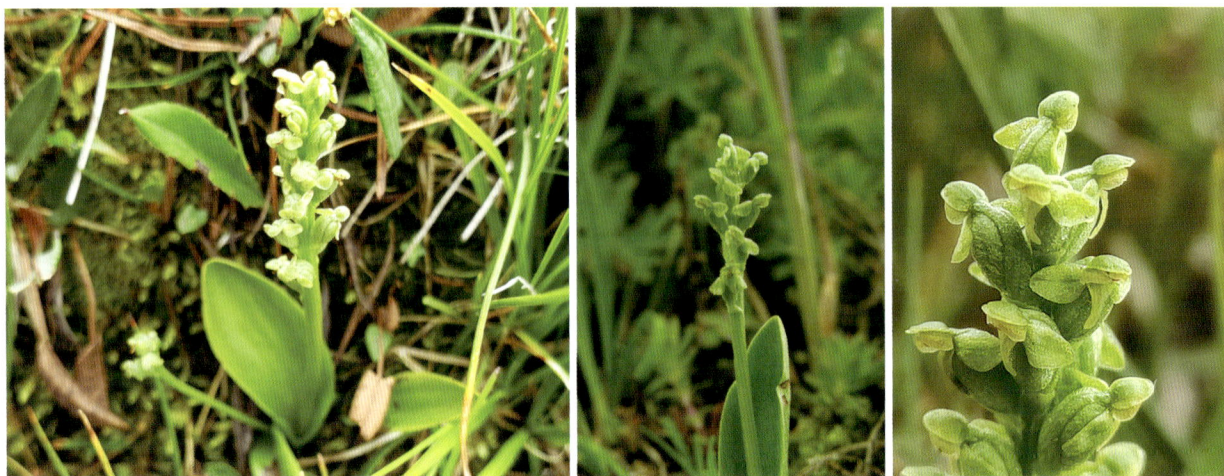

孔唇兰

Porolabium biporosum (Maxim.) Tang & F. T. Wang

科 兰科 Orchidaceae
属 孔唇兰属 *Porolabium*

形态识别要点：地生草本，高10～12厘米。块茎圆球形，肉质。叶1枚，线状披针形，长约7厘米，宽约8毫米，基部呈抱茎的鞘。总状花序顶生，具几朵疏生的花；子房连花梗长5～6毫米；花小，黄绿色或淡绿色；中萼片直立，凹陷呈舟状，与花瓣靠合呈兜状，侧萼片反折或张开，斜狭卵形；花瓣直立，斜卵形；唇瓣向前伸展，舌状，无距，基部扩大并在内面具2个凹穴。

本区分布：马啣山。海拔3580～3600米。

生境：高山沼泽草地。

火烧兰
Epipactis helleborine (Linn.) Grantz

科 兰科 Orchidaceae
属 火烧兰属 *Epipactis*

形态识别要点：地生草本，高20～70厘米。叶4～7枚，互生；叶片卵圆形至椭圆状披针形，长3～13厘米，宽1～6厘米，上部叶披针形或线状披针形。总状花序具3～40朵花；花苞片叶状，向上逐渐变短；花小，绿色或淡紫色，下垂；中萼片舟状，侧萼片斜卵状披针形；花瓣椭圆形；唇瓣中部明显缢缩，下唇兜状，上唇近三角形或近扁圆形。

本区分布：水岔沟、麻家寺、兴隆峡、徐家峡、唐家峡、大洼沟、阳道沟、峡口、蒲家坟、晏家洼。海拔2100～2700米。

生境：山坡、林下及林缘。

北方鸟巢兰
Neottia camtschatea (Linn.) Rchb. f.

科 兰科 Orchidaceae
属 鸟巢兰属 *Neottia*

形态识别要点：腐生草本，高10～27厘米。茎中部以下具2～4枚鞘，无绿叶。总状花序顶生，具12～25朵花；花梗较纤细，长3.5～5.5毫米；子房长2～3毫米；花淡绿色至绿白色；萼片舌状长圆形，侧萼片稍斜歪；花瓣线形；唇瓣楔形，基部极狭，先端2深裂。

本区分布：兴隆山。海拔2300～2600米。

生境：沟谷湿润处。

尖唇鸟巢兰

Neottia acuminata Schltr.

科 兰科 Orchidaceae
属 鸟巢兰属 *Neottia*

形态识别要点：腐生草本，高14～30厘米。茎中部以下具3～5枚膜质抱茎的鞘，无绿叶。总状花序顶生，具20余朵花；花小，黄褐色，常3～4朵聚生而呈轮生状；花梗长3～4毫米；中萼片狭披针形，侧萼片与中萼片相似；花瓣狭披针形；唇瓣卵形、卵状披针形或披针形，边缘稍内弯。

本区分布：陶家窑、阳道沟。海拔2300～2600米。

生境：沟谷湿润处。

太白山鸟巢兰

Neottia taibaishanensis P. H. Yang & K. Y. Lang

科 兰科 Orchidaceae
属 鸟巢兰属 *Neottia*

形态识别要点：腐生草本，高12～40厘米，植株几乎灰黑色。茎中部以下具3～4枚抱茎的鞘，无绿叶。总状花序顶生，具20～40朵花；花小，3～4朵轮生；萼片、花瓣和唇瓣灰黑色而边缘为灰白色；中萼片条状披针形，侧萼片稍宽；花瓣狭披针形；唇瓣宽倒卵形或近圆形；子房倒卵形。

本区分布：阳道沟。海拔2300～2600米。

生境：沟谷湿润处。

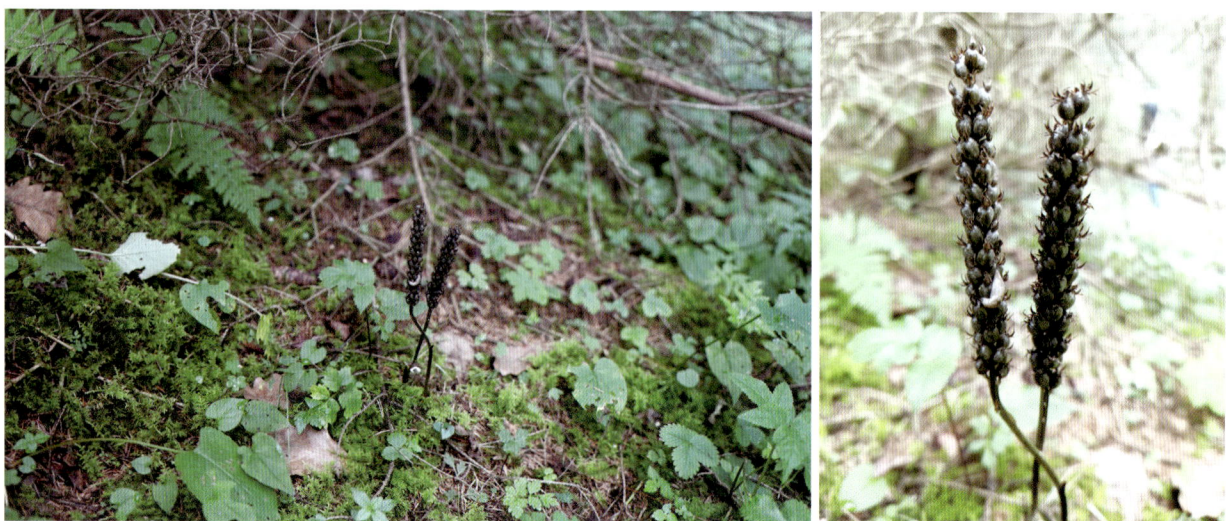

二花对叶兰

Neottia biflora (Schltr.) Szlach.

科 兰科 Orchidaceae
属 鸟巢兰属 *Neottia*

形态识别要点：地生小草本，高 10～13 厘米。茎中上部具 2 枚近对生的叶，下方 1 枚宽卵形或椭圆状卵形，长 1.2～1.7 厘米，宽 0.8～1.2 厘米，上方 1 枚卵形，略短。总状花序具 1～2 朵花；子房长约 4 毫米；萼片背面具龙骨状突起，中萼片卵状椭圆形，侧萼片线状披针形；花瓣线形；唇瓣楔形，先端具弯缺。

本区分布：八盘梁。海拔 3000～3100 米。

生境：高山灌丛下。

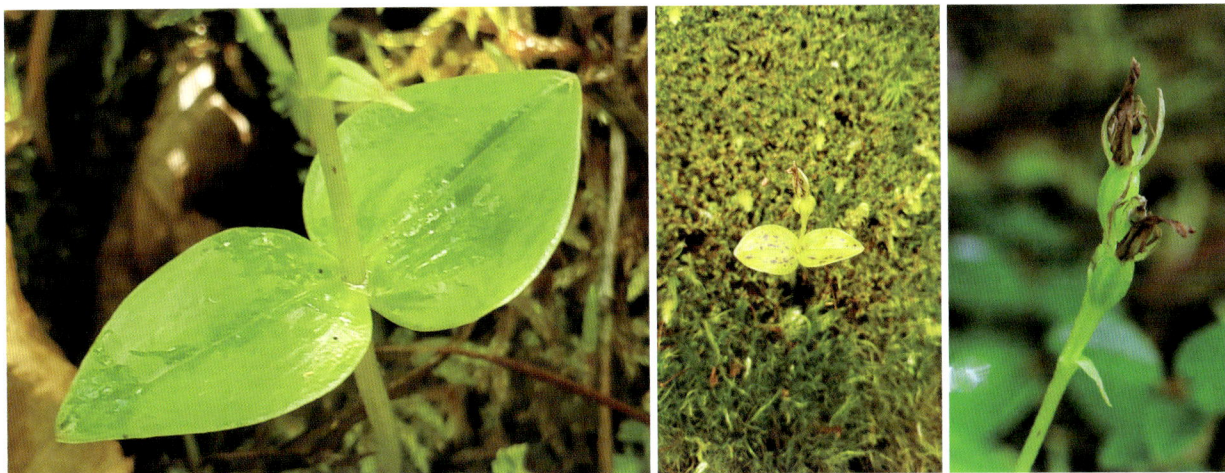

对叶兰

Neottia puberula (Maxim.) Szlach.

科 兰科 Orchidaceae
属 鸟巢兰属 *Neottia*

形态识别要点：地生草本，高 10～20 厘米。茎近中部具 2 枚对生叶，叶片心形至宽卵形，长 1.5～2.5 厘米，基部宽楔形或近心形，边缘皱波状。总状花序疏生 4～7 朵花；花梗长 3～4 毫米；花绿色，很小；中萼片卵状披针形，侧萼片斜卵状披针形；花瓣线形；唇瓣窄倒卵状楔形或长圆状楔形，先端 2 裂，裂片长圆形。

本区分布：阳道沟。海拔 2500～2600 米。

生境：林下湿润地。

裂唇虎舌兰
Epipogium aphyllum Sw.

科 兰科 Orchidaceae
属 虎舌兰属 *Epipogium*

形态识别要点：腐生草本，高10～30厘米。地下具珊瑚状根状茎。茎淡褐色，无绿叶，具数枚膜质抱茎的鞘。总状花序具2～6朵花；花黄色而带粉红色或淡紫色晕，多少下垂；萼片披针形；花瓣与萼片相似；唇瓣近基部3裂，侧裂片直立，中裂片凹陷，内面常有4～6条紫红色的皱波状纵脊；距粗大，末端浑圆。

本区分布：阳道沟。海拔2300～2600米。

生境：山坡或沟谷林下。

原沼兰
Malaxis monophyllos (Linn.) Sw.

科 兰科 Orchidaceae
属 原沼兰属 *Malaxis*

形态识别要点：地生草本，高10～40厘米。叶1枚，较少2枚，卵形、长圆形或近椭圆形，长2.5～12厘米，宽1～6厘米，基部收狭成柄；叶柄长3～8厘米，抱茎或上部离生。总状花序具数10朵或更多的花；花小，较密集，淡黄绿色至淡绿色；中萼片披针形，侧萼片线状披针形；花瓣近丝状；唇瓣长3～4毫米。

本区分布：官滩沟、八盘梁、西番沟梁。海拔2400～3000米。

生境：林下及高山灌丛下。

主要参考文献

[1]Flora of China[EB/OL]. http://foc.bio–mirror.cn/. Saint Louis: Missouri Botanical Garden Press, 1994–2013.

[2] 王香亭. 甘肃兴隆山国家级自然保护区资源本底调查研究 [M]. 兰州: 甘肃民族出版社, 1996.

[3] 张学炎，刘晓娟. 甘肃兴隆山国家级自然保护区珍稀濒危植物图鉴 [M]. 北京: 中国林业出版社, 2022.

[4] 中国科学院北京植物研究所. 中国高等植物图鉴 (第 1–5 册) [M]. 北京: 科学出版社, 1972–1983.

[5] 中国科学院中国植物志编辑委员会. 中国植物志 [M]. 北京: 科学出版社, 1959–2004.

中文名索引

学名索引